徹底攻略

情報セキュリティマネジメント教科書

株式会社わくわくスタディワールド 瀬戸美月／齋藤健一 著

令和6年度
（2024年度）

インプレス

インプレス情報処理シリーズ購入者限定特典!!

●電子版の無料ダウンロード

本書の全文の電子版（PDFファイル，付録のサンプル問題セット＆解説を収録，印刷不可）を下記URLの特典ページでダウンロードできます。

加えて，本書に掲載していない過去問題＆解説もダウンロードできます。

▼本書でダウンロード提供している問題解説

- 平成28年度～令和元年度の秋期試験
  （それぞれ翌年度版の書籍に収録した過去問題＆解説）
- 平成28年度～平成31年度の春期試験（著者解説生原稿をPDF化）※
- 令和3年度～5年度版の書籍に収録した予想問題

※春期試験については，解説のみの提供になります。試験問題はIPAサイトにてご入手ください。

●スマホで学べる単語帳アプリ「でる語句200」について

出題が予想される200の語句をいつでもどこでも暗記できるウェブアプリ「でる語句200」を無料でご利用いただけます。

特典は，以下のURLで提供しています。

ダウンロードURL：https://book.impress.co.jp/books/1123101094

※特典のご利用には，無料の読者会員システム「CLUB Impress」への登録が必要となります。
※本特典のご利用は，書籍をご購入いただいた方に限ります。
※特典の提供予定期間は，いずれも本書発売より1年間です。

インプレスの書籍ホームページ

書籍の新刊や正誤表など最新情報を随時更新しております。

https://book.impress.co.jp/

はじめに

「機密情報が漏えいして，会社の信用を失ってしまった」「ランサムウェアに感染して，業務が停止してしまった」など，情報セキュリティ関連のトラブルは様々な組織で起こっています。インターネットに接続することが当たり前になった今，情報セキュリティの知識は必須となりました。

情報セキュリティマネジメント試験は，情報処理技術者試験の中でも他の技術者向けの試験とは異なり，**ITを利用する人向けの試験区分**です。企業や一般生活でITを使う上で必要な情報セキュリティの知識を身に付け，まわりの人々を助ける立場，そんな人のための試験となります。これからの時代に必要とされる人材ということで新設された試験ですので，合格を目指して学習することで，今の世の中に必要な，大切なスキルを身に付けることができます。

情報セキュリティマネジメント試験には，科目A試験と科目B試験の2種類があり，科目A試験では情報セキュリティを中心としたIT全般に関する知識，科目B試験では情報セキュリティに関する事例を基に，問題を解決する技能が問われます。情報セキュリティマネジメント試験を受験する場合には，これらの両方に対応することが大切です。また，試験はコンピュータを用いるCBT方式で実施され，受験者が都合のいい日時に受験できます。

本書は，情報セキュリティマネジメント試験の**合格に必要な内容を1冊にまとめたもの**です。第1章ではまず，情報セキュリティの事例をもとに，情報セキュリティとは何かを学んでいきます。第2～8章は科目A対策を中心とした知識を学習していきます。単元ごとに演習問題も用意しましたので，知識の定着の確認にお役立てください。第9章は科目B問題対策として，科目B問題の演習で問題の解き方・考え方を学んでいきます。また，付録として，情報セキュリティマネジメント試験のサンプル問題セットとその解説を巻末に用意いたしました。さらに，過去の紙試験時代に公開された全問題（平成28年春期～令和元年秋期）の解答解説はPDFで用意いたしましたので（左ページのダウンロードURL参照），問題演習にご活用ください。

学習するときには，ポイントを暗記するだけより，周辺知識も合わせて勉強する方が記憶に残りやすく実力も付いていきます。すべてを暗記しようと頑張らなくてもいいので，気楽に読み進めていきましょう。辞書として使っていただくのも歓迎です。本書をお供にしながら，情報セキュリティマネジメント試験の合格に向かって進んでいってください。

最後に，本書の発刊にあたり，企画・編集など本書の完成までに様々な分野で多大なるご尽力をいただきましたインプレスの皆様，ソキウス・ジャパンの皆様に感謝いたします。また，一緒に仕事をしてくださった皆様，「わく☆すたセミナー」や企業研修での受講生の皆様のおかげで，本書を完成させることができました。皆様，本当に，ありがとうございました。

令和5年11月

わくわくスタディワールド　瀬戸 美月・齋藤 健一

本書の構成

本書は，解説を読みながら問題を解くことで，知識が定着するように構成されています。また，側注には，理解を助けるヒントを豊富に盛り込んでいますので，ぜひ活用してください。

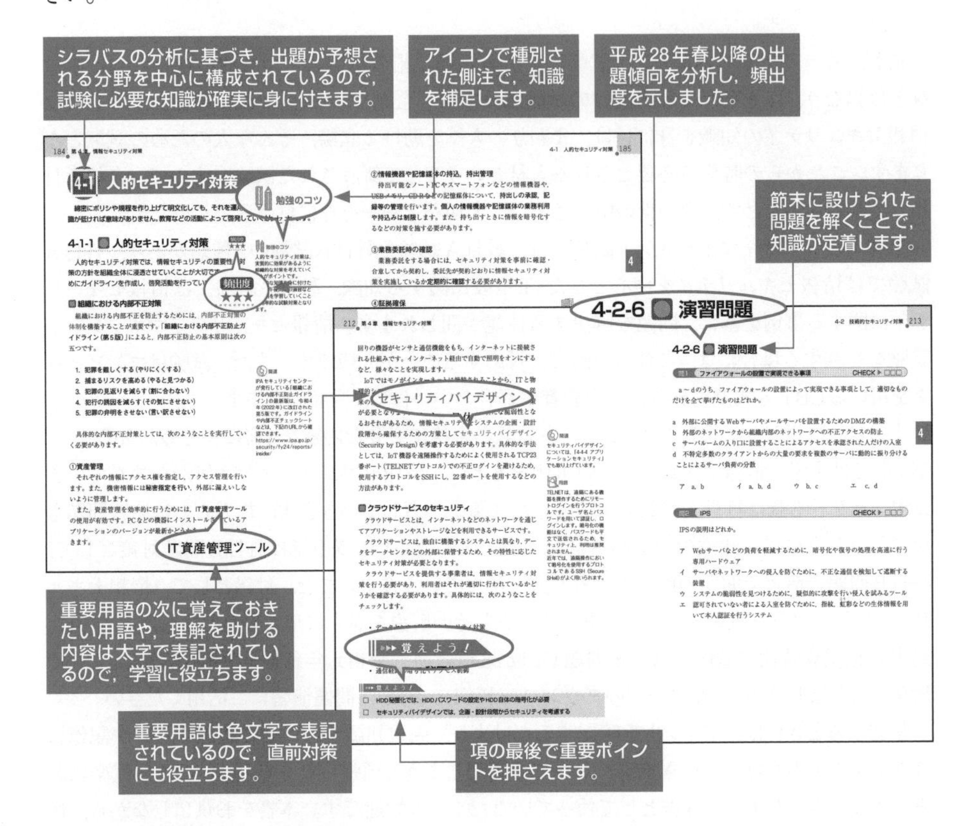

本書で使用している側注のアイコン

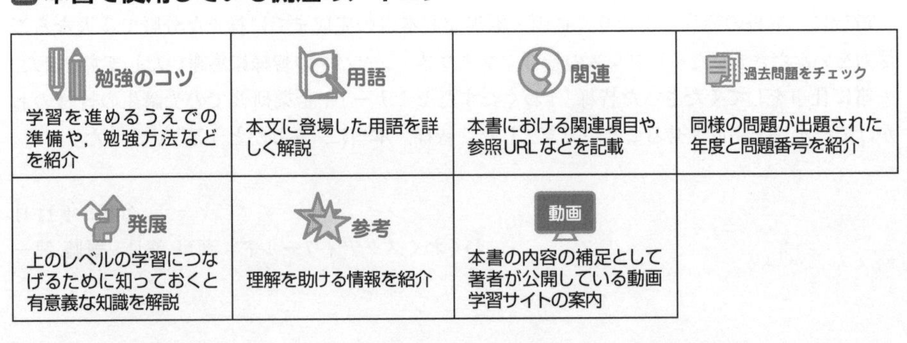

勉強のコツ	用語	関連	過去問題をチェック
学習を進めるうえでの準備や，勉強方法などを紹介	本文に登場した用語を詳しく解説	本書における関連項目や，参照URLなどを記載	同様の問題が出題された年度と問題番号を紹介
発展	**参考**	**動画**	
上のレベルの学習につなげるために知っておくと有意義な知識を解説	理解を助ける情報を紹介	本書の内容の補足として著者が公開している動画学習サイトの案内	

本書の使い方

本書は，これまでに情報セキュリティマネジメント試験で出題された問題を徹底分析し，試験によく出てくる分野を中心にまとめています。ですから，本書をすべて読んで頭に入れていただければ，試験に合格するための知識は十分に身に付きます。本書を活用して，効果的に学習を進めましょう。

節末に設けた演習問題で理解を深める

本書では，第1～8章の各節の最後に演習問題を設けています。単元ごとに科目Ａ試験の演習問題をまとめていますので，その節で学習した知識を定着させるために，ぜひ，取り組んでみてください。

辞書としての活用もOK

文章を読むのが苦手な方，特に，参考書を読み続けるのがつらいという方は，無理に最初からすべて読む必要はありません。節末の問題演習を行いながら，辞書として必要なことを調べるといった用途に使っていただいても構いません。新しい用語も数多く取り入れていますので，用語を調べつつ周辺の知識も身に付けていただければ，効率の良い勉強につながります。

また，試験直前に少しだけでも勉強しておきたいという方は，色文字で示した重要用語だけでも学習してみてください。ポイントを押さえて学習することで，必要な知識をより速く習得できます。ただし，ポイントだけを覚えるという学習方法は忘れやすい面もあるので，できれば，それ以外の部分も含めて読みながら学習されることをおすすめします。

科目Ｂ試験の問題で実力をチェック

第1～8章の節末の演習問題のほかに，第9章では科目Ｂ試験の演習問題を用意しています。巻末には，サンプル問題セットとその解答解説を掲載しました。また，過去の試験の解答解説や予想問題は，本書の特典としてダウンロード可能です。学習してきたことの力試しに，そして問題の解き方の演習に，ぜひお役立てください。

「試験直前対策　項目別要点チェック」を最終チェックなどに活用

P.7～12の「試験直前対策　項目別要点チェック」は，各項末尾の「覚えよう！」を一覧化してまとめたものです。重要な用語は色文字にしてあります。試験直前のチェックや弱点の特定・克服などにお役立てください。

本書のフォローアップ

本書の訂正情報につきましては，インプレスのサイトをご参照ください。内容に関するご質問は，「お問い合わせフォーム」よりお問い合わせください。

●お問い合わせと訂正ページ
https://book.impress.co.jp/books/1123101094
上記のページで「お問い合わせフォーム」ボタンをクリックしますとフォーム画面に進みます。

本書で紹介する内容は，令和5年11月現在の情報です。
令和5年度から新しい形式の試験が始まっています。今後，情報が変わっていく可能性がありますので，下記のWebサイトで，今後の試験についての内容をフォローアップしていきます。

徹底攻略　情報セキュリティマネジメント教科書　サポートページ
https://www.wakuwakustudyworld.co.jp/books/sgtext/

さらに，書籍以外の方法でも学ぶために，書籍に関連する動画や，オンライン講座の特典などの案内も掲載しています。
最新の情報を得て試験に合格するために，ぜひご活用ください。

試験直前対策　項目別要点チェック

第1～8章の各項目の末尾に確認事項として掲載している「覚えよう！」をここに一覧表示しました。試験直前の対策に，また，弱点のチェックにお使いください。「覚えよう！」の掲載ページも併記していますので，理解に不安が残る項目は，本文に戻り，確実に押さえておきましょう。

第1章　情報セキュリティとは

1-2-1　情報セキュリティの目的と考え方

□□□　情報セキュリティとは，機密性，完全性，可用性を維持すること ……………………… 48

□□□　各組織で，情報セキュリティマネジメントシステムを構築し，PDCAサイクルを回す … 48

1-2-2　情報セキュリティの基本

□□□　情報資産とは，企業の業務に必要な価値あるもの全般 ……………………………… 50

□□□　ある脅威が脆弱性を利用して損害を与える可能性がリスク ………………………… 50

1-2-3　脅威の種類

□□□　ソーシャルエンジニアリングは，人間の心理につけ込む ……………………………… 52

□□□　BECでは，取引先や経営者になりすまして送金させる ……………………………… 52

1-2-4　マルウェア・不正プログラム

□□□　ルートキットは，攻撃を成功させた後にその痕跡を消すためのツール ……………… 55

□□□　ランサムウェアは，PCを乗っ取って，身代金を請求する ……………………………… 55

1-2-5　不正と攻撃のメカニズム

□□□　不正は，機会・動機・正当化のトライアングルが揃うと起こる ……………………… 59

□□□　攻撃者には，スクリプトキディ，ボットハーダー，内部関係者など，様々なパターンがある ……………………………………… 59

第2章　情報セキュリティ技術

2-1-1　パスワードに関する攻撃

□□□　リバースブルートフォース攻撃では，パスワードを固定して利用者IDを変更 …… 69

□□□　パスワードリスト攻撃は，他サイトで漏えいしたパスワードを利用 ………………… 69

2-1-2　Webサイトに関する攻撃

□□□　クロスサイトスクリプティング攻撃では，不正なスクリプトをブラウザで実行し情報漏えい……………………………… 73

□□□　ドライブバイダウンロード攻撃では，Webサイトにアクセスしただけでソフトをダウンロード ……………………………………… 73

2-1-3　通信に関する攻撃

□□□　EDoS攻撃では，クラウドサービス利用者の経済的損失を狙う ……………………… 77

□□□　DNSキャッシュポイズニングでは，キャッシュサーバに攻撃者の情報が注入される ……………………………………… 77

2-1-4　標的型攻撃・その他

□□□　標的型攻撃には，出口対策が大事 …… 81

□□□　ゼロデイ攻撃では，対策が提供される前に脆弱性を攻撃 ……………………………… 81

2-2-1　暗号化技術

□□□　公開鍵暗号方式は鍵が2種類で，公開鍵と秘密鍵のキーペアをつくる………………100

□□□　共通鍵／公開鍵暗号方式とハッシュの組合せで，様々なセキュリティ対策ができる…100

2-2-2　認証技術

□□□　デジタル署名は，ハッシュ値を送信者の秘密鍵で暗号化し，本人証明+改ざん検出 …106

□□□　時刻認証では，存在性と完全性が確認できる ………………………………………106

第5章 法務

第7章 テクノロジ

第8章 ストラテジ

CONTENTS

目次

第2章 情報セキュリティ技術

第3章 情報セキュリティ管理

第4章 情報セキュリティ対策

出題頻度

第5章 法務

出題頻度

第6章 マネジメント

出題頻度

第7章 テクノロジ

出題頻度

第8章 ストラテジ

出題頻度

第9章　科目B問題対策

付録　情報セキュリティマネジメント試験　サンプル問題セット

出題頻度リスト

本書で解説している項目を，公開されている情報セキュリティマネジメント試験の全問題（筆記試験での午前問題，サンプル問題・公開問題での科目A問題）の出題数を基にランク付けした出題頻度一覧です。

出題頻度★★★の項目で，全出題数の44%を占めます。出題頻度★★☆までで85%となります。試験直前など時間がないときには，出題数が多い項目だけでも学習してみてください。また，分析結果は側注「過去問題をチェック」として紹介していますので，そちらもご活用ください。

出題頻度★★★	出題頻度ベスト10。出題数12～34問

出題頻度★★☆ 出題数5～12問

出題頻度★☆☆ 出題数1～4問

出題頻度☆☆☆ 出題数0回

情報セキュリティマネジメント試験　活用のポイント

インターネットで世界中がつながって，様々なITサービスが利用されている今，情報セキュリティはますます重要になっています。情報セキュリティマネジメントは，これからの時代に必須の，学ぶと役立つスキルです。

情報セキュリティマネジメント試験とは

情報セキュリティマネジメント試験は，情報セキュリティの基本的な知識やスキルを問う試験です。

情報セキュリティは，今では会社などの組織を運営していく上で不可欠なものです。情報セキュリティを意識せずに普段の業務を行っていると，セキュリティ事故によって会社に損害が出たり，信用を失墜して経営を続けられなくなるなどの深刻な事態に発展することもあります。きちんと情報セキュリティを確保することは，今はどのような組織でも必要なことなのです。

情報セキュリティマネジメント試験は，2016年（平成28年）に会社などの組織の情報セキュリティを確保するために設立された試験です。情報セキュリティ専門の部署ではなく，**情報セキュリティの利用部門において，情報セキュリティリーダとして活躍する人**を対象としています。

システムの利用部門での情報セキュリティマネジメントを行い，その部門における情報セキュリティ対策をリードしていく役割を担うのが情報セキュリティリーダです。通常，情報セキュリティリーダとは，それぞれの部門の部長や課長など，部門内で業務をリードする人が担当します。**それぞれの部門で上に立つ人が，会社を守るための必須スキルを身に付けるための試験**が，情報セキュリティマネジメント試験なのです。

つまり，IT関連の会社や，そこに所属する技術者などの専門家に向けた試験ではなく，**すべての業務を行うリーダが身に付けるべきスキル**を確認するための試験といえます。

情報セキュリティリーダと情報処理安全確保支援士

情報セキュリティに関する国家資格には，情報セキュリティマネジメント試験と情報処理安全確保支援士試験の二つがあります。

情報セキュリティマネジメント試験は，部門の管理者となる情報セキュリティリーダのための試験です。これに対し，情報処理安全確保支援士試験は，情報セキュリティ専門の技術者のための試験で，合格すると国家資格『情報処理安全確保支援士』として登録できます。

組織内における情報セキュリティリーダと情報処理安全確保支援士の位置づけは，次のようになります。

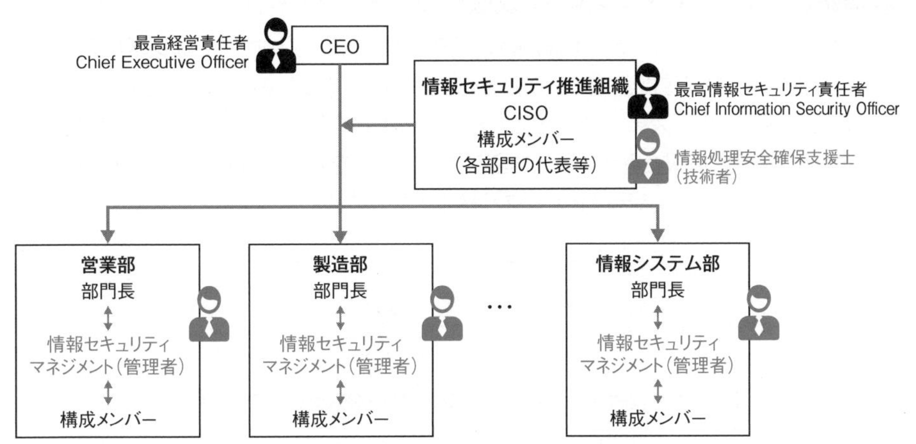

会社・組織での情報セキュリティの推進体制

情報セキュリティは組織全体で確保していくもので，組織全体を管理するのが情報セキュリティ推進組織です。**CISO（Chief Information Security Officer：最高情報セキュリティ責任者）が全社を統括**し，各部門に情報セキュリティのルールを守らせます。このときに，CISOの右腕となり，情報セキュリティのスペシャリストとして全社を統括するのが情報処理安全確保支援士となります。それに対し，利用部門の情報セキュリティリーダは，それぞれの部門内の情報セキュリティマネジメントを推進します。

情報セキュリティマネジメント試験の活用

情報セキュリティマネジメント試験を企業がどのように活用しているかについては，試験を行っているIPA（情報処理推進機構）の下記のWebサイトで見ることができます。

https://www.ipa.go.jp/shiken/kubun/sg/index.html

ここでは様々な企業の事例が紹介されていますが，多いのは，企業の信頼性を重視し，情報セキュリティの意識を全社的に高める必要があると考える組織が，人材育成の一環として全社的に導入する事例です。**ITパスポート試験の上位試験として全社員に推奨**している会社も数多くあります。

企業の他に，大学や専門学校など多くの教育機関でも活用されています。情報セキュリティのスキルはこれからの時代に必要なスキルですし，また，国家試験なので，合格すると就職活動の際に履歴書に記入することができます。組織で業務を行う人，または行う予定の人がこの試験に合格することによって，**今の時代に役立つIT関連の知識をもっていることを証明**できます。

情報セキュリティマネジメント試験へのステップアップ

情報セキュリティマネジメント試験は，情報処理技術者試験の中では**レベル2**の試験です。情報処理技術者試験にはレベル1からレベル4まで四つのレベルがあり，レベル1が初心者向けで，順にステップアップしてレベル4まで上がっていくことが想定されています。そのため，情報セキュリティマネジメント試験を受験する場合には，次のように，ITパスポート試験からのステップアップが基本となります。

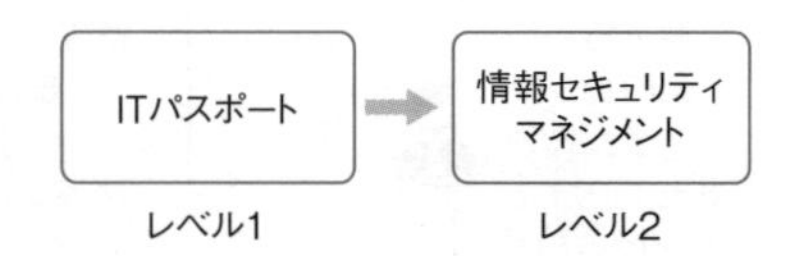

初心者から情報セキュリティマネジメントへのステップアップ手順

情報セキュリティの専門家へのステップアップ

前述した情報処理安全確保支援士試験は情報処理技術者試験のレベル4に相当するので，情報セキュリティマネジメント試験とは役割とレベルが大きく異なります。といっても，同じ情報セキュリティに関する国家試験なので，最終的に情報処理安全確保支援士を目指すにあたってのステップアップとしても，情報セキュリティマネジメント試験は活用できます。

情報セキュリティのスペシャリストとしてステップアップしていく場合には，次のように試験を活用していくことが一般的です。途中でレベル3の応用情報技術者試験についての学習を行うことで，無理なくレベルアップしていくことができます。

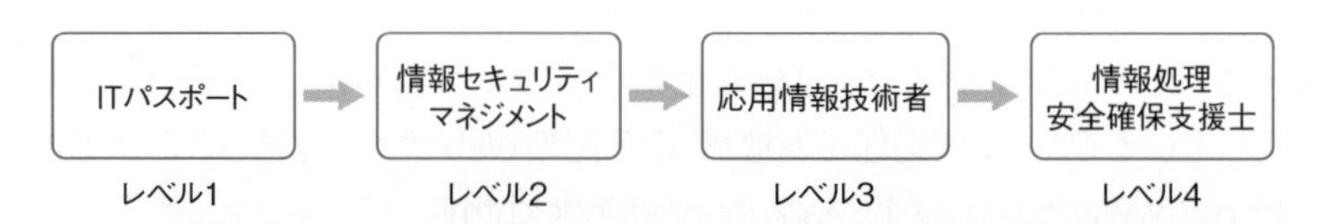

初心者から情報セキュリティのスペシャリストへのステップアップ手順

情報セキュリティマネジメント試験の実施方法

情報セキュリティマネジメント試験は，2023年度（令和5年度）から試験の形式が大幅に変わっています。試験範囲は変わりませんが，科目A＋科目Bの形式で，一度にすべての試験を実施します。2023年（令和5年）現在は，CBT（Computer Based Testing）方式により実施されています。CBT方式の試験は，試験会場に設置されたコンピュータを使用して実施する試験なので，試験会場をあらかじめ予約して確保する必要があります。

試験の形式は変わる可能性があります。現在の試験についての詳細は，下記の公式ページをご確認ください。

https://www.ipa.go.jp/shiken/kubun/sg.html

試験の申込み

情報セキュリティマネジメントのCBT試験は，年間を通じて受験可能です。試験の申込みサイトは，公式ページにリンクがあります。以下のサイトでユーザーを作成し，マイページにログインしてから申込みを行います。

https://itee.ipa.go.jp/ipa/user/public/

ログインすると，メニューに「情報セキュリティマネジメント試験（SG）CBT試験申込」へのリンクがあるので，申込みを行うことができます。

マイページの例

このページは，情報処理技術者試験の他の試験区分や，情報処理安全確保支援士試験と共通です。2023年度（令和5年度）以降に受験した内容はすべて，受験結果一覧で確認することができます。

申込時に，受験したい受験会場，日時の空席状況を確認し，申込みを行います。受験料は，7,500円（税込）です。

試験形式と時間

令和5年度からの情報セキュリティマネジメント試験では，試験時間内（120分）に科目Aと科目Bをまとめて実施します。出題は全60問で，科目Aが48問，科目Bが12問です。

試験の合格ライン

試験の合格ラインは，科目A・B合わせた総合評価点が1,000点満点中**600点以上**となります。IRT（Item Response Theory：項目応答理論）というテスト理論の方式に基づいて解答結果から評価点を算出する方式なので，単純に正答率だけでは判断されません。出題数60問のうち，評価は56問で行い，残りの4問は今後出題する問題を評価するために使われます。

CBT試験では，試験終了後，画面に点数が表示されるので，その点数によって合否を知ることができます。また，試験終了から2～3時間後以降に，マイページで確認することも可能です。

しかし，合格発表は，受験が完了した月の翌月に，試験センターのホームページ上で行われます。マイページの受験結果も切り替わり，点数だけではなく合否も確認できるようになります。

受験結果

合格者には，簡易書留で合格証書が郵送されます。

合格証書の例

情報処理技術者試験合格証書

情報セキュリティマネジメント試験
第ＳＧ－２０２１－０７－　号

年　月　日生

情報処理の促進に関する法律第29条第1項の規定により実施した上記の試験区分の国家試験に合格したことを証する

令和３年８月２６日

経済産業大臣　梶山弘志

受験に当たっての注意点

CBT試験では，試験内容は非公開で，**他の人に内容を教えることは禁止**されています。試験問題の全部または一部（試験問題中に登場する文字に限らず，出題内容を示唆する表現も含む）を第三者に開示（漏えい）することは明確に禁止されています。出題に関するSNSへの投稿，インターネット掲示板への書込みなどについても，上記の開示（漏えい）とみなされる場合がありますので，くれぐれもご注意ください。また，CBT試験では，再受験に制限があります。試験を受験した後，30日間は同じ試験は受験できません。次の試験の申込みが可能になるのは試験を受験した後で，受験後30日を超えた後の日程から，申込み可能となります。

試験の概要については，今後も変わる可能性があります。今後の最新情報は，以下の書籍サポートページでまとめていますので，こちらも参考にしてください。

https://www.wakuwakustudyworld.co.jp/books/sgtext/

CBT試験に向けての勉強方法

紙の試験からCBT試験に，試験の形式が変わっても，試験で出題される内容自体は変わりません。

しかし，一つだけ対策が必要な部分があります。それは，コンピュータの画面で問題を解く練習をすることです。

情報セキュリティマネジメント試験の科目B試験は，長文読解問題で，コンピュータの画面上で試験問題を読み取る必要があります。以前の紙試験での問題に比べると，文章の長さは短くなっているので，解きやすくなっていると考えられます。しかし，画面上の長い文章を読み取ることは，紙の文章よりも難易度が高くなります。特に，文章読解が苦手な方は，画面で文章を読むことに慣れておくことが大切です。

問題演習をテキストや印刷物を用いずにコンピュータ上で行うことで，試験の形式に慣れていくことが可能です。本書の特典はPDF形式ですが，この特典をコンピュータ上で読むことで，コンピュータでの試験のいい予行演習になります。

当日の試験で戸惑わないためにも，事前に練習をしておきましょう。

情報セキュリティマネジメント試験の傾向と対策

情報セキュリティマネジメント試験は，令和元年までは集合会場でのPBT（Paper Based Test：紙試験）方式の試験で春期と秋期の年2回実施されていました。令和2年度～令和4年度はCBT方式で，CBT受験会場で実施されました。どちらも，午前試験，午後試験に分かれていました。

令和5年度からは，コンピュータを用いる方式となり，以下の形式で出題されます。

情報セキュリティマネジメント試験の構成

	出題形式	出題数・解答数	試験時間	合格ライン
科目A	多岐選択式（四肢択一）	出題数：48問（全問解答）	120分（2時間）	600点／1000点満点（IRTで算出）
科目B	多岐選択式	出題数：12問（全問解答）		

2023年度（令和5年度）に実施された，9月現在までの情報セキュリティマネジメント試験の応募者数，受験者数，合格者数，合格率は次のようになっています。

それぞれの試験での合格率

月	応募者数	受験者数	合格者数	合格率（%）
令和5年4月	2,941	2,770	2,111	76.2
令和5年5月	2,662	2,438	1,906	78.2
令和5年6月	2,478	2,279	1,651	72.4
令和5年7月	3,025	2,782	2,038	73.3
令和5年8月	2,843	2,601	1,963	75.5
令和5年9月	3,709	3,353	2,434	72.6
合計	17,658	16,223	12,103	74.6

以前の試験では，平成28年の試験開始当初は合格率が80%以上と高かったのですが，年々問題の難易度が上がり，合格率は50%前後となりました。令和5年度で科目A＋Bの合計で判定する形式になってから，合格率は再度上がり，70%台となっています。

情報セキュリティマネジメント試験は，受験者自体が最初の頃が一番多いので，その頃に受験して，「情報セキュリティマネジメント試験なんて簡単だった」という人もいます。しかし，試験内容も新しくなっていますし，現在は簡単ではありませんので，真に受けず，しっかり学習をして試験に臨みましょう。

しっかり準備をして，情報セキュリティマネジメントの考え方や知識を身につければ，確実に突破できる試験です。

わく☆すたAIが頻出度を徹底分析

わく☆すたAIは，わくわくスタディワールドで開発し，現在データの学習を進めているAI（人工知能）です。わく☆すたAIでは，試験問題データを基に過去問題をクラスタリングし，よく出題される分野やパターン，キーワードを抽出し分析しています（分野ごとの出題頻度はP.20に掲載していますので参照してください）。

それでは，わく☆すたAIを用いて分析した結果を基に，科目Aと科目B，それぞれの区分の出題傾向を見ていきましょう。

科目A試験

情報セキュリティマネジメント試験の科目A試験では48問が出題され，全問必須です。以前の午前試験では50問が出題されていました。問題数はほぼ同じなので，出題傾向もほぼ同じだと考えられます。

本書で学習するすべての分野から幅広く出題されます。本書の章構成は，以下のとおりです。

本書の構成

章	分野
第1章	情報セキュリティとは
第2章	情報セキュリティ技術
第3章	情報セキュリティ管理
第4章	情報セキュリティ対策
第5章	法務
第6章	マネジメント
第7章	テクノロジ
第8章	ストラテジ

旧試験の午前問題に加えて，新試験の科目Aサンプル問題，令和5年度公開問題も含めた各章の出題割合は，次ページのグラフのとおりです。

第1～4章が，情報セキュリティの分野に該当する内容です。この4分野からの出題数は6割程度です。しかし，その中でどの分野が多く出題されるかは，試験の回によって大きく異なります。特に，第3章の情報セキュリティ管理の内容は毎回変わっています。そのため，特定の分野に的を絞って対策を立てるより，**すべての分野を万遍なく学習することが**，確実に合格するための秘訣となります。

また，情報セキュリティ以外の分野では，第6章のマネジメントの分野から特に多く出題されています。情報セキュリティ監査やサービスマネジメントなどの内容が数多く出題されており，**情報セキュリティ以外の分野もしっかり学習しておくことが**重要となっています。

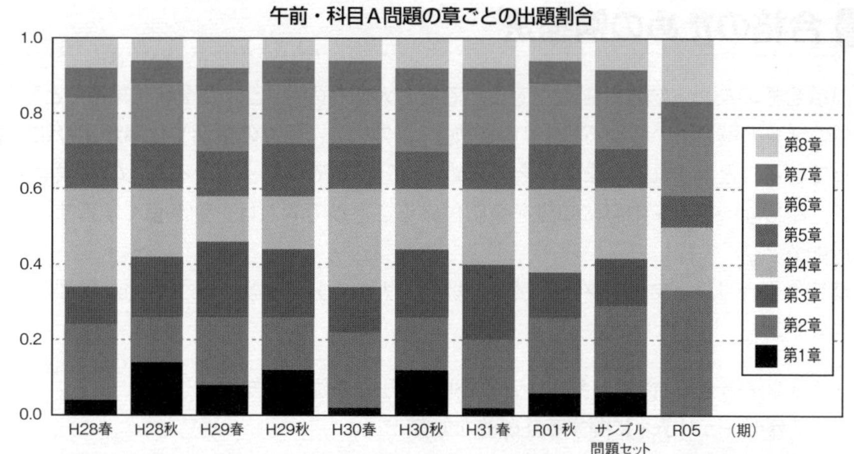

※サンプル問題セットは令和4年公開，R05は令和5年度公開問題の科目Aです。問題数が違うので，割合で示しています。

午前・科目A問題の章ごとの出題数

期	第1章	第2章	第3章	第4章	第5章	第6章	第7章	第8章
H28春	2	10	5	13	6	6	4	4
H28秋	7	6	8	9	6	8	3	3
H29春	4	9	10	6	6	8	3	4
H29秋	6	7	9	7	7	8	3	3
H30春	1	10	6	13	6	7	4	3
H30秋	6	7	9	8	5	8	3	4
H31春	1	9	10	10	6	7	3	4
R01秋	3	10	6	11	6	8	3	3
サンプル問題セット	3	11	6	9	5	7	3	4
R05	0	4	0	2	1	2	1	2

科目B試験

情報セキュリティマネジメント試験の科目B試験では12問が出題され，全問必須です。具体的な組織での業務における事例を基に，情報セキュリティ対策を考えていきます。

科目B試験では，科目A試験で学んだ知識を基に，実際に情報セキュリティマネジメントを行うことができるかどうかの技能が問われます。そのため，組織の事例を基に，問題点や対処法などについて出題されます。

用語の意味などの知識はあまり問われず，情報セキュリティの考え方に基づき適切に対処する方法が問われます。用語の暗記だけでは通用しないのが科目B試験試験ですので，一つ一つの用語について，実務での利用方法も合わせて丁寧に理解しておくことが合格のポイントになります。

詳しい科目B試験問題の傾向や，問題の解き方などについては**第9章にまとめておきました**ので，参考にしてください。

合格のための勉強法

試験合格のために勉強計画を立てる上で最も大切なのは，**自分の現状を知ること**です。IT系の学習の場合，いわゆる机上の"お勉強"以外にも，**日々の生活や仕事が学びにつながっている**ことはよくあります。そのため，自分がすでに知っていることの勉強は飛ばして，知らないことを中心に知識を身に付けることができれば，効率良く学習することが可能です。

情報セキュリティマネジメント試験の場合，大きく分けて次の三つの力が重要になってきます。

1. **情報技術全般（情報セキュリティ関連分野）の基礎的な知識**
2. **情報セキュリティに関する基礎的な知識**
3. **情報セキュリティマネジメントに関する技能（考え方の理解）**

まず，1についてですが，基本的に，情報セキュリティマネジメント試験の受験は**ITパスポート試験合格レベルが前提**なので，そこからのステップアップを考えます。ITパスポート試験での基礎の上に専門知識を積み重ねていきますので，ITパスポート試験の勉強をされていない方は，まずはそこからスタートするのが効率的です。ITパスポート試験もCBT方式で，いつでも受験可能ですので，情報セキュリティマネジメント試験の前に受験して，合格することも可能です。

2については，情報セキュリティに関する知識は，学習すれば確実に身に付きます。情報セキュリティマネジメントシステムなどのマネジメント方法や，暗号化・認証方式，アクセス制御などの技術的な内容を，本書のような教科書や参考書などで万遍なく学習していくことが大切です。

3については，技能は知識の学習だけでは対応できませんので，実務や科目B問題の演習などで体得していくことになります。考え方の理解がポイントで，机上の勉強以外にも，様々な実務や経験が助けになります。

情報セキュリティマネジメント試験の勉強法の王道は，**本書のような教科書や参考書を1冊しっかりマスターする**ことです。知識を身に付けた後に，公開問題や予想問題で問題演習を行うことで，今まで学習したことを定着させることができます。

本書では，各章ごとに科目Aの演習問題を掲載し，巻末には予想問題とその解答解説を掲載しています。さらに，過去に公開された全問題についても解答解説を用意しています（PDFで提供）。演習を数多く行うことは合格への近道です。ぜひご活用ください。

それでは，試験合格に向けて，楽しく勉強を進めていきましょう。

第**1**章

情報セキュリティとは

情報セキュリティマネジメントを学ぶときに一番大切なのは，情報セキュリティとは何かについて知ることです。この章ではまず，情報セキュリティに関係して起こる事故について，事例を使うことでイメージをつかみます。その後，情報セキュリティの考え方や仕組みを学習します。

1-1 事例！ 情報セキュリティ

情報セキュリティ対策を怠ると，企業や個人に大きな損害が出ます。ここでは，実際の実際のセキュリティ事例をもとに，情報セキュリティ対策の必要性を学んでいきます。

1-1-1 情報セキュリティとは

情報セキュリティについて学ぶときにはまず，情報セキュリティとは何かについて知ることが大切です。

勉強のコツ

情報セキュリティマネジメントでは，細かい知識よりも“考え方”を身に付けることが大切です。
実際の事例を知ること，午後の問題演習を繰り返し行うことなどを通して，考え方をしっかり学んでいきましょう。

情報セキュリティとは

セキュリティとは，家の施錠や防犯カメラの設置なども含めた，安全を守る対策全般のことです。このうち情報セキュリティで取り上げられるのは，コンピュータの中のデータや顧客情報や技術情報など，情報に対するセキュリティです。“情報”は一般の防犯とは別の守りにくさがあるため，特別に取り扱う必要があるのです。

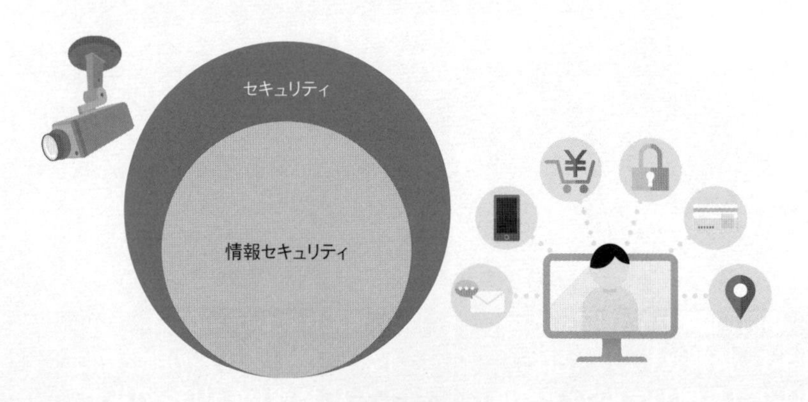

情報セキュリティ

情報セキュリティは技術だけで確保できるものではありません。組織全体のマネジメントも含めて全体的に対策を考える必要があります。そのため，情報セキュリティ対策を行うときには，これから学習する情報セキュリティマネジメントについて理解することが不可欠となります。

情報セキュリティのポイント

情報セキュリティを考えるときの一番のポイントは，組織の状況に合わせて，全員で，当たり前のことを確実に行うことです。

情報セキュリティは，セキュリティ対策の機器やソフトウェアの導入といった，技術的な対策だけでは確保できません。外部から社内のネットワークを守っても，その社内の人間が機密データを盗むことは考えられます。実際，情報セキュリティ犯罪の多くは，社員などの内部関係者が主導したり協力したりすることで成立しています。

また，会社などの組織では，技術者だけでなく一般社員などITに詳しくない人も情報システムを利用します。暗号化するのを忘れたり，パスワードを書いた紙を見られるなど，個人のミスが情報漏えいにつながることもあります。そのため，組織の全員で，守るべきルール（情報セキュリティポリシ）などを決めて，守るための仕組みをつくることが重要なのです。

ここでは具体的な知識の内容に入る前に，実際の試験問題（科目B問題）をもとにした事例を見ていきます。実際の事例を見ることで，情報セキュリティ対策がどのように行われるのか，そのイメージをつかんでいきましょう。

1-1-2 【事例1】マルウェア感染

マルウェア感染は，よくあるセキュリティ事故の一つです。科目B問題で出題された事例をもとに，対処方法などを学んで行きましょう。

事例1 消費者向けの化粧品販売を行うA社

最初の事例は，消費者向けの化粧品販売を行うA社で在宅勤務時に起きた内容です。問題文には，まずA社について以下の説明があります。

> 消費者向けの化粧品販売を行うA社では，電子メール（以下，メールという）の送受信にクラウドサービスプロバイダB社が提供するメールサービス（以下，Bサービスという）を利用している。A社が利用するBサービスのアカウントは，A社の情報システム部が管理している。

上記のとおり，A社では，メールの送受信にクラウドサービスのBサービスを利用しています。

続いて，Bサービスでの認証についてです。

> 〔Bサービスでの認証〕
> Bサービスでの認証は，利用者IDとパスワードに加え，あらかじめ登録しておいたスマートフォンの認証アプリを利用した2要素認証である。入力された利用者IDとパスワードが正しかったときは，スマートフォンに承認のリクエストが来る。リクエストを1分以内に承認した場合は，Bサービスにログインできる。

ここで，クラウドサービス利用時に大切な**2要素認証**についての記述があります。

ちょっとネタバレになりますが，今回のマルウェア感染では，2要素認証のおかげで，被害を最小限に抑えられました。こういった定番の対策を知って，適切に実施しておくことは重要です。

2要素認証についての具体的な内容は，第2章で改めて学習します。

続いて，社外のネットワークからの利用についてです。

〔社外のネットワークからの利用〕
社外のネットワークから社内システム又はファイルサーバを利用する場合，従業員は貸与されたPCから社内ネットワークにVPN接続する。

ここでも，テレワークに大切な，通信を安全に行うための工夫があります。**VPN（Virtual Private Network）接続**では，貸与されたPCに限定して，暗号化した通信を行うことができます。

続いて，PCでのマルウェア対策についてです。

〔PCでのマルウェア対策〕
従業員に貸与されたPCには，マルウェア対策ソフトが導入されており，マルウェア定義ファイルを毎日16時に更新するように設定されている。マルウェア対策ソフトは，毎日17時に，各PCのマルウェア定義ファイルが更新されたかどうかをチェックし，更新されていない場合は情報システム部のセキュリティ担当者に更新されていないことをメールで知らせる。

「毎日16時に更新⁉」——ここは実はつっこむところです。

マルウェア対策では，**マルウェア対策ソフトを導入し，マルウェア定義ファイルを最新の状態に更新しておくこと**は必須です。以前は1日1回でも十分でしたが，今はマルウェア定義ファイルは日に何度も更新されることが多いので，できるだけ頻繁に更新を確認する必要があります。

マルウェアについては1-2で，具体的なマルウェア対策については第4章で改めて学習します。

続いて，いよいよ事件発生です。情報セキュリティリーダーのC課長に，在宅勤務中の部下Dさんからメールに関する報告がありました。

〔メールに関する報告〕

ある日の15時頃，販売促進部の情報セキュリティリーダーであるC課長は，在宅で勤務していた部下のDさんから，メールに関する報告を受けた。報告を図1に示す。

・販売促進キャンペーンを委託しているE社のFさんから9時30分にメールが届いた。
・Fさんとは直接会ったことがある。この数か月頻繁にやり取りもしていた。
・そのメールは，これまでのメールに返信する形で作成されており，メールの本文には販売キャンペーンの内容やFさんがよく利用する挨拶文が記載されていた。
・急ぎの対応を求める旨が記載されていたので，メールに添付されていたファイルを開いた。
・メールの添付ファイルを開いた際，特に見慣れないエラーなどは発生せず，ファイルの内容も閲覧できた。
・ファイルの内容を確認した後，返信した。
・11時頃，Dさんのスマートフォンに，承認のリクエストが来たが，Bサービスにログインしようとしたタイミングではなかったので，リクエストを承認しなかった。
・12時までと急いでいた割にその後の返信がなく不審に思ったので，14時50分にFさんに電話で確認したところ，今日はメールを送っていないと言われた。
・現在までのところ，PCの処理速度が遅くなったり，見慣れないウィンドウが表示されたりするなどの不具合や不審な事象は発生していない。
・現在，PCは，インターネットには接続しているが，社内ネットワークへのVPN接続は切断している。
・Dさんはすぐに会社に向かうことは可能で，Dさんの自宅から会社までは1時間掛かる。

図1 Dさんからの報告

簡単にまとめると，「いつもやり取りしてるE社のFさんからメールが来て添付ファイル開けちゃったけど，偽物だったっぽい。どうしよう？」という状況です。

PCに不具合や不審な事象がないので気づかない可能性も高かったのですが，「Dさんのスマートフォンに，承認のリクエストが来た」ということで，Fさんに聞いたら偽物と判明しました。

承認のリクエストが来たということは，2要素認証での認証時の，「入力された利用者IDとパスワードが正しかったとき」なので，利用者IDとパスワードが漏えいしていると考えられます。

2要素認証ではなかったら気づかずに不正にログインされてい

た状況なので，2要素認証があるおかげで助かった！といえます。

不審なメールの添付ファイルを開けてしまったという状況から，マルウェアに感染してしまい，PCから利用者IDとパスワードなどの情報窃取が行われたと考えられます。

マルウェア感染ならPCはもう使えないので,1時間かかっても,会社にPCを持参して対策を行う必要があります。

ということで，C課長はDさんに指示を出しました。

C課長は，すぐにPCを会社に持参し，オフラインでマルウェア対策ソフトの定義ファイルを最新版に更新した後，フルスキャンを実施するよう，Dさんに指示をした。スキャンを実行した結果，DさんのPCからマルウェアが検出された。このマルウェアは，マルウェア対策ソフトのベンダーが9時に公開した最新の定義ファイルで検出可能であることが判明した。

最新版の定義ファイルでフルスキャンをした結果，マルウェアが検出されました。ここから，マルウェア対策ソフトの定義ファイルが最新版（9時更新以降）ではない古い版（前日16時以前）だったことが，マルウェアに感染してしまった原因だと分かります。「1日1回？」ではやはり足りなかったようです。

ということで，問題点を整理し，対策を考えることが今回の問題です。

A社では，今回のマルウェア感染による情報セキュリティインシデントの問題点を整理し，再発を防止するための対策を講じることにした。

設問　A社が講じることにした対策はどれか。解答群のうち，最も適切なものを選べ。

解答群

ア　PCが起動したらすぐに自動的にVPN接続するように，PCを構成する。

イ　これまでメールをやり取りしたことがない差出人からメールを受信した場合は,添付されているファイルを開かず,すぐに削除するよう社内ルールに定める。

ウ　マルウェア定義ファイルは，10分ごとに更新されるように，マルウェア対策ソフトの設定を変更する。

エ　マルウェア定義ファイルは，8時にも更新されるように，マルウェア対策ソフトの設定を変更する。

オ　メールに添付されたファイルを開く場合は，一旦PCに保存し，マルウェア対策ソフトでスキャンを実行してから開くよう社内ルールに定める。

ここでは，マルウェア定義ファイルの更新頻度が答えになります。エのように，1日2回だとやはり足りないので，ウのように，10分ごとに更新されるようにするのが適切です。したがって，ウが正解です。

最近のマルウェア対策ソフトは，添付ファイルのリアルタイムスキャンができるので，オのように一旦PCに保存する必要はありません。VPN接続ややり取りしたことのない差出人という内容については，今回の状況とは違うので関係ありません。

ちなみに，この問題で出題されているのは，マルウェアEMOTETだと考えられます。EMOTETは，メールアカウントやメールデータなどの情報窃取に加え，他のマルウェアへの二次感染のために悪用されるマルウェアです。EMOTETでは，正規のメールへの返信を装う手口が使われる場合があり，添付される不正なファイルなどから，感染の拡大を試みます。

マルウェアEMOTETの詳細については，1-2で改めて学習します。

（出典：令和5年度 情報セキュリティマネジメント試験 公開問題 問15）
（参考：情報セキュリティマネジメント試験 科目Bのサンプル問題 問3）

1-1-3 【事例2】ランサムウェアとバックアップ

ランサムウェアはマルウェアの一種で，感染するとファイルが暗号化されて使えなくなります。科目B問題で出題された事例をもとに，バックアップをはじめとした対処方法を学んで行きましょう。

事例1　旅行商品の販売会社A社

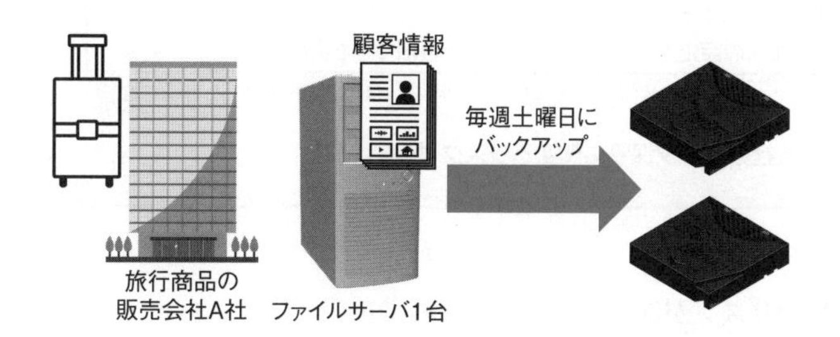

今回の事例は，旅行商品を販売するA社です。顧客情報を取り扱っており，ファイルサーバのデータをバックアップしています。問題文には次のような記述があります。

> A社は旅行商品を販売しており，業務の中で顧客情報を取り扱っている。A社が保有する顧客情報は，A社のファイルサーバ1台に保存されている。ファイルサーバは，顧客情報を含むフォルダにある全てのデータを磁気テープに毎週土曜日にバックアップするよう設定されている。バックアップは2世代分が保存され，ファイルサーバの隣にあるキャビネットに保管されている。

情報セキュリティマネジメントでは，まだ起こっていないことをリスクとして想定し，定期的に見直します。リスクやリスクマネジメントについては，第3章で改めて詳しく学習します。

ここでは，A社で行う情報セキュリティに関するリスクの見直しについてまとめます。

A社では年に一度，情報セキュリティに関するリスクの見直しを実施している。情報セキュリティリーダーであるE主任は，A社のデータ保管に関するリスクを見直して図1にまとめた。

1. ランサムウェアによってデータが暗号化され，最新のデータが利用できなくなることによって，最大1週間分の更新情報が失われる。
2. ファイルサーバー周辺で火災が発生した結果，データを利用できなくなる。
3. バックアップの取得が失敗していることに気づかない。
4. バックアップ対象とするフォルダの設定ミスによって，データが復旧できなくなる。

（平成30年秋 情報セキュリティマネジメント試験 午後 問2を用いて補完）

図1　A社のデータ保管に関するリスク（抜粋）

リスクの見直しでは，複数のリスクが洗い出されます。科目B試験では，問われるのは1問につき一つのリスクです。この事例自体は2回出題されており，サンプル問題では1のリスク，令和5年度の公開問題では4のリスクについて問われています。

設問はそれぞれ，次のようになっています。

E主任は，図1の1に関するリスクを現在の対策よりも，より低減するための対策を検討した。

設問　E主任が検討した対策はどれか。解答群のうち，最も適切なものを選べ。

（情報セキュリティマネジメント試験　サンプル問題セット　問54）

E主任は，図1の4のリスクを低減するための対策を検討し，効果が期待できるものを選んだ。

設問　次の対策のうち，効果が期待できるものを二つ挙げた組合せを，解答群の中から選べ。

（令和5年度 情報セキュリティマネジメント試験 公開問題 問14）

ここでは選択肢をまとめて，それぞれの対策について検討していきます。解答群は，以下のとおりです。

(一) 週1回バックアップを取得する代わりに，毎日1回バックアップを取得して7世代分保存する。
(二) バックアップ後に，磁気テープ中のファイルのリストと，ファイルサーバのバックアップ対象ファイルのリストとを比較し，合致しているか(差分がないこと)を確認する。
(三) バックアップ対象とするフォルダの設定を，必ず2名で行うようにする。
(四) バックアップ用の媒体を磁気テープから(外付け)ハードディスクに変更する。
(五) バックアップを二組み取得し，うち一組みを遠隔地に保管する。
(六) バックアップに利用する磁気テープ装置を，より高速な製品に交換する。
(七) ファイルサーバにマルウェア対策ソフトを導入する。

図1の1～4について，(一)～(七)の対策を検討すると，次のようになります。

(一) 1の対策

週1回バックアップを取得する代わりに，毎日1回バックアップを取得して7世代分を保存することで，失われる更新情報は最大1日分となります。そのため，ランサムウェアによってデータが暗号化され，最新のデータが利用できなくなることによって，最大1週間分の更新情報が失われるリスクを1日分に低減することができます。

(二) 3，4両方の対策

磁気テープ中のファイルのリストと，ファイルサーバのバックアップ対象ファイルのリストとを比較すると，バックアップ対象のファイルが全部バックアップされていない場合に気づくことができます。そのため，合致しているか(差分がないこと)を確認する作業は，バックアップ対象とするフォルダの設定ミスによってデータが復旧できなくなるリスクと，バックアップの取得が失敗していることに気づかないリスクの両方のリスクの低減に有効です。

(三) 4の対策

バックアップ対象とするフォルダの設定を2名で行うようにすると，1名が設定ミスをしたときに，確認したもう1名がミスを指摘することができます。相互に確認することで，設定ミスの可能性を減らすことができるので，データが復旧できなくなるリスクの低減に有効です。

(四) ×

バックアップ用の媒体を磁気テープから外付けハードディスクに変更することで，バックアップの復元は高速化できます。しかし，データ保管に関するリスクの低減にはつながりません。

(五) 2の対策

バックアップを二組み取得し，うち一組みを遠隔地に保管することで，災害が発生した場合のデータの消失を防ぐことができます。ファイルサーバ周辺で火災が発生した結果，データを利用できなくなるリスクの低減に有効です。

(六) ×

磁気テープ装置の高速化は，バックアップの時間を短縮することができます。しかし，データ保管に関するリスクの低減にはなりません。

(七) ×

ファイルサーバにマルウェア対策ソフトを導入することは，マルウェア対策としては有効です。しかし，1～4に関するリスクの低減にはなりません。

以上のように，具体的に一つ一つ有効な対策を検討することで，情報セキュリティ対策を確実に行う仕組みを構築できます。

ここまで見てきたとおり，情報セキュリティマネジメントは，実際の場面でいろいろ役に立ちます。情報セキュリティに関する様々な知識を習得し，使えるスキルを身につけていきましょう。

(出典：情報セキュリティマネジメント試験 サンプル問題セット 問54
及び 令和5年春 情報セキュリティマネジメント試験 公開問題 問15)
(参考：平成30年秋 情報セキュリティマネジメント試験 午後 問2)

1-2 情報セキュリティの基本

情報セキュリティマネジメントを学ぶ上では，情報セキュリティの基本を理解することが不可欠です。ここでは，情報セキュリティの基礎知識と，情報セキュリティマネジメントの考え方について学んでいきます。

1-2-1 情報セキュリティの目的と考え方

頻出度 ★★☆

情報セキュリティというと，「暗号化する」「セキュリティ機器を設置する」など技術的な対策を思い浮かべがちですが，実は，情報セキュリティには経営寄りの考え方が不可欠です。

情報セキュリティの目的と考え方

情報セキュリティマネジメントに関する要求事項を定めたJIS Q 27001:2023（ISO/IEC 27001:2022）では，情報セキュリティを確保するためのシステムである情報セキュリティマネジメントシステム（ISMS）について次のように説明しています。

> ISMSの採用は，組織の戦略的決定である。組織のISMSの確立及び実施は，その組織のニーズ及び目的，セキュリティ要求事項，組織が用いているプロセス，並びに組織の規模及び構造によって影響を受ける。影響をもたらすこれらの要因全ては，時間とともに変化することが見込まれる。

つまり，『組織の戦略によって決定され，組織の状況によって変わる』というのが情報セキュリティの考え方です。

情報セキュリティの定義

情報セキュリティについては，JIS Q 27000:2019（ISO/IEC 27000:2018）に，情報の機密性，完全性及び可用性を維持することと定義されています。この三つの要素の正確な定義は次のとおりです。

勉強のコツ

情報セキュリティマネジメントでは，細かい知識よりも“考え方”を身に付けることが大切です。
実際の事例を知ること，問題演習を繰り返し行うことなどを通して，考え方をしっかり学んでいきましょう。

用語

情報セキュリティの言葉の定義や基本的な考え方については，JIS（Japanese Industrial Standards：日本産業規格）の様々な規格で定められています。
情報セキュリティマネジメントに関しては，JIS Q 27001やJIS Q 27002に定義されており，これらの規格が情報セキュリティマネジメントの基準となります。

①機密性（Confidentiality）
認可されていない個人，エンティティ又はプロセスに対して，情報を使用させず，また，開示しない特性
②完全性（Integrity：インテグリティ）
正確さ及び完全さの特性
③可用性（Availability）
認可されたエンティティが要求したときに，アクセス及び使用が可能である特性

機密性を維持するとは，許可した人以外には情報を**見られないよう**にすることです。具体的には，暗号化や施錠などで情報を見られないように隠すことなどが機密性の対策です。

完全性を維持するとは，情報を**書き換えられないよう**にすることです。具体的には，Webページが改ざんされないように，サーバへのアクセスを制限するなどが完全性の対策です。

可用性を維持するとは，情報をいつでも**見られるよう**にすることです。具体的には，サーバが故障してデータが見られなくなることがないようにサーバを二重化するなどが可用性の対策です。

さらに，次の四つの特性も情報セキュリティの要素に含めることがあります。

④**真正性**（Authenticity）
エンティティは，それが主張するとおりのものであるという特性

⑤**責任追跡性**（Accountability）
あるエンティティの動作が，その動作から動作主のエンティティまで一意に追跡できることを確実にする特性（JIS X 5004）

⑥**否認防止**（Non-Repudiation）
主張された事象又は処置の発生，及びそれらを引き起こしたエンティティを証明する能力

⑦**信頼性**（Reliability）
意図する行動と結果とが一貫しているという特性

関連
囲み内は，JIS規格に記載されている厳密な定義です。少し言い回しが難しいですが，原文はこのように掲載されています。

参考
機密性，完全性，可用性は，この三つの頭文字をとってCIAとも呼ばれます。単に情報を見られないこと（機密性）を考えるだけでなく，他の二つのポイントも考慮してバランスよく守ることが大切です。

発展
企業活動の目的は，事業を継続して利益を出すことです。そのため，流出すると損失を出すおそれがあるものを保護し，利益を確保して事業を継続させるために，情報セキュリティを確保します。
そのときの視点として，情報を隠す機密性だけでなく完全性や可用性も見落とさないようにしようというのが，情報セキュリティの3要素（CIA）の考え方です。

用語
ここでのエンティティとは，独立体，認証される1単位を指します。具体的には，認証される単位であるユーザや機器，グループなどのことです。

用語
機密性，可用性はほぼ日本語で表現されますが，完全性だけは**インテグリティ**と英語で出てくることも多いので，押さえておきましょう。

情報セキュリティマネジメントシステム

情報セキュリティに取り組む上で大切なことは，情報を守るための対策をシステム化して継続的に改善していくことです。「がんばって守ろう！」というかけ声だけではどうがんばればいいのか分かりませんし，はじめから完璧に守れるわけではないので，徐々に改善していく必要があります。

組織の情報セキュリティの確保に体系的に取り組むことを情報セキュリティマネジメントといい，そのための仕組みを，**ISMS**（**Information Security Management System：情報セキュリティマネジメントシステム**）といいます。ISMSでは，情報セキュリティ基本方針を基に，次のような**PDCAサイクル**を繰り返します。

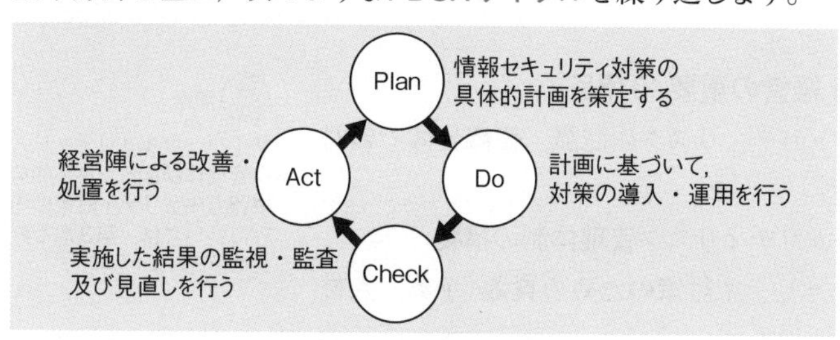

ISMSのPDCAサイクル

ISMSの構築方法や要求事項などは**JIS Q 27001（ISO/IEC 27001）**に示されており，これを基準にそれぞれの組織でISMSを構築していきます。

また，どのようにISMSを実践するかという実践規範はJIS Q 27002（ISO/IEC 27002）に示されています。

過去問題をチェック

情報セキュリティの定義については，次のような出題があります。

【完全性】
・平成28年秋 午前 問21
【可用性】
・平成28年秋 午前 問5
【真正性及び信頼性】
・平成29年春 午前 問24
【否認防止】
・平成29年秋 午前 問11
【真正性】
・平成30年春 午前 問8

関連

ISMSの詳細な内容については，「3-1-3 情報セキュリティマネジメントシステム」で詳しく学習していきます。

サイバーセキュリティ経営ガイドライン

サイバーセキュリティ経営ガイドラインとは，経済産業省がIPA（情報処理推進機構）とともに策定した，企業の経営者に向けたガイドラインです。ITサービスなどを提供する企業や，経営戦略上ITの利活用が不可欠な企業の経営者を対象としています。サイバー攻撃から企業を守る観点で，「**経営者が認識すべき3原則**」と，経営者がCISO（最高情報セキュリティ責任者）に指示すべき「**サイバーセキュリティ経営の重要10項目**」をまとめたものとなります。

関連

サイバーセキュリティ経営ガイドラインの最新版Ver3.0と支援ツールは，以下で公開されています。
https://www.meti.go.jp/policy/netsecurity/mng_guide.html

過去問題をチェック

サイバーセキュリティ経営ガイドラインについては，次のような出題があります。

【実施状況を確認すべき対策】
・平成29年春 午前 問2
【経営者の対応】
・平成29年秋 午前 問1

●経営者が認識すべき3原則

(1) 経営者は，サイバーセキュリティリスクが自社のリスクマネジメントにおける重要課題であることを認識し，自らの**リーダーシップによって対策を進める**ことが必要

(2) サイバーセキュリティ確保に関する責務を全うするには，自社のみならず，**国内外の拠点，ビジネスパートナーや委託先等，サプライチェーン全体**にわたるサイバーセキュリティ対策への目配りが必要

(3) 平時及び緊急時のいずれにおいても，サイバーセキュリティ対策を実施するためには，**関係者との適切なコミュニケーション**が必要

●サイバーセキュリティ経営の重要10項目

・**指示1**：サイバーセキュリティリスクの認識，**組織全体での対応方針**の策定

・**指示2**：サイバーセキュリティリスク**管理体制の構築**

・**指示3**：サイバーセキュリティ対策のための**資源**（予算，人材等）確保

・**指示4**：サイバーセキュリティ**リスクの把握とリスク対応に関する計画**の策定

・**指示5**：サイバーセキュリティリスクに**効果的に対応する仕組**みの構築

・**指示6**：**PDCAサイクル**によるサーバセキュリティ対策の継続的改善

・**指示7**：インシデント発生時の**緊急対応体制の整備**

・**指示8**：インシデントによる被害に備えた**事業継続・復旧体制の整備**

・**指示9**：ビジネスパートナーや委託先等を含めた**サプライチェーン全体の状況把握及び対策**

・**指示10**：サイバーセキュリティに関する情報の収集，共有及び開示の促進

関連
サイバーセキュリティリスク管理体制など，具体的な情報セキュリティ対策の内容については，第3章で詳しく学習します。

覚えよう！

☐ 情報セキュリティとは，機密性，完全性，可用性を維持すること

☐ 各組織で，情報セキュリティマネジメントシステムを構築し，PDCAサイクルを回す

1-2-2 情報セキュリティの基本

頻出度 ★★☆

情報セキュリティマネジメントによって守るものは，情報資産です。情報資産ごとに，その脅威と脆弱性を洗い出し，どのように守るのかを決めていきます。

発展

情報セキュリティで守るものは情報資産であり，その守り方は資産の金銭的価値などで決まります。
具体的には，すべての情報資産を最高レベルのセキュリティで守るのではなく，情報資産それぞれの価値に応じた最適な守り方をすることになります。すべての資産を守るのは難しいので，優先度を考えることも大切なセキュリティマネジメントです。

情報資産

企業の業務に必要な価値のあるものを資産といいますが，資産には，商品や不動産など形のあるものだけでなく，顧客情報や技術情報，人の知識や記憶などの**情報資産**も含まれます。

関連

情報資産の洗出しについては，「3-2-1　情報資産の調査・分類」で詳しく解説します。

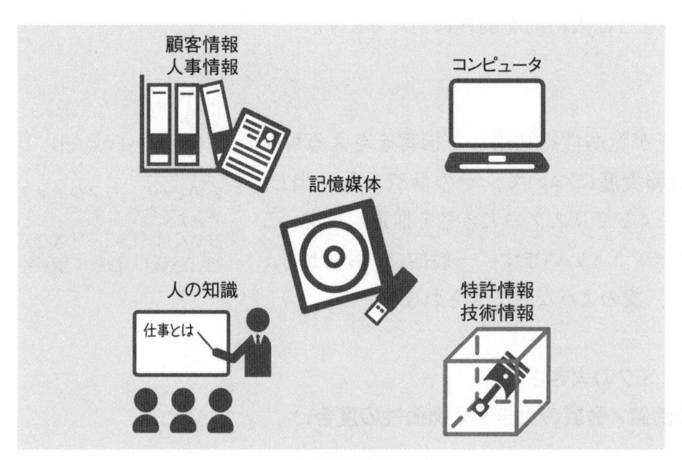

情報資産の例

企業や自治体などの組織は，様々な情報資産を保持しています。どのような情報資産があるのかを洗い出して把握し，それぞれの資産に合わせた対策を考えることが大切です。

脅威

脅威とは，システムや組織に損害を与える可能性があるインシデントの**潜在的な原因**です。インシデントとは，望まれていないセキュリティの現象（事象）で，組織の事業を危うくするおそれがあるものです。

脅威の種類や例については，「1-2-3　脅威と脆弱性」で詳しく取り上げます。

脆弱性

脆弱(ぜい)性とは，脅威がつけ込むことができる，**資産がもつ弱点**です。例えば，施錠していない部屋にコンピュータを保管しているという脆弱性があることによって，盗難などの脅威が起こる可能性が生じます。脆弱性の具体例としては，ソフトウェアの不具合である**バグ**や，セキュリティ上の欠陥である**セキュリティホール**などがあります。

また，セキュリティ環境の未整備や情報の管理体制が実践されていない状況のことを**人為的脆弱性**といいます。社外での会話からの情報漏えい，施錠されていないことによる侵入や，それに伴う盗難・情報漏えいなどは人為的脆弱性に当たります。

リスク

リスクとは，ある脅威が脆弱性を利用して**損害を与える可能性**です。それぞれの**情報資産**について，その脅威を洗い出し，脆弱性を考慮することによってリスクの大きさを推定します。このことを，リスクアセスメントといいます。一般的に，情報セキュリティリスクの大きさは，次のような式で表されます。

具体的な脅威や脆弱性，リスクの洗出しや，リスク対応のために，**リスクアセスメント**を行います。
詳しくは，「3-2　リスク分析と評価」で改めて取り扱います。

情報セキュリティリスクの大きさ
＝情報資産の価値×脅威の大きさ×脆弱性の度合い

覚えよう！

- □　**情報資産とは，企業の業務に必要な価値あるもの全般**
- □　**ある脅威が脆弱性を利用して損害を与える可能性がリスク**

1-2-3 脅威の種類

頻出度 ★☆☆

脅威とは，システムや組織に損害を与える可能性があるインシデントの潜在的な原因です。様々な脅威の種類があります。

脅威の種類

脅威の種類には，次のようなものがあります。

- **物理的脅威** …… 直接的に情報資産が被害を受ける脅威
  事故，災害，故障，破壊，盗難，不正侵入 ほか
- **技術的脅威** …… ITなどの技術による脅威
  不正アクセス，盗聴，なりすまし，改ざん，エラー，クラッキング ほか
- **人的脅威** ……… 人によって起こされる脅威
  誤操作，紛失，破損，盗み見，不正利用，ソーシャルエンジニアリング ほか

人的脅威の原因

人によって引き起こされる脅威は，攻撃の意図をもって行われる**故意**だけではありません。ミスによって引き起こされる**過失**や，言葉や思考そのものに誤りがある**誤謬**(びゅう)の可能性もあります。会社に許可されていない端末を持ち込んで使用する**シャドーIT**なども，人的脅威です。

脅威の具体例

脅威の具体例としては，上記の他に，サイバー攻撃，情報漏えい，不正行為，妨害行為，サービス妨害，風評，炎上，SNS（Social Networking Service）の悪用，SPAM（迷惑メール），ファイル共有ソフト，マルウェア・不正プログラムによるものなどがあります。

発展
ソーシャルエンジニアリングと技術を合わせた攻撃手法に，自動車などで移動しながら脆弱な無線LANアクセスポイントを探し出し，建物の外部から無線LANにアクセスするウォードライビングなどがあります。

ソーシャルエンジニアリング

人間の心理的，社会的な性質につけ込んで秘密情報を入手する手法全般を，ソーシャルエンジニアリングといいます。

具体的な手法には，コンピュータを操作している様子を後ろか

ら肩越しに見てパスワードなどの情報を盗み見る**ショルダーハッキング**や，ゴミ箱をあさってパスワードが書かれた紙を見つける**スキャベンジング**などがあります。

BEC（ビジネスメール詐欺）

BEC（Business E-mail Compromise：ビジネスメール詐欺）とは，巧妙な騙しの手口を駆使した詐欺で，偽の電子メールを組織・企業に送り付け，従業員を騙して攻撃者の用意した口座へ送金させようとします。ソーシャルエンジニアリングの一種でもあります。

BECは，騙す相手によって次の2パターンに分類できます。

過去問題をチェック

ソーシャルエンジニアリングやBECについては，次の出題があります。

【ソーシャルエンジニアリング】

・平成28年春 午後 問1
・平成28年秋 午前 問25
・平成29年春 午前 問21
・サンプル問題セット 問8

【BEC】

・令和元年秋 午前 問1
・サンプル問題セット 問13

1. 取引先との請求書の偽装

取引先などと請求にかかわるやり取りをメールなどで行っているときに，攻撃者が取引先になりすまし，攻撃者の用意した口座に差し替えた偽の請求書等を送り付け，振り込みをさせる手法です。

2. 経営者等へのなりすまし

攻撃者が企業の経営者や役員などになりすまし，企業の従業員に攻撃者の用意した口座へ振り込みをさせる手法です。

覚えよう！

- □ ソーシャルエンジニアリングは，人間の心理につけ込む
- □ BECでは，取引先や経営者になりすまして送金させる

1-2-4 マルウェア・不正プログラム

頻出度 ★★★

マルウェアは，悪意のあるソフトウェアの総称です。不正プログラムは，コンピュータ内に入り込み，操作の記録や証拠の隠滅などを行います。

マルウェア・不正プログラム

マルウェアとは，悪意のあるソフトウェアの総称です。不正ソフトウェアとも呼ばれ，ウイルスはマルウェアに含まれます。マルウェアがインストールされると，コンピュータに様々な影響を与えます。

主なマルウェアや不正プログラムには，次のようなものがあります。

①ルートキット（rootkit）

セキュリティ攻撃を成功させた後に，その痕跡を消して見つかりにくくするためのツールです。

②バックドア

正規の手続き（ログインなど）を行わずに利用できる通信経路です。攻撃成功後の不正な通信などに利用されます。

③スパイウェア

ユーザに関する情報を取得し，それを自動的に送信するソフトウェアです。キーボードの入力を監視し，それを記録する**キーロガー**や，ユーザの承諾なしに新たなプログラムなどを無断でダウンロードし導入する**ダウンローダ**などが該当します。

④ウイルス（コンピュータウイルス）

狭い意味では，自己伝染機能，潜伏機能，発病機能がある悪意のあるソフトウェアです。マルウェア一般の総称として用いられることもあります。

⑤トロイの木馬

悪意のないプログラムと見せかけて，不正な動きをするソフト

過去問題をチェック

マルウェアについては，次のような出題があります。

【ルートキット】
- 平成28年秋 午前 問14
- サンプル問題セット 問12

【バックドア】
- 平成28年春 午前 問27
- 令和元年秋 午前 問21

【ランサムウェア】
- 平成28年秋 午前 問27
- 平成30年秋 午前 問15

【ボットネット】
- 平成28年秋 午前 問12
- 平成29年秋 午前 問21
- 平成30年秋 午前 問14
- 令和元年秋 午前 問15

【ワーム】
- 平成29年秋 午前 問27

午後でも次のような出題があります。

【ランサムウェア】
- 平成28年秋 午前 問27
- 平成29年春 午後 問1
- サンプル問題セット 問54

【EMOTET】
- 科目Bサンプル問題 問3
- 令和5年度 公開問題 問15

ウェアです。自己伝染機能はありません。

⑥ランサムウェア

システムを暗号化するなどしてアクセスを制限し，その制限を解除するための**代金（身代金）**を要求するソフトウェアです。代表的なランサムウェアに，ネットワークを介して攻撃パケットを送出することで感染拡大を図るWannaCry（WannaCryptor）があります。ランサムウェアに感染する前にデータのバックアップを取っておき，復元できるようにする対策が有効です。

⑦アドウェア

広告を目的とした無料のソフトウェアです。通常は無害ですが，中にはユーザに気づかれないように情報を収集するような悪意のあるマルウェアが存在します。

⑧マクロウイルス

表計算ソフトやワープロソフトなどに組み込まれている，マクロと呼ばれる簡易プログラムに感染するウイルスです。

⑨ボット

インターネット上で動く自動化されたソフトウェア全般を指します。マルウェアとは限りません。不正目的のボットがボットネットとして協調して活動し，様々な攻撃を行います。例えば，離れたところから遠隔操作を行うことができる**遠隔操作ウイルス**はボットに該当します。近年では，攻撃者が用意したC&Cサーバ（Command & Control Server）を利用してボットに指令を出すことが増えています。

用語

ボットとはロボットの略称で，もともとは人間が行っていた作業を代わりに実行するプログラムを指します。ボットネットとは，多数のボットが連携して構成されるネットワークです。

用語

C&Cサーバとは，不正プログラムに対して遠隔操作で指示を出し，情報を受け取るためのサーバです。

⑩ワーム

独立したプログラムで，自身を複製して他のシステムに拡散する性質をもったマルウェアです。感染するときに，**宿主となるファイルを必要としない**ことが特徴です。

⑪偽セキュリティ対策ソフト型ウイルス

「ウイルスに感染しました」，「ハードディスク内にエラーが見つかりました」といった偽の警告画面を表示して，それらを解決するためとして有償版製品の購入を迫るマルウェアです。クレジットカード番号などを入力させて金銭を騙し取ることが目的です。

⑫エクスプロイトコード（exploit code）

新たな脆弱性が発見されたときにその再現性を確認し，攻撃が可能であることを検証するためのプログラムです。単にエクスプロイトということもあります。ソフトウェアやハードウェアの脆弱性を利用するために作成されたプログラムなので，悪意のある用途にも使用でき，改変することで容易にマルウェアが作成できます。そのため，脆弱性の検証用であっても，エクスプロイトコードの公開には注意が必要となります。

⑬ EMOTET

EMOTET（エモテット）は，メールアカウントやメールデータなどの情報窃取に加えて，他のマルウェアへの二次感染のために悪用されるマルウェアです。攻撃メールに添付される不正なファイルなどから，感染の拡大を試みます。

▶▶▶ 覚えよう！

- □ ルートキットは，攻撃を成功させた後にその痕跡を消すためのツール
- □ ランサムウェアは，PCを乗っ取って，身代金を請求する

1-2-5 不正と攻撃のメカニズム

不正行為は，機会，動機，正当化の不正のトライアングルが揃ったときに発生します。また，情報セキュリティの攻撃者の種類や動機には様々なものがあります。

不正のメカニズム

米国の犯罪学者であるD.R.クレッシーが提唱している**不正のトライアングル理論**では，人が不正行為を実行するに至るまでには，次の三つの不正リスク（不正リスクの3要素）が揃う必要があると考えられています。

発展

不正などの犯罪が起こらないようにするためには，以前は犯罪原因論といって，犯罪の原因をなくすことに重点をおく考え方が主流でした。現在では，犯罪機会論といって，犯罪を起こしにくくするように環境を整備する方向でも，犯罪予防が考えられています。

過去問題をチェック

不正のメカニズムについては，午前で次のような出題があります。

【不正のトライアングル】
・平成28年春 午前 問9
・平成29年春 午前 問27

【割れ窓理論】
・平成30年秋 午前 問12

①機会

不正行為の実行が可能，または容易となる環境のことです。例えば，情報システム管理者にすべての権限が集中しており，チェックが働かないなどの状況が挙げられます。

②動機

不正行為を行うための事情のことです。例えば，借金がある，給料が不当に低いなどの状況が挙げられます。

③正当化

不正行為を行うための良心の呵責を乗り越える理由のことです。例えば，お金を盗むのではなく借りるだけ，と自分に言い訳をすることなどが挙げられます。

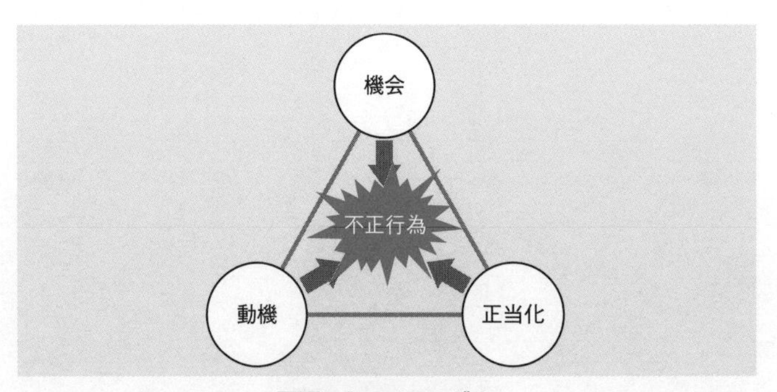

不正のトライアングル

不正のトライアングルを考慮して犯罪を予防する考え方の一つに，英国で提唱された状況的犯罪予防論があります。**状況的犯罪予防**では，次の五つの観点から，犯罪予防の手法を整理しています。

1. 物理的にやりにくい状況を作る
2. やると見つかる状況を作る
3. やっても割に合わない状況を作る
4. その気にさせない状況を作る
5. 言い訳を許さない状況を作る

また，犯罪を生じさせる日常的な状況に注目する理論に**日常活動理論**があります。

さらに，割れた窓などの軽微な不正や犯罪を放置することによって，より大きな不正や犯罪が誘発されるという**割れ窓理論**などもあります。

攻撃者の種類

情報セキュリティに関する攻撃者と一言で言っても，様々な種類の人がいます。代表的な攻撃者の種類は，次のようなものです。

①スクリプトキディ

インターネット上で公開されている簡単なクラッキングツールを利用して不正アクセスを試みる攻撃者です。他人の台本どおりにしか攻撃しない幼稚な攻撃者という意味合いが込められています。

用語
クラッキングとは，ネットワークの不正利用全般のことで，システムの不正侵入や破壊・改ざんなどの悪用がそれに当たります。

②ボットハーダー

ボットを統制してボットネットとして利用することでサイバー攻撃などを実行する攻撃者のことです。

③内部関係者

従業員や業務委託先の社員など，組織の内部情報にアクセスできる権限を不正に利用して情報を持ち出したり改ざんしたりする攻撃者のことです。

④愉快犯

人や社会を恐怖に陥れて，その様子を観察して喜ぶことを目的にサイバー犯罪を行う攻撃者のことです。

⑤詐欺犯

フィッシング詐欺や本物そっくりのWebサイトなどで個人情報などを窃取するような詐欺を行う攻撃者のことです。

⑥故意犯

罪を犯す意志をもって犯罪を行う攻撃者が故意犯です。逆に，犯罪を行う意志がないのに注意義務を怠るなどの過失によって罪を犯してしまう攻撃者のことを**過失犯**といいます。

攻撃の動機

情報セキュリティ攻撃の動機にも，様々なものが考えられます。代表的な攻撃の動機には，次のようなものがあります。

①金銭奪取

金銭的に不当な利益を得ることを目的に行われる攻撃です。個人情報など金銭につながる情報を得ることも含まれます。

②ハクティビズム

ハクティビズムはハッカーの思想のことで，政治的・社会的な思想に基づき積極的にハッキングを行います。

用語

ハッカーとは，コンピュータや電子回路などについて技術的に深い知識をもち，その技術を用いて技術的な課題を解決する人のことを指します。その行為をハッキングといいます。不正アクセスを行う場合には，ハッカーではなくクラッカーと言い換えることも多いです。

③サイバーテロリズム

ネットワークを対象に行われるテロリズムです。人に危害を与える，社会機能に打撃を与える，といった深刻かつ悪質な攻撃のことを指します。

サイバーキルチェーン

サイバー攻撃の段階を説明した代表的なモデルの一つに，サイバーキルチェーンがあります。サイバー攻撃を次の7段階に区分したもので，攻撃者の意図や行動を理解することを目的としています。

サイバーキルチェーンのモデル

攻撃の段階	概要
1 偵察	・インターネットなどから組織や人物を調査し，対象組織に関する情報を取得する
2 武器化	・エクスプロイトやマルウェアを作成する
3 デリバリ	・なりすましメール（マルウェアを添付）を送付する ・なりすましメール（マルウェア設置サイトに誘導）を送付し，ユーザにクリックさせるように誘導する
4 エクスプロイト	・ユーザにマルウェア添付ファイルを実行させる ・ユーザをマルウェア設置サイトに誘導し，脆弱性を使用したエクスプロイトコードを実行させる
5 インストール	・エクスプロイトの成功により，標的（PC）がマルウェアに感染する
6 C&C	・マルウェアとC&Cサーバと通信させて感染PCを遠隔操作し，追加のマルウェアやツールなどをダウンロードさせることで，感染を拡大する，あるいは内部情報を探索する
7 目的の実行	・探し出した内部情報を加工（圧縮や暗号化等）した後，情報を持ち出す

※「高度サイバー攻撃への対処におけるログの活用と分析方法」（JPCERT/CC）を基に作成

関連

「高度サイバー攻撃への対処におけるログの活用と分析方法 1.0版」は，以下で公開されています。
https://www.jpcert.or.jp/research/APT-loganalysis_Report_20151117.pdf

サイバーキルチェーンのいずれかの段階で攻撃を断ち切ることができれば，被害の発生を防ぐことができます。

▶▶▶ 覚えよう！

- □ 不正は，機会・動機・正当化のトライアングルが揃うと起こる
- □ 攻撃者には，スクリプトキディ，ボットハーダー，内部関係者など，様々なパターンがある

1-2-6 演習問題

問1 機密性・完全性・可用性 CHECK ▶ □□□

情報セキュリティにおける機密性，完全性及び可用性と，①～③のインシデントによって損なわれたものとの組合せとして，適切なものはどれか。

① DDoS攻撃によって，Webサイトがダウンした。
② キーボードの打ち間違いによって，不正確なデータが入力された。
③ PCがマルウェアに感染したことによって，個人情報が漏えいした。

	①	②	③
ア	可用性	完全性	機密性
イ	可用性	機密性	完全性
ウ	完全性	可用性	機密性
エ	完全性	機密性	可用性

問2 否認防止 CHECK ▶ □□□

JIS Q 27000:2019（情報セキュリティマネジメントシステム－用語）において定義されている情報セキュリティの特性に関する記述のうち，否認防止の特性に関するものはどれか。

ア　ある利用者があるシステムを利用したという事実が証明可能である。
イ　認可された利用者が要求したときにアクセスが可能である。
ウ　認可された利用者に対してだけ，情報を使用させる又は開示する。
エ　利用者の行動と意図した結果とが一貫性をもつ。

問3 サイバーキルチェーン CHECK ▶ □□□

サイバーキルチェーンの説明として，適切なものはどれか。

ア　情報システムへの攻撃段階を，偵察，攻撃，目的の実行などの複数のフェーズに分けてモデル化したもの
イ　ハブやスイッチなどの複数のネットワーク機器を数珠つなぎに接続していく接続方式
ウ　ブロックと呼ばれる幾つかの取引記録をまとめた単位を，一つ前のブロックの内容を示すハッシュ値を設定して，鎖のようにつなぐ分散管理台帳技術
エ　本文中に他者への転送を促す文言が記述された迷惑な電子メールが，不特定多数を対象に，ネットワーク上で次々と転送されること

問4 サイバーセキュリティ経営ガイドライン CHECK ▶ □□□

経済産業省とIPAが策定した“サイバーセキュリティ経営ガイドライン（Ver3.0）”の説明はどれか。

ア　企業がIT活用を推進していく中で，サイバー攻撃から企業を守る観点で経営者が認識すべき3原則と，サイバーセキュリティ対策を実施する上での責任者となる担当幹部に，経営者が指示すべき重要10項目をまとめたもの
イ　経営者がサイバーセキュリティについて方針を示し，マネジメントシステムの要求事項を満たすルールを定め，組織が保有する情報資産をCIAの観点から維持管理し，それらを継続的に見直すためのプロセス及び管理策を体系的に規定したもの
ウ　事業体のITに関する経営者の活動を，大きくITガバナンス（統制）とITマネジメント（管理）に分割し，具体的な目標と工程として40のプロセスを定義したもの
エ　世界的規模で生じているサイバーセキュリティ上の脅威の深刻化に関して，企業の経営者を支援する施策を総合的かつ効果的に推進するための国の責務を定めたもの

問5 不正のトライアングル CHECK ▶ □□□

不正が発生する際には“不正のトライアングル”の3要素全てが存在すると考えられている。“不正のトライアングル”の構成要素の説明として，適切なものはどれか。

ア “機会”とは，情報システムなどの技術や物理的な環境，組織のルールなど，内部者による不正行為の実行を可能又は容易にする環境の存在である。
イ “情報と伝達”とは，必要な情報が識別，把握及び処理され，組織内外及び関係者相互に正しく伝えられるようにすることである。
ウ “正当化”とは，ノルマによるプレッシャなどのことである。
エ “動機”とは，良心のかしゃくを乗り越える都合の良い解釈や他人への責任転嫁など，内部者が不正行為を自ら納得させるための自分勝手な理由付けである。

問6 ランサムウェアによる損害を軽減する対策 CHECK ▶ □□□

ランサムウェアによる損害を受けてしまった場合を想定して，その損害を軽減するための対策例として，適切なものはどれか。

ア PC内の重要なファイルは，PCから取外し可能な外部記憶装置に定期的にバックアップしておく。
イ Webサービスごとに，使用するIDやパスワードを異なるものにしておく。
ウ マルウェア対策ソフトを用いてPC内の全ファイルの検査をしておく。
エ 無線LANを使用するときには，WPA2を用いて通信内容を暗号化しておく。

問7 シャドーIT CHECK ▶ □□□

シャドーITに該当するものはどれか。

ア IT製品やITを活用して地球環境への負荷を低減する取組
イ IT部門の許可を得ずに，従業員又は部門が業務に利用しているデバイスやクラウドサービス
ウ 攻撃対象者のディスプレイやキータイプを物陰から盗み見て，情報を盗み出す行為
エ ネットワーク上のコンピュータに侵入する準備として，侵入対象の弱点を探るために組織や所属する従業員の情報を収集すること

問8　C&Cサーバが果たす役割　CHECK ▶ □□□

ボットネットにおいてC&Cサーバが担う役割はどれか。

ア　遠隔操作が可能なマルウェアに，情報収集及び攻撃活動を指示する。
イ　攻撃の踏み台となった複数のサーバからの通信を制御して遮断する。
ウ　電子商取引事業者などへの偽のデジタル証明書の発行を命令する。
エ　不正なWebコンテンツのテキスト，画像及びレイアウト情報を一元的に管理する。

問9　隠蔽機能をもつパッケージ　CHECK ▶ □□□

サーバにバックドアを作り，サーバ内での侵入の痕跡を隠蔽するなどの機能をもつ不正なプログラムやツールのパッケージはどれか。

ア　RFID　　イ　rootkit　　ウ　TKIP　　エ　web beacon

解答と解説

問1 （令和４年 ITパスポート試験 問72）

《解答》ア

情報セキュリティにおける機密性とは，認可されていない個人，エンティティ又はプロセスに対して，情報を使用させず，また，開示しない特性です。問題文の①～③では，③の個人情報が漏えいしたことは，機密性が損なわれたインシデントになります。

情報セキュリティにおける完全性とは，正確さ及び完全さの特性です。問題文の①～③では，②の不正確なデータが入力されたことは，完全性が損なわれたインシデントになります。

情報セキュリティにおける可用性とは，認可されたエンティティが要求したときに，アクセス及び使用が可能である特性です。問題文の①～③では，①のWebサイトがダウンしたことは，可用性が損なわれたインシデントになります。

したがって，組合せの正しい**ア**が正解です。

問2 （令和３年秋 応用情報技術者試験 午前 問39）

《解答》ア

JIS Q 27000:2019では，否認防止（3.48）を「主張された事象又は処置の発生，及びそれらを引き起こしたエンティティを証明する能力」と定義しています。ある利用者があるシステムを利用したという事実を記録し，証明可能にしておくことによって，利用していないという否認を防止することができます。したがって，**ア**が正解です。

イは可用性，ウは機密性，エは信頼性の特性に関係します。

問3 （令和４年 ITパスポート試験 問69）

《解答》ア

サイバーキルチェーンは，サイバー攻撃の段階を説明した代表的なモデルの一つです。情報システムへの攻撃段階を，偵察，攻撃，目的の実行などの7つのフェーズに分けてモデル化したもので，攻撃者の意図や行動を理解することを目的としています。したがって，**ア**が正解です。

イ　デイジーチェーンの接続方式の説明です。

ウ　ブロックチェーンの説明です。

エ　チェーンメールの説明です。

問4 （令和3年春 応用情報技術者試験 午前 問41改）

《解答》ア

サイバーセキュリティ経営ガイドライン（Ver3.0）では，企業がIT活用を推進していく中で，サイバー攻撃から企業を守る観点が説明されています。具体的には，経営者が認識すべき3原則と，経営者が指示すべきサイバーセキュリティ経営の重要10項目が記述されています。したがって，**ア**が正解です。

イ　ISMS（Information Security Management System）の説明です。

ウ　COBIT（Control OBjectives for Information and related Technology）の説明です。

エ　サイバーセキュリティ基本法の説明です。

問5 （平成29年春 情報セキュリティマネジメント試験 午前 問27）

《解答》ア

不正のトライアングルの3要素とは，“機会”，“動機”，“正当化”の三つです。このうち“機会”とは，不正行為の実行が可能，または容易となる環境で，情報システムなどの技術や物理的な環境及び組織のルールなどが該当します。したがって，**ア**が正解です。

イは3要素のうちに入りません。ウは“動機”，エは“正当化”の説明となります。

問6 （令和4年 ITパスポート試験 問56）

《解答》ア

ランサムウェアは，システムを暗号化するなどしてアクセスを制限し，その制限を解除するための代金（身代金）を要求するソフトウェアです。対策としては，ランサムウェアによる損害を受けてしまった場合を想定して，あらかじめバックアップしておくことが有効です。PC内の重要なファイルは外部記憶装置にバックアップしておくことで，ランサムウェアの損害を軽減することができます。したがって，**ア**が正解です。

イ　パスワードリスト攻撃の対策例です。

ウ　マルウェア感染への対策例です。

エ　無線LANの電波の盗聴への対策例です。

問7 (令和元年秋 情報セキュリティマネジメント試験 午前 問10)

《解答》イ

シャドーITとは，IT部門の許可を得ずに業務に使用しているスマートデバイスなどを指します。したがって，**イ**が正解です。

アはグリーンIT，ウはショルダーハッキング，エは標的型攻撃などにおける初期調査に該当します。

問8 (令和５年春 応用情報技術者試験 午前 問36)

《解答》ア

C&C（Command and Control）サーバとは，標的型攻撃などの攻撃者が情報収集や攻撃を行うためのサーバです。ボットネットによるサイバー攻撃では，すでに仕込まれた遠隔操作が可能なマルウェアに，C&Cサーバが情報収集や攻撃活動を指示します。したがって，**ア**が正解です。

イ　ファイアウォールなどによる不正通信の遮断です。

ウ　偽の認証機関による，デジタル証明書の偽造です。

エ　CMS（Contents Management System）の役割です。

問9 (平成28年秋 情報セキュリティマネジメント試験 午前 問14)

《解答》イ

第三者がコンピュータに不正に侵入した後に利用するソフトウェアをまとめたパッケージは，rootkitです。したがって，**イ**が正解です。

ア　RFID（Radio Frequency IDentification）は，電波を使った近距離の無線通信で情報をやり取りする仕組みです。

ウ　TKIP（Temporal Key Integrity Protocol）は，無線LANで使われるセキュリティプロトコルで，システム運用中に動的に鍵を変更できます。

エ　web beacon（ウェブビーコン）は，HTMLを利用した閲覧者を識別する仕組みです。

第2章

情報セキュリティ技術

情報セキュリティについて学ぶためには，実際の攻撃について知ることや，基本的な技術を身につけることが不可欠です。この章では，現在行われている典型的なサイバー攻撃の手法について学びます。その後，情報セキュリティに関する技術として，暗号化や認証，公開鍵基盤（PKI）の基本的な内容を学習していきます。

2-1 サイバー攻撃手法

情報セキュリティ攻撃，いわゆるサイバー攻撃には様々な攻撃手法があります。代表的な手法を知っておくことは，情報セキュリティ対策に不可欠です。

2-1-1 パスワードに関する攻撃

頻出度 ★★★

攻撃者がパスワードを知ることができると，不正アクセスに利用できます。そのため，パスワードを入手するための，様々な攻撃手法があります。

利用者IDやパスワードの入手

ユーザが利用する利用者IDとパスワードの組み合わせを入手すると，利用者になりすまして不正なアクセスを行うことができます。そのため，パスワードに関する攻撃（パスワードクラック）は多く，いろいろな攻撃手法があります。

ブルートフォース攻撃（総当たり攻撃）

ブルートフォース攻撃は，同じ利用者IDに対して，総当たりで力任せにログインの試行を繰り返す攻撃です。適当に試行してすべての組み合わせを試すことが多く，パスワードの文字数が少ないと，破られやすくなります。

リバースブルートフォース攻撃

リバースブルートフォース攻撃は，ブルートフォース攻撃とは逆に，同じパスワードを使って様々な利用者IDに対してログインを試行する攻撃です。同じ利用者IDでログインを繰り返していると，**アカウントロック**でアクセスできなくなる場合があります。そのため，別の利用者IDにして試行を繰り返します。

パスワードスプレー攻撃

パスワードスプレー攻撃は，攻撃の時刻と攻撃元を変え，複数の利用者IDを同時に試す攻撃です。アカウントロックを回避しながら，いろいろなパスワードを試していきます。

関連

サイバー攻撃の手法はどんどん進化しています。
最新の情報は，IPAセキュリティセンターのWebサイト
https://www.ipa.go.jp/security/
に掲載されていますので，定期的に確認しておきましょう。

過去問題をチェック

パスワードに関する攻撃については，次のような出題があります。

【パスワードに関する攻撃】
・平成29年春 午前 問16
【ブルートフォース攻撃】
・平成30年春 午前 問27
【リバースブルートフォース攻撃】
・令和元年秋 午前 問19
【パスワードリスト攻撃】
・平成28年春 午前 問26
・平成28年秋 午前 問26
・平成31年春 午前 問16
・令和元年秋 午後 問1
・サンプル問題セット 問16

辞書攻撃

辞書攻撃は，辞書に出てくるような定番の用語を順に使用してログインを試みる攻撃です。

スニッフィング

スニッフィングは，盗聴することでパスワードを知る方法です。

リプレイ攻撃

リプレイ攻撃は，パスワードなどの認証情報を送信しているパケットを取得し，それを再度送信することでそのユーザになりすます攻撃です。パスワードが暗号化されていても使用できます。

パスワードリスト攻撃は，例えば他のWebサイトで登録していたIDとパスワードで，TwitterやGoogleなどにログインしてみるという攻撃です。パスワードをサイト間で同じものにしていると狙われやすくなります。対策としては，Webサイトごとに異なるパスワードにしておく方法が有効です。

パスワードリスト攻撃

パスワードリスト攻撃は，他のサイトで取得したパスワードのリストを利用して不正ログインを行う攻撃です。

レインボー攻撃

レインボー攻撃は，パスワードがハッシュ値で保管されている場合に，あらかじめパスワードとハッシュ値の組合せリスト（レインボーテーブル）を用意しておき，そのリストと突き合わせてパスワードを推測し不正ログインを行う攻撃です。

関連

レインボー攻撃に関係するハッシュ値については，「2-2　情報セキュリティ技術」で詳しく取り扱います。詳しい内容はそちらを参考にしてください。

▶▶▶ 覚えよう！

- ☐ **リバースブルートフォース攻撃では，パスワードを固定して利用者IDを変更**
- ☐ **パスワードリスト攻撃は，他サイトで漏えいしたパスワードを利用**

2-1-2 Webサイトに関する攻撃 頻出度★★☆

サイバー攻撃で最も多いのが，Webサイトを狙った攻撃です。Webサイト自体を狙った攻撃と，Webサイトの利用者を狙った攻撃の両方があります。

バッファオーバフロー攻撃

バッファオーバフロー（BOF）攻撃は，バッファ（プログラムが一時的な情報を記憶しておくメモリ領域）の長さを超えるデータを送り込むことによって，バッファの後ろにある領域を破壊して動作不能にし，プログラムを上書きする攻撃です。

対策としては，入力文字列長をチェックする方法が一般的です。また，C言語やC++言語など特定のプログラム言語でプログラムを作成したときに起こる攻撃なので，そのような言語を使わないという対策もあります。

SQLインジェクション

SQLインジェクションは，不正なSQLを投入することで，通常はアクセスできないデータにアクセスしたり更新したりする攻撃です。

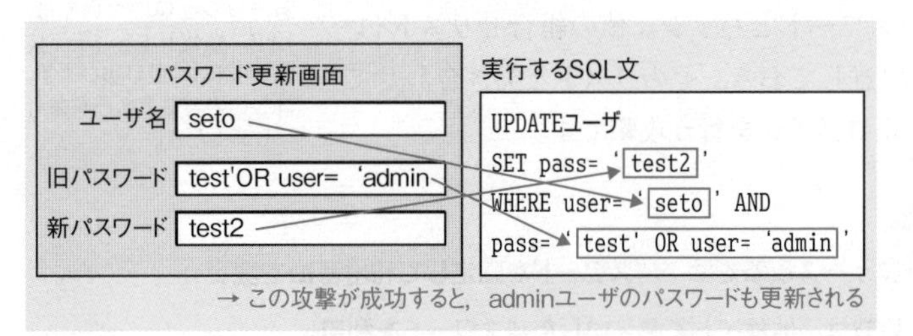

SQLインジェクションの例

SQLインジェクションでは，「'」（シングルクォーテーション）などの制御文字をうまく組み入れることによって，意図しない操作を実行できます。対策としては，制御文字を置き換える**エスケープ処理**や，事前にあらかじめSQL文を組み立てておくバインド機構などが有効です。

関連
SQLの詳細や具体的な使用方法については，「7-2-3 データ操作」で解説しています。

発展
SQLインジェクション対策で利用するバインド機構とは，あらかじめSQL文をある程度まで用意しておいて，そこに入力された文字列を割り当てる方法です。
具体的には，
`preparedStatement( "SELECT name FROM table WHERE code=?" )`
といったかたちであらかじめSQL文を作成しておき，「?」の部分に文字列を挿入します。
この機能のことをプリペアドステートメント，「?」の部分をプレースホルダといいます。

クロスサイトスクリプティング攻撃

クロスサイトスクリプティング(XSS：cross site scripting)攻撃は，悪意のあるスクリプト(プログラム)を，標的となるサイトに埋め込む攻撃です。悪意のある人が用意したサイトにアクセスした人のブラウザを経由して，XSSの脆弱性のあるサイトに対してスクリプトが埋め込まれます。そのスクリプトをユーザが実行することによって，Cookie（クッキー)情報などが漏えいするなどの被害が発生します。

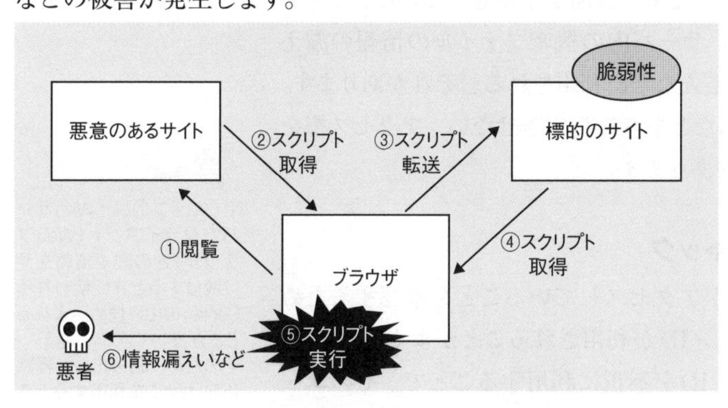

クロスサイトスクリプティング攻撃

対処方法としては，スクリプトを実行できなくするために，制御文字を**エスケープ処理**する方法などがあります。

> 用語
> Cookie（HTTP Cookie）とは，WebサーバとWebブラウザとの間で情報をやり取りする仕組みです。ユーザを識別するなどの目的で使用します。

> 過去問題をチェック
> クロスサイトスクリプティングについては，次のような出題があります。
> **【クロスサイトスクリプティング】**
> ・平成28年春 午前 問21
> ・平成28年秋 午前 問22

クロスサイトリクエストフォージェリ攻撃

クロスサイトリクエストフォージェリ(CSRF：Cross Site Request Forgeries)攻撃は，Webサイトにログイン中のユーザのスクリプトを操ることで，Webサイトに被害を与える攻撃です。

XSSとの違いは，XSSではクライアント上でスクリプトを実行するのに対して，CSRFではサーバ上に不正な書き込みなどを行って被害を起こします。

HTTPヘッダインジェクション攻撃

HTTPヘッダインジェクション攻撃とは，HTTPヘッダの中に不正なスクリプトなどを注入して行われる攻撃です。クロスサイトスクリプティング攻撃と同様，不正なスクリプトを実行されたり，ブラウザ上に偽の情報を表示されたりします。

さらに，Webサーバからの応答（レスポンス）を二つに分割させることによって，Webサーバのキャッシュを偽造する**HTTPレスポンス分割攻撃**が成立することがあります。

ディレクトリトラバーサル

ディレクトリトラバーサルは，Webサイトのパス名（Webサーバ内のディレクトリやファイル名）に上位のディレクトリを示す記号（../ や ..¥）を入れることで，公開が予定されていないファイルを指定する攻撃です。サーバ内の機密ファイルの情報の漏えいや，設定ファイルの改ざんなどに利用されるおそれがあります。

対策としては，パス名などを直接指定させない，アクセス権を必要最小限にするなどがあります。

セッションIDは，Webサーバとクライアント（Webブラウザ）との間で情報をやり取りするときに使われるCookieの中に埋め込まれることが多いです。
そのため，暗号化した経路（SSLなど）を利用するときのみCookieを送るという設定も，セッションハイジャック対策として有効です。

セッションハイジャック

Webサーバに同じ人がアクセスしていることを確認するための情報として，セッションIDが利用されることがよくあります。別のユーザのセッションIDを不正に利用することで，そのユーザになりすましてアクセスする手口を，セッションハイジャックといいます。

対策としては，セッションIDを推測されにくいものにする，暗号化するなどの方法があります。

OSコマンドインジェクション

コンピュータの基本ソフトウェアであるOS（Operating System）に対して，攻撃者からOSコマンドを受け取って実行してしまう攻撃を**OSコマンドインジェクション**といいます。Webサイトなどで，OSを実行する命令であるOSコマンドが実行できるような脆弱性がある場合に行われます。

クリックジャッキング

クリックジャッキングとは，Webサイトのリンクやボタンなどの要素を隠蔽したり偽装したりしてクリックを誘い，利用者の意図しない動作をさせる手法です。クリックジャッキングでは，次のように二つの部品を重ねるイメージでWebサイトに細工をします。

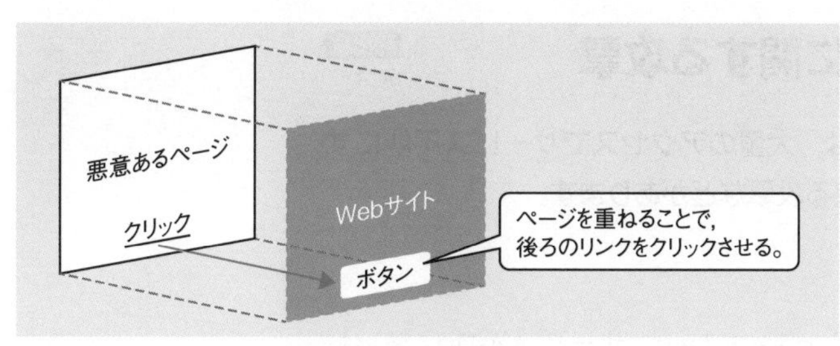

クリックジャッキングのイメージ

ドライブバイダウンロード攻撃

Webブラウザなどを通して，ユーザに気づかれないようにソフトウェアなどをダウンロードさせる行為が**ドライブバイダウンロード**です。Webサイトを閲覧しただけでマルウェアに感染させられてしまいます。

ドライブバイダウンロード攻撃の事例としては，**ガンブラー**や広告配信サイトの改ざんなどがあります。ガンブラーでは，攻撃者がWebサイトを書き換えるための情報を盗み，正規のWebサイトを改ざんします。また，広告配信サイトの改ざんでは，広告配信サイトを運営する企業のサーバに侵入することで，Webサイトの中の広告の部分を改ざんします。

発展

クリックジャッキング攻撃でWebページを重ねるために利用されている仕組みは「フレーム」といいます。クリックジャッキング対策としては，このフレームの仕組みを無効化することや，同じサイト内の情報のみフレーム表示させるように設定変更する方法が有効です。このための仕組みに，HTTPのX-FRAME-OPTIONSヘッダがあります。

覚えよう！

- □ クロスサイトスクリプティング攻撃では，不正なスクリプトをブラウザで実行し情報漏えい
- □ ドライブバイダウンロード攻撃では，Webサイトにアクセスしただけでソフトをダウンロード

2-1-3 通信に関する攻撃

頻出度 ★★

通信に関する攻撃には，大量のアクセスでサービス不能にする攻撃や，通信を乗っ取る攻撃などがあります。

DoS攻撃

DoS攻撃(Denial of Service attack：サービス不能攻撃)は，サーバなどのネットワーク機器に大量のパケットを送るなどして，サービスの提供を不能にする攻撃です。

DoS攻撃には様々なやり方があり，代表的なものは次のとおりです。

① DDoS攻撃

DDoS攻撃(Distributed DoS attack)は，踏み台と呼ばれる複数のコンピュータから一斉に攻撃を行う手法です。

② EDoS攻撃

EDoS攻撃(Economic DoS attack，又は Economic Denial of Sustainability attack)は，クラウドサービス利用者の経済的な損失を目的に，リソースを大量消費させる攻撃です。

③ リフレクション攻撃(DRDoS攻撃)

リフレクション攻撃(**DRDoS**攻撃：Distributed Reflective DoS attack)は，DDoS攻撃の一種です。送信元を攻撃対象に偽装したパケットを多数のコンピュータに送信し，その応答を攻撃対象に集中させます。

踏み台攻撃

関係のない第三者が，迷惑メールを送る中継点などとしてメールサーバを利用する攻撃です。外部ネットワークから別の外部ネットワークへの接続に利用されることを**第三者中継**といいます。メールサーバでの第三者中継のことをオープンリレー，DNSサーバでの第三者中継のことをオープンリゾルバといって区別することもあります。第三者中継によって攻撃の拠点にされることを，**踏み台**にされるともいいます。

対策としては，第三者中継をサーバの設定で禁止する，メールサーバで認証を行うなどの方法があります。

IPスプーフィング

サーバなどで利用するIPアドレスを偽装して，他のサーバなどになりすますことです。DoS攻撃やDNSキャッシュポイズニング攻撃などと合わせて，攻撃者の身元を隠すためによく利用されます。

DNSに関する攻撃

DNS（Domain Name System）とは，URLなどにあるホスト名やドメイン名とIPアドレスを変換する名前解決のプロトコルです。DNSの名前解決の仕組みを悪用することで，様々な攻撃が可能となります。代表的なDNSに関する攻撃は，次のとおりです。

①DNSキャッシュポイズニング攻撃

DNSサーバのキャッシュに不正な情報を注入することで，不正なサイトへのアクセスを誘導する攻撃です。キャッシュサーバと呼ばれる，組織ごとの利用者が使うDNSに，攻撃者のサイトへの情報が埋め込まれます。

②DNSリフレクション（DNS Reflection）攻撃（DNS amp攻撃）

DNSの応答を利用したDDoS攻撃で，リフレクション攻撃（DRDoS）の一種です。送信元を偽装して，DNSの応答が攻撃対象のサーバに集中するようにします。DNSアンプ（DNS amp）攻撃ともいいます。

③ランダムサブドメイン攻撃

攻撃者が，オープンリゾルバ（誰でも接続できるDNSキャッシュサーバ）に対して，特定のドメインの実在しないランダムなサブドメインを多数問い合わせる攻撃です。多数のオープンリゾルバで一度にアクセスすることで，特定のドメインに対するDDoS攻撃となります。

関連

DNSやIPの仕組みなど，ネットワーク関連の内容については，「7-3-3　通信プロトコル」で解説しています。ネットワークが苦手な方は，そちらでご確認ください。

過去問題をチェック

DNSに関する攻撃については，次の出題があります。

【DNSキャッシュポイズニング攻撃】
- 平成31年春 午前 問10
- 令和元年秋 午前 問16
- サンプル問題セット 問17

【ランダムサブドメイン攻撃】
- 令和元年秋 午前 問25

【ドメイン名ハイジャック攻撃】
- 平成30年春 午前 問20
- サンプル問題セット 問18

④ドメイン名ハイジャック攻撃

ドメイン名の権限をもたない人が何らかの方法でドメイン名を乗っ取る行為全般を，ドメイン名ハイジャックといいます。権威DNSサーバ（そのドメインに対応するサーバなどの情報が登録されているサーバ）の内容を不正に書き換えることによって，自分のサーバにアクセスさせ，ドメインを乗っ取ることができます。

SEOポイズニング

SEOポイズニング（Search Engine Optimization poisoning）は，Web検索サイトの順位付けアルゴリズムを悪用する攻撃です。SEOを利用して，検索結果の上位に，悪意のあるWebサイトを意図的に表示させます。

フィッシング

信頼できる機関を装い，偽のWebサイトに誘導する攻撃です。例えば，銀行を装って「本人情報の再確認が必要なので入力してください」などという偽装メールを送り，個人情報を入力させるといった手口があります。

中間者攻撃

過去問題をチェック

中間者攻撃に関する問題としては，次の出題があります。

【MITB攻撃】

・令和元年秋 午前 問13

中間者攻撃とは，攻撃者がクライアントとサーバとの通信の間に割り込み，クライアントと攻撃者との間の通信を，攻撃者とサーバとの間の通信として中継することによって，正規の相互認証が行われているように見せかける攻撃です。Man-in-the-middle Attack，または**MITM攻撃**と略されることもあります。

クライアントとサーバ間の通信は正常に行われるため，攻撃されたことに気付かず，すべての通信を不正に取得されてしまいます。

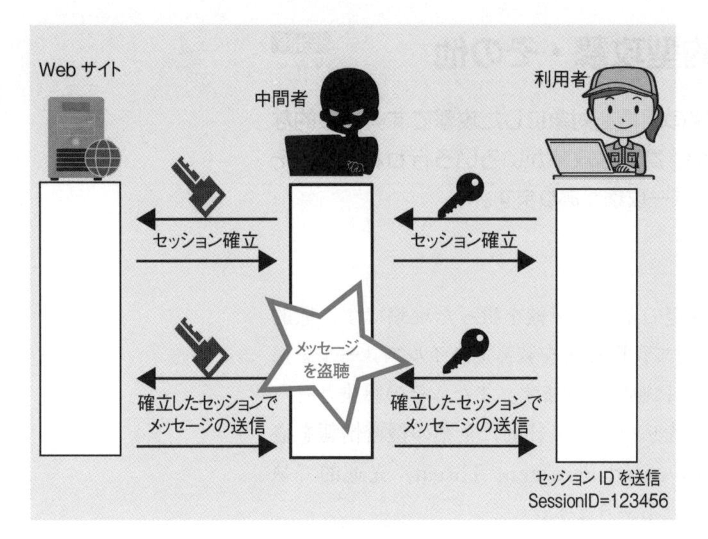

中間者攻撃

中間者攻撃の応用として，**MITB**攻撃（Man-in-the-Browser Attack）があります。MITB攻撃では，マルウェアを利用してWebブラウザの通信を中継し盗聴，改ざんを行います。具体例としては，オンラインバンキングへの通信を検知し，その通信を乗っ取って送金先や送金金額を書き換える攻撃が挙げられます。

▶▶▶ 覚えよう！

- □ **EDoS攻撃では，クラウドサービス利用者の経済的損失を狙う**
- □ **DNSキャッシュポイズニングでは，キャッシュサーバに攻撃者の情報が注入される**

2-1-4 標的型攻撃・その他

標的型攻撃は，特定の組織を対象にした攻撃です。一般的な対策では防ぎきれない，高度な攻撃がいろいろ行われます。その他にも，様々なサイバー攻撃があります。

標的型攻撃

標的型攻撃とは，特定の企業や組織を狙った攻撃です。標的とした企業の社員に向けて，関係者を装ってウイルスメールを送付するなどしてウイルスに感染させます。また，その感染させたPCからさらに攻撃の手を広げて，最終的に企業の機密情報を盗み出します。**APT**（Advanced Persistent Threat：先進的で執拗な脅威）と呼ばれることもあります。

標的型攻撃の典型的な手法は，まず**標的型攻撃メール**を送り，そのメールにマルウェアを添付して実行させます。このときのメールは通常の仕事関連のメールと同様の形式で送られてくるため，攻撃だと気づきにくいことが特徴です。

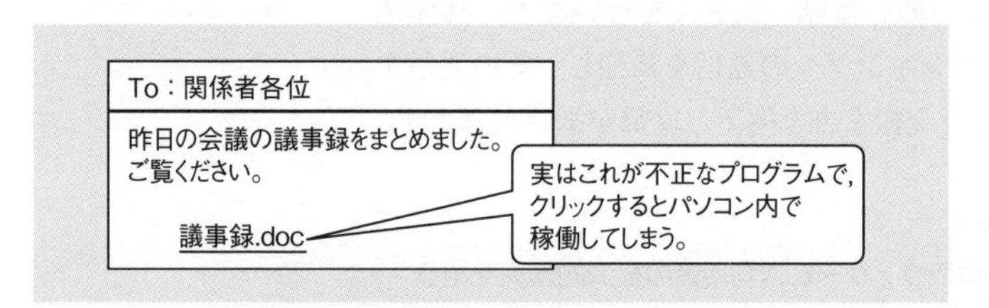

標的型攻撃メールの例

次に，そのマルウェアがパソコン内で稼働し，**C&Cサーバと通信**を行い，情報を外部に送ります。このときに，機密情報を含めた様々な情報が外部に漏えいします。

不正なプログラムが外部のC&Cサーバとやり取り

マルウェアを添付した標的型攻撃メールはウイルス対策ソフトで防げないことも多いため，攻撃を防ぐ入口対策だけでなく，感染後に被害を広げないための**出口対策**をしっかり行うことが大切です。

出口対策とは，マルウェアに感染した後でその被害を外部に広げないための対策です。具体的には，ファイアウォールを使って内部から外部への通信を遮断する，プロキシサーバで外部のC&Cサーバとの通信を遮断するなどの方法があります。

関連
ファイアウォールやプロキシサーバなどの機器については，「4-2　技術的セキュリティ対策」で改めて取り扱います。詳しい仕組みについては，そちらをご覧ください。

サイドチャネル攻撃

サイドチャネル攻撃は，暗号解読手法の一つで，暗号を処理している装置の動作などを観察・測定することによって機密情報を取得しようとする攻撃です。具体例としては，暗号の処理時間を計測するタイミング攻撃や，処理の実行中に放射させる電磁波を測定分析する電磁波解析攻撃などがあります。電磁波解析攻撃の一種に，漏えい電磁波を解読する**テンペスト攻撃**があります。

ゼロデイ攻撃

ゼロデイ攻撃は，ソフトウェアにセキュリティホール（脆弱性）が発見されたときに，それの対処法や修正プログラムが提供されるまでの間にその脆弱性を攻撃することです。

フットプリンティング

攻撃の準備として，ネットワーク上に存在している情報を収集することを**フットプリンティング**といいます。具体的には，サーバで使用しているOSやバージョン，ネットワーク構成情報などを取得し，攻撃者はこれらの情報を基にセキュリティ上の弱点を探し出します。代表的な手法としては，サーバのTCPやUDPのポート番号に対して順番にアクセスを行い，その返答を確認することでどのポートが有効であるかを確認する**ポートスキャン**があります。

フットプリンティングの対策としては，公開情報を必要最小限にし，ログや不正侵入の検知ツールなどを利用して，攻撃者の足跡を検出する仕組みを整えることが挙げられます。

関連
TCPやUDP，ポート番号など，TCP/IP関連の内容については，「7-3-3　通信プロトコル」で解説しています。ネットワークの基本についてはそちらをご覧ください。

AIに対する攻撃

AI（Artificial Intelligence）のアルゴリズムでは，データを学習させて予測を行うためのモデルを作成します。特に，AIのアルゴリズムの一つであるディープラーニングで作成したモデルでは，精度は高いのですが処理が複雑なため，人間が正しく学習できているかどうかを判別することが困難です。そのため，認識させる画像の中に人間には知覚できないノイズや微小な変化を含めることによって誤った判定を行わせる**Adversarial Examples**（敵対的サンプル）攻撃が成立します。また，**Model Inversion**（モデル反転）攻撃は，学習されたモデルから元の画像を取得する攻撃です。学習元の画像などの機密情報を得ることが可能となります。

クリプトジャッキング

クリプトジャッキングとは，他人のPCで勝手にプログラムを稼働させて，マイニング（暗号通貨の採掘）をさせる攻撃です。他人のリソースを利用してビットコインなどの暗号通貨をマイニングすることで，攻撃者が報酬を得ることができます。

攻撃を補助する技術・仕組み

攻撃者が攻撃を行うときには，その攻撃によって身元が特定されないように，また，身元が特定されないまま金銭を受け取れるようにする必要があります。そのために活用されるものに，次のような技術や仕組みがあります。

> 過去問題をチェック
> **【攻撃者の身元を特定できなくするための技術】**
> ・平成29年春 午後 問1
> Bitcoin，Torについて出題されています。

①Bitcoinなどの仮想通貨

Bitcoin（**ビットコイン**）とは，仮想通貨の一種で，オープンな取引を行う暗号通貨です。仮想通貨取引所などを利用しない場合には，身元の確認が行われないため，身分を明かさずにやり取りが可能となります。

②プリペイド式電子マネーや携帯端末

プリペイド式（前払い方式）の電子マネーは，現金などでの購入が可能なため，身元を明かさずにお金を支払うことが可能となります。これに対し，iDなどで利用される**ポストペイ式**（後払い方式）

> 用語
> iDは，ソニーが開発してNTTドコモが運営している電子決済サービスの一つです。iDの機能を搭載するクレジットカードを利用する場合にはポストペイ式となります。

の電子マネーは，クレジットカードと同様の信用照会が必要となります。プリペイド式携帯端末も同様に，身元確認の必要がないため，身分を明かさないやり取りなどに利用されます。

③Torなどの秘匿化プロトコル

Tor（トーア）（The Onion Router）は，通信経路を匿名化するための技術，及びそれを実現するソフトウェアです。通信の暗号化ではなく，送信元を秘匿化します。

④ディレクトリリスティングなどの調査技術

ディレクトリリスティングとは，URLでディレクトリを指定すると，ディレクトリに含まれるファイル一覧を表示するWebサーバの機能です。一般的なWebサイトでは無効にする必要があり，有効になっていると，ファイル一覧などの情報が分かり，攻撃の足がかりにされます。

⑤ダークウェブ

インターネット上で到達可能，かつ，未使用のIPアドレス空間をダークネットといいます。ダークネットに存在する，アクセスするのに特別なソフトウェアでの認証が必要となるWebサービスのことを**ダークウェブ**といいます。

▶▶▶ 覚えよう！

- □ 標的型攻撃には，出口対策が大事
- □ ゼロデイ攻撃では，対策が提供される前に脆弱性を攻撃

2-1-5 演習問題

問1 レインボー攻撃 CHECK ▶ □□□

パスワードクラック手法の一種である，レインボー攻撃に該当するものはどれか。

ア 何らかの方法で事前に利用者IDと平文のパスワードのリストを入手しておき，複数のシステム間で使い回されている利用者IDとパスワードの組みを狙って，ログインを試行する。
イ パスワードに成り得る文字列の全てを用いて，総当たりでログインを試行する。
ウ 平文のパスワードとハッシュ値をチェーンによって管理するテーブルを準備しておき，それを用いて，不正に入手したハッシュ値からパスワードを解読する。
エ 利用者の誕生日や電話番号などの個人情報を言葉巧みに聞き出して，パスワードを類推する。

問2 パスワードに関する攻撃 CHECK ▶ □□□

サーバへのログイン時に用いるパスワードを不正に取得しようとする攻撃とその対策の組合せのうち，適切なものはどれか。

	辞書攻撃	スニッフィング	ブルートフォース攻撃
ア	推測されにくいパスワードを設定する。	パスワードを暗号化して送信する。	ログインの試行回数に制限を設ける。
イ	推測されにくいパスワードを設定する。	ログインの試行回数に制限を設ける。	パスワードを暗号化して送信する。
ウ	パスワードを暗号化して送信する。	ログインの試行回数に制限を設ける。	推測されにくいパスワードを設定する。
エ	ログインの試行回数に制限を設ける。	推測されにくいパスワードを設定する。	パスワードを暗号化して送信する。

問3 DNSキャッシュポイズニング CHECK ▶ □□□

DNSキャッシュポイズニングに該当するものはどれか。

ア HTMLメールの本文にリンクを設定し，表示文字列は，有名企業のDNSサーバに登録されているドメイン名を含むものにして，実際のリンク先は攻撃者のWebサイトに設定した上で，攻撃対象に送り，リンク先を開かせる。
イ PCが問合せを行うDNSキャッシュサーバに偽のDNS応答を送ることによって，偽のドメイン情報を注入する。
ウ Unicodeを使って偽装したドメイン名をDNSサーバに登録しておき，さらに，そのドメインを含む情報をインターネット検索結果の上位に表示させる。
エ WHOISデータベースサービスを提供するサーバをDoS攻撃して，WHOISデータベースにあるドメインのDNS情報を参照できないようにする。

問4 ドライブバイダウンロード攻撃 CHECK ▶ □□□

ドライブバイダウンロード攻撃に該当するものはどれか。

ア PCから物理的にハードディスクドライブを盗み出し，その中のデータをWebサイトで公開し，ダウンロードさせる。
イ 電子メールの添付ファイルを開かせて，マルウェアに感染したPCのハードディスクドライブ内のファイルを暗号化し，元に戻すための鍵を攻撃者のサーバからダウンロードさせることと引換えに金銭を要求する。
ウ 利用者が悪意のあるWebサイトにアクセスしたときに，Webブラウザの脆弱性を悪用して利用者のPCをマルウェアに感染させる。
エ 利用者に気付かれないように無償配布のソフトウェアに不正プログラムを混在させておき，利用者の操作によってPCにダウンロードさせ，インストールさせることでハードディスクドライブから個人情報を収集して攻撃者のサーバに送信する。

問5 クロスサイトスクリプティング CHECK ▶ □□□

クロスサイトスクリプティングに該当するものはどれか。

ア Webアプリケーションのデータ操作言語の呼出し方に不備がある場合に，攻撃者が悪意をもって構成した文字列を入力することによって，データベースのデータの不正な取得，改ざん及び削除を可能とする。
イ Webサイトに対して，他のサイトを介して大量のパケットを送り付け，そのネットワークトラフィックを異常に高めてサービスを提供不能にする。
ウ 確保されているメモリ空間の下限又は上限を超えてデータの書込みと読出しを行うことによって，プログラムを異常終了させたりデータエリアに挿入された不正なコードを実行させたりする。
エ 攻撃者が罠(わな)を仕掛けたWebページを利用者が閲覧し，当該ページ内のリンクをクリックしたときに，不正スクリプトを含む文字列が脆弱なWebサーバに送り込まれ，レスポンスに埋め込まれた不正スクリプトの実行によって，情報漏えいをもたらす。

問6 フットプリンティングに該当するもの CHECK ▶ □□□

攻撃者が行うフットプリンティングに該当するものはどれか。

ア Webサイトのページを改ざんすることによって，そのWebサイトから社会的・政治的な主張を発信する。
イ 攻撃前に，攻撃対象となるPC，サーバ及びネットワークについての情報を得る。
ウ 攻撃前に，攻撃に使用するPCのメモリを増設することによって，効率的に攻撃できるようにする。
エ システムログに偽の痕跡を加えることによって，攻撃後に追跡を逃れる。

問7 APT CHECK ▶ □□□

APTの説明はどれか。

ア 攻撃者がDoS攻撃及びDDoS攻撃を繰り返し，長期間にわたり特定組織の業務を妨害すること
イ 攻撃者が興味本位で場当たり的に，公開されている攻撃ツールや脆弱性検査ツールを悪用した攻撃を繰り返すこと
ウ 攻撃者が特定の目的をもち，標的となる組織の防御策に応じて複数の攻撃手法を組み合わせ，気付かれないよう執拗に攻撃を繰り返すこと
エ 攻撃者が不特定多数への感染を目的として，複数の攻撃手法を組み合わせたマルウェアを継続的にばらまくこと

問8 DRDoS攻撃 

DRDoS（Distributed Reflection Denial of Service）攻撃に該当するものはどれか。

ア 攻撃対象のWebサーバ1台に対して，多数のPCから一斉にリクエストを送ってサーバのリソースを枯渇させる攻撃と，大量のDNSクエリの送信によってネットワークの帯域を消費する攻撃を同時に行う。
イ 攻撃対象のWebサイトのログインパスワードを解読するために，ブルートフォースによるログイン試行を，多数のスマートフォン，IoT機器などから成るボットネットを踏み台にして一斉に行う。
ウ 攻撃対象のサーバに大量のレスポンスが同時に送り付けられるようにするために，多数のオープンリゾルバに対して，送信元IPアドレスを攻撃対象のサーバのIPアドレスに偽装した名前解決のリクエストを一斉に送信する。
エ 攻撃対象の組織内の多数の端末をマルウェアに感染させ，当該マルウェアを遠隔操作することによってデータの改ざんやファイルの消去を一斉に行う。

問9 クリプトジャッキング CHECK ▶ □□□

クリプトジャッキングに該当するものはどれか。

ア PCに不正アクセスし，そのPCのリソースを利用して，暗号資産のマイニングを行う攻撃
イ 暗号資産取引所のWebサイトに不正ログインを繰り返し，取引所の暗号資産を盗む攻撃
ウ 巧妙に細工した電子メールのやり取りによって，企業の担当者をだまし，攻撃者の用意した暗号資産口座に送金させる攻撃
エ マルウェア感染したPCに制限を掛けて利用できないようにし，その制限の解除と引換えに暗号資産を要求する攻撃

問10 ゼロデイ攻撃の特徴 CHECK ▶ □□□

ゼロデイ攻撃の特徴はどれか。

ア 脆弱性に対してセキュリティパッチが提供される前に当該脆弱性を悪用して攻撃する。
イ 特定のWebサイトに対し，日時を決めて，複数台のPCから同時に攻撃する。
ウ 特定のターゲットに対し，フィッシングメールを送信して不正サイトに誘導する。
エ 不正中継が可能なメールサーバを見つけて，それを踏み台にチェーンメールを大量に送信する。

解答と解説

問1　（令和５年秋 応用情報技術者試験 午前 問36）

《解答》ウ

レインボー攻撃とは，平文のパスワードに対するハッシュ値をチェーンによって管理するテーブル（レインボーテーブル）をあらかじめ準備しておき，ハッシュ値をキーに検索することによって，元のパスワードを推測し，解読する攻撃です。したがって，**ウ**が正解です。

ア　パスワードリスト攻撃に該当します。

イ　ブルートフォース攻撃に該当します。

エ　ソーシャルエンジニアリングに該当します。

問2　（平成29年春 情報セキュリティマネジメント試験 午前 問16）

《解答》ア

パスワードを不正に取得しようとする攻撃のうち，辞書攻撃は，辞書にある単語を用いて攻撃するので，辞書にない，推測されにくいパスワードを設定することが有効です。スニッフィングは，ネットワーク上でパスワードを盗聴するので，パスワードを暗号化して送信することが有効です。ブルートフォース攻撃は，力任せで試行回数を増やして攻撃するので，ログインの試行回数に制限を設けることが有効です。したがって，組合せが正しい**ア**が正解となります。

問3　（平成31年春 情報セキュリティマネジメント試験 午前 問10）

《解答》イ

DNSキャッシュポイズニング攻撃とは，DNSサーバのキャッシュに不正な情報を注入することで，不正なサイトへのアクセスを誘導する攻撃です。DNSキャッシュサーバに偽のDNS応答を送ることによって実現できます。したがって，**イ**が正解です。

ア　フィッシングなどで利用されるURL偽装に該当します。

ウ　URL偽装とSEO（検索エンジン最適化）ポイズニングを組み合わせた攻撃です。

エ　WHOISデータベースは，DNS情報ではなく，ドメインに関する登録情報（ネットワークや担当者などに関する情報）を提供します。

問4 （令和5年度 基本情報技術者試験 科目A公開問題 問9）

《解答》ウ

ドライブバイダウンロード攻撃は，Webブラウザなどを通して，ユーザに気付かれないようにソフトウェアなどをダウンロードさせる攻撃です。利用者が悪意のあるWebサイトにアクセスしただけで，Webブラウザの脆弱性を悪用して利用者のPCをマルウェアに感染させることができます。したがって，**ウ**が正解です。

ア　物理的な盗難とWeb上でのデータ漏洩を組み合わせた攻撃です。
イ　ランサムウェア攻撃に該当します。
エ　スパイウェアなどのマルウェアのカテゴリに該当します。

問5 （平成28年春 情報セキュリティマネジメント試験 午前 問21）

《解答》エ

クロスサイトスクリプティングとは，不正なスクリプトを実行させる攻撃です。罠を仕掛けられたWebページを利用者が閲覧し，リンクをクリックしたときに不正スクリプトが実行されるので，**エ**が正解です。

アはSQLインジェクション，イはDoS攻撃（Denial of Service attack），ウはバッファオーバフローに該当します。

問6 （令和3年春 応用情報技術者試験 午前 問38）

《解答》イ

攻撃者が行うフットプリンティング（Foot Printing）とは，攻撃者が事前に行う情報収集です。攻撃前に，攻撃対象となるPC，サーバ及びネットワークについての情報を得ることは，フットプリンティングに該当します。したがって，**イ**が正解です。

ア　サイバーテロリズムに該当します。
ウ　セキュリティ攻撃時の準備です。
エ　ルートキットなどで実現する，攻撃の痕跡を消去する作業です。

問7 （平成30年秋 情報セキュリティマネジメント試験 午前 問21）

《解答》ウ

APT（Advanced Persistent Threat）は，サイバー攻撃の一分類で，標的型攻撃のうち，高度で執拗な攻撃を指します。持続的標的型攻撃などと訳されることもあります。特定の目的をもち，標的の組織に執拗に攻撃を繰り返すので，**ウ**が正解です。

ア，イ　高度な攻撃ではないので誤りです。

エ　APTは不特定多数への攻撃ではないので誤りです。

問8 （令和5年秋 データベーススペシャリスト試験 午前Ⅱ 問19）

《解答》ウ

DRDoS（Distributed Reflection Denial of Service）攻撃とは，DDoS攻撃の一種です。リフレクション攻撃ともいい，送信元を攻撃対象に偽装したパケットを多数のコンピュータに送信し，その応答を攻撃対象に集中させます。オープンリゾルバとは，外部からアクセスできるDNSキャッシュサーバです。多数のオープンリゾルバに，送信元IPアドレスを偽装した名前解決のリクエストを一斉に送信することで，DRDoS攻撃を実現できます。したがって，**ウ**が正解です。

ア　マルチベクトル型DDoS攻撃に該当します。

イ　ブルートフォース攻撃を分散型で行ったものです。

エ　遠隔操作マルウェアによる攻撃に該当します。

問9 （令和5年秋 情報処理安全確保支援士試験 午前Ⅱ 問5）

《解答》ア

クリプトジャッキングとは，他人のPCに不正アクセスし，暗号資産（クリプト）のマイニングを行う攻撃です。そのPCのリソースを利用して資産を稼ぎます。したがって，**ア**が正解です。

イ　Webサイトへの不正ログインに該当します。

ウ　BEC（Business E-mail Compromise）に該当します。

エ　ランサムウェアでの攻撃に該当します。

問10 (平成30年秋 情報セキュリティマネジメント試験 午前 問13)

《解答》ア

ゼロデイ攻撃とは，脆弱性が発見された直後（ゼロデイ）で，その脆弱性に対してのセキュリティパッチが提供される前に脆弱性を狙う攻撃です。したがって，**ア**が正解です。

イはDDoS攻撃，ウはフィッシング，エは踏み台を用いた迷惑メール送信の特徴になります。

2

2-2 情報セキュリティ技術

情報セキュリティ技術で基本となるのは，暗号化技術と認証技術です。また，これらを応用した公開鍵基盤の技術は，社会的に利用されています。

2-2-1 暗号化技術

頻出度 ★★★

暗号化を行う仕組みには，共通鍵暗号方式と公開鍵暗号方式の2種類があります。また，ハッシュを組み合わせることによって，認証をはじめ様々なことを実現できます。

勉強のコツ

暗号化の仕組みは，セキュリティ技術を理解する上での基本中の基本です。
確実に理解できるまで繰り返し学習することが大切です。

暗号化とは

暗号化とは，普通の文章（平文(ひらぶん)）を読めない文章（暗号文）にすることです。ただし，誰も読めなくなってしまったら役に立たないので，特定の人や機器だけは読めるようにする必要があります。

読めなくすることを**暗号化**，元に戻すことを**復号**といいます。

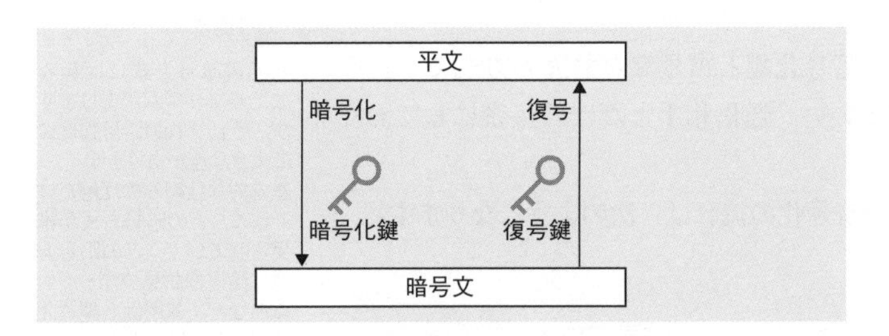

暗号化と復号

暗号化と復号のために必要なのは，暗号化や復号の方法である**暗号化アルゴリズム**と，暗号化や復号を行うときに使う**鍵**です。暗号化するときの鍵は**暗号化鍵**，復号するときの鍵は**復号鍵**と呼ばれます。

暗号化の方式

暗号化の方式には，共通鍵暗号方式と公開鍵暗号方式の2種類があります。

①共通鍵暗号方式

暗号化鍵と復号鍵が同じ暗号方式です。暗号方式の基本で，鍵は1種類しかないので秘密にしておく必要があります。そのため，**秘密鍵暗号方式**とも呼ばれます。

②公開鍵暗号方式

暗号化鍵と復号鍵が異なる暗号方式です。鍵が2種類となり，暗号化を行うために**公開鍵**と**秘密鍵**のキーペア（鍵ペア）を作成します。公開鍵は他の人に公開し，秘密鍵は自分だけの秘密にしておきます。

続いて，それぞれの暗号方式について詳しく見ていきましょう。

共通鍵暗号方式

共通鍵暗号方式は，暗号化鍵と復号鍵が**共通**の方式です。その共通の鍵を共通鍵といい，通信相手とだけの秘密にしておく秘密鍵です。

共通鍵暗号方式での暗号化の流れは，次のようになります。

関連
共通鍵暗号方式には様々なアルゴリズムがありますが，それぞれの暗号強度には大きな差があります。基本的な仕組みの理解だけでなく，どの暗号方式が推奨されていて，どの暗号方式に脆弱性が見つかっているかなど，運用面も押さえておくことが大切です。

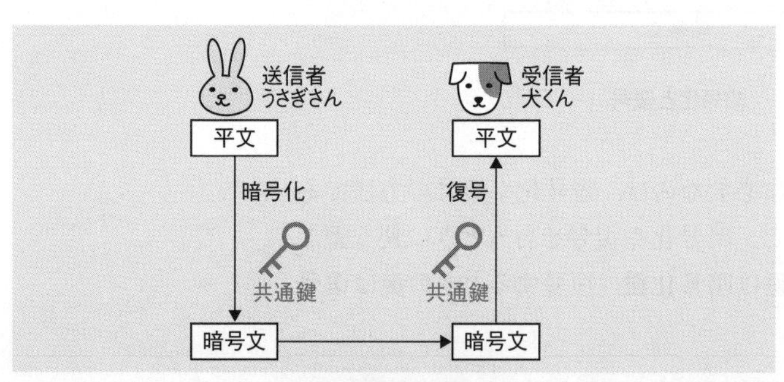

共通鍵暗号方式

うさぎさんが共通鍵を使って暗号化を行い，犬くんは受け取った暗号文を共通鍵で復号します。共通鍵を知られない限り，他の人は暗号文の内容を読むことはできません。

●共通鍵暗号方式の利点と問題点

共通鍵暗号方式の一番の利点は，公開鍵暗号方式と比べて暗号化と復号が速いということです。共通鍵での暗号化アルゴリズムでは排他的論理和を使うことが多く，処理は単純で高速です。そのため，データの暗号化を中心とした様々な分野で活用できます。

問題点は，暗号化する経路の数だけ鍵が必要であるため，人数が増えると管理が大変になることです。鍵を秘密にしておき，必要な人との間だけで共有するため，各人用の鍵を管理する必要があります。

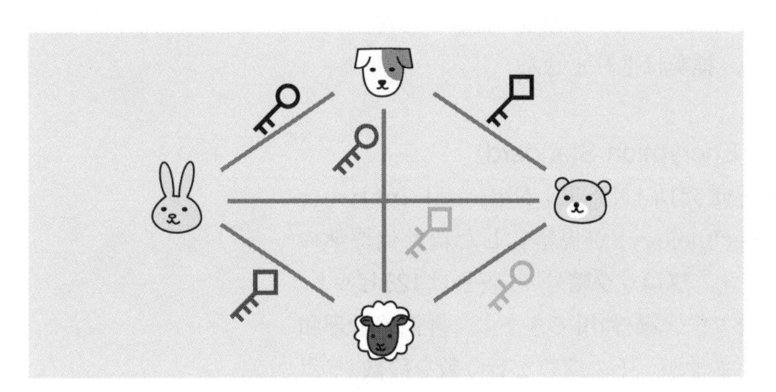

組合せの数だけ鍵が必要

また，共通鍵は秘密鍵なので，第三者に知られては意味がありません。そのため，インターネット上で気軽にやり取りするわけにはいかず，鍵の受け渡しに手間がかかります。暗号化を行う前に，直接会うなど，インターネット以外の方法で鍵の受け渡しを行っておく必要があるため，使用を始めるまでが大変です。

●共通鍵暗号方式の種類

代表的な共通鍵暗号方式には，以下のものがあります。

①DES（Data Encryption Standard）

ブロックごとに暗号化する**ブロック暗号**の一種です。米国の旧国家暗号規格であり，**56ビット**の鍵を使います。しかし，鍵長が短すぎるため，近年では**安全性が低いとみなされています。**

関連

暗号化の方法には，ブロック暗号とストリーム暗号の2種類があります。
ブロック暗号は，ブロックと呼ばれる固定長の長さに区切って暗号を行う方式で，全部の暗号化が終わってからデータを送信します。ストリーム暗号は，データを少しずつ暗号化していく方式で，暗号化が全部終わらないうちにデータ送信を行います。

②RC4（Rivest's Cipher 4）

ビット単位で少しずつ暗号化を行っていく**ストリーム暗号**の一種です。40～2048ビットの鍵長可変です。処理が高速であり，無線LANの暗号化技術である**WEP**などで使用されています。近年では安全性が低いとみなされており，解読される危険性があります。

③Triple DES（3DES）

DESを3回繰り返して暗号化を行う方式です。鍵長112ビットの2-key Triple DESと，鍵長168ビットの3-key Triple DESがあります。近年では，3-key Triple DESでも安全性が低いと見なされており，推奨はされません。

④AES（Advanced Encryption Standard）

米国国立標準技術研究所（NIST：National Institute of Standards and Technology）が規格化した新世代標準の方式で，DESの後継です。**ブロック暗号**で，鍵長は**128ビット，192ビット，256ビット**の三つが利用できます。排他的論理和の演算を繰り返し行いますが，その演算を行う数を**段数**（ラウンド数）といい，鍵長によって段数が決まります。

⑤Camellia（カメリア）

NTTと三菱電機が共同で2000年に開発した共通鍵ブロック暗号です。ブロック長は**128ビット**，鍵長はAESと同じ**128ビット，192ビット，256ビット**の三つが利用できます。AESと同等の安全性を保ちつつ，ハードウェアでの消費電力を抑えつつ，高速な暗号化と復号を実現します。

⑥KCipher-2（ケーサイファー・ツー）

九州大学とKDDI研究所により共同開発されたストリーム暗号です。鍵長は**128ビット**です。AESなどと比べて7～10倍高速に暗号化／復号の処理をすることが可能です。

発展

CRYPTRECという団体が作成した「電子政府における調達のために参照すべき暗号のリスト」のうち，「電子政府推奨暗号リスト」に登録されている共通鍵暗号方式は，次の三つです。

- **AES**
- **Camellia**
- **KCipher-2**

これらが，**政府が推奨する暗号**です。

公開鍵暗号方式

公開鍵暗号方式は，暗号化鍵と復号鍵が**異なる**方式です。使用する**人ごと**に**公開鍵**と**秘密鍵**のペア（**キーペア**）を作ります。そして，公開鍵は相手に渡して，秘密鍵は自分だけで保管しておきます。

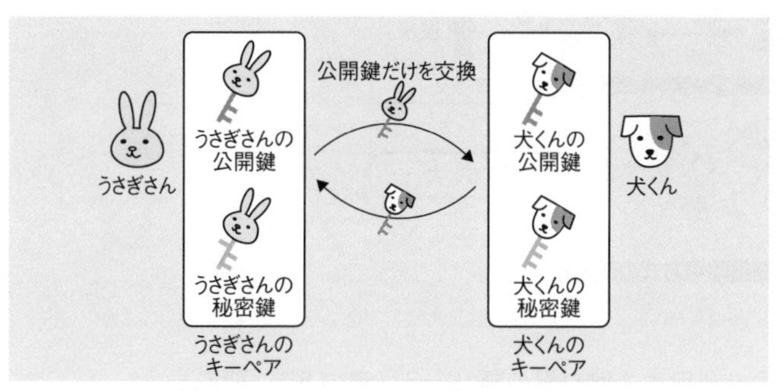

鍵を二つずつ作り，互いに公開鍵だけを交換

公開鍵暗号方式のキーペアを用いることで，次の2種類の処理が可能になります。

1. **公開鍵**で暗号化し，同じ人の**秘密鍵**で復号する
2. **秘密鍵**で暗号化し，同じ人の**公開鍵**で復号する

発展

暗号化のアルゴリズムとしては公開鍵暗号方式の方が優れているのですが，計算が複雑で処理が遅いという欠点があります。そのため，データの暗号化にはあまり用いられません。
しかし，共通鍵暗号方式は鍵の受け渡しが大変です。そのため，公開鍵暗号方式を用いた鍵共有の仕組みで共通鍵を作成するということがよく行われています。

これらの性質を使い，公開鍵暗号方式では，守秘，鍵共有，署名を実現します。

公開鍵だけを交換すればいいので，安全に鍵交換ができるのが特徴です。鍵の種類も人数分×2を用意すればいいため，人数が増えてもそれほど鍵が増えません。

●公開鍵暗号方式での守秘の実現

守秘の実現（暗号化）では，受信者が自分の秘密鍵で復号できるように，受信者の公開鍵で暗号化しておきます。送信者が相手（受信者）の公開鍵で暗号化すると，秘密鍵をもっている相手以外は読めなくなるので**守秘**が実現できます。

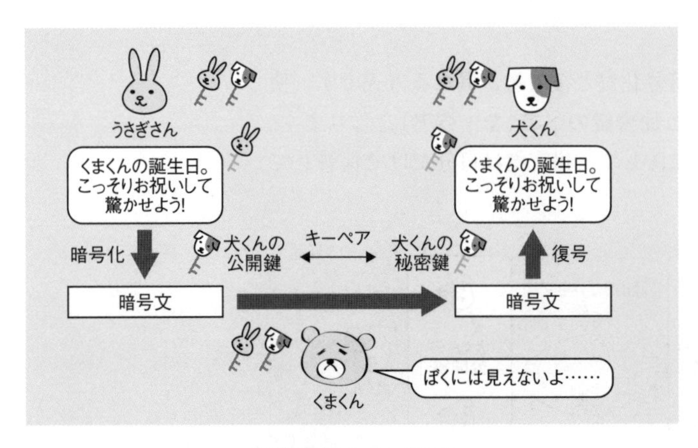

公開鍵暗号方式の暗号化

また，共通鍵暗号方式で利用する鍵や鍵の種(Seed)(鍵の基になる情報)を同じような方法で暗号化して送ることで**鍵共有**が実現できます。

●公開鍵暗号方式での署名

キーペアを逆に使い，送信者が自分の秘密鍵で暗号化することで，本人であることを証明できます。自分の**署名**を行い，真正性を実現することになるのです。

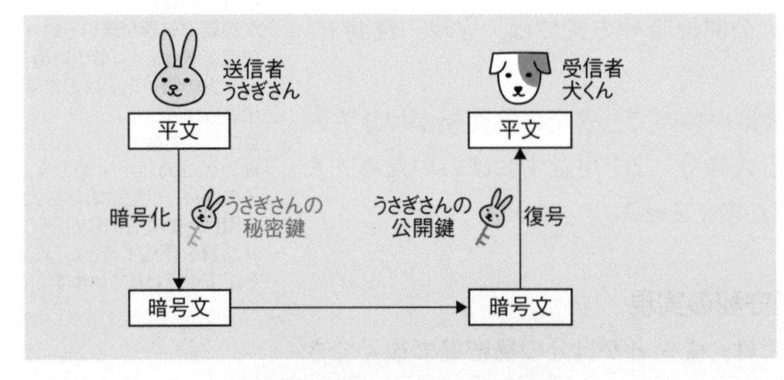

公開鍵暗号方式での署名の実現

用語

署名とデジタル署名は，厳密には異なります。
署名というときには，本人であることの証明の部分のみを指します。
デジタル署名については後述しますが，ハッシュ関数を併用することによって改ざんの検出なども可能になっています。

過去問題をチェック

公開鍵暗号方式については，次のような出題があります。

【公開鍵暗号を利用した電子商取引】
・平成28年春 午前 問24

【暗号方式】
・平成28年春 午前 問30
・平成29年秋 午前 問28
・平成30年秋 午前 問27
・令和5年度 公開問題 問4

【ハイブリッド暗号方式】
・平成31年春 午前 問28
・サンプル問題セット 問21

【RSA】
・平成29年秋 午前 問23

【楕円曲線暗号】
・平成31年春 午前 問27

●公開鍵暗号方式の種類

代表的な公開鍵暗号方式には，以下のものがあります。最も一般的に使用されているのはRSAです。

①RSA（Rivest Shamir Adleman）

大きい数での素因数分解の困難さを安全性の根拠とした方式です。公開鍵暗号方式で最もよく利用されています。鍵長1,024ビットのRSAは米国政府標準規格から外されており，鍵長2,048ビット以上の安全性証明の付いたRSAを使うことが推奨されています。

発展

公開鍵暗号方式では，ほとんどの場合にはRSAが利用されています。
公開鍵暗号方式の場合，アルゴリズムが複雑で，新しい暗号化方式を考えるのが大変なので，あまり新しい手法は出てきていないというのが現状です。

②DH鍵交換（Diffie-Hellman key exchange）

事前の秘密（共通鍵などの秘密の情報）の共有なしに暗号鍵の共有を可能とする，鍵共有のための方式です。**離散対数問題**を安全性の根拠とした方式で，暗号鍵は共通鍵暗号方式の鍵として使用可能です。

用語

離散対数問題とは，鍵の推測を難しくする数学的な性質です。例えば，素数pと定数gが与えられたとき
$y = g^x \bmod p$
（modは割り算の余り）をxから計算することは簡単ですが，yからxを求めることは困難です。
この性質が，公開鍵暗号方式に利用されています。

③DSA（Digital Signature Algorithm）

有限体上の**離散対数問題**を安全性の根拠とした署名アルゴリズムです。

④楕円曲線暗号（Elliptic Curve Cryptography：ECC）

楕円曲線上の**離散対数問題**を安全性の根拠とした方式です。RSA暗号の後継として注目されています。署名アルゴリズムとしてECDSAがあります。

■ハッシュ

ハッシュとは，一方向性の関数であるハッシュ関数を用いる方法です。データに対してハッシュ関数を用いてハッシュ値を求めます。ハッシュ値の長さは，データの長さによらず一定長となります。

ハッシュは，暗号化（ハッシュ化）はできても元に戻せないという性質をもっているため，メッセージを復元させたくないときに役立ちます。

発展

ハッシュの利用で可能になるのは，改ざんを**検出**することです。厳密には，改ざんを**防止**することはできません。
改ざんを防ぐことはできませんが，行われたときにハッシュ値を比較することによって改ざんに気づくことができます。

ハッシュの代表的な用途は，送りたいデータと合わせてハッ

シュ値を送ることで**改ざんを検出**することです。改ざんとは，データを書き換えることです。元のデータが少しでも異なるとハッシュ値が変わってしまい，また，ハッシュ値が同じ別のデータを探すことも困難なため，改ざんを検出することが可能となります。

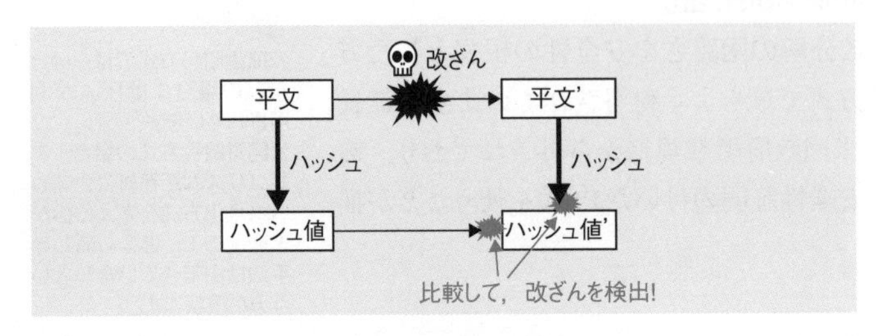

ハッシュで改ざんを検出

ハッシュ関数において，ハッシュ値が一致する二つのメッセージを発見することの困難さを**衝突発見困難性**といい，ハッシュ関数の強度を示す指標となります。

●ハッシュ関数でできること

改ざん検出のほかにも，ハッシュ関数はいろいろな場面で使われます。後述する，パスワード認証を行うときのチャレンジレスポンス方式などでは，ハッシュ関数を用いることが多いです。

また，パスワードを保管するときには，パスワードをハッシュ関数で変換し，**ハッシュ値のみを保管**することが多いです。受け取ったパスワードをハッシュ関数で変換し，保管してあるハッシュ値と一致するかどうかを確かめます。ハッシュ値は，盗聴されても元のメッセージが復元できないので，**盗聴防止**に役立ちます。

●ハッシュ関数の種類

代表的なハッシュ関数には，以下のものがあります。

①MD5（Message Digest Algorithm 5）

与えられた入力に対して128ビットのハッシュ値を出力するハッシュ関数です。理論的な弱点が見つかっています。

②SHA-1（Secure Hash Algorithm 1）

NISTが規格化した，与えられた入力に対して**160ビット**のハッシュ値を出力するハッシュ関数です。脆弱性があり攻撃手法がすでに見つかっているので推奨はされません。しかし，すでに普及しているため，互換性維持のための継続利用は容認されています。

③SHA-2（Secure Hash Algorithm 2）

SHA-1の後継で，NISTが規格化したハッシュ関数です。それぞれ224ビット，256ビット，384ビット，512ビットのハッシュ値を出力するSHA-224，SHA-256，**SHA-384**，**SHA-512**の総称です。**SHA-256**以上は電子政府推奨暗号リストにも登録されており，推奨される方式です。

●ソルト

ソルトとは，パスワードをハッシュ値に変換する際に付加されるデータです。ハッシュ関数は，そのアルゴリズムは公開されているため，同じメッセージからは同じハッシュ値を求めることができます。そのため，ハッシュ値が同じデータを見つけることで元のメッセージが推測できてしまう可能性があります。ソルトは，この推測を防ぐためにメッセージに付加するデータです。

ソルトを付加することで，同じメッセージから異なるハッシュ値が求められることになり，メッセージの推測を困難にできます。そのため，レインボー攻撃の対策としてソルトを付加することが有効となります。

レインボー攻撃については，「2-1-1　パスワードに関する攻撃」で解説しています。

●HMAC

メッセージに共通鍵を付加したものをハッシュ関数で変換した値を，HMAC（Hash-based Message Authentication Code）と呼びます。共通鍵を加えることで，共通鍵暗号方式での暗号的なハッシュ値となり，**鍵付きハッシュ関数**ともいわれます。メッセージ認証方式など，メッセージの内容を認証する場合によく用いられます。

関連

内容認証については，「2-2-2　認証技術」で解説しています。

暗号化技術の組み合わせ

共通鍵暗号方式や公開鍵暗号方式などの暗号化技術や，一方向性のハッシュ関数は，単独で使うと欠点も多くあります。

例えば，公開鍵暗号方式は暗号の強度は優れている半面，暗号化する速度は遅くなります。逆に，共通鍵暗号方式は高速ですが，共通鍵の受け渡し方法に問題があります。そのため，共通鍵暗号方式でデータを暗号化し，その鍵を公開鍵暗号方式で送る**ハイブリッド暗号方式**を利用することで，両方の利点を活用することができます。

公開鍵暗号方式とハッシュを合わせた**デジタル署名**や，共通鍵暗号方式とハッシュを合わせた**HMAC**も，組み合わせの例です。

関連
デジタル署名については，次項「2-2-2 認証技術」で改めて学習します。

暗号の危殆化

考案された当時は容易に解読できなかった暗号アルゴリズムが，コンピュータの性能の飛躍的な向上などによって，解読されやすい状態になることを，暗号の**危殆(たい)化**といいます。

共通鍵暗号方式，公開鍵暗号方式，ハッシュなどすべての暗号アルゴリズムで暗号の危殆化の危険性があります。使用しているシステムでの暗号の危殆化を避けるためには，CRYPTRECなどの暗号監視機関の情報を確認し，現在及び将来にわたって安全と判断できる暗号アルゴリズムを使用することが大切です。

関連
CRYPTRECについては，「3-3-1 情報セキュリティ組織・機関」を参照してください。

▶▶▶ 覚えよう！

- □ 公開鍵暗号方式は鍵が2種類で，公開鍵と秘密鍵のキーペアをつくる
- □ 共通鍵／公開鍵暗号方式とハッシュの組合せで，様々なセキュリティ対策ができる

2-2-2 認証技術

頻出度 ★★★

認証には，人の認証，物の認証など，様々な種類があります。デジタル署名は，公開鍵暗号方式を用いた認証技術です。

認証とは

認証とは，人や物などの対象についてその正当性を確認することです。本人認証（人の認証）をはじめ，物の認証，**メッセージ認証**（データの正当性確認），**時刻認証**など，様々な認証があります。

認証の方法は，大きく分けて次の2種類です。

①Authentication（二者間認証）

認証される者（被認証者）について，認証が必要な場所（認証場所）で直接認証を行います。通常のサーバのログインなどのように，あらかじめ認証情報を認証場所で保持しておき，被認証者からの情報を基に認証の可否を決定します。

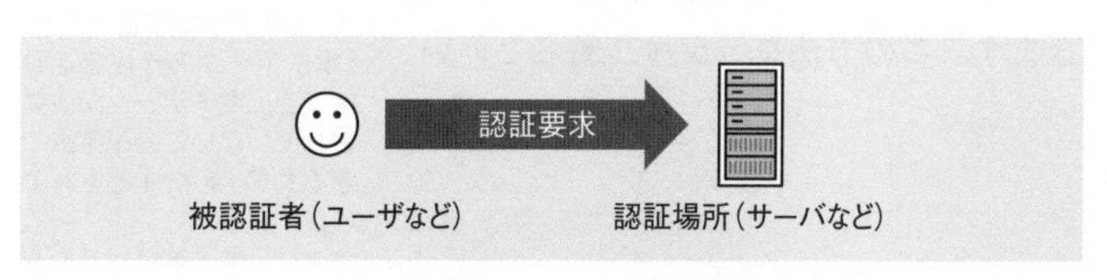

Authentication（二者間認証）

②Certification（三者間認証）

被認証者と認証場所とは別に，認証する者（認証者）が存在し，認証者が認証を行う方法です。認証者が信頼できる機関である必要があり，PKI（Public Key Infrastructure：公開鍵基盤）はこの仕組みを利用しています（次の図では，被認証者である「サーバ」が認証場所である「ユーザ」に対して，認証（サーバ認証）を求めています。このことにより，「サーバ」が正しいものであることを認証しています）。

関連
PKIの詳細な内容については，「2-2-4　公開鍵基盤」で詳しく学習していきます。

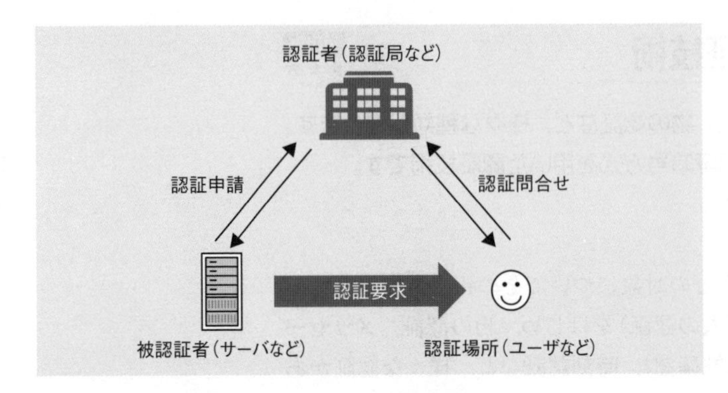

Certification（三者間認証）

デジタル署名

公開鍵暗号方式は，暗号化以外にも使われます。本人の秘密鍵をもっていることが当の**本人であるという証明**になるのです。送信者の秘密鍵で暗号化し，それを受け取った受信者が送信者の公開鍵で復号することによって，確かに本人だということ（**真正性**）を確認できます。

さらに，先ほどのハッシュも組み合わせることで，データの**改ざんを検出**することもできます。この方法を**デジタル署名**といいます。

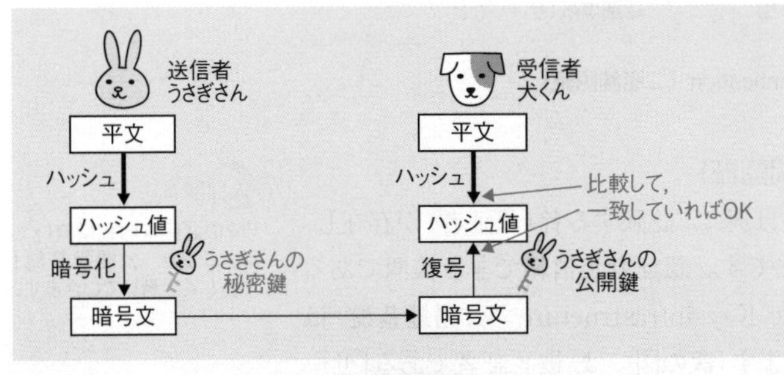

デジタル署名

●デジタル署名のアルゴリズム

デジタル署名に用いられるアルゴリズムには次のようなものがあります。最も一般的に用いられているものは，RSAです。

用語

デジタル署名と同じような意味ですが，異なる使われ方をする用語に**電子署名**があります。
デジタル署名は，公開鍵暗号方式を利用した認証と改ざん検知を行う仕組みです。それに対し，電子署名は国によって定義が異なります。日本では電子署名法で，「電子データの作成者を特定でき，電子データが改変されていないことが確認できるもの」を指すとされています。
つまり，電子署名はデジタル署名を含む，もう少し広義な概念として用いられています。

過去問題をチェック

デジタル署名（ディジタル署名）については，午前で次のような出題があります。

【デジタル署名】
- 平成28年春 午前 問23
- 平成28年秋 午前 問28
- 平成29年春 午前 問22
- 平成29年秋 午前 問24
- 平成30年春 午前 問29
- 平成30年秋 午前 問25
- 令和元年秋 午前 問20

①RSA

公開鍵暗号方式のアルゴリズムであるRSAをデジタル署名に用いたものです。メッセージのエンコード(圧縮)を組み合わせたRSA-PSSがよく利用されています。

②DSA (Digital Signature Algorithm)

離散対数問題の困難性に基づくデジタル署名方式です。

③ECDSA (Elliptic Curve Digital Signature Algorithm)

DSAについて, 楕円曲線暗号を用いるようにしたものです。

●XML署名

XML署名は, デジタル署名のためのXML構文を規定する, W3C (World Wide Web Consortium)の勧告です。

XML署名では, XML文書全体に対する署名に限らず, 文書の**一部分への署名**, **複数のXML文書への署名**, XML文書への複数人による署名に対応可能です。

```
<Signature>
   <SignedInfo>
      <SignatureMethod Algorithm="rsa-sha1">
      <Reference URI="参照するデータのURI" >
         <DigestMethod Algorithm="sha1">
         <DigestValue>ダイジェストの値</DigestValue>
      </Reference>
   </SignedInfo>
   <SignatureValue>署名の値</SignatureValue>
   <KeyInfo>
      <KeyValue>公開鍵</KeyValue>
   </KeyInfo>
</Signature>
```

XMLのタグに, 使用するアルゴリズムを記述します。

XML署名の例

リスクベース認証

リスクベース認証とは，通常と異なる環境からログインをしようとする場合などに，通常の認証に加えて，合言葉などによる追加認証を行う認証方式です。ユーザの利便性をそれほど損なわずに，第三者による不正利用が防止しやすくなります。

メッセージ認証

メッセージ認証（**内容認証**）とは，送信されたデータの内容の完全性を確認することです。ハッシュ関数などを用いて二つのデータを比較することで，データが改ざんされていないかを確認します。

●MAC

MAC（Message Authentication Code：メッセージ認証コード）とは，メッセージ認証を行うときに，元のメッセージに送信者と受信者が秘密として共有する，共通鍵暗号方式の共通鍵を加えて生成したコードです。MACを用いることで，データが改ざんされていないことに加えて，正しい送信者から送られたことを確認できます。

MACの生成にハッシュ関数を用いたものを**HMAC**（Hash-based Message Authentication Code）といいます。HMACの生成では，SHA-1，MD5など様々なハッシュ関数を利用することができます。ハッシュ計算時に**共通鍵**の値を加えることで，ハッシュ値の改ざんを困難にします。

●送金内容認証

送金内容認証とは，金融機関などの取引で，送金内容に対してメッセージ認証を行う方式です。利用者ごとに共通鍵を用意し，金融機関と利用者との間で共有しておきます。実際に送金内容を送るときに，HMACなどを用いて計算を行い，送金内容が改ざんされていないかどうかを確認します。

送金内容認証では，一連の取引（トランザクション）をまとめて認証を行う，トランザクション署名を使用することもあります。
トランザクション署名については，「2-2-4 公開鍵基盤」で取り上げています。

時刻認証（タイムスタンプ）

発展

タイムスタンプの主な目的は，署名した本人が不正を働かないことを確認することです。そのため，内部統制などで法的証拠を集めるときによく使われます。

契約書や領収書などの情報が電子化されると，それが改ざんされる危険が出てきます。PKIでのデジタル署名では，他人の改ざんは検出できますが，本人が改ざんした場合には対処できません。その対策として，メッセージに，ある出来事が発生した日時を表す情報を付加して**タイムスタンプ**を作成することで作成時刻を認証する時刻認証の仕組みがあります。タイムスタンプ技術ともいわれます。

具体的には，**TSA**（時刻認証局）が提供している**時刻認証**サービスを利用して書類のハッシュ値に時刻情報を付加し，TSAのデジタル署名を行ってタイムスタンプを作成します。これにより，本人が改ざんしたとしても，そのタイムスタンプを見ることで不正を判断できるようになります。

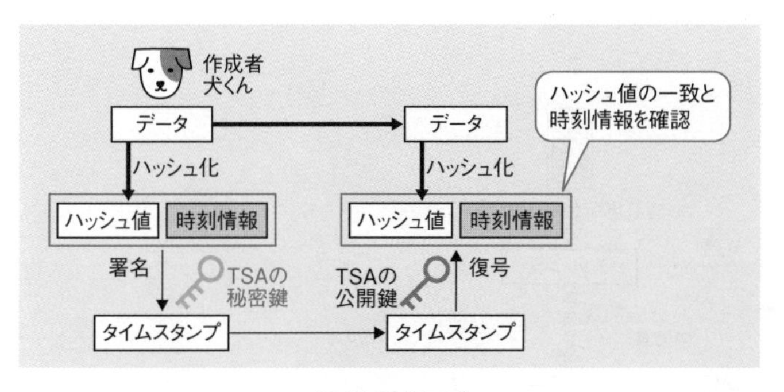

タイムスタンプ

時刻認証によって証明できることは，次の二つです。

1. **存在性** …… そのデータがその時刻には存在していたこと
2. **完全性** …… その時刻の後には改ざんされていないこと

デジタル署名では，完全性は証明できても存在性に関しては証明できません。そのため，存在性の証明が必要なときに時刻認証を用いることになります。

チャレンジレスポンス方式

チャレンジレスポンス方式とは，認証場所（サーバなど）が毎回異なる情報（**チャレンジ**）を被認証者（ユーザなど）に送る認証方式です。チャレンジは，乱数や時刻などを使用して適当に決めます。被認証者は，チャレンジにパスワードを加えて演算した結果（**レスポンス**）を返します。認証場所では，チャレンジとレスポンスを比較して認証の可否を決めます。

演算には，ハッシュを用いる方法，公開鍵暗号方式を用いる方法，共通鍵暗号方式を用いる方法の3種類があります。最も一般的でよく利用されているのがハッシュを用いる方法で，PPPのCHAPや，APOP，EAP-MD5やEAP-TTLS，PEAPなど様々な認証方式で利用されています。

ハッシュを用いたチャレンジレスポンス方式では，次のような方法で，相手を認証します。

発展

パスワードの送信方法の説明などに，「パスワードを暗号化する」と書かれているのをよく目にしますが，厳密にはこのチャレンジレスポンス方式を使用している場合が多いです。
パスワードを単純に暗号化しただけでは，暗号化したパケットごと再送信すれば認証できてしまい，リプレイ攻撃が可能になるため，あまり意味がありません。そのため，チャレンジレスポンス方式などが必要となってきます。

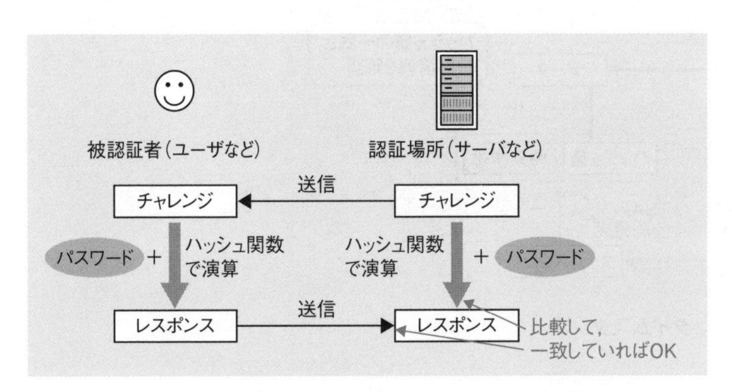

チャレンジレスポンス方式（ハッシュを用いる方法）

▶▶▶ 覚えよう！

□ デジタル署名は，ハッシュ値を送信者の秘密鍵で暗号化し，本人証明＋改ざん検出

□ 時刻認証では，存在性と完全性が確認できる

2-2-3 利用者認証・生体認証

利用者認証では，人の認証を行います。記憶，所持，生体の認証の3要素の中で2要素認証を行うことが大切です。

認証の3要素

本人認証を行うときに使用する要素（内容）には大きく次の3種類があり，これを認証の3要素といいます。

1. 記憶 ……ある**情報**をもっていることによる認証
   例：パスワード，暗証番号など
2. 所持 ……ある**物**をもっていることによる認証
   例：ICカード，電話番号，秘密鍵など
3. 生体 ……身体的**特徴**による認証
   例：指紋，虹彩，静脈など

多段階認証（または2段階認証）とは，認証を多段階（または2段階）で行う認証方式です。
多要素認証や2要素認証とは少し異なる概念ですが，重なる部分も多くあります。例えば，Googleの2段階認証プロセスでは，パスワードでの認証の成功後に，携帯電話などに送られるコードの入力やスマートフォン上のアプリに回答することで認証します。これは，"記憶"であるパスワードと，携帯電話などを"所持"していることによる2要素認証に該当します。
ここで安全性を高めるために必要なのは"2要素認証"の条件を満たすことで，認証の段階自体は1段階でも2段階でもかまいません。
2段階認証では1段階目の認証の可否で攻撃者に手がかりを与えてしまうので，理想は"1段階・2要素認証"だとされています。

多要素認証

認証の3要素は，どの要素がすぐれているというものではなく，それぞれの認証には一長一短があります。例えば，パスワードは漏えいしたら他の人に使われますし，ICカードなどは盗難にあうおそれがあります。また，生体認証は他の人が代わりをすることは難しいですが，本人が認証を拒否されてしまうことがよくあります。

そのため，3要素のうちの2種類以上を組み合わせて認証の強度を上げる手法を，多要素認証（または2要素認証，**二要素認証**，**複数要素認証**）といいます。

パスワード認証

パスワード認証とは，ユーザ名（ユーザID）とパスワードを組み合わせて行う認証です。通常のサーバの**ログイン**などで利用されます。

パスワードは，そのままネットワーク上で送信すると盗聴されるおそれがあります。そのため，通信経路上のデータを盗聴されても不正にアクセスされないよう，様々な対策が考えられています。

2要素認証については，次のような出題があります。
【2要素認証】
- 平成28年春 午前 問18
- 平成29年春 午前 問18
- 令和元年秋 午後 問1
- 科目Bのサンプル問題 問3
- 令和5年度 公開問題 問15

パスワードをネットワーク上で送信する方法には，次のようなものがあります。

①パスワードを平文で送信する方法

パスワードをそのままネットワーク上に流す方法です。盗聴される危険はありますが，メールの送受信など古くからある通信方法ではいまだに使われている場合も多いです。

②パスワードを判読できないようにして送信する方法

後述するチャレンジレスポンス方式などを用いて，パスワードを判読できないようにして送信する方法です。

発展

パスワードをそのまま送るのは危険です。しかし，通常のメールの送受信などでは，パスワードの暗号化に対応していないことも多く，意識しないでいるとパスワードを盗聴されるおそれがあります。
自分が使用しているメールのパスワードがどのように送信されているのかをきちんと確認してみることは大切です。

③パスワードを毎回変更する方法

後述するワンタイムパスワード方式などを用いて，パスワードを毎回変える方法です。

④パスワードを送る経路を暗号化する方法

パスワードを送る通信経路を，SSLなどのプロトコルを用いて暗号化して送る方法です。

■パスワードリマインダ

パスワードを忘れてしまったときに，利用者が事前に秘密の質問を設定し，それに答えることで認証を行うパスワードリマインダという仕組みがあります。

■パスワード管理ツール

様々なものに設定したパスワードを忘れないように，1か所にまとめて管理するツールを**パスワード管理ツール**といいます。複雑なパスワードを記録しておけるので便利ですが，パスワード管理ツールにアクセスされたときの危険が大きくなります。パスワード管理ツールの認証も行うようにするなど，安全な管理が大切です。

関連

利用者のアカウント管理や特権管理などについての詳細は，「4-1-1 人的セキュリティ対策」で取り扱います。

■ワンタイムパスワード

ユーザ名とパスワードは，一度盗聴されると何度でも不正利用される危険があります。それを避けるために，ネットワーク上を流れるパスワードを毎回変える手法が，ワンタイムパスワードです。ワンタイムパスワードの生成方法には以下のものがあります。

①セキュリティトークン

認証の助けとなるような物理的なデバイスのことを，セキュリティトークン，または単にトークンといいます。トークンの表示部に，認証サーバと時刻同期したワンタイムパスワードを表示するものが一般的です。

②S/Key

ハッシュ関数を利用して，ワンタイムパスワードを生成する方式です。乱数で作成した種(Seed)を基に，ハッシュ関数で必要な回数の演算を行います。

パスワードの保管方法

サーバなどでファイルにそのままパスワードを保管していると，そのファイルが漏えいしたときにすべてのパスワードが見られてしまいます。それを防ぐため，パスワードの管理では，ハッシュ関数を用いてハッシュ値を求め，そのハッシュ値のみを保管する方法がよく用いられます。

ハッシュ値から元のパスワードを復元することはできないので，パスワードを忘れたりした場合には，**再度，新しいパスワードを設定**することになります。

なお，同じパスワードからは同じハッシュ値が求められます。これを異なる値にしてレインボーテーブルなどによる攻撃を防ぐために，パスワードにソルトを加えてハッシュ値を生成する方法もよく用いられます。

シングルサインオン

シングルサインオン(Single Sign-On：SSO)とは，一度の認証で複数のサーバやアプリケーションを利用できる仕組みです。シングルサインオンの手法には，次のようなものがあります。

①エージェント型(チケット型)

SSOを実現するサーバそれぞれに，エージェントと呼ばれるソフトをインストールします。ユーザは，まず認証サーバで認証を受け，許可されるとその証明に**チケット**を受け取ります。各サーバのエージェントは，チケットを確認することで認証済みであることを判断します。チケットには一般に，HTTPでの**クッキー**(Cookie)が用いられます。

関連
HTTPについては，「7-3-3 通信プロトコル」を参照してください。

②リバースプロキシ型

ユーザからの要求をいったん**リバースプロキシサーバ**がすべて受けて，中継を行う仕組みです。認証もリバースプロキシサーバで一元的に行い，アクセス制御を実施します。

③認証連携(フェデレーション：Federation)型

IDやパスワードを発行する事業者(IdP:Identity Provider)と，IDを受け入れる事業者(RP：Relying Party)の二つに役割を分担する手法です。

用語
認証連携型のサービスは，企業でのSSOという分野だけでなく，クラウドサービスでの認証で一般的に広がっています。
GoogleやTwitterなどのIdPが発行するIDやパスワードを使って他のRPサービスを利用できる仕組みなどがあります。
使用するプロトコルとしては，**OAuth**などがあります。

SAML

SAML (Security Assertion Markup Language)は，インターネット上で異なるWebサイト間での認証を実現するために，標準化団体OASISが考案したフレームワークです。

IDやパスワードなどの認証情報を安全に交換するための仕様で，XML (Extensible Markup Language)を用います。通信プロトコルには，HTTPやSOAPが用いられます。SSOを複数サイト間で実現するために利用されます。

リスクベース認証

リスクベース認証とは，通常と異なる環境からログインをしようとする場合などに，通常の認証に加えて，合言葉などによる認証を行う認証方式です。ユーザの利便性をそれほど損なわずに，第三者による不正利用を防止しやすくなります。

ディレクトリサービス

ディレクトリサービスとは，ネットワーク上のユーザやマシンなどの様々な情報を一元管理するためのサービスです。ディレクトリサービスへのアクセスには，一般的に**LDAP** (Lightweight

Directory Access Protocol）というプロトコルが用いられます。

SSOで使用するユーザ情報は，このディレクトリサービスを用いて一元管理されることも多いです。

CAPTCHA

CAPTCHA（Completely Automated Public Turing test to tell Computers and Humans Apart）は，ユーザ認証のときに合わせて行うテストで，利用者がコンピュータでないことを確認するために使われます。コンピュータには認識困難な画像で，人間は文字として認識できる情報を読み取らせることで，コンピュータで自動処理しているのではないことを確かめます。

ICカード

ICカードは，通常の磁気カードと異なり，情報の記録や演算をするためにIC（Integrated Circuit：集積回路）を組み込んだカードです。接触型と非接触型の2種類があります。

内部の情報を読み出そうとすると壊れるなどして情報を守ります。このような，物理的あるいは論理的に内部の情報を読み取られることに対する耐性のことを**耐タンパ性**といいます。

PINコード

PIN（Personal Identification Number：暗証番号）コードとは，情報システムが利用者の本人確認のために用いる秘密の番号のことです。パスワードと同じ役割をするものですが，クレジットカードの暗証番号など，数字のみの場合によく使われる用語です。 ICカードと合わせて用いることで，ICカードが悪用されるのを防ぐことができます。

生体認証

生体認証（**バイオメトリクス認証**）は，指や手のひらなどの体の一部や動作の癖などを利用して本人確認を行う認証手法です。忘れたり紛失したりすることがないため利便性が高いので，様々な場面で利用されています。

生体認証の代表的なものには，指紋を利用する**指紋認証**，手のひらを利用する**静脈認証**，目を利用する**虹彩（アイリス）認証**，顔で認証する**顔認証**，声で認証する**音声認証**などの**身体的特徴**をもとにした認証があります。また，それ以外にも**行動的特徴**を抽出して行う認証方法もあり，代表的なものに，**サイン**（筆跡）や声紋，キーストロークなどがあります。

生体認証では，入力された特徴データと登録されている特徴データを照合して判定を行います。このとき，二つのデータが完全に一致することはほぼないので，あらかじめ設定されたしきい値以上の場合を一致とします。そのため，本人を拒否する可能性をなくすことができず，その確率を**本人拒否率**（FRR：False Rejection Rate）とします。また，誤って他人を受け入れることもあり，その確率を**他人受入率**（FAR：False Acceptance Rate）と呼びます。

覚えよう！

- □ 認証の3要素は，記憶，所持，生体で，多要素認証にすることが大切
- □ パスワードを安全に効率的に管理するため，ワンタイムパスワード，SSOなどがある

コラム

生体認証の落とし穴

生体認証は，認証の3要素のうちでは他人によるなりすましがされにくいため，最も強度が高いと考えられています。しかし，生体認証には，記憶や所持の認証と比べて認証の精度が低く，「100%の認証はできない」という欠点があります。

例えば，生体認証の代表例である指紋認証では，「指紋を認識してくれないのでアクセスできない」ということがよくあります。筆者も以前，会社の入館が指紋認証だったことがあり，よく認証に失敗して苦労していました。特に，冬に指が乾燥していると認証されないことが多く，ハンドクリームを持ち歩くようになりました。このように，生体認証の仕組みは完全ではないので，本人でも拒否されてしまうことがあります。

また，スパイ映画などでよく見られるような，指紋を偽造して入室するなども，難易度は高いですが可能です。

こうしたことから，生体認証は単独ではあまり使われません。パスワードと併用するなど，他の要素と組み合わせることが一般的です。生体認証でも2要素認証が大切になってくるのです。

2-2-4 公開鍵基盤

頻出度 ★★★

公開鍵基盤(PKI)は，公開鍵暗号方式を用いて社会的な信用を確保する仕組みです。

PKIの仕組み

PKI (Public Key Infrastructure：公開鍵基盤)は，公開鍵暗号方式を利用した社会基盤(インフラ)です。政府や信頼できる第三者機関に設置した認証局(CA：Certificate Authority)に証明書を発行してもらい，身分を証明してもらうことで，個人や会社の信頼を確保します。

> 過去問題をチェック
> PKIについては，午前で次のような出題があります。
> **【認証局の役割】**
> ・平成28年秋 午前 問29
> **【デジタル証明書】**
> ・平成29年春 午前 問19
> **【CRL】**
> ・平成29年春 午前 問25
> **【ルート認証局】**
> ・平成29年秋 午前 問26

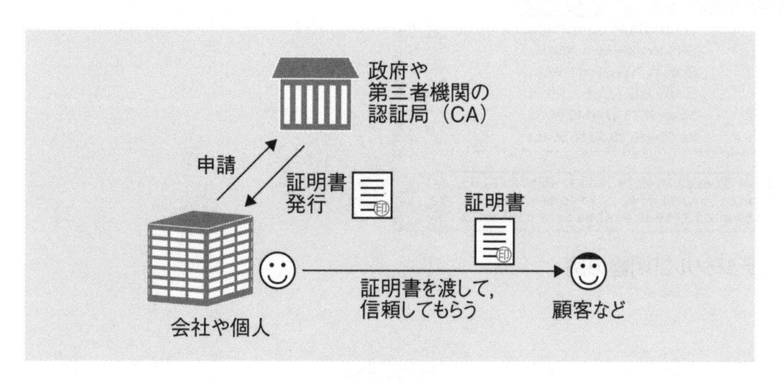

PKIの仕組み

認証局(CA)

認証局は，信頼される第三者が提供する，デジタル証明書(公開鍵証明書)を発行する機関です。

大元となるルート認証局と，ルート認証局に認証をしてもらう中間認証局があります。ルート認証局では，信頼される第三者機関として，認証局運用規程を公開しています。

認証局の内部では，次のような役割をもつ機関を構築および運用しています。

・RA (Registration Authority：登録局)
　証明書の登録を受け付け，証明書を発行してもよいかどうかの審査を行う機関

・IA（Issuing Authority：発行局）
　実際に証明書を発行する機関。証明書にデジタル署名を行う

公開鍵証明書は，パソコンで簡単に見ることができます。Microsoft EdgeやGoogle ChromeなどのWebブラウザで，httpsで始まるWebサイトを見ると，アドレスバーなどに鍵マークが表示されています。それをダブルクリック（ブラウザによりやり方は異なります）することで，Webサーバの証明書が表示されます。

PKIのために，認証局では**デジタル証明書**を発行します。デジタル証明書は，認証局がデジタル署名を行うことによって，申請した人や会社の公開鍵が正しいことを証明します。

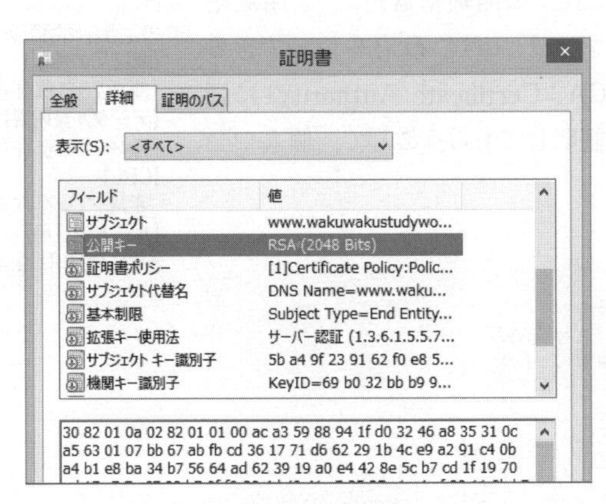

デジタル証明書の例

GPKI

政府が主導するPKIは一般のものと区別し，政府認証基盤（**GPKI**：Government Public Key Infrastructure）と呼ばれます。GPKIでは，行政機関に対する住民や企業からの申請・届出などをインターネットを利用して実現することを目的としています。国税の電子申告・納税システムであるe-Taxなどで利用されています。

CAの公開鍵のうち信頼できる第三者機関のものは，あらかじめWebブラウザに登録されています。そのため，利用者は意識せずにサーバ証明書の正当性を確認することができます。
しかし，プライベートCAの場合はそのままでは信頼されないので，CAの公開鍵を自分でWebブラウザに登録する作業が必要です。

プライベートCA

組織の中には，自営でCAを立ち上げ，公共の第三者機関ではなく自らがデジタル証明書を発行するところもあります。このようなCAを**プライベートCA**といい，通常の第三者機関発行のものとは区別します。

デジタル証明書

デジタル証明書は，作成したキーペアのうちの公開鍵をCAに提出し，その公開鍵に様々な情報を付加したものに対して，CAがデジタル署名を行ったものです。例えば，A社という会社におけるデジタル証明書の作成と検証の流れは，次のようになります。

デジタル証明書は，公開鍵証明書，または単に証明書と呼ばれることもあります。これらの用語は区別せず使われることが多いです。

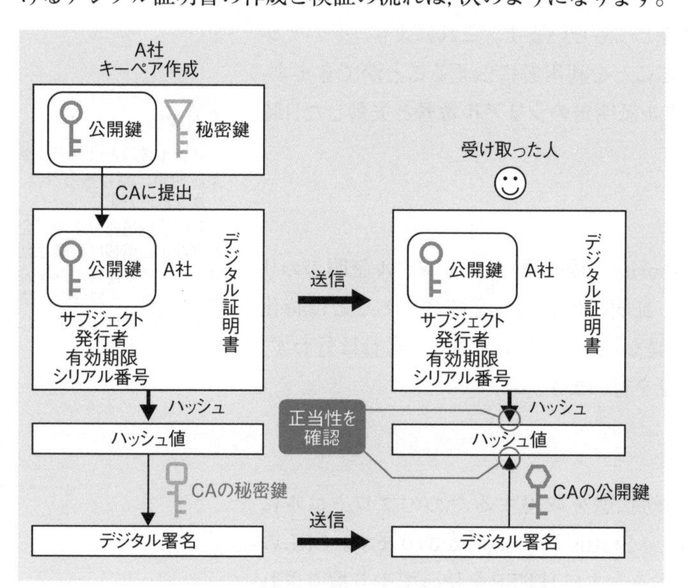

デジタル証明書の作成と検証の流れ（A社の例）

デジタル証明書を受け取った人は，CAの公開鍵を用いてデジタル署名を復元し，デジタル証明書のハッシュ値と照合して一致すると，デジタル証明書の正当性を確認できます。デジタル証明書の規格は，**ITU-T** X.509で定められています。

デジタル証明書のうち，サーバで使用する証明書を**サーバ証明書**，クライアントが使用する証明書を**クライアント証明書**といって区別することもよくあります。

ITU-Tとは，ITU（International Telecommunication Union：国際電気通信連合）の一部門で，主に通信分野の標準策定を担当する電気通信標準化部門（Telecommunication Standardization Sector）です。標準技術をITU-T勧告として発表しています。勧告のうちXシリーズは，「データ網及びオープン・システム・コミュニケーション」に関する規定です。

CRL

デジタル証明書には有効期限がありますが，その有効期限内に秘密鍵が漏えいしたりセキュリティ事故が起こったりしてデジタル証明書の信頼性が損なわれることがあります。

そうした場合には，CAに申請し，CRL（Certificate Revocation List：**失効リスト**）に登録してもらいます。これにより，そのデジタル証明書は無効であることを利用者に伝えることができます。CRLは，失効したデジタル証明書の**シリアル番号**と失効した日時を記したリストです。

用語

シリアル番号とは，デジタル証明書に割り振られた，一意な番号です。
CRLは公開情報ですが，会社名などの情報は公開されず，シリアル番号のみを公開することで，最低限の情報で失効しているかどうかを確認できます。

VA

VA（Validation Authority：**検証局**）は，デジタル証明書のリストを集中的に管理し，証明書の有効性を確認することに特化した組織です。CAとは異なり，デジタル証明書の発行は行わず，CRLを集中管理して検証を行います。

OCSP

デジタル証明書の失効状態を取得するためのプロトコルにOCSP（Online Certificate Status Protocol）があります。CRLの代替として提案されており，主にHTTPを使ってやり取りされます。

OCSPのやり取りを行うサーバをOCSPレスポンダといいます。OCSPレスポンダは，クライアントから指定された証明書の有効状態について，「有効」「失効」「不明」のいずれかの応答を，署名を付けて返します。

EV SSL証明書

EV（Extended Validation）SSL証明書とは，発行者が審査に一定の基準を設けたデジタル証明書です。企業が物理的，法律的に存在していることを確認し，審査を行います。

EV SSL証明書を導入したサイトを閲覧すると，ブラウザのアドレスバーが緑色になり，そのWebサイトの運営組織（Organization Name）が表示されます。

トランザクション署名

トランザクションとは，分けることのできない一連の処理単位です。お金の送金やデータの更新などの作業を行うときに利用されます。

トランザクション署名とは，デジタル証明書を用いて，トランザクションが正しく行われていることを確認する仕組みです。トランザクションの内容全体のハッシュ値をとり，トランザクションの内容が改ざんされていないことと，正当な送信者から送られていることの両方を確認します。トランザクション署名を用いてトランザクションの内容を確認することを，**トランザクション認証**といいます。

銀行口座などへの送金時に，送金内容を確認する**送金内容認証**でトランザクション認証を使用することも多いです。

関連

トランザクションについての詳細は，「7-2-4 トランザクション処理」で取り上げています。

▶▶▶ 覚えよう！

- □ デジタル証明書は，公開鍵に情報を付加したものにCAがデジタル署名する
- □ CRLは，有効期限内に失効した証明書のシリアル番号を記載したリスト

2-2-5 演習問題

問1 暗号アルゴリズムの危殆化 CHECK ▶ □□□

暗号アルゴリズムの危殆(たい)化を説明したものはどれか。

ア 外国の輸出規制によって，十分な強度をもつ暗号アルゴリズムを実装した製品が利用できなくなること
イ 鍵の不適切な管理によって，鍵が漏えいする危険性が増すこと
ウ 計算能力の向上などによって，鍵の推定が可能になり，暗号の安全性が低下すること
エ 最高性能のコンピュータを用い，膨大な時間とコストを掛けて暗号強度をより確実なものにすること

問2 暗号方式 CHECK ▶ □□□

暗号方式に関する記述のうち，適切なものはどれか。

ア 公開鍵暗号方式，共通鍵暗号方式ともに，大きな合成数の素因数分解が困難であることが安全性の根拠である。
イ 公開鍵暗号方式では原則としてセッションごとに異なる鍵を利用するが，共通鍵暗号方式では一度生成した鍵を複数のセッションに繰り返し利用する。
ウ 公開鍵暗号方式は仕様が標準化されているが，共通鍵暗号方式はベンダーによる独自の仕様で実装されることが一般的である。
エ 大量のデータを短い時間で暗号化する場合には，公開鍵暗号方式よりも共通鍵暗号方式が適している。

問3 追加により二要素認証になる機能 CHECK ▶ □□□

A社では，従業員の利用者IDとパスワードを用いて社内システムの利用者認証を行っている。セキュリティを強化するために，このシステムに新たな認証機能を一つ追加することにした。認証機能a～cのうち，このシステムに追加することによって，二要素認証になる機能だけを全て挙げたものはどれか。

a　A社の従業員証として本人に支給しているICカードを読み取る認証
b　あらかじめシステムに登録しておいた本人しか知らない秘密の質問に対する答えを入力させる認証
c　あらかじめシステムに登録しておいた本人の顔の特徴と，認証時にカメラで読み取った顔の特徴を照合する認証

ア　a　　イ　a，b，c　　ウ　a，c　　エ　b，c

問4 ハッシュ関数の値が同じになる結果から考えられること CHECK ▶ □□□

セキュアハッシュ関数SHA-256を用いてファイルA及びファイルBのハッシュ値を算出すると，どちらも全く同じ次に示すハッシュ値n（16進数で示すと64桁）となった。この結果から考えられることとして，適切なものはどれか。

ハッシュ値n：86620f2f 152524d7 dbed4bcb b8119bb6 d493f734 0b4e7661 88565353 9e6d2074

ア　ファイルAとファイルBの各内容を変更せずに再度ハッシュ値を算出すると，ファイルAとファイルBのハッシュ値が異なる。
イ　ファイルAとファイルBのハッシュ値nのデータ量は64バイトである。
ウ　ファイルAとファイルBを連結させたファイルCのハッシュ値の桁数は16進数で示すと128桁である。
エ　ファイルAの内容とファイルBの内容は同じである。

問5 トランザクション署名 CHECK ▶ □□□

インターネットバンキングでのMITB攻撃による不正送金について，対策として用いられるトランザクション署名の説明はどれか。

ア 携帯端末からの送金取引の場合，金融機関から携帯端末の登録メールアドレスに送金用のワンタイムパスワードを送信する。
イ 特定認証業務の認定を受けた認証局が署名したデジタル証明書をインターネットバンキングでの利用者認証に用いることによって，ログインパスワードが漏えいした際の不正ログインを防止する。
ウ 利用者が送金取引時に，送金処理を行うPCとは別のデバイスに振込先口座番号などの取引情報を入力して表示された値をインターネットバンキングに送信する。
エ ログイン時に，送金処理を行うPCとは別のデバイスによって，一定時間だけ有効なログイン用のワンタイムパスワードを算出し，インターネットバンキングに送信する。

問6 メッセージ認証符号 CHECK ▶ □□□

送信者から受信者にメッセージ認証符号(MAC：Message Authentication Code)を付与したメッセージを送り，さらに受信者が第三者に転送した。そのときのMACに関する記述のうち，適切なものはどれか。ここで，共通鍵は送信者と受信者だけが知っており，送信者と受信者のそれぞれの公開鍵は3人とも知っているとする。

ア MACは，送信者がメッセージと共通鍵を用いて生成する。MACを用いると，受信者がメッセージの完全性を確認できる。
イ MACは，送信者がメッセージと共通鍵を用いて生成する。MACを用いると，第三者が送信者の真正性を確認できる。
ウ MACは，送信者がメッセージと受信者の公開鍵を用いて生成する。MACを用いると，第三者がメッセージの完全性を確認できる。
エ MACは，送信者がメッセージと送信者の公開鍵を用いて生成する。MACを用いると，受信者が送信者の真正性を確認できる。

問7 バイオメトリクス認証における認証精度 CHECK ▶ □□□

バイオメトリクス認証における認証精度に関する次の記述中のa，bに入れる字句の適切な組合せはどれか。

バイオメトリクス認証において，誤って本人を拒否する確率を本人拒否率といい，誤って他人を受け入れる確率を他人受入率という。また，認証の装置又はアルゴリズムが生体情報を認識できない割合を未対応率という。

認証精度の設定において，［ a ］が低くなるように設定すると利便性が高まり，［ b ］が低くなるように設定すると安全性が高まる。

	a	b
ア	他人受入率	本人拒否率
イ	他人受入率	未対応率
ウ	本人拒否率	他人受入率
エ	未対応率	本人拒否率

問8 デジタル署名を付与することで得られる効果 CHECK ▶ □□□

電子メールにデジタル署名を付与することによって得られる効果だけを全て挙げたものはどれか。

a 可用性が向上する。　b 完全性が向上する。　c 機密性が向上する。

ア a，b　イ a，c　ウ b　エ b，c

問9 楕円曲線暗号の特徴 CHECK ▶ □□□

楕円曲線暗号の特徴はどれか。

ア RSA暗号と比べて，短い鍵長で同レベルの安全性が実現できる。
イ 共通鍵暗号方式であり，暗号化や復号の処理を高速に行うことができる。
ウ 総当たりによる解読が不可能なことが，数学的に証明されている。
エ データを秘匿する目的で用いる場合，復号鍵を秘密にしておく必要がない。

問10 認証局の役割 CHECK ▶ □□□

PKI（公開鍵基盤）において，認証局が果たす役割の一つはどれか。

ア 共通鍵を生成する。
イ 公開鍵を利用してデータを暗号化する。
ウ 失効したデジタル証明書の一覧を発行する。
エ データが改ざんされていないことを検証する。

問11 パスワードを用いた利用者認証 CHECK ▶ □□□

パスワードを用いて利用者を認証する方法のうち，適切なものはどれか。

ア パスワードに対応する利用者IDのハッシュ値を登録しておき，認証時に入力されたパスワードをハッシュ関数で変換して比較する。
イ パスワードに対応する利用者IDのハッシュ値を登録しておき，認証時に入力された利用者IDをハッシュ関数で変換して比較する。
ウ パスワードをハッシュ値に変換して登録しておき，認証時に入力されたパスワードをハッシュ関数で変換して比較する。
エ パスワードをハッシュ値に変換して登録しておき，認証時に入力された利用者IDをハッシュ関数で変換して比較する。

問12 証明書の失効を確認するプロトコル CHECK ▶ □□□

デジタル証明書が失効しているかどうかをオンラインで確認するためのプロトコルはどれか。

ア CHAP　　イ LDAP　　ウ OCSP　　エ SNMP

解答と解説

問1 （平成30年春 情報セキュリティマネジメント試験 午前 問26）

《解答》ウ

危殆化とは，一般的には危険な状態になることです。暗号アルゴリズムの危殆化とは，アルゴリズムが破られやすくなって鍵の推定が可能になり，暗号の安全性が低下することを指します。したがって，**ウ**が正解です。

ア　外国で作成された暗号アルゴリズムを使用すると，輸出規制の強化などで，その暗号アルゴリズムを実装した製品が利用できなくなるリスクがあります。そのため，CRYPTREC（Cryptography Research and Evaluation Committees）のCRYPTREC暗号リスト（電子政府推奨暗号リスト）には，国産の暗号アルゴリズムも多く含まれています。

イ　秘密鍵（または共通鍵）が漏えいすると，暗号アルゴリズムにかかわらず，暗号が破られる危険があります。

エ　一般に，複雑で強固な暗号アルゴリズムほど，暗号化などに時間やコストがかかります。暗号アルゴリズムの強度を上げることで，より安全に情報を管理することができます。これは危殆化の逆の意味となります。

問2 （令和５年度 情報セキュリティマネジメント試験 公開問題 問4）

《解答》エ

公開鍵暗号方式は，安全性は共通鍵暗号方式より高いです。しかし，公開鍵暗号方式での暗号化は，共通鍵暗号方式よりも処理が複雑で時間がかかります。そのため，大量のデータを短い時間で暗号化する場合には，公開鍵暗号方式よりも共通鍵暗号方式が適しています。したがって，**エ**が正解です。

ア　大きな合成数の素因数分解が困難であることが安全性の根拠となる暗号方式は，公開鍵暗号方式（RSAなど）だけです。

イ　公開鍵暗号方式では，一度生成した利用者ごとの公開鍵と秘密鍵の組み（鍵ペア）を繰返し利用します。共通鍵暗号方式のうち，通信経路の暗号化に利用されるセッション鍵は，セッションごとに異なる鍵を利用します。

ウ　暗号アルゴリズムは，一般に仕様が標準化されています。

問3 （令和4年 ITパスポート試験 問82）

《解答》ウ

二要素認証とは，認証の3要素である，記憶，所持，生体の認証のうち，2種類以上を組み合わせて認証の強度を上げる手法です。A社で行っている，利用者IDとパスワードを用いた社内システムの利用者認証は，記憶の認証に該当します。

認証機能a～cについては，次のとおりです。

a ICカードを所持していることによる，所持の認証です。

b 秘密の質問を知っていることによる，記憶の認証です。

c 顔の特徴による，生体認証です。

記憶の認証以外に該当するのは，a，cとなります。したがって，**ウ**が正解です。

問4 （令和5年度 情報セキュリティマネジメント試験 公開問題 問5）

《解答》エ

セキュアハッシュ関数SHA-256を用いてハッシュ値を算出すると，元のファイル内容が同じなら，同じ値を返します。異なるファイル内容で同じハッシュ値になることはほとんどないため，ハッシュ値が同じならファイルの内容が同じだと考えられます。そのため，ファイルAとファイルBのハッシュ値nが同じ場合には，内容が同じだと考えられます。したがって，**エ**が正解です。

ア 内容が同じなら，セキュアハッシュ関数SHA-256でのハッシュ値は同じになります。

イ 16進数では$16 = 2^4$なので，16進数の1桁を表すのに4ビット必要です。16進数64桁は，4［ビット］× 64 = 256ビットで，1バイト = 8ビットなので，データ量は32バイトです。

ウ セキュアハッシュ関数SHA-256でのハッシュ値の桁数は，どんなデータの場合でも256ビット（16進数64桁）固定です。

問5　(令和元年秋 情報セキュリティマネジメント試験 午前 問13改)

《解答》ウ

MITB (Man in the Browser) 攻撃は，インターネットバンキングに送信する振込先口座番号や送金金額などの取引情報を不正に書き換える攻撃です。対策として用いられるトランザクション署名は，取引情報などのトランザクション情報にデジタル署名を行い，トランザクション情報が正しいことを確認することです。具体的には，まず，PCとは別に用意したデバイスにデジタル署名用の秘密鍵を組み込みます。インターネットバンキング利用時に，デバイスに振込先口座番号などの取引情報を入力し，デバイス内の秘密鍵でデジタル署名を行って値を表示させます。表示された値をインターネットバンキングに送信することで，インターネットバンキング側でデジタル署名を検証し，取引情報が正しいことを確認できます。したがって，**ウ**が正解です。

ア　ワンタイムパスワードによるユーザの認証であり，送金内容の確認にはなりません。

イ　クライアント証明書によるユーザの認証であり，送金内容の確認にはなりません。

エ　2要素認証の説明ですが，送金内容の確認にはなりません。

問6　(令和４年秋 情報処理安全確保支援士試験 午前Ⅱ 問1)

《解答》ア

送信者から受信者にメッセージ認証符号 (MAC：Message Authentication Code) を付与したメッセージを送るときに行うことを考えます。MACは，メッセージのハッシュ値に対して，本人認証のために鍵を用いた暗号方式を利用できます。このとき，共通鍵暗号方式と公開鍵暗号方式のどちらでも利用可能です。

共通鍵暗号方式を使用して，送信者がメッセージと共通鍵を用いてMACを生成した場合には，メッセージの検証には共通鍵が必要です。受信者は共通鍵を知っているので，受信者がMACを生成を用いてメッセージの完全性を確認できます。したがって，**ア**が正解です。

イ　第三者は共通鍵を知らないので，MACでのメッセージの確認はできません。また，送信者の真正性を確認するには，公開鍵暗号方式でメッセージにデジタル署名を行っておく必要があります。

ウ　送信者が受信者の公開鍵を用いて行うことができるのは，メッセージの暗号化です。メッセージの内容を秘匿化することはできますが，メッセージの完全性や送信者の真正性は確認できません。

エ　受信者が送信者の真正性を確認するためには，送信者の秘密鍵を用いてMACを生成する必要があります。

問7 (令和3年 ITパスポート試験 問69)

《解答》ウ

バイオメトリクス認証において，誤って本人を拒否する確率を本人拒否率といいます。この確率を低く設定すると，正当な本人が拒否されにくくなるため利便性が高まりますが，誤って他人が受け入れられる確率が増えるため，安全性は低くなります。

また，誤って他人を受け入れる確率を他人受入率といいます。この確率を低く設定すると安全性は高まりますが，正当な本人が拒否されることが増えるので，利便性は低くなります。

さらに，認証の装置又はアルゴリズムが生体情報を認識できない割合を未対応率といいます。未対応率が低い方が拒否されにくくなるため利便性は高まります。未対応である場合は拒否されるだけなので，安全性への影響はありません。

まとめると，本人拒否率や未対応率が低くなるように設定すると利便性が高まり，他人受入率が低くなるように設定すると安全性が高まります。したがって，空欄aは本人拒否率か未対応率，空欄bは他人受入率となり，組合せが正しい**ウ**が正解です。

問8 (令和4年 ITパスポート試験 午前 問70)

《解答》ウ

デジタル署名は，データを送信するときに，そのデータのハッシュ値に対し，送信者の秘密鍵で暗号化をしたものです。送信者の秘密鍵をもっていることで真正性を確認できます。また，ハッシュ値の改ざんを検知することが可能です。

電子メールにデジタル署名を付与することによって得られる効果についてa～cを検討すると，次のようになります。

a × デジタル署名は添付するだけなので，可用性は変わりません。

b ○ ハッシュ値を用いて改ざんを検知することで，完全性が向上します。

c × 秘密鍵での暗号化は，公開鍵で誰でも復号できるので，機密性は向上しません。

したがって，bのみが挙げられている，**ウ**が正解です。

問9 (令和５年秋 応用情報技術者試験 午前 問37)

《解答》ア

楕円曲線暗号とは，楕円曲線上の離散対数問題を安全性の根拠とした方式です。RSA暗号の後継として注目されており，RSA暗号と比べて短い鍵長で同レベルの安全性が実現できます。したがって，**ア**が正解です。

イ　楕円曲線暗号は，公開鍵暗号方式です。共通鍵暗号方式に比べて低速です。

ウ　総当たりによる解読は不可能ではありませんが，現実的な時間内での演算が難しいことが特徴です。

エ　データを秘匿する目的では，暗号化鍵は公開しても問題ないですが，復号鍵は秘密にする必要があります。

問10 (平成30年春 情報セキュリティマネジメント試験 午前 問30改)

《解答》ウ

PKI（Public Key Infrastructure：公開鍵基盤）の認証局が果たす役割として，公開鍵証明書の発行があります。また，失効したデジタル証明書のリスト（CRL：Certificate Revocation List）を発行し，証明書の失効確認ができるようにします。したがって，**ウ**が正解です。

ア　暗号化通信で利用者が作成します。

イ　暗号化通信で利用者が暗号化します。

エ　PKIにおいては受信者が検証します。

問11 (平成29年秋 情報セキュリティマネジメント試験 午前 問18)

《解答》ウ

利用者IDとパスワードを用いた利用者認証では，パスワードは平文のままだと漏えいの危険があるため，ハッシュ値に変換して登録しておきます。認証時に入力されたパスワードをハッシュ値に変換した値と，保存してあるハッシュ値を比較することで，パスワードの正当性を確認します。したがって，**ウ**が正解です。

ア，イ，エの利用者IDは，利用者を識別するためのものなのでハッシュ変換は行いません。

問12 （令和4年秋 応用情報技術者試験 午前 問38）

《解答》ウ

デジタル証明書の失効情報を確認するためのプロトコルには，OCSP（Online Certificate Status Protocol）があります。OCSPは，オンラインで問合せを行い，失効しているかどうかを確認することができます。したがって，**ウ**が正解です。

ア　CHAP（Challenge Handshake Authentication Protocol）は，ユーザの認証プロトコルです。

イ　LDAP（Lightweight Directory Access Protocol）は，ディレクトリサービスに接続するためのプロトコルです。

エ　SNMP（Simple Network Management Protocol）は，ネットワーク機器の管理を行うためのプロトコルです。

第3章

情報セキュリティ管理

情報セキュリティ管理は，情報セキュリティマネジメント試験の内容で中核となる分野です。
「情報セキュリティマネジメント」「リスクマネジメント」「情報セキュリティに対する取組み」の3分野について，情報セキュリティ管理のやり方・考え方を中心に学んでいきます。
「情報セキュリティマネジメント」ではISMSを中心とした情報セキュリティを確保する仕組みを，「リスクマネジメント」では，リスクを洗い出し，アセスメントする一連の流れを学習します。「情報セキュリティに対する取組み」では，国のセキュリティ組織や機関など，情報セキュリティを確保するために整えられている仕組みや取組みについて学びます。

3-1 情報セキュリティマネジメント

情報セキュリティマネジメントとは組織の情報セキュリティの確保に体系的に取り組むことです。情報セキュリティを管理し，緊急時にも適切に継続できるように対処します。

3-1-1 情報セキュリティ管理

頻出度 ★★★

情報セキュリティ管理では，情報セキュリティポリシに基づいて情報資産を洗い出し，情報セキュリティインシデントに対応します。

勉強のコツ

その言葉が示すように，情報セキュリティマネジメント試験では，情報セキュリティマネジメント分野が最重要ポイントです。
具体的なセキュリティ管理手法や，標準や法律などについても，しっかり押さえておきましょう。

情報セキュリティポリシに基づく情報の管理

情報セキュリティ対策では，何をどのように守るのかを明確にしておく必要があります。そのために，企業や組織として意思統一された**情報セキュリティポリシ**を策定して明文化し，それに基づく管理を行います。情報セキュリティポリシは，情報の機密性や完全性，可用性を維持していくための組織の方針や行動指針をまとめたものです。策定する上ではまず，どのような情報（情報資産）を守るべきなのかを明らかにする必要があります。

情報資産の洗い出し

情報（Information）とは，状況を知るために獲得する知識のことで，その価値をもつものが**情報資産**（Information asset）です。企業や組織が保有する情報資産を漏れなく洗い出すことで，守るべきものを明確にします。

情報資産を洗い出す際の切り口には，次のようなものがあります。

- **物理的資産** …………通信装置やコンピュータ，ハードディスクなどの記憶媒体など
- **ソフトウェア資産** …システムのソフトウェア，開発ツールなど
- **人的資産** ……………経験や技能，資格など
- **無形資産** ……………組織のイメージ，評判など
- **サービス資産** ………一般ユーティリティ（電源や空調，照明），通信サービス，計算処理サービスなど

・**直接的情報資産** ……データベースやファイル，文書記録など

洗い出した情報資産は，**情報資産台帳**（情報資産目録）などにまとめられます。

関連
情報資産台帳については，「3-2-1　情報資産の調査・分類」で説明します。

情報セキュリティインシデント

情報セキュリティインシデントとは，情報セキュリティを脅かす事件や事故のことです。単にインシデントと呼ぶこともあります。情報セキュリティ管理では，情報セキュリティインシデントが発生した場合の**報告・管理体制が明確**で，**インシデント対応方法が文書化**されており，関係者全員に周知・徹底されていることが重要です。

過去問題をチェック
情報セキュリティ管理については，次の出題があります。
【情報セキュリティ事象と情報セキュリティインシデントの関係】
・平成30年春 午前 問5

情報セキュリティ事象

情報セキュリティ事象とは，情報セキュリティインシデントのほかに，情報セキュリティに関連するかもしれない状況のことです。情報セキュリティ事象が発生した場合は，適切な管理者に報告する必要があります。例えば，情報セキュリティポリシに違反してウイルス対策ソフトを導入していないコンピュータがあったとします。これを放置しておくとウイルス感染などの情報セキュリティインシデントにつながるおそれがあるので，そのようなコンピュータを発見したら，情報セキュリティ事象として管理者に報告する義務があります。

情報セキュリティマネジメントの監視及びレビュー

情報セキュリティマネジメントの仕組みを実装して管理策を策定しても，そのままでは実現されない，あるいは不備があるおそれがあるので，日常的に**監視**することが大切です。

また，情報セキュリティマネジメントは，環境の変化などに応じて見直す必要もあります。そのために，その管理策の有効性や継続性を計り，監視，監査，レビューなどを実施します。

▶▶▶ 覚えよう！

- □ 情報資産には，物理的資産，ソフトウェア資産，人的資産，無形資産などもある
- □ 情報セキュリティ事象の段階で，管理者に報告することも義務

3-1-2 情報セキュリティ諸規程

頻出度 ★★★

情報セキュリティを維持するためには，情報セキュリティポリシだけでなく，文書管理規程や機密管理規程など，様々な規程を制定する必要があります。

情報セキュリティポリシに従った組織運営

情報セキュリティポリシに沿った組織運営を行うためには，明文化した文書を用意し，それに従って意思を統一する必要があります。一般的に，情報セキュリティポリシに関する文書は次のように構成されています。

関連

情報セキュリティポリシは，あくまで方針と基準なので，細かい内容は決定されていません。そのため，実際に情報セキュリティマネジメントを行う際には，情報セキュリティ対策実施手順や規程類を用意し，詳細な手続きや手順を記述します。

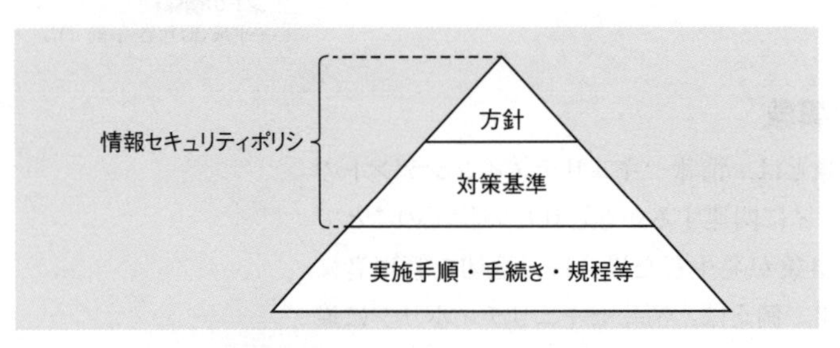

情報セキュリティポリシの文書構成

上の二つの部分を情報セキュリティポリシと呼ぶことが多いですが，特に定められているわけではありません。

情報セキュリティポリシの構成

情報セキュリティポリシとは，組織の情報資産を守るための方針や基準を明文化したもので，基本構成は次の二つです。

①情報セキュリティ方針（基本方針）

情報セキュリティに対する組織の基本的な考え方や方針を示すもので，**経営陣によって承認**されます。目的や対象範囲，管理体制や罰則などについて記述されており，全従業員及び関係者に通知して公表されます。秘密にしておくものではなく，正しく組織内に伝達することや，必要に応じて利害関係者が入手できるようにしておくことが求められています。

②情報セキュリティ対策基準

情報セキュリティ基本方針と，**リスクアセスメントの結果**に基づいて対策基準を決めます。適切な情報セキュリティレベルを維持・確保するための具体的な順守事項や基準を定めます。

関連

リスクアセスメントについては，「3-2-3 情報セキュリティリスクアセスメント」で解説します。

規程類

規程は，情報セキュリティ対策基準で定めた決まりをどのように実施するかという具体的な手順について記述するものです。代表的な規程には次のようなものがあります。

- 情報管理規程
- 秘密情報管理規程
- 文書管理規程
- **情報セキュリティインシデント対応規程**
  （マルウェア感染時の対応ほか）
- 情報セキュリティ教育の規程
- **プライバシーポリシ**（個人情報保護規程）
- 雇用契約，職務規程，罰則の規程
- 対外説明の規程
- 例外の規程
- 規則更新の規程
- 規程の承認手続き
- **ソーシャルメディアガイドライン**（SNS利用ポリシ）

用語

ソーシャルメディアガイドライン（SNS利用ポリシ）とは，ソーシャルメディアの利用に際してのガイドラインです。学校や企業などでそれぞれ作成することが推奨されています。

個人情報とプライバシーポリシ

個人情報とは，氏名，住所，メールアドレスなど，それ単体もしくは組み合わせることによって個人を特定できる情報のことです。

プライバシーポリシとは，収集した個人情報をどう扱うのかを定めた規範のことです。**個人情報保護方針**ともいいます。Webサイトなどで明記されることが多いですが，セキュリティポリシの一部として記載することもあります。

▶▶▶ 覚えよう！

- ☐ セキュリティポリシは，基本方針と対策基準を合わせたもの
- ☐ 具体的な手順については，様々な規程類で明記する

3-1-3 情報セキュリティマネジメントシステム

頻出度 ★★★

情報セキュリティマネジメントシステムは，組織の情報セキュリティを管理するための仕組みです。PDCAサイクルを繰り返し，管理・改善を行っていきます。

適用範囲

情報セキュリティマネジメントシステム（ISMS：Information Security Management System）を構築するときに最初に行うことは，組織の状況を理解し，ISMSの適用範囲を定義することです。事業を継続していくために必要な，保護しなければならない重要な情報は何かを考え，守るべきものの範囲を決定します。

ISMSの適用範囲を決定するときには，事業的，組織的，物理的，ネットワーク的など様々な観点からその範囲を決定します。特に，どこまでを対象とするかという**境界を見定める**ことが大切です。

リーダシップ

ISMSに関しては，トップマネジメントのリーダシップが必須です。トップマネジメントとは，企業を指揮，管理する首脳部であり，一般的には社長などの経営陣を指します。リーダシップとは，組織の目標などに向かって集団活動を導いていくことで，その組織の状況に合わせて行います。トップマネジメントがリーダシップをとり，**情報セキュリティ方針**と**情報セキュリティ目的**を確立します。

情報セキュリティは経営の一環として全社で組織的に行うべきものなので，情報システム部などではなく，経営に関わる企業のトップがリーダシップをとり，実現させていく必要があります。

トップマネジメントが，情報セキュリティに関連する役割に対して責任及び権限を割り当て，指揮を執り支援を行います。

適用宣言書

情報セキュリティリスク対応において作成される文書に，**適用宣言書**があります。適用宣言書には，必要な管理策及びそれらの管理策を含めた理由と，それらの管理策を実施しているか否かが記述されます。リーダは，情報セキュリティを確保する宣言として，適用宣言書に責任をもちます。

計画

ISMSの計画を策定する際には，**情報セキュリティ目的**を策定し，対処すべきリスクを決定する必要があります。情報セキュリティ目的では，実施事項，**必要な資源**，責任者，達成期限，及び**結果の評価方法**を決定する必要があります。また，リスクを決定するために，情報セキュリティリスクアセスメントのプロセスを定め，それを運用します。また，その結果を考慮し，適切な情報セキュリティリスク対応を選択します。さらに，情報セキュリティの目的を明確にし，文書化しておきます。

組織人がもつべき認識

JIS Q 27001:2023（情報セキュリティマネジメントシステム－要求事項）の「7.3 認識」では，組織の管理下で働く人々は，次の三つの事項に対して認識をもたなければならないとされています。

a) 情報セキュリティ方針
b) 情報セキュリティパフォーマンスの向上によって得られる便益を含む，ISMSの有効性に対する自らの貢献
c) ISMS要求事項に適合しないことの意味

情報セキュリティ方針を知り，当事者として関わっていくことは，組織のすべての人が行うべきことです。

運用

情報セキュリティを確保するためには，計画したことを継続して実施し，管理していかなければなりません。そのためには適切な運用が不可欠です。定期的に，または組織に重大な変化があった場合には，改めて情報セキュリティリスクアセスメント，リスク対応を実施し，新たなリスクに対応できるようにする必要があります。

情報セキュリティリスクアセスメントについては「3-2-3　情報セキュリティリスクアセスメント」で，情報セキュリティリスク対応については「3-2-4　情報セキュリティリスク対応」で詳しく取り上げます。

パフォーマンス評価

ISMSの実施においては，それが有効かどうかを評価する必要があります。具体的には，内部監査を行い，ISMSが有効に実施され，維持されているかを確認します。また，トップマネジメントは，マネジメントレビューを行い，ISMSが適切で有効であるかを定期的に確認する必要があります。

改善（不適合及び是正処置，継続的改善）

パフォーマンス評価の結果，不適合が発生した場合には，それを改善する必要があります。不適合の原因を除去し，再発を防止するための是正処置を実行し，その有効性をレビューします。

また，一度の処置で終わりにするのではなく，継続的に改善していく必要があります。

過去問題をチェック

ISMSの用語については，次のような出題があります。

【リーダシップ】
- 平成29年春 午前 問1
- 平成30年秋 午前 問10

【認識をもつべき事項】
- 平成29年春 午前 問11

【要求事項及び管理策の適用要否の考え方】
- 平成29年秋 午前 問2

【是正処置】
- 平成29年秋 午前 問10
- 令和元年秋 午前 問5

【サポートユーティリティ】
- 平成29年秋 午前 問12
- 平成31年春 午前 問4
- サンプル問題セット 問4

【トップマネジメント】
- 平成30年秋 午前 問2

【管理策及び実施の手引】
- 平成30年秋 午前 問3

【適用宣言書の作成】
- 平成30年秋 午前 問6

【マネジメントレビュー】
- 平成31年春 午前 問1

情報セキュリティ管理策

JIS Q 27001:2023では，附属書Aとして情報セキュリティ管理策のリストが示されています。組織的管理策，人的管理策，物理的管理策，技術的管理策の4つに分けて，具体的な項目ごとの管理策がまとめられています。ISMSでは，これらのリストから，必要なすべての管理策を決定し，必要な管理策が見落とされていないことを検証します。必要でないものまで適用する必要はなく，妥当な理由があれば適用除外できます。

ISMS適合性評価制度

ISMS適合性評価制度とは，企業のISMSがJIS Q 27001（国際規格はISO/IEC 27001）に準拠していることを評価して認定する，ISMS-AC（ISMS Accreditation Center：情報マネジメントシステム認定センター）の評価制度です。

ISMS適合性評価制度は，次の機関によって成り立っています。

- **認証機関**…………ISMSに適合しているか審査して登録する
- **要員認証機関**……ISMS審査員の資格を付与する
- **認定機関**…………上記の2機関がその業務を行う能力を備えているかをみる

ISMS認証

ISMS適合性評価制度の認証機関に申請し，審査の結果，認証されると，ISMS認証を取得できます。ISMS認証を取得すると，対外的に情報セキュリティの信頼性を証明でき，顧客や取引先からの信頼性の向上につながります。

また，官公庁の入札や電子商取引などの参加条件として提示されることもあります。

ISO/IEC 27000シリーズ（ファミリー）

ISO/IEC 27000シリーズは，ISO（International Organization for Standardization：国際標準化機構）とIEC（International Electrotechnical Commission：国際電気標準会議）が共同で策定する情報セキュリティ規格群です。日本では，同じ番号でJIS Q 27000シリーズとして規格化されています。

27000シリーズでは，**ISMSにおける情報セキュリティの管理・リスク・制御に対するベストプラクティス**が示されています。主な規格は，次のとおりです。

・ISO/IEC 27000:2018（翻訳 JIS Q 27000:2019）
情報技術－セキュリティ技術－情報セキュリティマネジメントシステム－用語

ISMSのファミリー規格の概要や，使用される用語について定められています。

・ISO/IEC 27001:2022（翻訳 JIS Q 27001:2023）
情報セキュリティ，サイバーセキュリティ及びプライバシー保護－情報セキュリティマネジメントシステム－要求事項

組織がISMSを**確立し，実施し，維持し，継続的に改善**するための要求事項を規定しています。規格本文の箇条1～3は適用範囲，引用規格，用語及び定義であり，箇条4～10が要求事項となっています。ISMSに適合するには，**箇条4～10についてはすべて適用**する必要があります。また，附属書A（規定）として，“情報セキュリティ管理策”が規定されています。

・ISO/IEC 27002:2022（翻訳JIS Q 27002:2014（旧版））
情報セキュリティ，サイバーセキュリティ及びプライバシー保護－情報セキュリティ管理策

情報セキュリティ対策の**ベストプラクティス**として様々な**管理策**が記載されています。組織が，適用宣言書の作成にあたってこれらの管理策も参照し，自社に合った管理策を構築できるようにするための規格です。ISO/IEC 27002:2022の箇条5～箇条8は，ISO/IEC 27001:2022の附属書Aと完全に整合性がとられており，旧版であった違いが解消されています。

・ISO/IEC 27003:2017
情報技術－セキュリティ技術－情報セキュリティマネジメントシステムの手引

ISMSを確立，導入，運用，監視，レビュー，維持及び改善するためのガイダンス規格です。

・ISO/IEC 27004:2016
情報技術－セキュリティ技術－情報セキュリティマネジメント－監査，測定，分析及び評価

情報セキュリティの実施及び管理に使用すべきISMS，管理目的及び管理策の有効性を評価するための測定方法の開発及び使用に関するガイダンス規格です。

・ISO/IEC 27005:2022
情報セキュリティ，サイバーセキュリティ及びプライバシー保護－情報セキュリティリスクの管理に関する手引

情報セキュリティの**リスクマネジメント**のガイドラインです。

情報セキュリティに限らない一般的なリスクマネジメントについての規格には，ISO 31000:2018（翻訳JIS Q 31000:2019)があります。

・ISO/IEC 27006:2015（翻訳JIS Q 27006:2018）
情報技術－セキュリティ技術－情報セキュリティマネジメントシステムの審査及び認証を行う機関に対する要求事項

情報セキュリティマネジメントシステムの**認証機関**のための要求事項です。

・ISO/IEC 27007:2020
情報技術ーセキュリティ技術ー情報セキュリティマネジメントシステム監査のための指針
ISMS**監査**に関するガイドライン規格です。

参考
和文で正式にJIS規格として発行されているISO/IEC 27000シリーズは，現在のところ次の六つです。
・JIS Q 27000:2019
・JIS Q 27001:2023
・JIS Q 27002:2014
・JIS Q 27006:2018
・JIS Q 27014:2015
・JIS Q 27017:2016
なお，JIS Q 27014: 2015については，最新のISO/IEC 27014:2020ではなく，前のバージョンとなるISO/IEC 27014:2013の翻訳となります。

・ISO/IEC 27014:2020（翻訳JIS Q 27014:2015（旧版））
情報技術ーセキュリティ技術ー情報セキュリティガバナンス
情報セキュリティのガバナンスに関する規格です。情報セキュリティに関するガバナンス（統治）のプロセスが記述されています。情報セキュリティガバナンスは，コーポレートガバナンス（企業全体のガバナンス）の一部として定義されます。ITガバナンス（ITに関するガバナンス）もコーポレートガバナンスの一部として定義されますが，情報セキュリティガバナンスとは別に定義されます。そのため，情報セキュリティガバナンスとITガバナンスでは一部重複する場合があります。

・ISO/IEC 27017:2015（翻訳JIS Q 27017:2016）
情報技術ーセキュリティ技術ーJIS Q 27002に基づくクラウドサービスのための情報セキュリティ管理策の実践の規範
クラウドサービスの情報セキュリティ管理策の実施に関する規格です。JIS Q 27002:2014をもとに，クラウドサービスに関する情報セキュリティ管理策の実践規範を追加したものになります。

過去問題をチェック
ISO 27000ファミリーの規格に関しては，次の出題があります。
【JIS Q 27017:2016】
・令和元年秋 午前 問9

そのほかにも，次のように様々な規格があります。

・ISO/IEC 27010:2015
部門間及び組織間コミュニケーションのための情報セキュリティマネジメントシステムに関する規格

・ISO/IEC 27011:2016
電気通信業界内の組織でのISO/IEC 27002に基づく情報セキュリティマネジメント導入を支援するガイドライン規格

ISMSユーザーズガイド

ISMSユーザーズガイドとは，ISMS適合性評価制度を実施しているJIPDECが提供する「ISMS認証に関するガイド類」の一つです。

ISMS認証基準（JIS Q 27001:2014）の要求事項についての説明があるガイドで，リスクマネジメント編と合わせて，ISMSの理解に役立つ資料となっています。

関連

JIPDECが提供するガイド類は，以下のURLで公開されていますが，入手するには申込みが必要です。
https://www.jipdec.or.jp/library/smpo_doc.html

▶▶▶ 覚えよう！

- □ **ISMSでは，トップマネジメントのリーダシップが大切**
- □ **JIS Q 27001が要求事項，JIS Q 27002が実践規範**

3-1-4 情報セキュリティ継続

緊急時にも情報セキュリティを継続させていくためには，事前の対応計画の策定が不可欠です。組織全体の事業継続計画と整合性をとり，全社的に整合性のある計画を策定する必要があります。

関連
情報セキュリティに限らない全体的な対応計画のことを，事業継続計画（BCP：Business Continuity Planning）といいます。

3

緊急事態の区分

緊急時に適切に対応するためには，緊急の度合いに応じて緊急事態の区分を明らかにしておく必要があります。

例えば，緊急時の脅威によって，レベル1（影響を及ぼすおそれのない事象），レベル2（影響を及ぼすおそれの低い事象），レベル3（影響を及ぼすおそれの高い事象）などに区分しておくことで，実際に脅威が生じたときの対応を迅速化できます。

緊急時対応計画

緊急時対応計画（Contingency Plan：コンティンジェンシ計画）とは，サービスの中断や災害発生時に，システムを迅速かつ効率的に復旧させる計画です。

初期の対応計画では，初動で何を行うかなどを中心に計画します。完全な復旧を目指さず，暫定的に対応することもあります。

被害状況の調査手法なども定めておき，迅速に情報を集めて対応することが求められます。

復旧計画

緊急時対応の後に事業を完全に復旧させるための計画です。暫定的ではなく恒久的な復旧を目指します。特に，地震などの災害からの復旧の場合には，すぐに完全復旧を行うのは難しいので，暫定的な対応を行った後に順次，通常の状態へと復旧させていきます。

障害復旧

緊急時，または日常においても，システムに障害が発生したときにはその復旧を行います。日頃から，データのバックアップ対策を行っておき，復旧に備えておくことが大切です。

バックアップしたデータは，システムのすぐそばに置いておく方が通常時の復旧は早いですが，地震などの大災害時には，バックアップごと被災してしまうリスクがあります。そのため，バックアップデータは，遠隔地に保管しておき，大きな災害に備えることも大切です。

ディザスタリカバリ

ディザスタリカバリとは，事業継続マネジメントにおける概念の一つで，災害などによる被害からの回復措置や，被害を最小限に抑えるための予防措置などのことを指します。

ディザスタリカバリを計画する際には，災害発生時からどれくらいの時間以内にシステムを再稼働しなければならないかを示す指標であるRTO（Recovery Time Objective：目標復旧時間）や，システムが再稼働したときに，災害発生前のどの時点の状態までデータを復旧しなければならないかを示す指標であるRPO（Recovery Point Objective：目標復旧時点）をあらかじめ決め，それに合わせてバックアップシステムなどを事前に考えておきます。

サポートユーティリティ

サポートユーティリティとは，装置にとってのライフラインに対する管理策のことです。サーバ室の空調や，停電を防ぐための電気，水冷，消火装置などのための水道などが考えられます。

JIS Q 27002:2014（情報セキュリティ管理策の実践のための規範）の「11.2.2 サポートユーティリティ」において，警報装置を取り付けることや，定期検査を行うことなどの管理策が定められています。

覚えよう！

- □ 災害時の対策には，緊急時の暫定的な対策と，その後の恒久的な対策がある
- □ 日頃から計画を立て，バックアップなどの準備を行っておくことが大切

3-1-5 演習問題

問1 インシデント対応 CHECK ▶ □□□

A社は，情報システムの運用をB社に委託している。当該情報システムで発生した情報セキュリティインシデントについての対応のうち，適切なものはどれか。

ア 情報セキュリティインシデント管理を一元化するために，委託契約継続可否及び再発防止策の決定をB社に任せた。
イ 情報セキュリティインシデントに迅速に対応するために，サービスレベル合意書（SLA）に緊急時のセキュリティ手続を記載せず，B社の裁量に任せた。
ウ 情報セキュリティインシデントの発生をA社及びB社の関係者に迅速に連絡するために，あらかじめ定めた連絡経路に従ってB社から連絡した。
エ 迅速に対応するために，特定の情報セキュリティインシデントの一次対応においては，事前に定めた対応手順よりも，経験豊かなB社担当者の判断を優先した。

問2 JIS Q 27017に記載されている管理策 CHECK ▶ □□□

JIS Q 27002:2014には記載されていないが，JIS Q 27017:2016には記載されている管理策はどれか。

ア クラウドサービス固有の情報セキュリティ管理策
イ 事業継続マネジメントシステムにおける管理策
ウ 情報セキュリティガバナンスにおける管理策
エ 制御システム固有のサイバーセキュリティ管理策

問3 情報セキュリティ基本方針と関連規程 CHECK ▶ □□□

IPA“中小企業の情報セキュリティ対策ガイドライン(第3版)”に記載されている,組織の情報セキュリティ基本方針と関連規程に関する記述のうち,適切なものはどれか。

ア　基本方針は適用範囲を経営者とし,関連規程は適用範囲を経営者を除く従業員として策定してもよい。
イ　組織の規模が小さい場合は,詳細リスク分析を行わず,「情報セキュリティ関連規程(サンプル)」を参考に,自社に適した形に修正することで策定してもよい。
ウ　組織の取り扱う情報資産としてシステムソフトウェアが複数存在する場合は,その違いに応じて,複数の基本方針,関連規程を策定する。
エ　初めに具体的な関連規程を策定し,次に関連規程の運用に必要となる基本方針を策定する。

問4 情報セキュリティガバナンス CHECK ▶ □□□

JIS Q 27014:2015(情報セキュリティガバナンス)における,情報セキュリティガバナンスの範囲とITガバナンスの範囲に関する記述のうち,適切なものはどれか。

ア　情報セキュリティガバナンスの範囲とITガバナンスの範囲は重複する場合がある。
イ　情報セキュリティガバナンスの範囲とITガバナンスの範囲は重複せず,それぞれが独立している。
ウ　情報セキュリティガバナンスの範囲はITガバナンスの範囲に包含されている。
エ　情報セキュリティガバナンスの範囲はITガバナンスの範囲を包含している。

問5 適用宣言書の作成 CHECK ▶ □□□

JIS Q 27001:2023（情報セキュリティマネジメントシステム－要求事項）では，組織が情報セキュリティリスク対応のために適用する管理策などを記した適用宣言書の作成が要求されている。適用宣言書の作成に関する記述のうち，適切なものはどれか。

ア　承認された情報セキュリティリスク対応計画を基に，適用宣言書を作成する。
イ　情報セキュリティリスク対応に必要な管理策をJIS Q 27001:2023附属書Aと比較した結果を基に，適用宣言書を作成する。
ウ　適用宣言書を作成後，その内容を基に情報セキュリティリスク対応の選択肢を選定する。
エ　適用宣言書を作成後，その内容を基に情報セキュリティリスクを特定する。

問6 RPO CHECK ▶ □□□

ディザスタリカバリを計画する際の検討項目の一つであるRPO（Recovery Point Objective）はどれか。

ア　業務の継続性を維持するために必要な人員計画と要求される交代要員のスキルを示す指標
イ　災害発生時からどのくらいの時間以内にシステムを再稼働しなければならないかを示す指標
ウ　災害発生時に業務を代替する遠隔地のシステム環境と，通常稼働しているシステム環境との設備投資の比率を示す指標
エ　システムが再稼働したときに，災害発生前のどの時点の状態までデータを復旧しなければならないかを示す指標

解答と解説

問1 （平成29年春 情報セキュリティマネジメント試験 午前 問8）

《解答》ウ

委託が行われている場合，情報セキュリティインシデントが発生したときには，委託先は速やかに関係者に連絡する必要があります。B社が委託先，A社が委託元なので，B社がA社及びB社の関係者に迅速に連絡します。したがって，**ウ**が正解です。

ア　A社が行うべき内容です。

イ　SLAにセキュリティ手続を記載する必要があります。

エ　対応手順を優先させる必要があります。

問2 （令和３年秋 情報処理安全確保支援士試験 午前Ⅱ 問9）

《解答》ア

JIS Q 27017:2016の表題は，「JIS Q 27002に基づくクラウドサービスのための情報セキュリティ管理策の実践の規範」です。JIS Q 27002:2014をもとに，クラウドサービスに関する情報セキュリティ管理策の実践規範を追加したものです。そのため，クラウドサービス固有の情報セキュリティ管理策については，JIS Q 27017:2016のみに記載されています。したがって，**ア**が正解です。

イ　事業継続マネジメント（BCM：Business Continuity Management）については，JIS Q 22301:2020（セキュリティ及びレジリエンス－事業継続マネジメントシステム－要求事項）に記載されています。

ウ　情報セキュリティガバナンスについては，JIS Q 27014:2015（情報技術－セキュリティ技術－情報セキュリティガバナンス）に記載されています。

エ　制御システムのセキュリティについては，CSMS（Cyber Security Management System for IACS（Industrial Automation and Control System））として，IEC 62443-2-1で要求事項が定められています。

問3　　(平成30年秋 情報セキュリティマネジメント試験 午前 問9改)

《解答》イ

“中小企業の情報セキュリティ対策ガイドライン”とは，中小企業にとって重要な情報を漏えいや改ざん，喪失などの脅威から保護することを目的とする情報セキュリティ対策の考え方や実践方法について説明したものです。情報セキュリティマネジメントにおいては，自社の現状の詳細リスク分析を行い，自社に合わせて情報セキュリティ基本方針や関連規程を作成することが望ましいです。しかし，小規模な事業者が一から作成するのは難しいため，“中小企業の情報セキュリティ対策ガイドライン”では，「情報セキュリティ基本方針（サンプル）」や「情報セキュリティ関連規程（サンプル）」が付録として用意されており，自社に適した修正を行うことで作成できるようになっています。したがって，**イ**が正解です。

ア　情報セキュリティ基本方針と関連規程の各階層での適用範囲は同じになります。また，中小企業などでは通常，適用範囲は経営者も含めた組織全体となります。

ウ　情報セキュリティポリシは，全体で一つの基本方針，関連規程を策定します。

エ　最初に基本方針を策定し，その後に関連規程の順で策定します。

問4　　(平成30年秋 情報セキュリティマネジメント試験 午前 問8)

《解答》ア

ガバナンスとは，統治のあらゆるプロセスのことです。組織全体のガバナンスは，コーポレートガバナンスと呼ばれ，情報セキュリティガバナンスはその一環として確立されます。ITガバナンスもコーポレートガバナンスの一環で，ITに関するガバナンスを確立します。情報セキュリティガバナンスの範囲にはITセキュリティの要素が含まれるので，ITガバナンスと重複する場合があります。また，情報セキュリティガバナンスの対象は，ITだけでなく，組織が価値を認めたあらゆる情報資産が該当するので，ITガバナンスの範囲に包含されているわけではありません。図にすると，次のような関係になります。

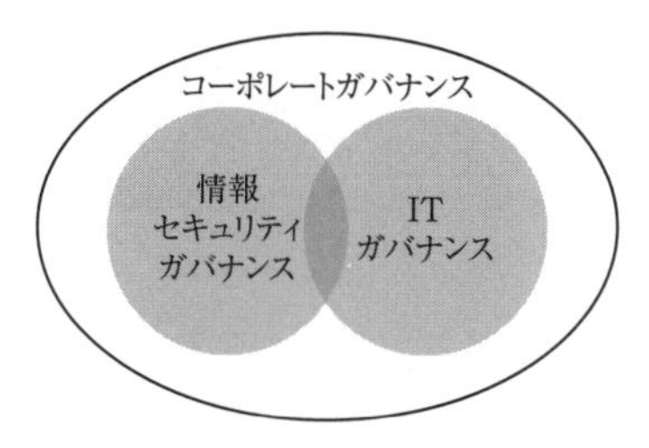

したがって，**ア**が正解です。

問5 (平成30年秋 情報セキュリティマネジメント試験 午前 問6改)

《解答》イ

適用宣言書とは，情報セキュリティリスク対応で作成される，必要な管理策及びそれらの管理策を含めた理由と，それらの管理策を実施しているか否かを含んだ文書です。JIS Q 27001:2023にある附属書Aは，情報セキュリティ管理策の包括的なリストです。情報セキュリティリスク対応では，決定した管理策を附属書Aに示す管理策と比較し，必要な管理策が見落とされていないことを検証する必要があります。したがって，**イ**が正解です。

ア 情報セキュリティリスク対応計画は，適用宣言書を作成した後に策定し，リスク所有者の承認を得ます。

ウ 情報セキュリティリスク対応の選択肢を選定した後に決定した管理策に基づいて，適用宣言書を作成します。

エ 情報セキュリティリスクの特定は，情報セキュリティリスク対応の前段階で行われる，情報セキュリティリスクアセスメントで行う内容です。

問6 (平成29年春 情報セキュリティマネジメント試験 午前 問4)

《解答》エ

RPO（目標復旧時点）とは，災害発生前のどの時点の状態までデータを復旧しなければならないかを示す指標です。したがって，**エ**が正解です。

ア，ウはディザスタリカバリの検討事項ですが，特に指標はありません。イはRTO（Recovery Time Objective：目標復旧時間）です。

3-2 リスク分析と評価

リスクマネジメントでは，リスク分析と評価を行います。まず，どのようなリスクがあるかを洗い出し，それぞれのリスクを分析します。その後，それぞれのリスクに対して評価を行い，リスク低減，リスク移転など，状況に応じた対策を講じます。

3-2-1 情報資産の調査・分類

頻出度 ★★★

リスクマネジメントを行うためには，まず，どのような情報資産があるのかを調査し，それを分類する必要があります。情報資産は，情報資産台帳にまとめます。

勉強のコツ

リスクマネジメントでは，情報資産に優先度をつけ，リスクアセスメントを行います。
学習のポイントとなるのは，リスク分析の考え方と，リスク対応の種類です。

情報資産の調査

リスクマネジメントの最初の段階ではまず，ISMSの適用範囲で用いられている情報資産について調査を行います。事業部門ごとに，インタビューや調査票による調査，現地での調査などを行い，漏れのないようにリスクを洗い出します。

また，過去のセキュリティ事件や事故，それによる損害額や対策費用なども考慮し，脅威と脆弱性を認識します。

情報資産の重要性による分類と管理

情報資産は，それぞれ単独で管理すると分析の負荷が大きくなるので，効率化を図るために分類し，グループ化します。情報資産のカテゴリや機能，保管形態などが一致するものを同じグループとし，グループごとに管理します。

情報資産台帳

情報資産とその機密性や重要性，分類されたグループなどをまとめたものを，**情報資産台帳**（情報資産目録）といいます。情報資産台帳は，情報資産を漏れなく記載するだけでなく，変化に応じて適切に更新していくことも大切です。

▶▶▶覚えよう！

- □ 情報資産はグループごとにまとめて管理
- □ 情報資産台帳に情報資産をまとめ，最新の状態に更新する

3-2-2 リスクの種類

リスクマネジメントはセキュリティに限ったことではなく，プロジェクトマネジメントやITサービスマネジメントなど，様々な分野で実施されています。
リスクマネジメント規格についてはJIS Q 31000:2019で定義されており，これが一般的なリスクマネジメントの指針となります。

リスクとは，もしそれが発生すれば情報資産に影響を与えるような事象です。財産に関するものだけでなく，信用や人的損失など様々なリスクが存在します。

リスク

リスクとは，まだ起こってはいないことですが，もしそれが発生すれば，情報資産に影響を与える事象や状態のことです。すでに起こったことは，リスクではなく**問題**として処理します。まだ起こっていない，起こるかどうかが不確実なことを，リスクとして洗い出します。

リスク源

リスク源（リスクソース）とは，リスクを生じさせる力をもっている要素のことです。リスク源を除去することは，有効なリスク対策となります。

リスク所有者

リスクを洗い出し，リスクとして特定したら，リスク所有者を決定する必要があります。リスク所有者とは，リスクの運用管理に権限をもつ人のことです。実質的には，情報資産を保有する組織の役員やスタッフが該当すると考えられます。

リスクの種類

組織を脅かすリスクには様々な種類があります。次のようなものが代表的なリスクの種類です。

- **財産損失** …… 火災リスクや地震リスク，盗難リスクなど，会社の財産を失うリスク
- **収入減少** …… 信用やブランドを失った結果，収入が減少するリスク
- **責任損失** …… 製造物責任や知的財産権侵害などで賠償責任を負うリスク

・**人的損失** …… 労働災害や新型インフルエンザなど，従業員に影響を与えるリスク

その他，外部サービス利用のリスク，サプライチェーンリスク，SNSによる情報発信のリスク，モラルハザード，オペレーショナルリスクなど，様々なリスクがあります。

用語

サプライチェーンリスクとは，委託先も含めたサプライチェーン全体のどこかで生じた事故・問題で影響を受けるリスクです。

モラルハザードとは，保険に加入していることにより，リスクを伴う行動が生じることです。

オペレーショナルリスクとは，通常の業務活動に関連するリスクの総称です。

リスク定量化

リスクは，その重要性を判断するため，金額などで定量化する必要があります。リスク定量化の手法としては，年間予想損失額の算出，得点法を用いた算出などがあります。

▶▶▶ 覚えよう！

□ まだ起こっていないことがリスク，起こってしまったら問題

□ それぞれのリスクでリスク所有者を決める必要がある

3-2-3 情報セキュリティリスクアセスメント

情報セキュリティリスクアセスメントとは，リスク分析からリスク評価までのプロセスを指します。リスク分析のためには，様々な手法が提案されています。

リスクマネジメントとリスクアセスメントの違い

情報セキュリティリスクマネジメントでは，リスクに関して組織を指揮し，管理します。そこで行われるのが情報セキュリティリスクアセスメントや情報セキュリティリスク対応などです。

リスクマネジメントがPDCAサイクルの一連のプロセスであるのに対し，リスクアセスメントはPDCAサイクルのP（Plan）の部分に該当します。図にすると次のようになります。

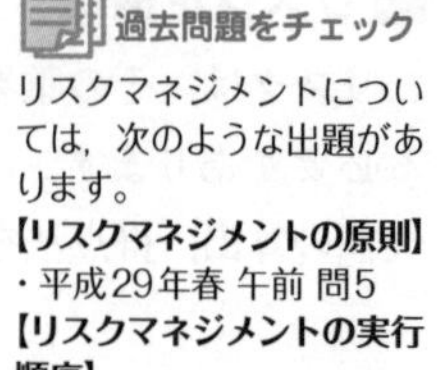

リスクマネジメントについては，次のような出題があります。

【リスクマネジメントの原則】
・平成29年春 午前 問5
【リスクマネジメントの実行順序】
・平成29年春 午前 問6
【リスクマネジメントの評価】
・平成28年春 午前 問3

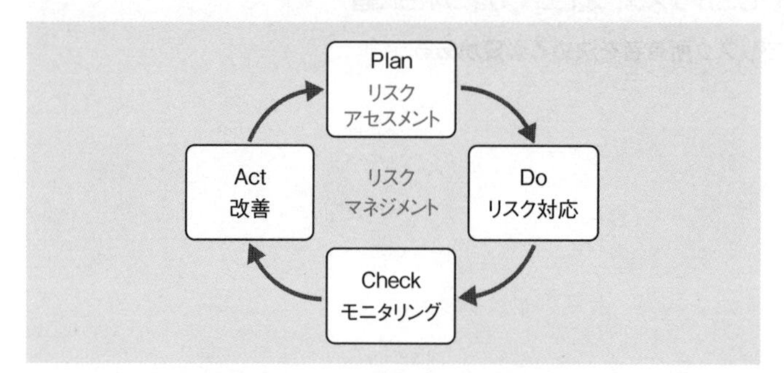

リスクマネジメントとリスクアセスメント

リスク基準

情報セキュリティリスクアセスメントを実施するための基準をリスク基準といいます。リスクの重大性を評価するための目安とする条件で，リスクアセスメントの実施者によって評価結果に大きなブレが出ないように，あらかじめ設定しておく判断指標です。

リスクに対して対策を実施するかどうかを判断する基準は，リスク受容基準です。

リスクアセスメントのプロセス

リスクアセスメントとは，リスク特定，リスク分析，リスク評価を行うプロセス全体のことです。

①リスク特定

リスクを発見して認識し，それを記述します。

②リスク分析

特定したそれぞれのリスクに対し，情報資産に対する脅威と脆弱性を考えます。

リスクの**発生確率**を求め，実際にリスクが起こったときの**影響の大きさ**を考えます。影響の大きさは，単純に，“大”，“中”，“小”などの比較で表すことが多いですが，被害額や復旧にかかる費用などの**金額**で算出することもあります。

リスク分析の手法は，次の2種類に分けられます。

- **定性的リスク分析** ……リスクの大きさを金額以外で分析する手法
- **定量的リスク分析** ……リスクの大きさを金額で分析する手法

③リスク評価

分析したリスクに対し，どのように対策を行うかを判断するのがリスク評価です。リスクが受容可能かどうかを決定するために，リスク分析の結果をリスク基準と比較するプロセスとなります。

リスク分析の結果を基に，あらかじめ定められた評価基準などを用いてリスクを評価し，対策の優先度をつけていきます。

リスク選好とリスク忌避

リスク選好（risk appetite）とは，リスクのある取引などを行うことです。リスク忌避（きひ）（risk aversion。「リスク回避」とも訳されます）とは，リスクを避けるためにその取引などを行わないことです。

過去問題をチェック

リスクアセスメントについては，午前で次のような出題があります。

【リスク特定】
・平成29年秋 午前 問5
【リスク評価】
・平成29年秋 午前 問7
・平成28年秋 午前 問8
・平成30年春 午前 問3
【リスクレベル】
・平成29年春 午前 問7
・平成31年春 午前 問6
・サンプル問題セット 問5
【リスク分析】
・平成30年秋 午前 問7
【ベースラインアプローチ】
・平成28年秋 午前 問6

情報セキュリティリスクアセスメントについては，午後でも出題されています。
【情報セキュリティリスクアセスメント】
・平成29年秋 午後 問1

リスクレベル

リスクレベルとは，リスクの結果とその起こりやすさの組合せとして表現される，リスクの大きさのことです。リスクには，リスクの重大度（重篤度（じゅうとくど））と発生の可能性という二つの度合いがあり，これらの組合せでリスクレベルを見積もります。リスクレベルは，次のような**リスクマトリックス**で決定します。

リスクマトリックスによるリスクレベルの例

可能性＼重大度	重大	中程度	軽度
高い	Ⅲ	Ⅲ	Ⅱ
可能性がある	Ⅲ	Ⅱ	Ⅰ
ほとんどない	Ⅱ	Ⅰ	Ⅰ

リスク分析の手法

リスク分析の代表的な手法には，次のようなものがあります。

①ベースラインアプローチ

既存の標準や基準をベースラインとして組織の対策基準を策定し，チェックしていく方法です。

②非形式的アプローチ

コンサルタントや担当者の経験，判断により行います。

③詳細リスク分析

情報資産に対し，資産価値，脅威，脆弱性，セキュリティ要件などを詳細に識別し，リスクを評価していく手法です。

④組合せアプローチ

複数のアプローチを併用する手法です。

用語

詳細リスク分析の代表的な手法に，日本情報経済社会推進協会（JIPDEC：旧日本情報処理開発協会）が開発した**JRAM**（JIPDEC Risk Analysis Method）があります。
JIPDECでは2010年に，新たなリスクマネジメントシステムとして**JRMS2010**（JIPDEC Risk Management System 2010）を公表しました。

覚えよう！

- □ **リスクアセスメントではリスク特定，リスク分析，リスク評価を行う**
- □ **リスクを金額で分析するのが定量的リスク分析**

3-2-4 情報セキュリティリスク対応 頻出度★★☆

情報セキュリティリスクアセスメントの結果を基に，情報セキュリティリスク対応を決めていきます。

リスク対応の考え方

リスク対応の考え方には，大きく分けてリスクコントロールとリスクファイナンシング（**リスクファイナンス**）があります。リスクコントロールは，技術的な対策など，なんらかの行動によって対応することですが，リスクファイナンシングは資金面で対応することです。

また，リスクが起こったときにその被害を回避する，または軽減するように工夫することをリスクヘッジといいます。

リスクが顕在化したときに備えて，情報化保険（IT保険）を利用する方法もあります。IT事業者向けの賠償責任保険や，個人情報漏えいに特化した保険などが用意されています。

リスク対応の方法

リスクを評価した後で，それぞれのリスクにどのように対応するかを決めていきます。リスク対応には次のような方法があります。なお，リスク対応の選択肢は排他的なものではありません。また，すべての周辺状況において適切であるとは限りません。

リスクを扱いやすい単位に分割することをリスク分解，逆にリスクをまとめることをリスク集約といいます。

①リスクを取るまたは増加させる（リスクテイク）

ある機会を追求するために，リスクを取るまたは増加させます。方法としては次の二つがあります。

- 起こりやすさを変える
- 結果を変える

一般的なリスクを減らすようなセキュリティ対策はこれに当たり，リスク最適化，リスク低減または強化ともいわれます。

過去問題をチェック

リスク対応については，午前で次のような出題があります。

【リスク対応】
・平成28年秋 午前 問2
【リスク受容プロセス】
・平成28年春 午前 問5
・令和元年秋 午前 問3
・サンプル問題セット 問1
【リスクファイナンシング】
・平成29年秋 午前 問6
・平成31年春 午前 問5
【残留リスク】
・平成28年秋 午前 問9
【リスクの回避】
・平成30年春 午前 問2

②リスクの回避

リスク源を除去する，つまり，リスクを生じさせる活動を，開始または継続しないと決定することによって，リスクを回避します。例えば，メーリングリストのリスクを考慮して運用をやめる，などです。

③リスクの共有（リスク移転，リスク分散）

一つ以上の他者とリスクを共有します。保険をかけるなどで，リスク発生時の費用負担を外部に転嫁するなどの方法があります。

④リスクの保有（リスク受容）

情報に基づいた意思決定によって，リスクを保有することを受け入れます。具体的な対策をしない対応です。リスク受容プロセスでは，リスク所有者の承認が必要となります。

残留リスク

リスク対応後に残るリスクを**残留リスク**といいます。あるリスクに対してリスク対応をした結果，残るリスクの大きさのことを指します。残留リスクを明確にし，そのリスクが許容範囲かどうかをリスク所有者が再度判断する必要があります。

用語
リスク所有者（リスクオーナー）とは，JIS Q 27000では「リスクを運用管理することについて，アカウンタビリティ及び権限をもつ人又は主体」と定義されています。
リスクマネジメントの実行権限をもつ人や組織のことを指します。

リスク対応計画

リスク対応計画は，それぞれのリスクに対して，脅威を減少させるためのリスク対応の方法をいくつか策定するプロセスです。リスク対応計画を作成するときには，特定したリスクをまとめたリスク登録簿を用意します。そして，それぞれのリスクに対する戦略を考え，**リスク登録簿**を更新します。

リスクコミュニケーション

リスクコミュニケーションとは，リスクに関する正確な情報を企業の利害関係者（ステークホルダ）間で共有し，相互に意思疎通を図ることです。特に災害など，重大で意識の共有が必要なリスクについて行われます。

▶▶▶ 覚えよう！

- ☐ リスクファイナンシングは，金銭的にリスクに対応すること
- ☐ リスク対応には，リスクテイク，回避，共有（移転），保有（受容）の4種類がある

最適な対策と現実との兼ね合い

リスク対応では，すべてのリスクに対して完璧に対応できれば最高ですが，現実ではそんなことは不可能であることが多いです。情報セキュリティにかけられる予算は限られていますし，現実的に100%対応することが不可能なリスクも多くあります。また，装置や現場の状況によって，対応までに時間がかかることも多くあります。

例えば，過去に情報セキュリティマネジメント試験に出てきた制約には，次のようなものがあります。

・受注業務で，システムへの入力と承認は別の人がやる必要があるが，承認権限をもつのがN課長1人だけしかおらず，業務が停滞する恐れがある。

（平成28年春 午後 問2）

・新プロジェクト用に情報システムを9月末までに改修するのは難しいので，代わりにクラウドサービスを利用する。

（平成29年春 午後 問2）

・ECサイトで，管理者アカウントでのログインには2要素認証を実装しているが，顧客用アカウントは顧客の利便性を考慮し，パスワードのみで認証する。

（令和元年秋 午後 問1）

実際の現場では，こういった組織ごとの状況に合わせて対応することが大切なので，情報セキュリティマネジメント試験でも，試験問題の状況に合わせて，適切に対応することが求められます。

「完璧な正解を求めるのではなく，現状に合わせた最適解を考える」ことを念頭に，セキュリティ対策や試験問題の解答を行っていきましょう。

3

3-2-5 演習問題

問1 リスクマネジメントの原則 CHECK ▶ □□□

JIS Q 31000:2019（リスクマネジメント－指針）において，リスクマネジメントを効果的なものにするために，組織が順守することが望ましいこととして挙げられている原則はどれか。

ア　リスクマネジメントは，静的であり，変化が生じたときに終了する。
イ　リスクマネジメントは，組織に合わせて作られる。
ウ　リスクマネジメントは，組織の主要なプロセスから分離した単独の活動である。
エ　リスクマネジメントは，リスクが顕在化した場合を対象とする。

問2 情報資産の機密性を評価 CHECK ▶ □□□

IPA“中小企業の情報セキュリティ対策ガイドライン（第3版）”を参考に，次の表に基づいて，情報資産の機密性を評価した。機密性が評価値2とされた情報資産とその判断理由として，最も適切な組みはどれか。

評価値	評価基準
2	法律で安全管理が義務付けられている，又は，漏えいすると取引先や顧客への大きな影響，自社への深刻若しくは大きな影響がある。
1	漏えいすると自社の事業に影響がある。
0	漏えいしても自社の事業に影響はない。

	情報資産	判断理由
ア	自社ECサイト（電子データ）	DDoS攻撃を受けて顧客からアクセスされなくなると，機会損失が生じて売上が減少する。
イ	自社ECサイト（電子データ）	ディレクトリリスティングされると，廃版となった商品情報がECサイト訪問者に勝手に閲覧される。
ウ	主力製品の設計図（電子データ）	責任者の承諾なく設計者によって無断で変更されると，製品の機能，品質，納期，製造工程に関する問題が生じ，損失が発生する。
エ	主力製品の設計図（電子データ）	不正アクセスによって外部に流出すると，技術やデザインによる製品の競争優位性が失われて，製品の売上が減少する。

問3 リスクアセスメントを構成するプロセスの組合せ CHECK ▶ □□□

JIS Q 31000:2019（リスクマネジメント－指針）におけるリスクアセスメントを構成するプロセスの組合せはどれか。

ア リスク特定，リスク評価，リスク受容
イ リスク特定，リスク分析，リスク評価
ウ リスク分析，リスク対応，リスク受容
エ リスク分析，リスク評価，リスク対応

問4 情報セキュリティのリスク対応策 CHECK ▶ □□□

情報セキュリティのリスクマネジメントにおいて，リスク共有，リスク回避，リスク低減，リスク保有などが分類に用いられることがある。これらに関する記述として，適切なものはどれか。

ア リスク対応において，リスクへの対応策を分類したものであり，リスクの顕在化に備えて保険を掛けることは，リスク共有に分類される。
イ リスク特定において，保有資産の使用目的を分類したものであり，マルウェア対策ソフトのような情報セキュリティ対策で使用される資産は，リスク低減に分類される。
ウ リスク評価において，リスクの評価方法を分類したものであり，管理対象の資産がもつリスクについて，それを回避することが可能かどうかで評価することは，リスク回避に分類される。
エ リスク分析において，リスクの分析手法を分類したものであり，管理対象の資産がもつ脆弱性を客観的な数値で表す手法は，リスク保有に分類される。

3

問5 リスクファイナンシング CHECK ▶ □□□

リスク対応のうち，リスクファイナンシングに該当するものはどれか。

ア システムが被害を受けるリスクを想定して，保険を掛ける。
イ システムの被害につながるリスクの顕在化を抑える対策に資金を投入する。
ウ リスクが大きいと評価されたシステムを廃止し，新たなセキュアなシステムの構築に資金を投入する。
エ リスクが顕在化した場合のシステムの被害を小さくする設備に資金を投入する。

問6 リスク評価 CHECK ▶ □□□

JIS Q 27000:2019（情報セキュリティマネジメントシステム－用語）におけるリスク評価についての説明として，適切なものはどれか。

ア 対策を講じることによって，リスクを修正するプロセス
イ リスクとその大きさが受容可能か否かを決定するために，リスク分析の結果をリスク基準と比較するプロセス
ウ リスクの特質を理解し，リスクレベルを決定するプロセス
エ リスクの発見，認識及び記述を行うプロセス

解答と解説

問1 (平成29年春 情報セキュリティマネジメント試験 午前 問5改)

《解答》イ

JIS Q 31000:2019では，4.原則の図2 c)に「組織への適合」があり，リスクマネジメントは，組織に合わせて作られます。したがって，**イ**が正解です。

ア　4.原則の図2 e)に「動的」があり，変化に対応して変えていく必要があります。

ウ　4.原則の図2 a)に「統合」があり，組織のプロセスに統合されます。

エ　4.原則の図2 f)に「利用可能な最善の情報」があり，将来予想される，顕在化していないリスクも対象とします。

問2 (平成30年春 情報セキュリティマネジメント試験 午前 問6改)

《解答》エ

情報資産の機密性の評価において，機密性が評価値2となるのは，「法律で安全管理が義務付けられている，又は，漏えいすると取引先や顧客への大きな影響，自社への深刻若しくは大きな影響がある」ものです。エの情報資産「主力製品の設計図(電子データ)」では,「不正アクセスによって外部に流出する」ことは機密性に対するインシデントであり，漏えいすると「製品の競争優位性が失われて，製品の売上が減少する」とあるので，自社への大きな影響があることが分かります。したがって，**エ**が正解です。

ア　DDoS攻撃では，可用性が評価されます。

イ　商品情報は，漏えいしても自社の事業に影響がないので，機密性の評価値は0となります。

ウ　データの変更では，完全性が評価されます。

問3 (令和4年秋 応用情報技術者試験 午前 問41)

《解答》イ

JIS Q 31000:2019 (リスクマネジメント－指針)におけるリスクアセスメントは，リスク特定，リスク分析，リスク評価の三つのプロセスで構成されています。したがって，組合せの正しい**イ**が正解です。

ウ，エのリスク対応は，リスクアセスメントの結果を基に決めていく，リスクの対応です。

ア，ウのリスク受容は，リスク対応の方法の一つで，リスクを保有することを受け入れます。

問4 （令和３年 ITパスポート試験 問99改）

《解答》ア

リスク共有，リスク回避，リスク低減，リスク保有などは，リスク対応におけるリスクへの対応策です。リスクの顕在化に備えて保険を掛けることは，リスク共有に分類されます。したがって，**ア**が正解です。

イ　マルウェア対策ソフトは，リスク特定ではなく**リスク対応**でのリスクテイクで**利用されること**はあります。リスク特定で特定されるのはリスクであり，保有資産ではありません。

ウ　リスク評価では，リスク分析を行ったリスクに対し，どのように対策を行うのかを判断します。リスク評価では，優先度をつけて対応を行うかどうかを評価するだけで，具体的な対応策はリスク対応で決定します。また，リスク回避は，リスクを生じさせる活動を行わないようにするリスク対策です。

エ　管理対象の資産がもつ脆弱性を客観的な数値で表す手法は，定量的リスク分析といいます。また，リスク保有は，リスクに対して具体的な対応を行わないリスク対応です。

問5 （平成31年春 情報セキュリティマネジメント試験 午前 問5）

《解答》ア

リスク対応の考え方には，大きく分けてリスクコントロールとリスクファイナンシング（リスクファイナンス）があります。リスクコントロールは，技術的な対策など，なんらかの行動によって対応することですが，リスクファイナンシングは資金面で対応することです。保険を掛けることは資金面で対応することになるので，**ア**が正解です。

イ　資金を投入しても，技術的な対策を行うことはリスクコントロールに該当します。

ウ　セキュアなシステム構築は技術的な対策なので，リスクコントロールに該当します。

エ　設備を導入することは技術的な対策なので，リスクコントロールに該当します。

問6 （令和５年秋 システム監査技術者試験 午前Ⅱ 問19）

《解答》イ

JIS Q 27000:2019（情報セキュリティマネジメントシステム－用語）では，リスク評価は，「リスク及び／又はその大きさが受容可能か又は許容可能かを決定するために，リスク分析の結果をリスク基準と比較するプロセス」と定義されています。したがって，**イ**が正解です。

アはリスク対応，ウはリスク分析，エはリスク特定に該当します。

3-3 情報セキュリティに対する取組み

情報セキュリティに対する取組みは，組織内だけではなく組織間で連携して行っていくことが大切です。官公庁でも，様々な取組みが行われています。

3-3-1 情報セキュリティ組織・機関　頻出度★★★

進化する情報セキュリティ攻撃から組織を守るためには，組織同士の連携が不可欠です。そのために，CSIRTなどの組織横断的な仕組みがあります。

勉強のコツ

情報セキュリティに対する取組みは国を挙げてのプロジェクトが多く，日々，その数は増え，進歩しています。単に覚えるだけでは，分量も多く大変なので，どのような機関が何のために行っているのか，その背景や組織との関連を合わせて学習すると，頭に入りやすくなります。

情報セキュリティ委員会

組織の中における，情報セキュリティ管理責任者（**CISO**：Chief Information Security Officer）をはじめとした経営層の意思決定組織が，**情報セキュリティ委員会**です。情報セキュリティに関わる企業のビジョンを策定し，情報セキュリティポリシの決定や承認などを行います。

情報セキュリティ関連組織

情報セキュリティ攻撃は年々進化しており，必要な対策も増えています。こうした状況では，1個人，1組織だけでの情報セキュリティ対策では多様な脅威を認識することができず，十分な対応が取れなくなります。そこで，社内外で連携して情報セキュリティ対策を行うために，SOCやCSIRTなどの組織横断的に連携する仕組みが必要となります。

セキュリティオペレーションセンター

セキュリティオペレーションセンター（**SOC**：Security Operation Center）とは，セキュリティ監視を行う拠点です。セキュリティ管理を行うIT企業が複数の顧客への対応を集中して行うためのSOCを用意し，顧客のセキュリティ機器を監視し，サイバー攻撃の検出やその対策を行っています。

CSIRT

CSIRT（シーサート）(Computer Security Incident Response Team)とは，主にセキュリティ対策のためにコンピュータやネットワークを監視し，問題が発生した際にはその原因の解析や調査を行う組織です。対応する業務により次の六つに分類されます。

・組織内CSIRT（Internal CSIRT）

各企業や公共団体などで，組織ごとのインシデントに対応する組織です。

・国際連携CSIRT（National CSIRT）

国や地域を代表するかたちで組織内CSIRTを連携し，問合せ窓口となる組織です。

・コーディネーションセンター（Coordination Center）

他のCSIRTとの情報連携や調整を行う組織です。

・分析センター

インシデントの傾向分析やマルウェアの解析，攻撃の痕跡の分析を行い，必要に応じて注意を喚起する組織です。

・ベンダチーム

自社製品の脆弱性に対応し，パッチ作成や注意喚起を行う組織です。

・インシデントレスポンスプロバイダ

組織内CSIRTの機能の一部または全部をサービスプロバイダとして有償で請け負う組織です。

関連

日本の組織内CSIRTの連携を行うのは，日本シーサート協議会(NCA：Nippon CSIRT Association)です。https://www.nca.gr.jp/ 様々な企業が加盟しています。

過去問題をチェック

CSIRTについては，午前で次のような出題があります。

【CSIRT】
・平成28年春 午前 問1
【JPCERTコーディネーションセンター】
・平成28年秋 午前 問3
・平成29年春 午前 問3
【CSIRTガイド】
・平成29年秋 午前 問3
【CSIRTマテリアル】
・平成30年秋 午前 問1

JPCERTコーディネーションセンター

CSIRTのうち，日本全体の連携を行うコーディネーションセンターには，JPCERTコーディネーションセンター（Japan Computer Emergency Response Team Coordination Center：JPCERT/CC）があります。特定の政府機関や企業から独立した組織であり，国内のコンピュータセキュリティインシデントに関する報告の受付，対応の支援，発生状況の把握，手口の分析，再発防止策の検討や助言を行っています。

JPCERTコーディネーションセンターでは，組織内CSIRTの構築を支援する目的でCSIRTマテリアル(https://www.jpcert.or.jp/csirt_material/)を作成し，公開しています。CSIRTマテリアルは，組織内の情報セキュリティ問題を専門に扱うインシデント対応チームである「組織内CSIRT」の運用を支援する目的で提供されています。構想フェーズ，構築フェーズ，運用フェーズの三つに分かれており，運用フェーズでは，組織内CSIRTの必要性や位置づけ，運用をガイドする**CSIRTガイド**が公開されています。

IPAセキュリティセンター

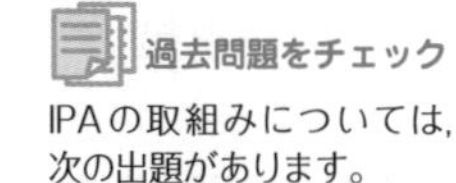

IPAの取組みについては，次の出題があります。
【SECURITY ACTION】
・平成30年秋 午前 問4
・サンプル問題セット 問51（科目B）
【中小企業の情報セキュリティ対策ガイドライン】
・平成30年春 午前 問6
・平成30年秋 午前 問4
・平成30年秋 午前 問9
・平成30年秋 午前 問10
・平成31年春 午前 問9

IPAセキュリティセンターは，IPA（情報処理推進機構）内に設置されているセキュリティセンターです。ここでは**情報セキュリティ早期警戒パートナーシップ**という制度を運用しており，コンピュータウイルス，不正アクセス，脆弱性などの届出を受け付けています。不正アクセスを届け出るコンピュータ不正アクセス届出制度，脆弱性を届け出るソフトウェア等の脆弱性関連情報に関する届出制度などの提出先となっています。

また，IPAが作成した“**中小企業の情報セキュリティ対策ガイドライン**”では，中小企業が情報セキュリティ対策に取り組む際の，経営者が認識すべき方針や，社内において対策を実践する際の手順や手法がまとめられています。このガイドラインに沿って情報セキュリティ対策に取り組むことを中小企業が自己宣言する制度に，**SECURITY ACTION**があります。さらに，情報セキュリティに関する様々な情報を発信しており，再発防止のための提言や，情報セキュリティに関する啓発活動を行っています。

脆弱性データベース

脆弱性の情報をデータベース化して一般に公開する取組みが，国内外でいくつか行われています。

過去問題をチェック
JVNについては，午前で次のような出題があります。
【JVN】
・平成28年秋 午前 問4
・平成29年春 午前 問12

JVN（Japan Vulnerability Notes）は，日本で使用されているソフトウェアなどの脆弱性関連情報とその対策情報を提供する脆弱性対策情報ポータルサイトです。JPCERT/CCとIPAが共同で運営しています。

JVNでは，次の3種類の番号体系を用いて脆弱性識別番号を割り振り，脆弱性を特定しています。

- **「JVN#」が先頭に付く8桁の番号**
  「情報セキュリティ早期警戒パートナーシップ」に基づいて調整・公表された脆弱性情報
- **「JVNVU#」が先頭に付く8桁の番号**
  上記以外の海外調整機関や海外製品開発者との連携案件
- **「JVNTA#」が先頭に付く8桁の番号**
  調整の有無にかかわらず，必要に応じてJPCERT/CCが発行する注意喚起

また，脆弱性対策情報を効率的に収集したり，利用者のPC上にインストールされたソフトウェア製品のバージョンを容易にチェックするなどの機能を提供するフレームワークにMyJVNがあります。

内閣サイバーセキュリティセンター

内閣サイバーセキュリティセンター（**NISC**：National center of Incident readiness and Strategy for Cybersecurity）とは，内閣官房に設置された組織です。

サイバーセキュリティ基本法に基づき，内閣に**サイバーセキュリティ戦略本部**が設置され，同時に内閣官房にNISCが設置されました。NISCでは，サイバーセキュリティ戦略の立案と実施の推進などを行っています。

内閣では，2015年9月にサイバーセキュリティ戦略を定め，公開しました。この戦略では，目標達成のための施策の立案及び実施にあたっては次の五つの基本原則に従うものとされています。

●サイバーセキュリティ戦略の基本原則

1. 情報の自由な流通の確保

サイバー空間においては，発信した情報が，その途中で不当に検閲されず，また，不正に改変されずに，意図した受信者へ届く世界が創られ，維持されるべきである。

2. 法の支配

実空間と同様に，サイバー空間においても法の支配が貫徹されるべきである。

3. 開放性

サイバー空間が一部の主体に占有されることがあってはならず，常に参加を求めるものに開かれたものでなければならない。

4. 自律性

サイバー空間上の脅威が，国を挙げて対処すべき課題となっても，サイバー空間における秩序維持を国家が全て代替することは不可能，かつ，不適切である。

5. 多様な主体の連携

政府に限らず，重要インフラ事業者，企業，個人といったサイバー空間に関係する全てのステークホルダが，サイバーセキュリティに係るビジョンを共有し，それぞれの役割や責務を果たし，また努力する必要がある。

CRYPTREC

CRYPTREC（Cryptography Research and Evaluation Committees）は，電子政府推奨暗号の安全性を評価・監視し，暗号技術の適切な実装法や運用法を調査・検討するプロジェクトです。CRYPTRECでは，「電子政府における調達のために参照すべき暗号のリスト」（**CRYPTREC暗号リスト**）を公開しています。CRYPTREC暗号リストには，次の3種類があります。

関連

CRYPTRECの具体的な内容については，CRYPTRECのWebページに詳しい記述があります。
https://cryptrec.go.jp/
CRYPTREC暗号リストなどは，こちらを参考にしてください。

①電子政府推奨暗号リスト

CRYPTRECにより安全性及び実装性能が確認された暗号技術で，市場における利用実績が十分であるか今後の普及が見込まれると判断され，利用を推奨するもののリストです。

過去問題をチェック

CRYPTRECについては，次の出題があります。
【CRYPTREC】
・平成29年秋 午前 問4
・平成31年春 午前 問3
・サンプル問題セット 問7

②推奨候補暗号リスト

CRYPTRECにより安全性及び実装性能が確認され，今後，電子政府推奨暗号リストに掲載される可能性のある暗号技術のリストです。

③運用監視暗号リスト

推奨すべき状態ではなくなった暗号技術のうち，互換性維持のために継続利用を容認するもののリストです。

J-CSIP

サイバー情報共有イニシアティブ（**J-CSIP**（ジェイシップ）：Initiative for Cyber Security Information sharing Partnership of Japan）とは，IPAが，サイバー攻撃による被害の拡大を防止するために，経済産業省の協力を得て，重工，重電など重要インフラで利用される機器の製造業者を中心に，情報共有と早期対応の場として発足させた取組みです。

2022年11月現在では，全体で13のSIG（Special Interest Group：類似の産業分野が集まったグループ），279の参加組織による情報共有体制を確立し，サイバー攻撃に関する情報共有の実運用を行っています。

NIST

NIST（National Institute of Standards and Technology：米国国立標準技術研究所）は，アメリカ合衆国の国立研究所で，公式の標準などを提供する機関です。NISTの部門にCSD（Computer Security Division）があり，コンピュータセキュリティ関係のレポートであるSpecial Publications（SP800シリーズ）や，情報セキュリティ関連の文書となる**FIPS**（Federal Information Processing Standards）などを発行しています。

情報セキュリティ早期警戒パートナーシップガイドライン

情報セキュリティ早期警戒パートナーシップガイドラインは，IPAとJPCERTコーディネーションセンターが連携して整備した，脆弱性関連情報の円滑な流通や，対策を普及させるためのガイドラインです。

脆弱性の発見者や製品開発者，Webサイト運営者などが協力して脆弱性関連情報を適切に公開できるようにするために，IPAが窓口になって内容確認や検証，連絡を行います。脆弱性関連情報の公表日などは，製品開発者とJPCERTコーディネーションセンターが連絡を取って調整します。

関連

情報セキュリティ早期警戒パートナーシップガイドラインは，IPAの以下のサイトで公開されています。
https://www.ipa.go.jp/security/guide/vuln/partnership_guide.html

ホワイトハッカー

コンピュータやネットワークに関する高い技術をもつハッカーと呼ばれる人のうち，その技術を善良な目的に生かす人を**ホワイトハッカー**といいます。

サイバー犯罪に対処するためにも，ホワイトハッカーの育成は急務といわれています。

覚えよう！

- □ CSIRTはインシデント対応のチームで，組織内だけでなく組織外とも連携する
- □ NISCには，サイバーセキュリティ戦略本部が設置されている

3-3-2 セキュリティ評価

情報セキュリティ対策が適切に行われているかどうかを評価するための手法や標準には様々なものがあります。日々チェックし，セキュリティ管理に役立てることが大切です。

ISO/IEC 15408

情報セキュリティマネジメントではなくセキュリティ技術を評価する規格に**ISO/IEC 15408**（JIS規格では**JIS X 5070**）があります。これは，IT関連製品や情報システムのセキュリティレベルを評価するための国際規格です。**CC**（Common Criteria：**コモンクライテリア**）とも呼ばれ，主に次のような概念を掲げています。

①ST（Security Target：セキュリティターゲット）

セキュリティ基本設計書のことです。製品やシステムの開発に際して，STを作成することは最も重要であると規定されています。利用者が自分の要求仕様を文書化したものです。

②EAL（Evaluation Assurance Level：評価保証レベル）

製品の保証要件を示したもので，製品やシステムのセキュリティレベルを客観的に評価するための指標です。EAL1（機能テストの保証）からEAL7（形式的な設計の検証及びテストの保証）まであり，数値が高いほど保証の程度が厳密です。

> 用語
> 共通の評価基準であるCCに加え，評価結果を理解し，比較するための評価方法「Common Methodology for Information Technology Security Evaluation」が開発されました。共通評価方法（Common Evaluation Methodology）と略され，その頭文字をとって**CEM**と呼ばれます。ここには，評価機関がCCによる評価を行うための手法が記されています。

PCI DSS

PCI DSS（Payment Card Industry Data Security Standard：PCIデータセキュリティスタンダード）は，クレジットカード会員のデータを安全に取り扱うことを目的に，JCB，American Express，Discover，MasterCard，VISAの5社が共同で策定した，クレジットカード業界におけるセキュリティ標準です。

PCIを管理するPCI SSC（PCI Security Standards Council：PCI国際協議会）が認定した審査機関による訪問審査や，認定したベンダのスキャンツールによってWebサイトに脆弱性がないか点検を受けて認証を得ることで，PCI DSS認定を取得できます。

PCI DSSは改訂を重ねており，現在の最新版はPCI DSS v4.0

> 関連
> PCI DSSは，PCI Security Standards Councilのホームページで公開されています。
> https://www.pcisecuritystandards.org/lang/ja-ja/
> 使用許諾契約書に同意することで全文を確認できますので，参考にしてみてください。

です。

PCI DSSでは，ISO/IEC 27000シリーズなどに比べてより具体的に，クレジットカード利用業者が遵守すべき事項をまとめており，次のように六つの目的について12の要件を定めています。

過去問題をチェック

PCI DSSについては，午前で次の出題があります。

【PCI DSS】

・平成29年春 午前 問26
・平成31年春 午前 問14
・令和元年秋 午前 問27

3

1. 安全なネットワークの構築と維持

要件1：カード会員データを保護するために，**ファイアウォール**をインストールして構成を維持する

要件2：システムパスワードおよび他のセキュリティパラメータにベンダ提供の**デフォルト値を使用しない**

2. カード会員データの保護

要件3：保存されるカード会員データを保護する

要件4：オープンな公共ネットワーク経由でカード会員データを伝送する場合，**暗号化する**

3. 脆弱性管理プログラムの維持

要件5：すべてのシステムをマルウェアから保護し，**ウイルス対策ソフトウェア**またはプログラムを**定期的に更新する**

要件6：安全性の高いシステムとアプリケーションを開発し，保守する

4. 強力なアクセス制御手法の導入

要件7：カード会員データへのアクセスを，**業務上必要な範囲内に制限する**

要件8：システムコンポーネントへのアクセスを，業務上必要な範囲内に制限する

要件9：カード会員データへの物理アクセスを制限する

5. ネットワークの定期的な監視及びテスト

要件10：ネットワークリソースおよびカード会員データへの**すべてのアクセスを追跡および監視する**

要件11：セキュリティシステムおよびプロセスを**定期的にテストする**

6. 情報セキュリティポリシーの維持

要件12：すべての担当者の**情報セキュリティに対応するポリシを維持する**

SCAP

NISTが開発した，情報セキュリティ対策の自動化と標準化を目指した技術仕様を**SCAP**（Security Content Automation Protocol：セキュリティ設定共通化手順）といいます。

現在，SCAPは次の六つの標準仕様から構成されています。

関連
SCAPについては，IPAセキュリティセンターのWebサイトに詳しい説明があります。
https://www.ipa.go.jp/security/vuln/SCAP.html
それぞれの詳しい内容は，こちらを参考にしてください。

①脆弱性を識別するためのCVE
(Common Vulnerabilities and Exposures：共通脆弱性識別子)

個別製品中の脆弱性を対象として，米国政府の支援を受けた非営利団体のMITRE社が採番している識別子です。脆弱性検査ツールやJVNなどの脆弱性対策情報提供サービスの多くがCVEを利用しています。

②セキュリティ設定を識別するためのCCE
(Common Configuration Enumeration：共通セキュリティ設定一覧)

システム設定情報に対して共通の識別番号「CCE識別番号(CCE-ID)」を付与し，セキュリティに関するシステム設定項目を識別します。識別番号を用いることで，脆弱性対策情報源やセキュリティツール間のデータ連携を実現します。

③製品を識別するためのCPE
(Common Platform Enumeration：共通プラットフォーム一覧)

ハードウェア，ソフトウェアなど，情報システムを構成するものを識別するための共通の名称基準です。

④脆弱性の深刻度を評価するためのCVSS
(Common Vulnerability Scoring System：共通脆弱性評価システム)

情報システムの脆弱性に対するオープンで包括的，汎用的な評価手法です。CVSSを用いると，脆弱性の深刻度を同一の基準の下で定量的に比較できるようになります。また，ベンダー，セキュリティ専門家，管理者，ユーザ等の間で，脆弱性に関して共通の言葉で議論できるようになります。

CVSSでは，次の三つの視点から評価を行います。

- **基本評価基準**(Base Metrics)
  脆弱性そのものの特性を評価する視点
- **現状評価基準**(Temporal Metrics)
  脆弱性の現在の深刻度を評価する視点
- **環境評価基準**(Environmental Metrics)
  製品利用者の利用環境も含め，最終的な脆弱性の深刻度を評価する視点

⑤チェックリストを記述するためのXCCDF (eXtensible Configuration Checklist Description Format：セキュリティ設定チェックリスト記述形式)

セキュリティチェックリストやベンチマークなどを記述するための仕様言語です。

⑥脆弱性やセキュリティ設定をチェックするためのOVAL (Open Vulnerability and Assessment Language：セキュリティ検査言語)

コンピュータのセキュリティ設定状況を検査するための仕様です。

CWE

CWE (Common Weakness Enumeration：共通脆弱性タイプ一覧)は，ソフトウェアにおけるセキュリティ上の弱点(脆弱性)の種類を識別するための共通の基準です。CWEでは多種多様な**脆弱性の種類**を脆弱性タイプとして分類し，それぞれにCWE識別子(CWE-ID)を付与して階層構造で体系化しています。脆弱性タイプは，以下の4種類に分類されます。

- ビュー (View)
- カテゴリ(Category)
- 脆弱性(Weakness)
- 複合要因(Compound Element)

脆弱性検査

システムを評価するために脆弱性を発見する検査のことを**脆弱性検査**といいます。脆弱性検査の手法には，次のようなものがあります。

①ペネトレーションテスト

システムに実際に攻撃して侵入を試みることで，脆弱性検査を行う手法です。疑似攻撃を行うことになるため，あらかじめ攻撃の許可を得ておくことや，攻撃によりシステムに影響がないよう準備することなどが必要です。

②ポートスキャナ

Webサーバで稼働しているサービスを列挙して，不要なサービスが稼働していないことを確認するツールです。OSの種類を検出したり，サービスに対して簡単な脆弱性検査を行うことができるものもあります。

③ファジング

ファジングとは，ソフトウェア製品において，開発者が認知していない脆弱性を検出する検査手法です。検査対象のソフトウェア製品に，ファズ（Fuzz）と呼ばれる，問題を引き起こしそうなデータを大量に送り込み，その応答や挙動を監視することで脆弱性を検出します。

参考

IPAセキュリティセンターでは，「ファジング活用の手引き」などの「ファジング」に関する手引書などを紹介しています。
https://www.ipa.go.jp/security/vuln/fuzzing/contents.html

情報セキュリティ診断サイト

情報セキュリティ診断サイトとは，IPAセキュリティセンターがWeb上で提供している，情報セキュリティ対策の状況を診断できる仕組みです。

・情報セキュリティ対策ベンチマーク
https://security-shien.ipa.go.jp/diagnosis/

Web上の質問に答えると，散布図，レーダーチャート，スコア（点数）などの診断結果が自動的に表示されます。点数だけではなく，自社の対策状況を他社の対策状況と比較することができます。

▶▶▶ 覚えよう！

- □ CVSSは共通脆弱性評価システムで3つの視点から評価
- □ CVEは脆弱性の識別子，CWEは脆弱性のタイプ

IPAの取組みを押さえておく

IPA（Information-technology Promotion Agency, Japan：独立行政法人情報処理推進機構）は，経済産業省所管の独立行政法人です。日本におけるIT国家戦略を技術面と人材面の両方から支えるために設立されました。

IPAの中には，人材を育成するため，今勉強している情報セキュリティマネジメント試験などの情報処理技術者試験を実施する試験センターも設置されています。また，情報セキュリティの技術面を支えるために，IPAセキュリティセンターを運営しています。

IPAセキュリティセンターでは，脆弱性対策情報（JVN）の提供やSCAPの開発など，情報セキュリティの啓発活動を行っています。同じIPA内で実施する試験なので，セキュリティセンターで実施していることは，一般に普及する前の最新情報も含めて情報セキュリティマネジメント試験で出題されることが予想されます。

IPAの情報を押さえることで，先手を打って情報セキュリティ対策を考えられるようになるという意識で，IPA公式の情報を押さえておくのがおすすめです。

書籍では紹介しきれない最新情報もいろいろ掲載されますので，ぜひ定期的に確認してみてください。

IPAセキュリティセンター
https://www.ipa.go.jp/security/

3-3-3 演習問題

問1 CSIRT活動 CHECK ▶ □□□

JPCERTコーディネーションセンター“CSIRTガイド(2021年11月30日)”では，CSIRTを機能とサービス対象によって六つに分類しており，その一つにコーディネーションセンターがある。コーディネーションセンターの機能とサービス対象の組合せとして，適切なものはどれか。

	活動	サービス対象
ア	インシデント対応の中で，CSIRT 間の情報連携，調整を行う。	他のCSIRT
イ	インシデントの傾向分析やマルウェアの解析，攻撃の痕跡の分析を行い，必要に応じて注意を喚起する。	関係組織，国又は地域
ウ	自社製品の脆(ぜい)弱性に対応し，パッチ作成や注意喚起を行う。	自社製品の利用者
エ	組織内 CSIRT の機能の一部又は全部をサービスプロバイダとして，有償で請け負う。	顧客

問2 SECURITY ACTION CHECK ▶ □□□

中小企業の情報セキュリティ対策普及の加速化に向けて，IPAが創設した制度である“SECURITY ACTION”に関する記述のうち，適切なものはどれか。

ア　ISMS認証取得に必要な費用の一部を国が補助する制度
イ　営利を目的としている組織だけを対象とした制度
ウ　情報セキュリティ対策に取り組むことを自己宣言する制度
エ　情報セキュリティ対策に取り組んでいることを第三者が認定する制度

問3 情報セキュリティ早期警戒パートナーシップガイドライン CHECK ▶ □□□

ソフトウェア製品の脆弱性を第三者が発見し，その脆弱性をJPCERTコーディネーションセンターが製品開発者に通知した。その場合における製品開発者の対応のうち，“情報セキュリティ早期警戒パートナーシップガイドライン（第2刷，2022年5月）”に照らして適切なものはどれか。

3

ア ISMS認証を取得している場合，ISMS認証の停止の手続をJPCERTコーディネーションセンターに依頼する。
イ 脆弱性関連の情報を集計し，統計情報としてIPAのWebサイトで公表する。
ウ 脆弱性情報の公表に関するスケジュールをJPCERTコーディネーションセンターと調整し，決定する。
エ 脆弱性の対応状況をJVNに書き込み，公表する。

問4 CVSS CHECK ▶ □□□

共通脆（ぜい）弱性評価システム（CVSS）の特徴として，適切なものはどれか。

ア CVSS v2とCVSS v3.0は，脆弱性の深刻度の算出方法が同じであり，どちらのバージョンで算出しても同じ値になる。
イ 脆弱性の深刻度に対するオープンで汎用的な評価手法であり，特定ベンダに依存しない評価方法を提供する。
ウ 脆弱性の深刻度を0から100の数値で表す。
エ 脆弱性を評価する基準は，現状評価基準と環境評価基準の二つである。

問5 セキュリティ評価結果間の比較を可能にする規格 CHECK ▶ □□□

IT製品及びシステムが，必要なセキュリティレベルを満たしているかどうかについて，調達者が判断する際に役立つ評価結果を提供し，独立したセキュリティ評価結果間の比較を可能にするための規格はどれか。

ア ISO/IEC 15408　　イ ISO/IEC 27002
ウ ISO/IEC 27017　　エ ISO/IEC 30147

問6 PCI DSSでのカードセキュリティコードの取扱方法 CHECK ▶ □□□

PCI DSS v4.0において，取引承認を受けた後の加盟店及びサービスプロバイダにおけるカードセキュリティコードの取扱方法の組みのうち，適切なものはどれか。ここで，用語の定義は次のとおりとする。

〔用語の定義〕
加盟店とは，クレジットカードを商品又はサービスの支払方法として取り扱う事業体をいう。
サービスプロバイダとは，他の事業体の委託でカード会員データの処理，保管，伝送に直接関わる事業体をいう。イシュア（クレジットカード発行や発行サービスを行う事業体）は除く。
カードセキュリティコードには，カード裏面又は署名欄に印字されている，3桁又は4桁の数値がある。

	加盟店におけるカードセキュリティコードの取扱方法	サービスプロバイダにおけるカードセキュリティコードの取扱方法
ア	暗号化して加盟店内に保管する。	暗号化してサービスプロバイダのシステム内に保管する。
イ	平文で加盟店内に保管する。	保管しない。
ウ	保管しない。	平文でサービスプロバイダのシステム内に保管する。
エ	保管しない。	保管しない。

解答と解説

問1 （令和5年秋 応用情報技術者試験 午前 問39）

《解答》ア

“CSIRTガイド”には，コーディネーションセンターについて次の記載があります。「サービス対象は協力関係にある他のCSIRT。インシデント対応においてCSIRT間の情報連携、調整を行なう」(原文ママ)。したがって，**ア**が正解です。

イ　分析センターに該当します。

ウ　ベンダチームに該当します。

エ　インシデントレスポンスプロバイダに該当します。

問2 （令和3年 ITパスポート試験 問79）

《解答》ウ

“SECURITY ACTION”とは，中小企業が，情報セキュリティ対策に取り組むことを自己宣言する制度です。一つ星や二つ星などの取組み目標を決めて，自己宣言を行いステップアップしていきます。したがって，**ウ**が正解です。

ア　自治体や公共財団などで行っているISMS助成金制度に該当します。

イ　特定非営利活動法人，学校法人などの非営利団体も含まれます。

エ　ISMS認証など，第三者が認証する制度が該当します。“SECURITY ACTION”は自己宣言で，第三者の認証は必要ありません。

問3 （令和３年秋 応用情報技術者試験 午前 問38改）

《解答》ウ

“情報セキュリティ早期警戒パートナーシップガイドライン（第2刷，2022年5月）”は，IPA（Information-technology Promotion Agency, Japan）とJPCERTコーディネーションセンターが連携して整備した，脆弱性関連情報の円滑な流通や，対策を普及させるためのガイドラインです。このガイドラインでは，「IV．ソフトウェア製品に係る脆弱性関連情報取扱」の「5．製品開発者の対応」に「3）脆弱性情報の公表日の調整」として，「製品開発者は、検証の結果、脆弱性が存在することを確認した場合、対策方法の作成や外部機関との調整に要する期間、当該脆弱性情報流出に係るリスクを考慮しつつ、脆弱性情報の公表に関するスケジュールについてJPCERT/CCと相談してください」とあります。そのため，脆弱性情報の公表に関するスケジュールをJPCERTコーディネーションセンターと調整し，決定することは適切です。したがって，**ウ**が正解です。

ア　脆弱性があるからといって，ISMS認証を停止させる必要はありません。

イ　統計情報は原則，四半期ごとにIPAが公表します。

エ　脆弱性の対応状況を公表するのは，IPAとJPCERTコーディネーションセンターです。

問4 （令和２年10月 プロジェクトマネージャ試験 午前Ⅱ 問24）

《解答》イ

CVSSとは，脆弱性に対するオープンで包括的，汎用的な評価手法です。CVSSを用いると，脆弱性の深刻度を特定のベンダに依存しない同一の基準の下で定量的に比較できるようになります。したがって，**イ**が正解です。

ア　CVSS v3では，CVSS v2とは異なり，コンポーネント単位で評価する手法を取り込んだ仕様となっています。そのため，深刻度の算出方法は異なります。

ウ　深刻度は0.0～10.0の範囲でスコアが算出されます。

エ　現状評価基準と環境評価基準の他に，基本評価基準があります。

問5 （令和４年秋 情報処理安全確保支援士試験 午前Ⅱ 問9）

《解答》ア

IT製品及びシステムが，必要なセキュリティレベルを満たしているかどうかについて，調達者が判断する際に役立つ評価結果を提供する規格には，ISO/IEC 15408があります。CC（Common Criteria）ともいわれ，JIS標準（JIS X 5070）としても規格化されています。異なる制度や評価機関で評価がなされても，その評価結果が均質であるため，独立したセキュリティ評価結果間の比較を可能にします。したがって，**ア**が正解です。

イ　ISO/IEC 27002は，情報セキュリティ管理策の実践のための規範の規格で，ISMS（Information Security Management System）の認証に使用されます。

ウ　ISO/IEC 27017は，クラウドサービスのセキュリティ規格です。

エ　ISO/IEC 30147は，IoTセキュリティのガイドライン規格です。

問6 （平成31年春 情報セキュリティマネジメント試験 午前 問14改）

《解答》エ

PCI DSS（Payment Card Industry Data Security Standard：PCIデータセキュリティスタンダード）とは，クレジットカード情報の安全な取扱いのために，JCB，American Express，Discover，MasterCard，VISAの5社が共同で策定した，クレジット業界におけるグローバルセキュリティ基準です。

カードセキュリティコード（カード検証コード）には，CVV2，CVC2，CID，CAV2などの種類があり，カード表面又は署名欄に3桁又は4桁の数値で印字されています。

PCI DSS v4.0では，PCI DSS要件3.3.1.2に，「オーソリゼーションプロセス完了時に、カード検証コードを保持しない」とあり，加盟店やサービスプロバイダでは，オーソリゼーション（認証）のプロセスが終わった後に，カードセキュリティコードを保管しないことが求められています。したがって，**エ**が正解です。

ア　暗号化して保管するのは，イシュア（クレジットカード発行会社）のみです。

イ，ウ　平文で保管することは機密性の観点で問題があります。また，加盟店，サービスプロバイダ（サービスを提供する事業者）では，情報自体を保管しないことが求められています。

第4章

情報セキュリティ対策

情報セキュリティの脅威に関しては，リスクを認識して優先度を考えたあとに，必要に応じて適切に対策を行うことが大切です。
この章では，情報セキュリティ対策について，人的セキュリティ対策，技術的セキュリティ対策，物理的セキュリティ対策，及びセキュリティ実装技術の4分野に分けて学習していきます。

4-1 人的セキュリティ対策

綿密にポリシや規程を作り上げて明文化しても，それを運用する人のセキュリティ意識が低ければ意味がありません。教育などの活動によって啓発していく必要があります。

4-1-1 人的セキュリティ対策

頻出度 ★★★

人的セキュリティ対策では，情報セキュリティの重要性や対策の方針を組織全体に浸透させていくことが大切です。そのためにガイドラインを作成し，啓発活動を行っていきます。

勉強のコツ

人的セキュリティ対策は，実質的に効果があるように組織的な対策を考えていくことがポイントです。
基本的な知識を身に付けた後は，午後問題の演習などで事例を学習していくことが効率的な試験対策となります。

組織における内部不正対策

組織における内部不正を防止するためには，内部不正対策の体制を構築することが重要です。「**組織における内部不正防止ガイドライン（第5版）**」によると，内部不正防止の基本原則は次の五つです。

1. **犯罪を難しくする（やりにくくする）**
2. **捕まるリスクを高める（やると見つかる）**
3. **犯罪の見返りを減らす（割に合わない）**
4. **犯行の誘因を減らす（その気にさせない）**
5. **犯罪の弁明をさせない（言い訳させない）**

関連

IPAセキュリティセンターが発行している「組織における内部不正防止ガイドライン」の最新版は，令和4年（2022年）に改訂された第5版です。ガイドラインや内部不正チェックシートなどは，下記のURLから確認できます。
https://www.ipa.go.jp/security/fy24/reports/insider/

具体的な内部不正対策としては，次のようなことを実行していく必要があります。

①資産管理

それぞれの情報にアクセス権を指定し，アクセス管理を行います。また，機密情報には**秘密指定を行い**，外部に漏えいしないように管理します。

また，資産管理を効率的に行うためには，**IT資産管理ツール**の使用が有効です。PCなどの機器にインストールされているアプリケーションのバージョンが最新かどうかを一括でチェックできます。

②情報機器や記憶媒体の持込，持出管理

持出可能なノートPCやスマートフォンなどの情報機器や，USBメモリ，CD-Rなどの記憶媒体について，**持出しの承認，記録等の管理**を行います。**個人の情報機器や記憶媒体の業務利用や持込みは制限**します。また，持ち出すときに情報を暗号化するなどの対策を施す必要があります。

③業務委託時の確認

業務委託をする場合には，セキュリティ対策を事前に確認・合意してから契約し，委託先が契約どおりに情報セキュリティ対策を実施しているか**定期的に確認**する必要があります。

④証拠確保

アクセス履歴や操作履歴のログ・証跡を残します。システム管理者のログ・証跡もきちんと残し，**システム管理者以外の者が定期的に確認**する必要があります。

過去問題をチェック

内部不正防止対策については，次のような出題があります。

【内部不正防止ガイドライン】
・平成28年春 午前 問7，問10
・平成28年秋 午前 問11
【内部不正防止対策】
・平成28年春 午前 問15
・平成29年春 午前 問14
【退職する従業員による不正を防ぐための対策】
・平成30年春 午前 問4
・令和元年秋 午前 問4
・サンプル問題セット 問2
【言い訳をさせないことが目的の対策】
・平成30年秋 午前 問11

⑤雇用終了時の手続き

雇用終了時に，必要に応じて**秘密保持義務を課す誓約書の提出**を求めるなど，退職後の重要情報の漏えい等の不正行為が発生しないようにする必要があります。また，雇用終了時には情報資産をすべて返却し，**情報システムの利用者IDや権限を削除**しなければなりません。

⑥適正な労働環境及びコミュニケーションの推進

労働環境が悪く，コミュニケーションが十分に図れていないとストレスがたまり，内部不正が発生するおそれが高くなります。それを防ぐために，適正な労働環境と，適切にコミュニケーションが図れる環境を用意する必要があります。

⑦相互監視

単独作業では不正が発生しやすいため，**相互監視ができない環境での仕事を制限**します。具体的には，休日や深夜などの単独での作業を制限する必要があります。

4

情報セキュリティ啓発

情報セキュリティ啓発とは，情報セキュリティに関する意識や知識を向上させるための取組みを周知徹底させていく活動のことです。情報セキュリティ啓発の主な内容は次のような活動になります。

①教育（情報セキュリティ教育）

策定した情報セキュリティポリシの周知や，ソーシャルエンジニアリングに対する心構えなどについて，集合教育や各人への指導などによって教育していきます。教育の対象は，派遣従業員や取締役なども含めた，組織に関係する全関係者となります。また，教育は業務に従事する者に対して業務を最初に行う前に実施し，従事後も定期的に実施します。内容は，対象者の担当業務や役割，責任に応じて変更する必要があります。

②訓練

攻撃を受けた想定での実践や，手順に従って実際に対応するなどの訓練を行います。

標的型攻撃メールを実際に受け取ったときの対応を訓練する**標的型攻撃メール訓練**があります。

また，実際のサイバー攻撃に近いかたちで擬似的なサイバー攻撃を行う**レッドチーム演習**があります。攻撃者の視点で様々な側面から攻撃を仕掛けることで，セキュリティ対策の実効性を検証できます。

過去問題をチェック
標的型攻撃メールなどの訓練や対応は，科目B問題で出題されます。次の出題があります。
【標的型攻撃メール訓練】
・科目Bのサンプル問題 問1
・サンプル問題セット 問55
【標的型攻撃メール】
・サンプル問題セット 問60

③資料配付

情報セキュリティに関する必要な事項を資料にまとめ，配付します。

④メディア活用

動画やソーシャルメディア，eラーニングなど，様々なコンテンツを活用して啓発を行っていきます。

パスワード管理

パスワード管理の方法は，教育などで周知徹底させる必要があります。そのポイントは次のとおりです。

①質の良いパスワードを設定する

パスワードは，推測されにくく文字数の多いものを設定することが大切です。

②同じパスワードを使い回さない

システムごとに異なるパスワードを用意し，使い分けることが大切です。

③組合せでパスワードを管理する

パスワードを覚えられないときに紙に書いたりアプリで保管したりすると，それが漏えいした場合に被害にあう可能性があります。「アプリ＋紙」など，複数の組合せでパスワードを管理すると，漏えいの危険性が下がります。

④パスワードをPCに保管しない

パスワードやIDはPCに保管せず，毎回入力するようにします。PCに記憶させて自動的に認証できるようにしないことが大切です。

利用者アクセスの管理

利用者のアクセスを適切に制限するため，利用者が使用するアカウントに対して適切にアカウント管理を行うことが重要です。アカウント管理では，技術的なアクセス制限だけでなく，アカウントの運用管理を適正に行うことが必要となります。

利用者アクセスを管理するときに意識するポイントには，次のようなものがあります。

①Need-to-know（最小権限）の原則

利用者にアクセス権を設定する際の最も大切な考え方は，Need-to-know（最小権限）の原則です。必要最小限のアクセス権を与え，業務に必要のない情報は見せないようにすることが大切です。

過去問題をチェック

利用者のアクセス権を設定する問題には，次のような出題があります。

【業務委託におけるアクセス制御】
- 平成28年春 午後 問2
- サンプル問題セット 問59（科目B）

【オンラインストレージサービスの利用】
- 平成28年秋 午後 問1 設問1

【アカウント及び操作権限の管理】
- 平成29年春 午後 問2 設問2

【ロールとロールに対する利用権限】
- 平成31年春 午後 問2

②1人1アカウントの原則

利用者のアクセス管理では，**利用者1人1人を識別できるように**することが重要です。そのため，1人ずつ別々のアカウントを設定し，誰がアクセスしているのかを分かるようにします。**アカウントの共用や貸与は禁止**し，1人1アカウントの原則でアカウントを管理します。

③責務の分離

最小権限，1人1アカウントを満たした後で，それぞれのアカウントに権限が集中しないよう，**責務の分離**を行います。各人に業務に必要な最低限の権限を与え，互いにチェックする体制を整えて相互牽制します。

特に，職位の高い人（部長など）にすべてのアクセス権を与えるなどの運用は不正を行いやすくしてしまうので，職務に必要な最低限のアクセス権限を設定する必要があります。具体的には，業務を実行する従業員には操作権限，それを承認する上司には承認権限のみを与え，上司に操作権限を与えないなどの運用を行います。

④特権アカウント管理

通常の利用者権限と異なる，システムを変更することができるアクセス権を**特権的アクセス権**といい，そのアクセス権をもつアカウントが**特権アカウント**（**特権ID**）です。特権アカウントでも，最小権限の原則に沿って，アカウントを付与する利用者を最小限にし，必要最小限の権限のみを付与します。また，不正が生じたときに追跡しやすいように，特権アカウントで1人1人を識別できるようにしておく必要があります。

⑤速やかな削除・変更

アクセス権は，不要になった場合には速やかに削除することが肝心です。退職者のアカウントなどをそのままにしておくと，不正アクセスが起こりやすくなります。また，異動や業務の変更などで必要なアクセス権が変わった場合にも，速やかに対応する必要があります。会社の人事制度と連動させたり，ユーザごとではなく**ロール**を用いてアクセス制御を行うなど，**アカウント**

の変更管理を速やかに行う仕組みを構築することが大切です。

ログ管理と監視

利用者のアクセスについては，ログ管理を行い，アクセスログを保管して，誰がいつアクセスしたのかを正確に管理する必要があります。ログを取得するだけでなく，ログを**監視**し，定期的にチェックすることが大切です。

ログ管理では，ログを監視していることを周知するだけで，内部不正の**抑止効果**があります。**ログを監視していることは周知するが，具体的な監視方法は知らせない**ことが，不正を防止するために最も効果的です。

関連
ログ管理の技術的な手法については，「4-2-4　デジタルフォレンジックス・証拠保全対策」で取り上げています。

ファイルの属性の設定

ファイルには，属性情報としてアクセス権を設定することが可能です。通常は，読取り，書込み，実行の3種類の権限を設定します。また，ユーザごと，グループごとなどにアクセス権を設定することも可能です。大切なのはNeed-to-knowの原則であり，必要最小限のアクセス権限を設定することです。

覚えよう！

- □ 情報セキュリティ啓発を行い，人の意識を変えていくことが大事
- □ 監視を行うことで不正の抑止効果が上がる

4-1-2 演習問題

問1 人的資源に関するセキュリティ管理策 CHECK ▶ □□□

ISMSの情報セキュリティリスク対応における，人的資源に関するセキュリティ管理策の記述として，適切でないものはどれか。

ア　雇用する候補者全員に対する経歴などの確認は，関連する法令，規制及び倫理に従って行う。
イ　情報セキュリティ違反を犯した従業員に対する正式な懲戒手続を定めて，周知する。
ウ　組織の確立された方針及び手順に従った情報セキュリティの適用を自社の全ての従業員に要求するが，業務を委託している他社には要求しないようにする。
エ　退職する従業員に対し，退職後も有効な情報セキュリティに関する責任事項及び義務を定めてその従業員に伝え，退職後もそれを守らせる。

問2 内部不正の早期発見のための対策 CHECK ▶ □□□

内部不正による重要なデータの漏えいの可能性を早期に発見するために有効な対策はどれか。

ア　アクセスログの定期的な確認と解析
イ　ウイルス対策ソフトの導入
ウ　重要なデータのバックアップ
エ　ノートPCのHDD暗号化

問3 言い訳をさせないことが目的の対策 CHECK ▶ □□□

情報の取扱基準の中で，社外秘情報の持出しを禁じ，周知した上で，従業員に情報を不正に持ち出された場合に，“社外秘情報とは知らなかった”という言い訳をさせないことが目的の一つになっている対策はどれか。

ア 権限がない従業員が文書にアクセスできないようにするペーパレス化
イ 従業員との信頼関係の維持を目的にした職場環境の整備
ウ 従業員に対する電子メールの外部送信データ量の制限
エ 情報の管理レベルについてのラベル付け

問4 ファイルの属性情報 CHECK ▶ □□□

ファイルの属性情報として，ファイルに対する読取り，書込み，実行の権限を独立に設定できるOSがある。この3種類の権限は，それぞれに1ビットを使って許可，不許可を設定する。この3ビットを8進数表現0～7の数字で設定するとき，次の試行結果から考えて，適切なものはどれか。

〔試行結果〕
① 0を設定したら，読取り，書込み，実行ができなくなってしまった。
② 3を設定したら，読取りと書込みはできたが，実行ができなかった。
③ 7を設定したら，読取り，書込み，実行ができるようになった。

ア 2を設定すると，読取りと実行ができる。
イ 4を設定すると，実行だけができる。
ウ 5を設定すると，書込みだけができる。
エ 6を設定すると，読取りと書込みができる。

問5 適切な内部不正防止の取組 CHECK ▶ □□□

IPA“組織における内部不正防止ガイドライン（第5版）”にも記載されている，内部不正防止の取組として適切なものだけを全て挙げたものはどれか。

a システム管理者を決めるときには，高い規範意識をもつ者を一人だけ任命し，全ての権限をその管理者に集中させる。
b 重大な不正を犯した内部不正者に対しては組織としての処罰を検討するとともに，再発防止の措置を実施する。
c 内部不正対策は経営者の責任であり，経営者は基本となる方針を組織内外に示す“基本方針”を策定し，役職員に周知徹底する。

ア a，b　　イ a，b，c　　ウ a，c　　エ b，c

問6 特権的アクセス権の管理 CHECK ▶ □□□

JIS Q 27002:2014（情報セキュリティ管理策の実践のための規範）でいう特権的アクセス権の管理について，情報システムの管理特権を利用した行為はどれか。

ア 許可を受けた営業担当者が，社外から社内の営業システムにアクセスし，業務を行う。
イ 経営者が，機密性の高い経営情報にアクセスし，経営の意思決定に生かす。
ウ システム管理者が，業務システムのプログラムにアクセスし，バージョンアップを行う。
エ 来訪者が，デモンストレーション用のシステムにアクセスし，システム機能の確認を行う。

解答と解説

問1　(令和2年10月 ITパスポート試験 問84)

《解答》ウ

ISMSの情報セキュリティリスク対応における，人的資源に関するセキュリティ管理策では，自社の従業員だけでなく，他社も含めたすべての関係者を適切に管理することが大切です。情報セキュリティの適用を業務を委託している他社には要求しないようにすることは,自社に影響するセキュリティ事故に発展するおそれがあるので不適切です。したがって，**ウ**が正解です。

ア　法令や規制，倫理に従って経歴確認を行うことは適切です。

イ　セキュリティ違反の懲戒手続を定めることは，不正の可能性を減らすため適切です。

エ　契約などで，退職後にも情報セキュリティを守らせるようにすることは，退職時の不正を防ぐため適切です。

問2　(平成29年春 情報セキュリティマネジメント試験 午前 問14)

《解答》ア

内部不正の早期発見には,定期的なアクセスログの確認及び解析が有効です。したがって，**ア**が正解です。

イ，ウ，エはデータ漏えいの可能性を低減するための対策となります。

問3 (平成30年秋 情報セキュリティマネジメント試験 午前 問11)

《解答》エ

JIS Q 27001:2014（情報セキュリティマネジメントシステム－要求事項）では，附属書Aで管理目的及び管理策が定義されています。「A.8.2 情報分類」では，その目的として，「組織に対する情報の重要性に応じて，情報の適切なレベルでの保護を確実にするため」とあり，具体的な管理策として，「A.8.2.2 情報のラベル付け」があります。情報の管理レベルについてのラベル付けを行うことによって，その情報の重要性を周知させることができ，“社外秘情報とは知らなかった”という言い訳が成り立たなくなります。したがって，**エ**が正解です。

ア　アクセス制御に該当し，情報及び情報処理施設へのアクセスを制限することが目的の一つとなります。

イ　職場環境への不満による組織の内部不正を防ぐことが目的の一つとなります。

ウ　大量のデータを外部に漏えいさせないことが目的の一つとなります。

問4 (平成31年春 情報セキュリティマネジメント試験 午前 問12)

《解答》イ

0は2進数で$(000)_2$です。〔試行結果〕①に「0を設定したら，読取り，書込み，実行ができなくなってしまった」とあるので，どのビットでも0を設定すると不許可になることが分かります。7は2進数で$(111)_2$で，〔試行結果〕③にあるとおり，読取り，書込み，実行ができるようになるので，ビットを1にすると許可となります。

3は2進数で$(011)_2$です。〔試行結果〕②に「3を設定したら，読取りと書込みはできたが，実行ができなかった」とあるので，1ビット目が実行で，2ビット目と3ビット目が読取りと書込みのどちらかであることが分かります。

これらを組み合わせて考えると，4は2進数で$(100)_2$なので，実行だけできて，読取りと書込みはできないことが考えられます。したがって，**イ**が正解です。

ア　2は2進数で$(010)_2$です。読取りと書込みのどちらかができます。

ウ　5は2進数で$(101)_2$です。実行ができ，さらに読取りと書込みのどちらかができます。

エ　6は2進数で$(110)_2$です。実行ができ，さらに読取りと書込みのどちらかができます。

4

問5 （令和元年秋 ITパスポート試験 問61改）

《解答》エ

IPA“組織における内部不正防止ガイドライン（第5版）”の記載に照らし合わせ，a～cの内容について適切かどうかを考えると，次のようになります。

a × 4-2-2. アクセス権指定（6）システム管理者の権限管理に，「1人のシステム管理者に権限が集中しないように権限を分散します」とあります。相互に監視するため，システム管理者は複数が望ましいです。

b ○ 4-9. 事後対策（31）処罰等の検討及び再発防止に，「重大な不正を犯した内部不正者に対しては必ず組織としての処罰を検討しなければならない」「再発防止の措置を実施する」という記述があります。重大な不正を犯した内部不正者に対しては組織としての処罰を検討するとともに，再発防止の措置を実施する必要があります。

c ○ 4-1. 基本方針（1）経営者の責任の明確化①に，「内部不正対策は経営者の責任であり、経営者は基本となる方針を組織内外に示す「基本方針」を策定し、役職員に周知徹底しなければならない」とあります。内部不正対策は経営者の責任で，“基本方針”を策定し，役職員に周知徹底する必要があります。

したがって，b，cが適切なので，組合せが正しい**エ**が正解です。

問6 （平成30年春 情報セキュリティマネジメント試験 午前 問7）

《解答》ウ

JIS Q 27002:2014でいう特権的アクセス権とは，「9.2.3 特権的アクセス権の管理」のa）に，「各々のシステム又はプロセス（例えば，オペレーティングシステム，データベース管理システム，各アプリケーション）に関連した特権的アクセス権」とあるように，システムを管理特権で操作するために必要な権限です。システム管理者が，業務システムのプログラムのバージョンアップを行うためには特権的アクセス権が必要なので，**ウ**が正解です。

ア，イは通常のアクセス権，エはゲスト用のアクセス権を利用した行為です。

4-2 技術的セキュリティ対策

技術的セキュリティ対策には，不正アクセス対策，マルウェア対策などをはじめ様々なものがあります。また，製品やサービスなどもいろいろ用意されています。

4-2-1 クラッキング・不正アクセス対策 頻出度★★★

クラッキング・不正アクセス対策のためには，ファイアウォール，IDS，IPSなど様々な機器があり，それぞれを状況に応じて使い分ける必要があります。

不正アクセス

不正アクセスとは，不正アクセス禁止法に定義された不正アクセス行為や不正アクセスを助長する行為のことです。ハッキングともいわれます。具体的には，OSやアプリケーションの脆弱性（セキュリティホール）を利用してコンピュータに侵入したり，バックドアを利用して侵入したりすることなどです。

不正アクセス対策には，不正なアクセスを制御するためのアクセス制御技術を利用します。

クラッキング

クラッキングとは，他人のコンピュータに侵入し，データの取得や改ざん，OSの破壊などの攻撃を目的としている行為です。不正アクセスとの違いは，侵入した後に攻撃を行うことを目的としているかどうかです。

クラッキング対策では，不正アクセス対策と同様のアクセス制御なども重要ですが，その後の攻撃に備えるための対策（出口対策など）を行うことが必要です。

アクセス制御技術

アクセス制御技術とは，ネットワークにおけるアクセス権限を適切に管理し，アクセスを制御するための技術です。代表的なものに，ファイアウォールと，IDSやIPSなどの侵入検知システムがあります。

勉強のコツ

技術的セキュリティ対策では，その技術でできることだけでなく"できないこと"も押さえておくことがポイントとなります。
例えば，ファイアウォール，IDS，IPSはそれぞれ役割もできることも異なりますが，その違いを押さえておくことが大切です。

関連

不正アクセス禁止法については，「5-1-2　不正アクセス禁止法」で詳しく取り上げています。

また，アクセス制御を行うためには，利用者のアクセスを適切に制限することが有効です。利用者のアクセス権を最小限にすること，不要なアカウントは速やかに削除することが大切です。パスワードを何回も間違えるなど，不正アクセスが疑われるアカウントにはアカウントロックをかけ，アクセスできないようにする対策も有効です。

ファイアウォール

ファイアウォール(FW)とは，ネットワーク間に設置され，パケットを中継するか遮断するかを判断し，必要な通信のみを通過させる機能をもつものです。判断の基準となるのは，あらかじめ設定されたACL（Access Control List：アクセス制御リスト）です。

ファイアウォールの方式には主に，IPアドレスとポート番号を基にアクセス制御を行うパケットフィルタリング型と，HTTP，SMTPなどのアプリケーションプログラムごとに細かく中継可否を設定できるアプリケーションゲートウェイ型の2種類があります。

いずれの方式でも，インターネットから内部ネットワークへのアクセスは制御されます。しかし，完全に防御するだけでなく，外部に公開する必要があるWebサーバやメールサーバなどもあります。そこで，インターネットと内部ネットワークの間に，中間のネットワークとしてDMZ（DeMilitarized Zone：非武装地帯）が設置されるようになりました。

関連

ファイアウォールなどのアクセス制御機器を理解するには，ネットワークの知識が不可欠です。詳しくは，「7-3　ネットワーク」で詳しく取り上げますので，そちらで学習してください。

DMZの設置

WAF

過去問題をチェック
WAFについては，次のような出題があります。
【WAF】
・平成28年春 午前 問13
・平成29年春 午前 問29
・平成29年秋 午前 問20
・平成30年春 午前 問12
・令和元年秋 午前 問14

WAF（Web Application Firewall）は，Webアプリケーションの防御に特化したファイアウォールです。SQLインジェクションやクロスサイトスクリプティングなど，Webに特化した攻撃に対してきめ細かいアクセス制御を行います。Webで使用するHTTP（Hypertext Transfer Protocol）での通信を防御するので，アプリケーション同士の通信で使用されるREST APIサービスなどの脆弱性を狙った攻撃にも有効です。

WAFの方式には，攻撃と判断できるパターンを登録しておき，それに該当する通信を遮断するブラックリスト方式と，正常と判断できるパターンを登録しておき，それに該当する通信のみを通過させるホワイトリスト方式の二つがあります。ホワイトリストはユーザが独自に設定しますが，ブラックリストは通常，WAFのベンダが提供し，適宜更新するため，ブラックリストの方が追加の運用コストがかかりません。

IDS

過去問題をチェック
IDS・IPSについては，午前で次のような出題があります。
【IDS】
・平成28年春 午前 問12
【NIDS】
・平成29年春 午前 問13
【IPS】
・平成31年春 午前 問15

IDS（Intrusion Detection System：侵入検知システム）は，ネットワークやホストをリアルタイムで監視し，侵入や攻撃など不正なアクセスを検知したら管理者に通知するシステムです。

IDSには，ネットワークに接続されて**ネットワーク全般を監視**するNIDS（ネットワーク型IDS）と，ホストにインストールされ**特定のホストを監視**するHIDS（ホスト型IDS）があります。それぞれの特徴は下表のとおりです。

IDSの種類とその特徴

種類	メリット	デメリット
NIDS	・ネットワーク全体を監視できる ・ホストに負荷がかからない	・暗号化されたパケットやファイルの改ざんなど，検知できない攻撃がある
HIDS	・ファイルの改ざんなど，きめ細かい監視ができる ・暗号化ファイルも復号して検査できる	・すべてのホストに導入する必要がある ・ホストに負荷がかかる

ファイアウォールとIDSの違いは，ファイアウォールでは，IPヘッダ，TCPヘッダやアプリケーションヘッダなどの限られた情報しかチェックできないのに対して，IDSでは検知する内容を自

由に設定できることです。そのため，IDSでは，不正アクセスのパターンを集めたシグネチャを登録しておけば，それと照合することで不正アクセスを検出できます。また,IDSでは正常なパターンを登録しておき，それ以外を異常として検知するアノマリ検出も可能です。

IPS

IDSは侵入を検知するだけで防御はできないので，防御も行えるシステムとして用意されたのが，IPS（Intrusion Prevention System：侵入防御システム）です。

IDSに比べて安全性は高まりますが，処理が遅くなるという欠点があります。

UTM

UTM（Unified Threat Management：統合脅威管理）は，不正アクセスやウイルスなどの脅威からネットワークを全体的に保護するための管理手法です。

実際には，ファイアウォールやIPS，ウイルス対策ソフトや迷惑メールフィルタなど，セキュリティに必要な機能を1台にまとめた機器を指すことが多いです。不審なURLなどへのアクセスをブロックする**コンテンツフィルタ**の機能を含む場合もあります。

UTMを1台導入すればとりあえず一通りのセキュリティ対策ができるという利点はありますが，完全にすべての脅威を防御できるわけではありません。また，ウイルス対策やIPSなどは定期的に更新する必要があるので，適切に管理を続けないと役に立たなくなるおそれがあります。

パーソナルファイアウォール

パーソナルファイアウォールは，PCなどのコンピュータ1台1台に導入する，ファイアウォール機能をもったソフトウェアです。多くの場合，ウイルス対策ソフトと同時に導入されます。

SSL/TLSアクセラレータ

SSL/TLSでは，鍵交換などを行うため様々な通信が発生します。そのため，SSL/TLSの通信が多くなるとサーバに負荷がかかり，サーバ遅延の原因になることもあります。その対策として，SSL/TLS専用のハードウェアであるSSL/TLSアクセラレータを使い，SSL/TLSのサーバ負荷の軽減を図ることがあります。

関連

SSL/TLSについては，「4-4-1 セキュアプロトコル」で改めて取り上げます。プロトコルの内容はそちらで確認してください。

DLP

機密情報を外部へ漏えいさせないための包括的な対策のことを**DLP**（Data Loss Prevention）といいます。機密情報と機密ではない情報を自動的に区別し，機密情報だけを外部に漏えいさせないようにします。

DLPは，PCなどに入れる**DLPエージェント**と，集中管理を行う**DLPサーバ**，及びネットワーク上を流れるデータを監視する**DLPアプライアンス**の3種類の要素で構成されます。

フォールスポジティブとフォールスネガティブ

WAFやIDS，IPS，迷惑メールフィルタなどでは，攻撃を見落としたり，また逆に，攻撃ではないものを攻撃として遮断するなどの誤検知があります。正常な通信を異常と判定して遮断してしまうことを**フォールスポジティブ**，逆に，攻撃など異常な通信を正常と判定して通過させてしまうことを**フォールスネガティブ**といいます。

フォールスポジティブを減らそうと判定を易しくするとフォールスネガティブが増え，逆にフォールスネガティブを減らすために判定を厳しくするとフォールスポジティブが増えます。最適な状態に調整することが大切です。

▶▶▶ 覚えよう！

- □ Webに特化したファイアウォールがWAF
- □ IDSは攻撃を検知，IPSは防御

4-2-2 マルウェア・不正プログラム対策 頻出度★★★

マルウェア・不正プログラム対策では，感染を防ぐための入口対策だけでなく，感染した後に被害を広げないための出口対策も重要です。

マルウェア・不正プログラム対策

マルウェアや不正プログラムの対策では，次の三つを確実にすべてのコンピュータで行うことが重要です。マルウェアの感染はほとんど，この三つが正しく行われていないコンピュータで起こります。

関連
マルウェアの具体的な種類などについては，「2-1　サイバー攻撃手法」で取り上げています。攻撃の内容はそちらでご確認ください。

①ウイルス対策ソフトの導入

コンピュータにウイルス対策ソフトを導入し，常に稼働させておきます。導入されていても削除する利用者がいるので，アクセス権限を設定し，管理者以外が削除できないようにすることも有効です。

②ウイルス定義ファイルの更新

ウイルス定義ファイル（パターンファイル）を常に更新し，最新の状態を維持しておきます。自動的にウイルス定義ファイルを最新版にアップデートする機能を有効にし，更新のし忘れがないようにすることも大切です。

③ソフトウェア脆弱性の修正

OSやアプリケーションの脆弱性が発見されたときには，それを修正するためのセキュリティパッチが公表されます。これらを適切に適用することが大切で，自動的に行う設定にしておくことも有効です。

過去問題をチェック
マルウェア対策については，午前で次のような出題があります。
【ビヘイビア法】
・平成28年秋 午前 問18
【PCで行うマルウェア対策】
・平成28年春 午前 問14
【ワームをハッシュ値のデータベースと照合する方式】
・平成30年春 午前 問16
【マルウェアの動的解析】
・平成30年春 午前 問23
・令和元年秋 午前 問22
・サンプル問題セット 問29

ウイルス対策ソフト

ウイルス対策ソフトは，ウイルスをはじめとするマルウェアを検出するためのソフトウェアです。マルウェアを検出するための手法には，次のものがあります。

①パターンマッチング

ウイルス定義ファイル（パターンファイル）と呼ばれるファイルと比較することでウイルスを検出します。主流となっている手法で，既知のマルウェアのパターンを効率的に検出できます。ウイルスの元ファイルではなく，そのハッシュ値などを利用して簡便にチェックすることが一般的です。

②ビヘイビア法

ウイルスと疑われる異常な挙動（ふるまい）を検出する方法です。既知のマルウェア以外に，不審な挙動をする未知のマルウェアを検出できます。

③コンペア法

安全な場所に保管しておいた原本と比較し，ウイルス感染を検出する方法です。ハッシュ値やファイル容量などで簡便に変更をチェックするコンペア法を，特に**チェックサム法**ということもあります。

入口対策と出口対策

標的型攻撃などと同様，マルウェアを完全に防ぐことはできません。そのため，ウイルス対策ソフトの導入，ウイルス定義ファイルの更新といった**入口対策**だけでなく，感染後にウイルスを外部に接続できないようにするための**出口対策**も大切です。

多層防御

マルウェアや不正プログラムは，予防だけでは完全に対処できません。重要な業務や機密情報には，マルウェア感染を想定した**多層防御**を行う必要があります。多層防御とは，ウイルスに感染してしまうことを想定して，感染後の被害を回避，低減するために，**複数の対策を多層で行う**ことです。

多層防御では，ウイルスに感染しても被害を回避，低減できるシステム設計や運用ルールが構築されているか，組織内でルールが徹底されているかを，以下の段階に沿って見直していきます。

1. ウイルス感染リスクの低減
2. 重要業務を行う端末やネットワークの分離
3. 重要情報が保存されているサーバでの制限
4. 事後対応の準備

検疫ネットワーク

検疫ネットワークとは，社外から持ち込んだり，持ち出して社外のネットワークに接続した後で社内のネットワークに接続したりするコンピュータに対してマルウェア対策を行う専用のネットワークです。

社内のネットワークに接続したコンピュータは，まず検疫ネットワークに接続され，ウイルス対策ソフトやウイルス定義ファイルなどが最新の状態であることを確認されます。最新でない場合は，最新版へのアップデートを行います。マルウェアに感染しておらず，ウイルス定義ファイルが最新版であることが確認できたコンピュータのみ，社内の業務を行う通常のネットワークに接続することが可能となります。

マルウェア検知後の対応

マルウェアを検知したときは，ウイルス対策ソフトの事業者が対策を発表している既知のマルウェアであれば，その対応手順に従って対処します。未知のマルウェアであれば，契約している情報セキュリティ事業者に報告するなどして対処を依頼します。

依頼を受けた事業者は，マルウェアの検体（マルウェアだと思われるソフトウェア）について，逆アセンブル（ソフトウェアからプログラムを復元すること）などの手法で新種ウイルスの動作を解明します。

▶▶▶ 覚えよう！

- □ **ウイルス対策ソフトは，すべてのコンピュータに漏れがないようインストールする**
- □ **入口対策だけでなく，出口対策にも気を配る**

4-2-3 携帯端末・無線LANのセキュリティ対策

頻出度 ★★★

スマートデバイスの利用においても,PCと同様にセキュリティ対策を意識する必要があります。また,無線LANは盗聴が容易なので,有線LAN以上のセキュリティ対策が重要となります。

スマートデバイスのセキュリティ

携帯端末,特にスマートデバイス(スマートフォンやタブレット)は高機能で携帯性にも優れており,ユーザに関する情報が大量に保存されています。近年では,その情報を狙った攻撃が増加しています。

スマートデバイスは,高機能でPCと同様の機能をもつと同時に,PCと同様の脆弱性もあります。ウイルスや不正なアプリケーションの導入などの脅威が大きいのですが,PCのようにウイルス対策が行われていないのが現状です。そのため,スマートデバイスを業務で活用する従業員がいる場合には,スマートデバイスのセキュリティ対策を新たに考える必要があります。

具体的な対策としては,次の六つが挙げられます。

- OSをアップデートする
- 改造行為を行わない
- 信頼できる場所からアプリケーションをインストールする
- Android端末では,アプリケーションをインストールする前に,アプリケーションがアクセスする許可範囲を確認する
- セキュリティソフトを導入する
- 小さなPCと考え,PCと同様に管理する

> **過去問題をチェック**
> スマートデバイスのセキュリティについては,午前で次のような出題があります。
> **【BYOD】**
> ・平成28年春 午前 問11
> **【シャドーIT】**
> ・平成29年秋 午前 問16
> **【MDM】**
> ・平成28年秋 午前 問13
> **【リモートワイプ】**
> ・平成28年春 午前 問4
> 午後でも,次のような出題があります。
> **【スマートデバイスの業務利用における情報セキュリティ対策】**
> ・平成29年秋 午後 問3

組織でのスマートデバイスの管理

企業や公共機関などの組織では,従業員それぞれがスマートデバイスを所持して業務を行うことが多くなっています。組織でのスマートデバイス利用には,次の二つの形態があります。

①組織がスマートデバイスを貸与する

組織がスマートデバイスを一括購入し，従業員に貸与します。セキュリティ上，最も安全で望ましい姿ですが，コストが多くかかるため，すべての組織で導入されていないのが現状です。

②個人所有のスマートデバイスを業務利用する

従業員が所有しているスマートデバイスを業務に利用します。セキュリティ上の問題が多く推奨されませんが，実際には多くの企業などで行われています。

個人所有のスマートデバイスの業務利用には，次の二つのケースがあります。

1. 組織が認識して，正当に使用する場合

組織内で適正にスマートデバイスを使用していることを認識し，それを許可，または特に禁止していないことを**BYOD**（Bring Your Own Device）といいます。同じ機器内で個人で利用する部分と業務で利用する部分を分ける必要があり，会社貸与のスマートデバイスよりも複雑な管理が求められます。

2. 組織の許可を得ず，不当に使用する場合

IT部門の正式な許可を得ずに，従業員または部門が業務に利用しているデバイスやクラウドサービスのことを**シャドーIT**といいます。シャドーITはセキュリティリスクが高いため，利用を防止していくことが重要です。

■MDM

MDM（Mobile Device Management：モバイル端末管理）とは，組織内の端末を全体的に一元管理することです。会社貸与，個人所有のどちらでも，MDMを適切に行うことが重要となります。

MDMは手動で行うこともありますが，MDMツールを用いて統合的に管理することも可能です。MDMツールには，端末の紛失・盗難時にスマートデバイスをロックする**リモートロック機能**や，出荷時の状態に戻す**リモートワイプ機能**などがあります。

無線LANセキュリティ

無線LANは，有線LANと異なり電波を使ってデータをやり取りするので盗聴が容易です。そのため，無線LANの利用にあたっては暗号化などでセキュリティを確保することが重要になります。

無線LANのセキュリティを確保するには，暗号化以外に次のような方法があります。

発展

無線LANアクセスポイントの機能の一つに「プライバシセパレータ」があります。これは，アクセスポイントに接続された端末間の通信を禁止する機能です。不特定多数が接続するアクセスポイントを設置する場合，この機能を使用することで，セキュリティ強度を高めることができます。

①ANY接続拒否

無線LANアクセスポイントを誰でも利用可能にすると，不正アクセスに使われる危険があります。それを防ぐには，認証できないPCからのアクセスを拒否する**ANY接続拒否**を設定することが有効です。

②SSIDステルス

SSID（Service Set Identifier），または**ESSID**（Extended SSID）は，無線LANアクセスポイントなどに設定されるネットワークを識別するIDで，通常はネットワーク上でSSIDを通知します。しかし，SSIDが明らかになると不正アクセスされやすくなるため，SSIDをネットワークに通知せず，SSIDを隠す方法が**SSIDステルス**です。SSIDステルスを利用すると，あらかじめSSIDを知っている場合のみのアクセスが可能となります。

③MACアドレスフィルタリング

MACアドレス（Media Access Control address）とは，同じLAN上でコンピュータを識別するためのアドレスです。特定のMACアドレスのみを通過させる仕組みを**MACアドレスフィルタリング**といい，無線LANのアクセスポイントなどで，アクセスするコンピュータを制限するために用いられます。

無線LANの暗号化方式

無線LANの暗号化方式には，次のものがあります。

①WEP（Wired Equivalent Privacy：有線同等機密）

無線LANでセキュリティを確保するための最も基本的な暗号方式です。暗号化アルゴリズムには，RC4が用いられます。暗号化鍵の長さは40ビットまたは104ビットで，これに毎回変更されるランダム値である24ビットのIV（Initialization Vector）を追加して，64ビットまたは128ビットとします。

なお，暗号解読者によって弱点が発見され解読が容易になったため，現在ではWEPの使用は推奨されていません。

②WPA（Wi-Fi Protected Access）

無線LAN製品の普及を図る業界団体であるWi-Fi AllianceがWEPの脆弱性対策として策定した認証プログラムです。WPAではIVが48ビットになり，TKIP（ティーキップ）（Temporal Key Integrity Protocol）を利用して，システム運用中に動的に鍵を変更できます。

③WPA2

WPAの改良版で，暗号化アルゴリズムとしてAES暗号ベースのAES-CCMP（AES Counter-mode with CBC-MAC Protocol）を使用します。一般家庭向けの簡易モードとして，事前共有鍵（Pre-Shared Key）を使用する**WPA2-PSK**があります。

発展

WPA2には，2017年10月に，暗号鍵を特定されるなどの複数の脆弱性が見つかっています。ソフトウェアのアップデートで対応は可能ですが，基本的に，アクセスポイント，端末ともに対応が必要です。
また，WPAは改良が重ねられており，現在の最新規格はWPA3となっています。

④WPA3

WPA2と同様の使い勝手で，より安全性を高めた規格にWPA3があります。暗号強度を192ビットに上げるなど，様々な改善が施されています。

▶▶▶ 覚えよう！

- □ **MDMはモバイルデバイスを統合的に管理**
- □ **WPA3は無線LAN暗号方式の最新版**

4-2-4 デジタルフォレンジックス・証拠保全対策

頻出度 ★★★

不正アクセスや情報漏えいなどのインシデントを確実に追跡するためには，デジタルフォレンジックス・証拠保全を行う必要があります。

デジタルフォレンジックス

デジタルフォレンジックスとは，法科学の一分野です。不正アクセスや機密情報の漏えいなどで法的な紛争が生じた際に，原因究明や捜査に必要なデータを収集・分析し，その法的な証拠性を明らかにする手段や技術の総称です。例えば，ログを法的な証拠として成立させるためには，ログが改ざんされないような工夫をする必要があります。複数のログを突き合わせて，不正アクセスの侵入経路を追跡できるようにしておくことも重要です。

証拠保全技術

過去問題をチェック

証拠保全技術については，午前で次のような出題があります。

【デジタルフォレンジックス】
- 平成28年春 午前 問16
- 平成29年春 午前 問15
- サンプル問題セット 問10
- 令和5年度 公開問題 問3

【NTP】
- 平成28年秋 午前 問19

【SIEM】
- 平成28年秋 午前 問15
- 平成29年秋 午前 問14

【ステガノグラフィ】
- 平成29年秋 午前 問17
- 平成30年秋 午前 問24

ログ管理では，ログを証拠として有効活用するために様々な証拠保全技術を利用します。代表的な証拠保全技術には，次のようなものがあります。

①時刻同期（NTP）

ログを証拠とするには，時間が正確であり，サーバ同士で時刻が同じになっている必要があります。そのために，時刻を同期するプロトコルであるNTP（Network Time Protocol）を用いて，サーバの時刻をすべて同じにしておきます。時刻同期が行われていると，不正アクセス時のサーバ侵入の順番が分かり，アクセス経路の特定に役立ちます。

②SIEM（Security Information and Event Management）

サーバやネットワーク機器などからログを集め，そのログ情報を分析し，異常があれば管理者に通知する，または対策方法を知らせる仕組みです。セキュリティインシデントにつながるおそれのあるものをリアルタイムで監視し，管理者が素早く検知，対応することを助けます。

③WORM（Write Once Read Many）

書き込みが1回しかできない記憶媒体のことです。読み込みは何度でも可能です。ログなど，改ざんを防止する必要があるデータの書き込みに利用されます。

④ブロックチェーン

ブロックチェーンは，仮想通貨などで用いられる分散型台帳技術です。ログごとのハッシュ値を連続でチェーンのように繋げることで，ログの完全性と順番を保証することができます。

EDR

ログを取得するとき，ネットワーク機器やサーバだけでなく，PCやスマートフォンなどの端末（エンドポイント）でもプロセスや通信などのログを取得することができます。これを**EDR**（Endpoint Detection and Response）といいます。EDRを利用することで，端末1台1台の稼働状況などを調査できます。

電子透かしとステガノグラフィ

電子透かしとは，画像や音楽などのデジタルコンテンツに情報を埋め込む技術です。電子透かしには，画像の合成など，見た目で判別可能なものもありますが，通常は知覚困難です。テキストやプログラムなどの情報を埋め込むことにより，著作権情報などを明らかにし，データの不正コピーや改ざんなどを防ぎます。

電子透かしの基になった技術に，画像などのデータの中に，秘密にしたい情報を他者に気付かれることなく埋め込む技術である**ステガノグラフィ**があります。

覚えよう！

- □ デジタルフォレンジックスでは，法的に有効な証拠を残すため，証拠保全を行う
- □ SIEMはログ情報に基づいて，インシデントの予兆を発見して通知

4-2-5 その他の技術的セキュリティ対策 頻出度★☆☆

技術的セキュリティ対策には，これまで取り上げた対策以外に，秘匿化や脆弱性管理，メールやWebのセキュリティ対策など，様々なものがあります。

秘匿化

秘匿化とは，情報を秘密にし，必要な人以外は読めないようにすることです。具体的には，暗号化技術などでデータを変換し，特定の人以外では復号できないようにします。

秘匿化には，データそのものの暗号化に加え，ハードディスクの暗号化，データベースの暗号化など，情報をまとめて暗号化する方法も含まれます。

脆弱性管理

脆弱性（セキュリティホール）は，OSやアプリケーションにおいて随時発見され，修正プログラムを配布するなどの対策が施されています。そのため，企業などの組織では使用しているOSやアプリケーションに脆弱性が発見された場合に速やかに対処するための脆弱性管理の仕組みを作っておくことが必要です。

具体的には，IPAセキュリティセンターなどで発表される脆弱性情報を日々チェックし，必要な場合には**OSのアップデート**や**脆弱性修正プログラム**の適用を行います。このとき，現在使用しているOSやアプリケーションのバージョンを管理しておき，適用の必要があるかどうかを管理することが大切です。

また，**ファジング**を用いて脆弱性を検査し，脆弱性の発見に役立てることもあります。

関連
ファジングについては，「3-3-2 セキュリティ評価」で解説しています。

DNSSEC

DNSSEC（DNS Security Extensions）は，DNS（Domain Name System）でのセキュリティに関する拡張仕様です。クライアントとサーバの両方がDNSSECに対応しており，該当するドメインの情報が登録されていれば，DNS応答レコードの偽造や改ざんなどを検出できます。

関連
DNSについては，「7-3-3 通信プロトコル」で解説しています。

Webのセキュリティ

Webのセキュリティについては，WAFなど様々なものが利用され，アクセス制御が行われます。それ以外のWeb特有のセキュリティとしては，URLのリストを使用し，そのリストに当てはまるものを遮断，もしくは通過させる**URLフィルタリング**があります。また，通信内容のキーワードなど，コンテンツの中身を基に遮断または通過させる**コンテンツフィルタリング**という手法もあります。

ハードディスク暗号化

ハードディスクは，ノートPCなどに内蔵されている場合でも，機密情報を扱う場合には適切な暗号化を行う必要があります。

ノートPCへのログイン時には，OSでのユーザIDやログインパスワードの認証がありますが，この認証だけでは，**ハードディスクを単独で取り出されると，情報を直接確認することができてしまいます**。また，OS起動時の認証であるBIOS（Basic Input/Output System）パスワードを設定することも可能で，OSが起動する前にアクセス制限をかけられますが，これもハードディスクを取り出された場合には効果がありません。

ハードディスクを暗号化する以外の対策としては，適切なHDDパスワードを設定し，パスワードを入力しないとハードディスクにアクセスできないようにする方法があります。

用語

ハードディスクドライブ(Hard Disk Drive：HDD)は，磁気ディスクを利用した補助記憶装置です。ハードディスクと略されることが一般的で，JIS規格でもハードディスクと定義されています。
試験問題ではHDDと略号で記述されることも多く，また，ハードディスクに設定するパスワードは一般的にHDDパスワードと言われるため，両方とも知っておくと確実です。

PCのセキュリティ

セキュアブートとは，PCを起動するときに，OSやドライバなどのソフトウェアについてデジタル署名を検証し，問題がない場合にのみ実行する技術です。許可されていないもの，改ざんされたものを実行しないようにすることで，マルウェアの実行を防ぎます。

また，PC上でソフトウェアを起動させて操作を行うのではなく，**VDI**（Virtual Desktop Infrastructure：デスクトップ仮想化）を用いてVDIサーバ上でソフトウェアを実行することで，PC自体のマルウェア感染などを防ぐことが可能になります

関連

VDIなどの仮想化技術については，「7-1-1 システムの構成」で解説しています。

IoTのセキュリティ

IoT（Internet of Things：モノのインターネット）とは，身の

回りの機器がセンサと通信機能をもち，インターネットに接続される仕組みです。インターネット経由で自動で照明をオンにするなど，様々なことを実現します。

IoTではモノがインターネットに接続されることから，ITと物理的システムが融合したシステムとして捉える必要があり，従来の情報セキュリティ対策に加え，新たに安全を確保する対策が必要となります。システム相互間の接続が新たな脆弱性となるおそれがあるため，情報セキュリティをシステムの企画・設計段階から確保するための方策としてセキュリティバイデザイン(Security by Design)を考慮する必要があります。具体的な手法としては，IoT機器を遠隔操作するためによく使用されるTCP23番ポート(TELNETプロトコル)での不正ログインを避けるため，使用するプロトコルをSSHにし，22番ポートを使用するなどの方法があります。

関連
セキュリティバイデザインについては，「4-4-4 アプリケーションセキュリティ」でも取り上げています。

用語
TELNETは，遠隔にある機器を操作するためにリモートログインを行うプロトコルです。ユーザ名とパスワードを用いて認証し，ログインします。暗号化の機能はなく，パスワードも平文で送信されるため，セキュリティ上，利用は推奨されません。
近年では，遠隔操作において暗号化を使用するプロトコルであるSSH (Secure SHell)がよく用いられます。

クラウドサービスのセキュリティ

クラウドサービスとは，インターネットなどのネットワークを通じてアプリケーションやストレージなどを利用できるサービスです。

クラウドサービスは，独自に構築するシステムとは異なり，データをデータセンタなどの外部に保管するため，その特性に応じたセキュリティ対策が必要となります。

クラウドサービスを提供する事業者は，情報セキュリティ対策を行う必要があり，利用者はそれが適切に行われているかどうかを確認する必要があります。具体的には，次のようなことをチェックします。

- データセンタの物理的セキュリティ対策
- 不正アクセスや脆弱性，マルウェア対策
- アクセスログの取得
- バックアップの取得や障害対策
- 通信経路の暗号化やアクセス制御

覚えよう！

- □ HDD秘匿化では，HDDパスワードの設定やHDD自体の暗号化が必要
- □ セキュリティバイデザインでは，企画・設計段階からセキュリティを考慮する

4-2-6 演習問題

問1 ファイアウォールの設置で実現できる事項 CHECK ▶ □□□

a～dのうち，ファイアウォールの設置によって実現できる事項として，適切なものだけを全て挙げたものはどれか。

a 外部に公開するWebサーバやメールサーバを設置するためのDMZの構築
b 外部のネットワークから組織内部のネットワークへの不正アクセスの防止
c サーバルームの入り口に設置することによるアクセスを承認された人だけの入室
d 不特定多数のクライアントからの大量の要求を複数のサーバに動的に振り分けることによるサーバ負荷の分散

ア a，b　イ a，b，d　ウ b，c　エ c，d

問2 IPS CHECK ▶ □□□

IPSの説明はどれか。

ア Webサーバなどの負荷を軽減するために，暗号化や復号の処理を高速に行う専用ハードウェア
イ サーバやネットワークへの侵入を防ぐために，不正な通信を検知して遮断する装置
ウ システムの脆弱性を見つけるために，疑似的に攻撃を行い侵入を試みるツール
エ 認可されていない者による入室を防ぐために，指紋，虹(こう)彩などの生体情報を用いて本人認証を行うシステム

問3　ファイアウォール　CHECK ▶ □□□

1台のファイアウォールによって，外部セグメント，DMZ，内部セグメントの三つのセグメントに分割されたネットワークがある。このネットワークにおいて，Webサーバと，重要なデータをもつデータベースサーバから成るシステムを使って，利用者向けのサービスをインターネットに公開する場合，インターネットからの不正アクセスから重要なデータを保護するためのサーバの設置方法のうち，最も適切なものはどれか。ここで，ファイアウォールでは，外部セグメントとDMZとの間及びDMZと内部セグメントとの間の通信は特定のプロトコルだけを許可し，外部セグメントと内部セグメントとの間の直接の通信は許可しないものとする。

ア　Webサーバとデータベースサーバを DMZに設置する。
イ　Webサーバとデータベースサーバを内部セグメントに設置する。
ウ　Webサーバを DMZに，データベースサーバを内部セグメントに設置する。
エ　Webサーバを外部セグメントに，データベースサーバを DMZに設置する。

問4　秘密情報を判別し無効化するもの　CHECK ▶ □□□

情報システムにおいて，秘密情報を判別し，秘密情報の漏えいにつながる操作に対して警告を発令したり，その操作を自動的に無効化させたりするものはどれか。

ア　DLP　　イ　DMZ　　ウ　IDS　　エ　IPS

問5　デジタルフォレンジックス　CHECK ▶ □□□

デジタルフォレンジックスの説明はどれか。

ア　サイバー攻撃に関連する脅威情報を標準化された方法で記述し，その脅威情報をセキュリティ対策機器に提供すること
イ　受信メールに添付された実行ファイルを動作させたときに，不正な振る舞いがないかどうかをメールボックスへの保存前に確認すること
ウ　情報セキュリティインシデント発生時に，法的な証拠となるデータを収集し，保管し，調査分析すること
エ　内部ネットワークにおいて，通信データを盗聴されないように暗号化すること

問6　WAFにおけるフォールスポジティブ　CHECK ▶ □□□

WAFにおけるフォールスポジティブに該当するものはどれか。

ア　HTMLの特殊文字“<”を検出したときに通信を遮断するようにWAFを設定した場合，“<”などの数式を含んだ正当なHTTPリクエストが送信されたとき，WAFが攻撃として検知し，遮断する。

イ　HTTPリクエストのうち，RFCなどに仕様が明確に定義されておらず，Webアプリケーションソフトウェアの開発者が独自の仕様で追加したフィールドについてはWAFが検査しないという仕様を悪用して，攻撃の命令を埋め込んだHTTPリクエストが送信されたとき，WAFが遮断しない。

ウ　HTTPリクエストのパラメタとして許可する文字列以外を検出したときに通信を遮断するようにWAFを設定した場合，許可しない文字列を含んだ不正なHTTPリクエストが送信されたとき，WAFが攻撃として検知し，遮断する。

エ　悪意のある通信を正常な通信と見せかけ，HTTPリクエストを分割して送信されたとき，WAFが遮断しない。

問7　サーバへの侵入防止対策　CHECK ▶ □□□

サーバへの侵入を防止するのに有効な対策はどれか。

ア　サーバ上にあるファイルのフィンガプリントを保存する。

イ　サーバ上の不要なサービスを停止する。

ウ　サーバのバックアップを定期的に取得する。

エ　サーバを冗長化して耐故障性を高める。

問8 ステガノグラフィ CHECK ▶ □□□

ステガノグラフィはどれか。

ア 画像などのデータの中に，秘密にしたい情報を他者に気付かれることなく埋め込む。
イ 検索エンジンの巡回ロボットにWebページの閲覧者とは異なる内容を応答し，該当Webページの検索順位が上位に来るようにする。
ウ 検査対象の製品に，問題を引き起こしそうなJPEG画像などのテストデータを送信し読み込ませて，製品の応答や挙動から脆弱性を検出する。
エ コンピュータには認識できないほどゆがんだ文字を画像として表示し，利用者に文字を認識させて入力させることによって，利用者が人であることを確認する。

問9 セキュリティパッチの適用漏れを防ぐ対策 CHECK ▶ □□□

A社では，利用しているソフトウェア製品の脆弱性に対して，ベンダから提供された最新のセキュリティパッチを適用することを決定した。ソフトウェア製品がインストールされている組織内のPCやサーバについて，セキュリティパッチの適用漏れを防ぎたい。そのために有効なものはどれか。

ア ソフトウェア製品の脆弱性の概要や対策の情報が蓄積された脆弱性対策情報データベース（JVN iPedia）
イ ソフトウェア製品の脆弱性の特性や深刻度を評価するための基準を提供する共通脆弱性評価システム（CVSS）
ウ ソフトウェア製品のソースコードを保存し，ソースコードへのアクセス権と変更履歴を管理するソースコード管理システム
エ ソフトウェア製品の名称やバージョン，それらが導入されている機器の所在，IPアドレスを管理するIT資産管理システム

問10 SIEM CHECK ▶ □□□

SIEM（Security Information and Event Management）の機能はどれか。

ア　隔離された仮想環境でファイルを実行して，C&Cサーバへの通信などの振る舞いを監視する。
イ　様々な機器から集められたログを総合的に分析し，管理者による分析を支援する。
ウ　ネットワーク上の様々な通信機器を集中的に制御し，ネットワーク構成やセキュリティ設定などを動的に変更する。
エ　パケットのヘッダ情報の検査だけではなく，通信が行われるアプリケーションを識別して，通信の制御を行う。

問11 HDD抜取りへの対策 CHECK ▶ □□□

利用者PCの内蔵ストレージが暗号化されていないとき，攻撃者が利用者PCから内蔵ストレージを抜き取り，攻撃者が用意したPCに接続して内蔵ストレージ内の情報を盗む攻撃の対策に該当するものはどれか。

ア　内蔵ストレージにインストールしたOSの利用者アカウントに対して，ログインパスワードを設定する。
イ　内蔵ストレージに保存したファイルの読取り権限を，ファイルの所有者だけに付与する。
ウ　利用者PC上でHDDパスワードを設定する。
エ　利用者PCにBIOSパスワードを設定する。

問12 無線LANで接続制限する仕組み CHECK ▶ □□□

無線LANのセキュリティにおいて，アクセスポイントがPCなどの端末からの接続要求を受け取ったときに，接続を要求してきた端末固有の情報を基に接続制限を行う仕組みはどれか。

ア　ESSID
イ　MACアドレスフィルタリング
ウ　VPN
エ　WPA2

解答と解説

問1 （令和４年 ITパスポート試験 問64）

《解答》ア

a～dについて，ファイアウォールの設置によって実現できるかどうかを考えていくと，次のようになります。

a ○ ファイアウォールによってネットワークを三つに分けることで可能です。インターネットと組織のネットワーク以外に，DMZ（DeMilitarized Zone：非武装地帯）を構築し，外部に公開するWebサーバやメールサーバを設置することができます。

b ○ 外部のネットワークから組織内部のネットワークへの不正アクセスは，ファイアウォールで通信を禁止することで防止できます。

c × ファイアウォールでは，物理的な入室管理はできません。サーバルームの入り口に設置するのは，セキュリティゲートなどの入退室管理装置です。

d × ファイアウォールでは，アクセスの許可／拒否を判断するだけで，動的な振り分けは行いません。複数のサーバに動的に振り分ける機器には，負荷分散装置（load balancer：ロードバランサー）を使用します。

したがって，a，bが適切なので，**ア**が正解です。

問2 （平成31年春 情報セキュリティマネジメント試験 午前 問15）

《解答》イ

IPS（Intrusion Prevention System：侵入防御システム）は，侵入を検知するだけでなく，防御も行えるシステムです。不正な通信を検知して遮断することができます。したがって，**イ**が正解です。

ア SSLアクセラレータ（TLSアクセラレータ）の説明です。

ウ ペネトレーションテストソフトウェアの説明です。

エ 生体認証システムの説明です。

問3 （平成29年春 情報セキュリティマネジメント試験 午前 問17）

《解答》ウ

三つのセグメントのうちWebサーバは，外部からの通信を行う必要と，特定のプロトコル（HTTP）だけを許可する必要があるので，DMZに設置することが適当です。データベースサーバは，Webサーバからのみアクセスする必要があり，外部との直接通信の必要がないので，内部セグメントに設置することが最も安全です。したがって，**ウ**が正解となります。

問4 (平成29年秋 情報セキュリティマネジメント試験 午前 問13)

《解答》ア

情報システムにおいて，秘密情報を自動で判別し，情報漏えいにつながる操作に警告を出すような仕組みを，DLP（Data Loss Prevention：情報漏えい防止）といいます。したがって，**ア**が正解です。

イ　社内ネットワークのうち，外部からアクセス可能な領域です。

ウ　侵入検知システムです。

エ　侵入防御システムです。

問5 (令和5年度 情報セキュリティマネジメント試験 公開問題 問3)

《解答》ウ

デジタルフォレンジックスとは，法科学の一分野で，法的な証拠を明らかにする手段の総称です。情報セキュリティインシデント発生時に，法的な証拠となるデータを収集し，保管し，調査分析することは，デジタルフォレンジックスに該当します。したがって，**ウ**が正解です。

ア　STIX（Structured Threat Information eXpression：脅威情報構造化記述形式）の説明です。

イ　マルウェア対策ソフトウェアでの振る舞い検知（ビヘイビア法）などを利用することで確認できます。

エ　TLS（Transport Layer Security）などを利用した，通信の暗号化に関する説明です。

問6 (令和元年秋 情報セキュリティマネジメント試験 午前 問14)

《解答》ア

フォールスポジティブ（False Positive）とは，正常なものを誤って異常と判断することです。WAF（Web Application Firewall）におけるフォールスポジティブは，正当なHTTPリクエストを遮断してしまうことです。HTMLの特殊文字“＜”を含む正当なHTTPリクエストを遮断することは，フォールスポジティブに該当します。したがって，**ア**が正解です。

イ　フォールスネガティブに該当します。

ウ　不正なリクエストを検知しているので，正しい動作です。

エ　フォールスネガティブに該当します。

問7 (平成30年春 情報セキュリティマネジメント試験 午前 問13)

《解答》イ

サーバへの侵入を防止するためには，サーバへ侵入する足がかりをなくすことが有効です。具体的には，サーバ上で不要なサービスが起動していた場合，そのサービスを足がかりにサーバへの侵入が実現することがあります。この侵入を防ぐためには，サーバ上の不要なサービスを停止することが有効です。したがって，**イ**が正解です。

ア　サーバ上のファイルの改ざんを検知するのに有効です。

ウ　サーバの故障や，サーバ上のデータの消失に対応するために有効です。

エ　サーバの故障などに伴うサービスの停止に対応するために有効です。

問8 (令和元年秋 情報セキュリティマネジメント試験 午前 問11)

《解答》ア

ステガノグラフィとは，秘密の情報を埋め込むことです。情報は画像などのデータの中に埋め込まれます。したがって，**ア**が正解です。

イ　クローキングの説明です。

ウ　ファジングの説明です。

エ　CAPTCHAの説明です。

問9 (平成30年春 情報セキュリティマネジメント試験 午前 問17)

《解答》エ

セキュリティパッチとは，ソフトウェア製品に適用する，セキュリティの脆弱性をなくすためのアップデートで，適用するとソフトウェア製品のバージョンが変わります。そのため，IT資産管理システムでソフトウェア製品のバージョンを調べることで，セキュリティパッチを適用していない機器を見つけることが可能となります。したがって，**エ**が正解です。

ア　セキュリティパッチの適用が可能なソフトウェア製品があるかどうかを知るために有効です。

イ　セキュリティパッチを適用する必要があるかどうかを判断するために有効です。

ウ　ソフトウェア製品のソースコードを，安全に効率的に管理するために有効です。

問10 (平成29年秋 情報セキュリティマネジメント試験 午前 問14)

《解答》イ

SIEMはイベントログを集めるシステムで，様々な機器から集められたログを総合的に分析します。したがって，**イ**が正解です。

アはサンドボックス，ウはSDN（Software Defined Networking），エはアプリケーションゲートウェイの機能となります。

問11 (平成31年春 情報セキュリティマネジメント試験 午前 問22)

《解答》ウ

HDD（Hard Disk Drive：ハードディスクドライブ）は，補助記憶装置の一種です。HDD内の情報を盗む攻撃を防ぐには，HDDパスワードを設定し，HDDだけを抜き取られても情報を読めなくしておく必要があります。したがって，**ウ**が正解です。

ア　OSへのログインは防ぐことができますが，HDDを抜き取られたときには情報漏えいのリスクがあります。

イ　OS上でのファイル読取りは防ぐことができますが，HDDから直接データを参照することを防ぐことはできません。

エ　BIOSパスワードによってOSの起動を防ぐことができますが，HDDを抜き取り他のOSに接続したときには情報が漏えいするリスクがあります。

問12 (令和3年 ITパスポート試験 午前 問85)

《解答》イ

無線LANに接続するPCなどの端末において，端末固有の情報となるものにMAC（Media Access Control）アドレスがあります。MACアドレスは，同じLAN上でコンピュータを識別するためのアドレスです。無線LANのセキュリティにおいて，アクセスポイントがPCなどの端末からの接続要求を受け取ったときに，MACアドレスを基に接続制限を行う仕組みのことを，MACアドレスフィルタリングといいます。したがって，**イ**が正解です。

ア　ESSID（Extended Service Set Identifier）は，アクセスポイントに設定されるネットワークを識別するIDです。

ウ　VPN（Virtual Private Network）は，インターネットやIP-VPN網などの共有のネットワークを利用して，仮想的な専用線を構築する技術です。

エ　WPA2（Wi-Fi Protected Access 2）は，無線LAN上で通信を暗号化する技術です。

4-3 物理的セキュリティ対策

物理的セキュリティでは，防犯対策や入退室管理などによって，情報資産を物理的に守ります。

4-3-1 物理的セキュリティ対策

頻出度 

物理的セキュリティとは，鍵をかける，データを遠隔地に運ぶなど，環境を物理的に変えることです。クリアデスクやクリアスクリーンといった対策があります。

勉強のコツ
物理的セキュリティ対策では，いわゆる"情報セキュリティ対策"とは思えないようなこともいろいろ考慮する必要があります。
建物の設備やシステムの信頼性など，関連する周辺分野の知識もしっかり学習していきましょう。

RASIS

システムの信頼性を総合的に評価する基準として，RASISという概念があります。次の五つの評価項目を基に，信頼性を判断します。

①Reliability（信頼性）

故障や障害の発生しにくさ，安定性を表します。具体的な指標としては，MTBFやその逆数の故障率があります。

②Availability（可用性）

稼働している割合の多さ，稼働率を表します。具体的な指標としては，稼働率が用いられます。

③Serviceability（保守性）

障害時のメンテナンスのしやすさ，復旧の速さを表します。具体的な指標としては，MTTRが用いられます。

関連
MTBF，MTTRについては，「7-1-2　システムの評価指標」で解説しています。詳しくはそちらをご覧ください。

④Integrity（保全性・完全性）

障害時や過負荷時におけるデータの書換えや不整合，消失の起こりにくさを表します。一貫性を確保する能力です。

⑤Security（機密性）

情報漏えいや不正侵入などの起こりにくさを表します。セキュリティ事故を防止する能力です。

RASISを意識してシステムの信頼性を上げることは，情報セキュリティの3要素である機密性，完全性，可用性を向上させることにつながります。

RAS技術

RASISのうち，信頼性，可用性，保守性を向上するための技術を**RAS技術**といいます。高信頼性を総合的に確保するためのもので，部品を故障しにくくすることで信頼性を上げ，万一の故障に備えて自動回復を行うことで保守性を上げ，自動回復に失敗した場合は故障場所を切り離すことで可用性を上げるなど，複数の技術を組み合わせて実現します。

耐震耐火設備

データセンタなど，災害時にもシステムを停止させないような高信頼性が求められる施設では，耐震耐火設備をしっかり設置する必要があります。建物には消火ガスによる消火設備を備え，重要機器には免震装置を取り付けるなど，災害対策を十分に施すことが大切です。

二重化技術

一つの機器が故障しても，それが全体のシステム停止につながらないようにするために，二重化技術が重要になります。ストレージにあるデータを複製して二重化するストレージのミラーリングや，バックアップ用のシステムを用意しておいて障害時に稼働する**デュプレックスシステム**など，様々な二重化技術を活用し，求められる可用性に対応できるようにすることが大切です。

デュプレックスシステムなどの二重化技術の詳細は，「7-1-1　システムの構成」で詳しく学習します。

監視カメラ

設備の入口やサーバルームなどに監視カメラを設置し，映像を記録することによって，不正行為の証拠を確保することができます。また，監視カメラの設置を知らせることは，不正行為の抑止効果にもなります。

ゾーニング

情報セキュリティの物理的対策として，オフィスなどの空間を物理的に区切ってゾーン（区域）に分けることをゾーニングといいます。ゾーニングを行い，誰でも入れるオープンゾーンと，入退室管理によって特定の人のみが入れるセキュリティゾーンを分けることで，紙の書類の持出しなどによる物理的な情報漏えいを防ぐことが可能となります。

施錠管理

重要な設備や書類が置いてある部屋を施錠することによって，情報へのアクセスを難しくすることができます。錠の種類に応じて，施錠した鍵の管理も厳密に行う必要があります。錠には次のようなものがあります。

①シリンダ錠

最も一般的な，鍵を差し込む本体部分が円筒状をしている錠です。鍵を用いて開閉を行うので，鍵の管理が重要になります。

②暗証番号錠

暗証番号を入力，設定することで解錠できる鍵です。ダイヤル式やプッシュボタン式の暗号番号錠があります。鍵は必要ありませんが，暗証番号を知られると入室可能になるため，必要に応じて暗証番号の変更を行います。

③RFID認証式の錠（ICカード認証の錠）

RFID（Radio Frequency IDentifier）技術を用いて，小さな無線チップに埋め込んだID情報で認証を行う錠です。ICカード認証などで利用されています。

④生体認証の錠

生体認証（バイオメトリクス認証）を行う錠です。指紋認証錠，指静脈認証錠，虹彩認証錠など，様々なものがあります。生体認証は本人拒否率を0%にできないことが多いため，入退室ができないときの代替策が必要となります。

入退室管理

扱う情報のレベルに応じて，情報セキュリティ区域（安全区域）など，情報を守るための区域を特定します。その区域には認可された人だけが入室できるようなルールを設定し，そのための**入退室管理**を行います。

入退室管理のセキュリティ手法には，次のようなものがあります。

①アンチパスバック

ICカードによる入退室では，**機械的にログを取得**し，入退室管理を行うことができます。それだけでなく，訪問者の入退室の日時・記録などを保管し，ログと照合することによって，より厳密な入退室管理が可能になります。しかし，直前に入退室する人の後ろについて認証をすり抜けるピギーバック（**共連れ**）が行われると，ログに残らなくなってしまいます。そのため，ルールで禁止し教育して伝える方法もありますが，対応する入室のない退室を検出してエラーとするなどの対策が必要です。**アンチパスバック**とは，入室時の認証に用いられなかったIDカードでの退室を許可しない，または退室時の認証に用いられなかったIDカードでの再入室を許可しない方法です。

②インターロックゲート

ピギーバック（共連れ）を防止するため，入退室をチェックするゲートに「1人しか入れない空間」を用意し，自動ドアを用いることで1人ずつの認証を可能にする方法です。

③TPMOR（Two Person Minimum Occupancy Rule）

機密情報が保持されている部屋に1人だけで入室すると不正が可能になるため，最低でも2人以上の入室を義務付ける仕組みです。部屋に誰もいないときには，2人以上で同時に入室することを強制します。

④パニックオープン

火災などの非常事態時に鍵がかかって出られないなどのリスクを避けるため，非常時に開放するシステムです。非常時には生命の安全を最優先します。

過去問題をチェック

物理的セキュリティについては，次のような出題があります。

【アンチパスバック】
- 平成29年秋 午前 問15
- 平成31年春 午前 問13
- 令和5年度 公開問題 問2

【クリアデスク】
- 平成28年春 午前 問2

【オフィスの物理的セキュリティ】
- 平成29年春 午後 問3
- サンプル問題セット 問53

遠隔地バックアップ

地震などの災害に備えて，バックアップしたデータは遠隔地に保管しておく必要があります。バックアップテープを**セキュリティ便**などの安全な輸送手段で遠隔地に運び，それを保管しておくことが有効です。また，遠隔地とネットワークで接続されており，十分な通信速度が確保できる場合には，ネットワーク経由での遠隔地バックアップも可能です。

クリアデスクとクリアスクリーン

盗難を防止するため，自席の机に置かれているノートPCなどを帰宅時にロッカーなどに保管して施錠する**クリアデスク**という対策があります。また，食事などで自席を離れるときに他の人がPCにアクセスできないようにスクリーンにロックなどをかける対策を**クリアスクリーン**といいます。

USBキー

USBキーを利用してPCにロックをかけることが可能です。USBキーを接続しているときにだけPCを利用できるようにすることで，PCを他人に操作される可能性を減らします。USBキーにPIN（暗証番号）を加えることも可能です。

廃棄

PCなどを廃棄する場合には，その廃棄する機器から情報漏えいなどが起こらないようにすることが大切です。そのため，廃棄するハードディスクなどのメディアは物理的に破壊する，意味のないデータを上書きして元のデータを消すなどの対策が有効です。

▶▶▶ 覚えよう！

- □ RAS技術で，信頼性，可用性，保守性を上げる
- □ クリアデスクはPCをロッカーに保管，クリアスクリーンはスクリーンロック

4-3-2 演習問題

問1 クリアデスク　CHECK ▶ □□□

情報セキュリティ対策のクリアデスクに該当するものはどれか。

ア　PCのデスクトップ上のフォルダなどを整理する。
イ　PCを使用中に離席した場合，一定時間経過すると，パスワードで画面ロックされたスクリーンセーバに切り替わる設定にしておく。
ウ　帰宅時，書類やノートPCを机の上に出したままにせず，施錠できる机の引出しなどに保管する。
エ　机の上に置いたノートPCを，セキュリティケーブルで机に固定する。

問2 再入室を許可しないコントロール　CHECK ▶ □□□

入室時と退室時にIDカードを用いて認証を行い，入退室を管理する。このとき，入室時の認証に用いられなかったIDカードでの退出を許可しない，又は退室時の認証に用いられなかったIDカードでの再入室を許可しないコントロールを行う仕組みはどれか。

ア　TPMOR（Two Person Minimum Occupancy Rule）
イ　アンチパスバック
ウ　インターロックゲート
エ　パニックオープン

4

問3 LANアナライザ使用で留意すること CHECK ▶ □□□

ネットワーク障害の発生時に，その原因を調べるために，ミラーポート及びLANアナライザを用意して，LANアナライザを使用できるようにしておくときに，留意することはどれか。

ア LANアナライザがパケットを破棄してしまうので，測定中は測定対象外のコンピュータの利用を制限しておく必要がある。

イ LANアナライザはネットワークを通過するパケットを表示できるので，盗聴などに悪用されないように注意する必要がある。

ウ 障害発生に備えて，ネットワーク利用者に対してLANアナライザの保管場所と使用方法を周知しておく必要がある。

エ 測定に当たって，LANケーブルを一時的に抜く必要があるので，ネットワーク利用者に対して測定日を事前に知らせておく必要がある。

問4 情報セキュリティの物理的対策 CHECK ▶ □□□

情報セキュリティの物理的対策として，取り扱う情報の重要性に応じて，オフィスなどの空間を物理的に区切り，オープンエリア，セキュリティエリア，受渡しエリアなどに分離することを何と呼ぶか。

ア サニタイジング　　イ ソーシャルエンジニアリング

ウ ゾーニング　　エ ハッキング

解答と解説

問1 (平成28年春 情報セキュリティマネジメント試験 午前 問2改)

《解答》ウ

クリアデスクとは，情報セキュリティ対策での行動指針の一つで，自席の机の上に情報資産を放置しないことです。夜間などは施錠できる安全な場所に保管することが推奨されています。したがって，**ウ**が正解です。

アはフォルダ管理，イはクリアスクリーン，エはセキュリティケーブルの説明です。

問2 (令和5年度 セキュリティマネジメント試験 公開問題 問2)

《解答》イ

入退室管理において，入室記録のない退室を許可しないなどのコントロールを行う仕組みを，アンチパスバックといいます。したがって，**イ**が正解です。

ア　サーバ室などには最低2人以上で入るべきというルールです。
ウ　二重扉で，一度に一人ずつしか入れない仕組みです。
エ　災害時などの緊急時には，入退室管理を解除してオープンする仕組みです。

問3 (平成30年春 情報セキュリティマネジメント試験 午前 問9)

《解答》イ

スイッチのあるポート(差込み口)が受信したパケットのコピーを，指定した別のポートに送信する機能のことをポートミラーリングといいます。ポートミラーリングの設定を行い，コピーされたパケットを受け取るポートをミラーポートといいます。LANアナライザは，LANを通過するパケットを監視し，記録することができる装置で，ミラーポートに接続することで，ネットワークを通過するパケットを表示することができます。盗聴などに悪用することも可能であるため，保管場所などに注意する必要があります。したがって，**イ**が正解です。

ア　ミラーポートがパケットをコピーして測定するので，通常の利用には影響はありません。
ウ　盗聴などに悪用されるおそれがあるため，LANアナライザは一般のネットワーク利用者が利用できないように保管場所などは秘匿にしておきます。
エ　LANケーブルを抜く必要はなく，ミラーポートにLANアナライザを取り付けるだけで測定できます。

問4　(令和2年10月 ITパスポート試験 問82)

《解答》ウ

情報セキュリティの物理的対策として，オフィスなどの空間を物理的に区切ってエリア(ゾーン)に分けることをゾーニングといいます。ゾーニングを行ってオープンエリア，セキュリティエリア，受渡しエリアなどに分離して入退室管理を行うことで，重要な情報の漏えいを防ぐことが可能になります。したがって，**ウ**が正解です。

ア　不正な挙動を行う文字列などを無効化する手法です。

イ　人間の心理的，社会的な性質につけ込んで秘密情報を入手する手法のことです。

エ　コンピュータなどの知識で技術的な課題を解決することです。

4-4 セキュリティ実装技術

セキュリティ実装技術には，ネットワーク関連，データベース関連，アプリケーション関連など，様々な種類のものがあります。技術を組み合わせて何層にも守ることが大切です。

4-4-1 セキュアプロトコル

頻出度 ★★★

セキュアプロトコルは，セキュリティを守るためのプロトコルです。SSL/TLSやIPsecを中心に，インターネットでは広く用いられています。

IPsec

IPパケット単位でデータの改ざん防止や秘匿機能を提供するプロトコルがIPsec（Security Architecture for Internet Protocol）です。

IPsecで使用されるプロトコルには，AH（Authentication Header），ESP（Encapsulated Security Payload），IKE（Internet Key Exchange protocol）などがあります。AHでは完全性確保と認証を，ESPではAHの機能に加えて暗号化をサポートします。また，IKEにより，共通鍵の鍵交換を行います。

過去問題をチェック

IPsecについては，午前で次のような出題があります。

【IPsecによる暗号化通信】

・平成28年春 午前 問28

【AHとESPを含むプロトコル】

・平成29年春 午前 問28

SSL/TLS

SSL（Secure Sockets Layer）は，セキュリティを要求される通信のためのプロトコルです。SSL3.0を基に，TLS（Transport Layer Security）1.0が考案されました。

提供する機能は，認証，暗号化，改ざん検出の三つです。最初に，通信相手を確認するために認証を行います。このとき，サーバがサーバ証明書をクライアントに送り，クライアントがその正当性を確認します。クライアントがクライアント証明書を送ってサーバが確認することもあります。

さらに，サーバ証明書の公開鍵を用いて，クライアントはデータの暗号化に使う**共通鍵の種**を，**サーバの公開鍵で暗号化**して送ります。その種を基にクライアントとサーバで共通鍵を生成し，

用語

SSLが発展してTLSになっており，正確なバージョンとしては，SSL1.0，SSL2.0，SSL3.0，TLS1.0，TLS1.1，TLS1.2，TLS1.3というかたちで順に進化しています。現在のブラウザなどではTLSが使われていることが多いのですが，SSLという名称が広く普及したので，あまり区別せず，TLSをSSLと呼ぶこともあります。

その共通鍵を用いて暗号化通信を行います。また，データレコードにハッシュ値を付加して送り，データの改ざんを検出します。

SSL/TLSは，次のように様々なプロトコルと組み合わせて使うことが可能です。

- **HTTPS（HTTP over SSL/TLS）**
  Webページで使用するHTTP（HyperText Transfer Protocol）との組合せ
- **SMTPS（SMTP over SSL/TLS）**
  電子メールの送信で使用するSMTP（Simple Mail Transfer Protocol）との組合せ
- **FTPS（FTP over SSL/TLS）**
  ファイル転送で使用するFTP（File Transfer Protocol）との組合せ

■電子メールのセキュリティ

電子メールのセキュリティでは，SPAM（迷惑メール）を送らない，また，受け取らないことが重要です。そのためには，電子メールを送受信するときに認証する対策が有効です。それには次のような技術を利用します。

①SPF（Sender Policy Framework）

電子メールの認証技術の一つで，差出人のIPアドレスなどを基にメールのドメインの正当性を検証します。DNSサーバにSPFレコードとしてメールサーバのIPアドレスを登録しておき，送られたメールと比較します。

②DKIM（DomainKeys Identified Mail）

電子メールの認証技術の一つで，デジタル署名を用いて送信者の正当性を立証します。署名に使う公開鍵をDNSサーバに公開しておくことで，受信者は正当性を確認できます。

③SMTP-AUTH

送信メールサーバで，ユーザ名とパスワードなどを用いてユーザを認証する方法です。

過去問題をチェック

電子メールセキュリティについては，次の出題があります。

【SPF】
- 平成28年秋 午前 問16
- 平成30年春 午前 問10
- 平成31年春 午前 問11
- 令和元年秋 午前 問7
- サンプル問題セット 問27
- 令和5年度 公開問題 問6

【電子メールの暗号化】
- 平成28年秋 午前 問17
- 平成30年春 午前 問28

【電子メールの認証】
- 令和元年秋 午前 問28
- サンプル問題セット 問28

④OP25B（Outbound Port 25 Blocking）

迷惑メールの送信に自社のネットワークを使われないようにするための対策です。直接，25番ポートでSMTP通信を行うことを防止します。また，電子メールの誤送信対策としては，送信時に宛先メールアドレスを確認することや，それをメールのシステムで補助することが有効です。

⑤S/MIME（Secure/Multipurpose Internet Mail Extension）

電子メールの**暗号化**と**デジタル署名**に関する標準規格です。認証局（CA）で正当性が確認できた公開鍵を用います。まず共通鍵を生成し，その共通鍵でメール本文を暗号化します。そして，その共通鍵を受信者の公開鍵で暗号化し，メールに添付します。このような暗号化方式のことを**ハイブリッド暗号**といいます。組み合わせることで，共通鍵で高速に暗号化でき，公開鍵で安全に鍵を配送できるようになります。また，デジタル署名を添付することで，データの真正性と完全性も確認できます。

S/MIMEと同様に，暗号化とデジタル署名を行う規格にPGP（Pretty Good Privacy）があります。ライセンスを取得する必要がなく，オープンに使用できる規格であるOpenPGPが普及しています。

SSH

SSH（Secure Shell）は，ネットワークを通じて別のコンピュータにログインしたり，ファイルを移動させたりするためのプロトコルです。公開鍵暗号方式によって共通鍵の交換を行うハイブリッド暗号を使用します。また，認証には，パスワード認証のほかに，公開鍵暗号方式の秘密鍵を利用した**公開鍵認証方式**を利用できます。

SSHを利用したプログラムには，リモートホストでのファイルコピー用コマンドのrcpを暗号化するscpや，FTPを暗号化するsftpなどがあります。

▶▶▶ 覚えよう！

- □ **SSL/TLSでは公開鍵で認証，共通鍵で暗号化，ハッシュで改ざん検出**
- □ **S/MIMEでは，共通鍵を公開鍵暗号方式で暗号化**

4-4-2 ネットワークセキュリティ

頻出度 ★★

ネットワークセキュリティでは，ファイアウォールやIDSなどの機器を使って，ネットワーク全体を監視します。機器を組み合わせ，全体的に守ることが大切です。

パケットフィルタリング

ファイアウォールやルータなどでは，ネットワーク上を通過する一つ一つのパケットについて，通すか通さないかの判断を行います。その仕組みのことを**パケットフィルタリング**といい，ネットワーク上でセキュリティを守るときの基本となります。

パケットフィルタリングでは，正確にはパケットにある，**送信元IPアドレス，宛先IPアドレス，プロトコル（TCPやUDPなど），送信元ポート番号，宛先ポート番号**の五つの情報を用いて，パケットを通過させるかどうかを判断します。

IPアドレスには，通信するときの送信元と宛先のホスト（PCやサーバなど）を設定します。

宛先のプロトコルとポート番号に，通信を行おうとするトランスポート層のプロトコルに対応するポート番号を設定します。具体的には，時刻同期を行うプロトコルNTPならUDPのポート番号123といった値を設定します。

RADIUS

RADIUS（Remote Authentication Dial In User Service）は，認証と利用事実の記録を一つのサーバで一元管理する仕組みです。IEEE 802.1Xでの活用など，様々な場面で利用されています。

RADIUSはクライアントとサーバで動作します。RADIUSクライアントが認証情報をRADIUSサーバに送り，RADIUSサーバが認証の可否を決定して返答します。このとき，認証情報によって，どのサービスに接続可能かを合わせて確認します。

IEEE 802.1X

IEEE 802.1Xは，LAN接続で利用される認証規格です。無線LAN，有線LANにかかわらずポートごとに認証を行い，認証に成功した端末だけがLANに接続できます。IEEE 802.1Xで認

関連

ファイアウォールやIDSについては，「4-2-1　クラッキング・不正アクセス対策」で説明しています。
また，VLANやMACアドレスなど，LAN関連のプロトコルについては，「7-3-2　データ通信と制御」で取り上げていますので，こちらも合わせて参考にしてみてください。

関連

IPアドレスやポート番号については，「7-3-3 通信プロトコル」で取り上げていますので，そちらも参考にしてみてください。

過去問題をチェック

パケットフィルタリングについては，次の出題があります。

【ファイアウォールで通信を許可するプロトコル】
- 平成28年秋 午前 問19
- 平成30年春 午前 問18
- 平成30年秋 午前 問18

証に使われるプロトコルは，**EAP**（Extensible Authentication Protocol：拡張認証プロトコル）です。

IEEE 802.1Xによる認証は，次のように構成されます。

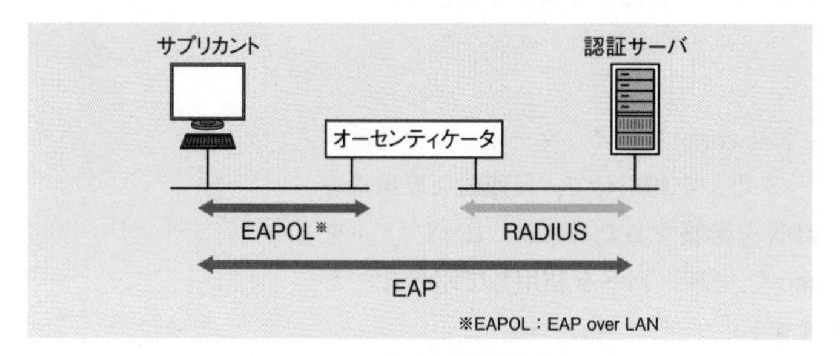

IEEE 802.1Xによる認証の構成

サプリカントは，IEEE 802.1Xでアクセスするコンピュータに含まれるソフトウェアです。オーセンティケータとの間で認証情報をやり取りします。

オーセンティケータは，無線LANアクセスポイントや認証スイッチなど，IEEE 802.1Xの機能を実装したネットワーク機器です。サプリカントから受け取った認証情報を基に，認証の可否を認証サーバに問い合わせます。

認証サーバは，認証情報を保存しているサーバです。オーセンティケータからの問合せに対して認証情報を検証し，認証の可否を返答します。認証に成功したら，オーセンティケータはスイッチのポート利用を許可します。

オーセンティケータと認証サーバとの間でのやり取りには，RADIUSが使用されます。オーセンティケータがRADIUSクライアントになり，RADIUSサーバである認証サーバに問合せを行います。

VLAN

VLAN（Virtual LAN）は，LANにおいて仮想的なネットワークを構築する技術です。例えば，物理的に同じスイッチに接続している機器を論理的に二つのネットワークに分割することなどができます。

VLANと，IEEE 802.1Xなどの認証の仕組みを組み合わせることで，認証VLANを構築することができます。認証に成功したコンピュータのみを業務用のネットワークに接続させるなど，ネットワークを柔軟に変更することができます。物理的な接続を変えずにすむので，**検疫ネットワーク**などで用いられます。

VPN

VPN（Virtual Private Network）は，インターネットや通信事業者が提供するネットワークなどを利用して，仮想的な専用線を構築する仕組みです。VPNを構築するためには，IPパケットを暗号化して通信する**IPsec**や，SSL/TLSを利用して暗号化する**SSL-VPN**などを利用します。

セキュリティ監視

ネットワーク上でのセキュリティ監視には，NIDS（**ネットワーク型侵入検知システム**）などが用いられます。ファイアウォールなどでの一つ一つのパケットだけでなく，総合的にネットワークを監視することで，DoS攻撃など，様々な攻撃の予兆に気づくことができます。

プロキシサーバ

プロキシサーバとは，クライアント（PCなど）の代わりにサーバに情報を中継するサーバです。複数のPCなどからWebサーバなどへのアクセス要求を受け取り，それを中継してWebサーバなどに送ります。

プロキシサーバでは，Webサーバに一度問い合わせた情報をキャッシュしておき，PCから同じURLへの要求があったときにそれを返答します。そのため，高速なアクセスが可能となります。

リバースプロキシ

プロキシサーバとは逆に，Webサーバなどの代わりのサーバ（リバースプロキシサーバ）が，クライアント（PCなど）からサーバへのアクセス要求を代理で集中して受け付け，サーバに中継することをリバースプロキシといいます。

リバースプロキシを利用することで，複数のサーバへ負荷を分散させることや，キャッシュによって負荷を低減させることが可能となります。

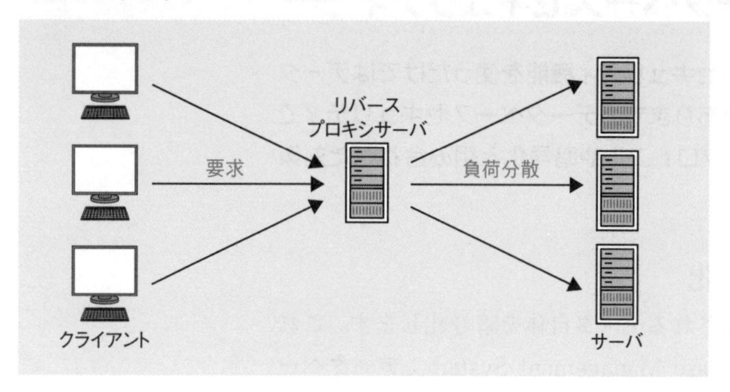

リバースプロキシサーバ

ハニーポット

ハニーポットは一種のおとり戦法で，不正アクセスを受けるために存在するシステムです。何か有益そうな場所を用意しておき，それにつられてやってきた者を観察し，不正アクセスのやり方を学習します。マルウェアなどを入手したり，不正アクセスの動向を調査したりするのに利用します。

仮想環境のセキュリティ

仮想環境では，VDI（Virtual Desktop Infrastructure：デスクトップ仮想化）などを用いて，仮想的な端末を用意します。アプリケーションやデータをVDIサーバで管理し，PC（シンクライアント端末）では通信・操作のみ実行する方式です。クラウド上でVDIサーバを用意し，それをサービスとして利用する**DaaS**（Desktop as a Service）もあります。

仮想環境でVDIを利用し，端末には画面の画像だけを送ることで，端末内にデータが残らなくなり，データが漏えいするリスクが低減します。マルウェアなども端末にダウンロードされないため，VDIで使用しているPCがマルウェアに感染するリスクも低減できます。

覚えよう！

- □ **サプリカントはPC，オーセンティケータはネットワーク機器**
- □ **リバースプロキシでは，サーバの代理で受け付けたアクセスを各サーバに分散させる**

4-4-3 データベースセキュリティ 頻出度★☆☆

データベースがもつセキュリティ機能を使うだけではデータを守り切れないことがあります。データベースセキュリティでは，他のセキュリティプロトコルや暗号化と組み合わせた対策が必要です。

データベース暗号化

データベースに格納されるデータ自体を暗号化します。これにより，DBMS（DataBase Management System：データベース管理システム）が格納されているストレージなどが盗難された場合でもデータを保護できます。

しかし，プログラムからアクセスされた場合には復号されるので，解読可能になります。SQLインジェクションなど，アプリケーションを中継した攻撃には対応できないので，注意が必要です。

データベースアクセス制御

DBMSへのログイン用のアカウントによって利用者認証を行います。ログイン用のアカウントには，ユーザだけでなく**ロール**（役割）を設定し，ロールごとにアクセスを制御することが可能です。管理者と利用者でアカウントを分け，さらにそのアクセス権が重ならないようにする**責務の分離**を行うことが大切です。

関連
バックアップやロールフォワードについては，「7-2-4 トランザクション処理」で取り上げています。データベース関連の用語についてはこちらを参考にしてください。

データベースバックアップ

データの消失を防ぐためにも，データベースのバックアップは定期的に行う必要があります。しかし，バックアップから情報が漏えいする可能性もあるので，バックアップメディア（テープなど）は，施錠した部屋などで安全に保管します。

バックアップ復元後には，データベースの更新後ログなどを使用してロールフォワードを行うことで，最新に近い状態にまでデータを復元できます。

アクセスログの取得

Webサーバ上のプログラムからアクセスされる場合などには，複数のユーザが同じDBMSアカウントを使うので，利用者の記録が残らないことがあります。

　DBMSのアクセスログにDBMSのアカウント情報が残りますが，通常，WebアプリケーションではDBMSアカウントは共通なので，利用者を識別できません。そこで，Webサーバ側でアクセス制御を行います。ログに利用者情報を残すためには，Webサーバ側から利用者IDなどの情報を送ってもらう必要があります。

▶▶▶ 覚えよう！

- □　データベースのデータは，暗号化することが可能
- □　バックアップは安全な場所に保管する

4-4-4 アプリケーションセキュリティ 頻出度 ★★★

アプリケーションセキュリティは，アプリケーションに対する攻撃の種類に応じて個別に行う必要があります。そのために，主な攻撃とその対策を押さえておくことが重要です。

Webシステムのセキュリティ対策

Webアプリケーションの作成の仕方によって，Webシステムに脆弱性が生じてしまうことがあります。Webアプリケーション専用のファイアウォールであるWAFだけではすべての脆弱性に対応することが難しいので，それぞれのアプリケーションで脆弱性を作り込まないように工夫することが大切です。

セキュリティバイデザイン

セキュリティバイデザインとは，情報セキュリティを**企画・設計段階から**確保するための方策です。NISC(内閣サイバーセキュリティセンター)が推奨しています。実装や運用に入る前の，企画・要件定義や設計の段階から情報セキュリティを意識し，セキュリティ設計を行います。アプリケーションだけでなく，IoT機器でも，セキュリティバイデザインを意識することが大切です。

プライバシーバイデザイン

プライバシーバイデザインとは，プライバシーについて，システムを使用する段階からではなく，そのシステムの**企画・設計段階から**考慮する方策です。個人情報保護法やマイナンバー法などを順守するためにも，企業のプロセス全体を見直し，プライバシーを考慮した設計にする必要があります。

セキュアプログラミング

アプリケーションに対しては，システム開発時に脆弱性を作り込まないようにするセキュアプログラミングが重要になります。クロスサイトスクリプティングやSQLインジェクションなど，多くのセキュリティ攻撃は，セキュアプログラミングをしっかりと行うことで避けられます。例えば，以下のようなことに気をつけてプログラムを組むことが必要です。

- 入力値の内容チェックを行う
- SQL文の組み立ては，すべてバインド機構を利用する
- エラーをそのままブラウザに表示しない

関連
それぞれの攻撃については，「2-1 サイバー攻撃手法」で説明しています。

バッファオーバフロー対策

バッファオーバフロー（BOF）対策としては，入力文字列長をチェックし，長い文字列の入力を受け付けないようにする対策が基本です。また，カナリアコードといって，メモリにあらかじめチェックデータを書き込んでおき，それが上書きされたときに通知する手法もあります。

クロスサイトスクリプティング対策

クロスサイトスクリプティング（XSS）対策の基本は，スクリプトの実行を妨げることです。そのためには，スクリプトを検知してエスケープ処理（無効化）を行う方法があります。

また，他のWebサイトのプログラムを，アクセス権などの設定によって実行不可にする対策なども有効です。

SQLインジェクション対策

SQLインジェクションの場合には，バインド機構を利用し，制御文字を挿入できないようにする対策が有効です。しかし，すべてのSQL実行時にSQLインジェクション対策を行う必要があるため，セキュアプログラミングは漏れがないように行うことが重要です。

また，データベースにデータを挿入するときに制御文字の入ったデータを送り込む攻撃があります。この攻撃に対処するためには，すでにデータベースに読み込まれているデータに対してもバインド機構を利用し，制御文字を挿入できないようにする必要があります。

▶▶▶ 覚えよう！

- □ Webアプリケーション対策は，漏れがないように行うことが重要
- □ 脆弱性を作り込まないために，セキュアプログラミングが大切

4-4-5 演習問題

問1 WAFによる防御が有効な攻撃 CHECK ▶ □□□

WAFによる防御が有効な攻撃として，最も適切なものはどれか。

ア DNSサーバに対するDNSキャッシュポイズニング
イ REST APIサービスに対するAPIの脆弱性を狙った攻撃
ウ SMTPサーバの第三者不正中継の脆弱性を悪用したフィッシングメールの配信
エ 電子メールサービスに対する電子メール爆弾

問2 IPsecによる暗号化通信 CHECK ▶ □□□

PCとサーバとの間でIPsecによる暗号化通信を行う。通信データの暗号化アルゴリズムとしてAESを使うとき，用いるべき鍵はどれか。

ア PCだけが所有する秘密鍵
イ PCとサーバで共有された共通鍵
ウ PCの公開鍵
エ サーバの公開鍵

問3 TCP 23番ポートへの攻撃が多い理由 CHECK ▶ □□□

ネットワークカメラなどのIoT機器ではTCP23番ポートへの攻撃が多い理由はどれか。

ア TCP23番ポートはIoT機器の操作用プロトコルで使用されており，そのプロトコルを用いると，初期パスワードを使って不正ログインが容易に成功し，不正にIoT機器を操作できることが多いから
イ TCP23番ポートはIoT機器の操作用プロトコルで使用されており，そのプロトコルを用いると，マルウェアを添付した電子メールをIoT機器に送信するという攻撃ができることが多いから
ウ TCP23番ポートはIoT機器へのメール送信用プロトコルで使用されており，そのプロトコルを用いると，初期パスワードを使って不正ログインが容易に成功し，不正にIoT機器を操作できることが多いから
エ TCP23番ポートはIoT機器へのメール送信用プロトコルで使用されており，そのプロトコルを用いると，マルウェアを添付した電子メールをIoT機器に送信するという攻撃ができることが多いから

問4 無線LANの無断接続防止に効果があるもの CHECK ▶ □□□

無線LANを利用できる者を限定したいとき，アクセスポイントへの第三者による無断接続の防止に最も効果があるものはどれか。

ア MACアドレスフィルタリングを設定する。
イ SSIDには英数字を含む8字以上の文字列を設定する。
ウ セキュリティ方式にWEPを使用し，十分に長い事前共有鍵を設定する。
エ セキュリティ方式にWPA2-PSKを使用し，十分に長い事前共有鍵を設定する。

問5 S/MIMEの利用 CHECK ▶ □□□

A氏からB氏に電子メールを送る際のS/MIMEの利用に関する記述のうち，適切なものはどれか。

ア A氏はB氏の公開鍵を用いることなく，B氏だけが閲覧可能な暗号化電子メールを送ることができる。
イ B氏は受信した電子メールに記載されている内容が事実であることを，公的機関に問い合わせることによって確認できる。
ウ B氏は受信した電子メールに記載されている内容はA氏が署名したものであり，第三者による改ざんはないことを確認できる。
エ 万一,マルウェアに感染したファイルを添付して送信した場合にB氏が添付ファイルを開いても，B氏のPCがマルウェアに感染することを防ぐことができる。

問6 迷惑メール対策のSPFの仕組み CHECK ▶ □□□

迷惑メール対策のSPF（Sender Policy Framework）の仕組みはどれか。

ア 送信側ドメインの管理者が，正規の送信側メールサーバのIPアドレスをDNSに登録し，受信側メールサーバでそれを参照して，IPアドレスの判定を行う。
イ 送信側メールサーバでメッセージにデジタル署名を施し，受信側メールサーバでそのデジタル署名を検証する。
ウ 第三者によって提供されている，スパムメールの送信元IPアドレスのデータベースを参照して，スパムメールの判定を行う。
エ ファイアウォールを通過した要求パケットに対する応答パケットかどうかを判断して，動的に迷惑メールの通信を制御する。

問7 Webアプリケーションの脅威と対策 CHECK ▶ □□□

Webアプリケーションにおけるセキュリティ上の脅威とその対策に関する記述のうち，適切なものはどれか。

ア OSコマンドインジェクションを防ぐために，Webアプリケーションが発行するセッションIDに推測困難な乱数を使用する。
イ SQLインジェクションを防ぐために，Webアプリケーション内でデータベースへの問合せを作成する際にプレースホルダを使用する。
ウ クロスサイトスクリプティングを防ぐために，Webサーバ内のファイルを外部から直接参照できないようにする。
エ セッションハイジャックを防ぐために，Webアプリケーションからシェルを起動できないようにする。

問8 意図的に脆弱性をもたせたシステム CHECK ▶ □□□

侵入者やマルウェアの挙動を調査するために，意図的に脆弱性をもたせたシステム又はネットワークはどれか。

ア DMZ　　イ SIEM
ウ ハニーポット　　エ ボットネット

問9 データベースアクセス制御 CHECK ▶ □□□

データベースのアカウントの種類とそれに付与する権限の組合せのうち，情報セキュリティ上，適切なものはどれか。

	アカウントの種類	レコードの更新権限	テーブルの作成・削除権限
ア	データ構造の定義用アカウント	有	無
イ	データ構造の定義用アカウント	無	有
ウ	データの入力・更新用アカウント	有	有
エ	データの入力・更新用アカウント	無	有

解答と解説

問1 （令和4年秋 応用情報技術者試験 午前 問42）

《解答》イ

WAF（Web Application Firewall）は，Webアプリケーションの防御に特化したファイアウォールです。Webで使用するプロトコルであるHTTP（Hypertext Transfer Protocol）にのみ対応しています。

API（Application Programming Interface）は，アプリケーション同士が互いに情報をやり取りするための仕組みです。REST API（REpresentational State Transfer API）は，Webアプリケーションを外部から利用するためのAPIです。REST APIの脆弱性を狙った攻撃は，Webアプリケーションに向けて，HTTPを使用して行われるので，WAFによる防御が有効となります。したがって，**イ**が正解です。

ア　DNS（Domain Name System）は名前解決を行うプロトコルで，WAFでは防ぐことはできません。

ウ　SMTP（Simple Mail Transfer Protocol）はメール送信を行うプロトコルで，WAFでは防ぐことができません。

エ　電子メールに関しては，SMTPを使用するので，WAFでは防ぐことができません。

問2 （令和元年秋 情報セキュリティマネジメント試験 午前 問17）

《解答》イ

暗号化アルゴリズムのAES（Advanced Encryption Standard）は，アメリカ合衆国の新暗号規格として規格化された共通鍵暗号方式です。暗号化にはPCとサーバで共有された共通鍵を用いるので，**イ**が正解です。

ア，ウ，エは，公開鍵暗号方式で利用する鍵です。

問3 （令和元年秋 情報セキュリティマネジメント試験 午前 問6）

《解答》ア

TCP23番ポートは，TELNET（Teletype network：テルネット）というプロトコルのポート番号です。TELNETは，遠隔地にあるサーバなどを操作するためのプロトコルで，IoT機器も操作できます。TELNETを使ってIoT機器にログインするためには，ユーザ名やパスワードが必要ですが，工場出荷時の初期パスワードのまま設定変更されていない機器が数多くあります。そのため，初期パスワードを使って不正ログインを行うことが容易で，不正にIoT機器を操作できることが多くなります。したがって，**ア**が正解です。

イ　IoT機器の操作プロトコルにはTCP23番ポートが使用されますが，このポート番号ではメールの送受信は行いません。

ウ，エ　メール送信用プロトコルはSMTP（Simple Mail Transfer Protocol）です。SMTPに割り当てられているポートはTCP25番ポートです。

問4 （平成31年春 情報セキュリティマネジメント試験 午前 問20）

《解答》エ

無線LANを利用できる者を限定したいときには，アクセスするときに利用者だけが知る情報を入力させることが有効です。十分に長い事前共有鍵（PSK:Pre-Shared Key）を作成し，これを使用することでアクセス制限が可能となります。また，無線LANでの暗号化方式には，WEP（Wired Equivalent Privacy），WPA（Wi-Fi Protected Access），WPA2などがあり，このうち最もセキュリティ強度が高いのは，暗号化方式により強力なAES（Advanced Encryption Standard）を用いるWPA2です。WPA2で事前共有鍵を用いる方式が，WPA2-PSKとなります。したがって，**エ**が正解です。

ア　MACアドレスを偽装されるとアクセス可能となります。

イ　SSIDはアクセスポイントを識別する番号なので，通常は公開されます。

ウ　セキュリティ方式としては，WEPよりWPA2-PSKの方が優れています。

問5 （平成31年春 情報セキュリティマネジメント試験 午前 問23）

《解答》ウ

S/MIME（Secure/Multipurpose Internet Mail Extension）は，電子メールの暗号化とデジタル署名に関する標準規格です。認証局（CA）で正当性が確認できた公開鍵証明書を用います。A氏からB氏に電子メールを送る際に，A氏の秘密鍵を用いてメールのハッシュ値に署名を行うことで，A氏からのメールであり，かつ第三者による改ざんがないことを確認できます。したがって，**ウ**が正解です。

ア　A氏からB氏に暗号化電子メールを送るためには，B氏の公開鍵が必要です。

イ　公的機関に問い合わせることによって確認できるのは公開鍵の正当性だけであり，電子メールに記載されている内容が事実かどうかは分かりません。

エ　マルウェアの感染は，暗号化やデジタル署名では防ぐことはできません。

問6 （令和5年度 情報セキュリティマネジメント試験 公開問題 問6）

《解答》ア

迷惑メール対策のSPF（Sender Policy Framework）は，電子メールの認証技術の一つです。送信側ドメインの管理者が，正規の送信側メールサーバのIPアドレスをDNSに登録しておきます。受信側メールサーバでは，登録されたIPアドレスを参照して，送られてきたメールの送信元IPアドレスの判定を行います。したがって，**ア**が正解です。

イ　DKIM（DomainKeys Identified Mail）の仕組みです。

ウ　ブラックリストによるスパムメール判定に関する説明です。

エ　ファイアウォールで使用する，ステートフルパケットインスペクションについての説明です。

問7 （令和5年度 情報セキュリティマネジメント試験 公開問題 問7）

《解答》イ

Webアプリケーションにおけるセキュリティ上の脅威のうち，SQLインジェクションはデータベースへの問合せの際に行う攻撃です。SQL文に，不正に制御記号を混入させることで，様々な動作を実行させます。そのため，制御記号などを単なる文字列として扱うことができるプレースホルダを利用することによって，SQLインジェクションを防ぐことができます。したがって，**イ**が正解です。

ア　セッションハイジャックの脅威への対策です。

ウ　ディレクトリトラバーサルの脅威への対策です。

エ　OSコマンドインジェクションの脅威への対策です。

問8 （平成31年春 情報セキュリティマネジメント試験 午前 問30）

《解答》ウ

侵入者やマルウェアの挙動を調査するために，意図的に脆弱性をもたせたシステムをハニーポットといいます。ハニーポットは一種のおとり戦法で，不正アクセスを受けるために存在するシステムです。したがって，**ウ**が正解です。

ア DMZ（DeMilitarized Zone）は，ファイアウォールによって内部ネットワークとインターネットの両方から分離し，外部からの接続を受け付けるネットワークです。

イ SIEM（Security Information and Event Management）は，サーバやネットワーク機器などからログを集め，そのログ情報を分析し，異常があれば管理者に通知する，または対策方法を知らせる仕組みです。

エ ボットは，インターネット上で動く自動化されたソフトウェア全般を指します。不正目的のボットがボットネットとして協調して活動することで，様々な攻撃を行います。

問9 （平成31年春 情報セキュリティマネジメント試験 午前 問25）

《解答》イ

データベースのアカウント権限では，責務を分離することが大切です。そのため，データ構造の定義用アカウントでは，テーブルの作成・削除権限だけが必要であり，レコードの更新権限は与えるべきではありません。データの入力・更新用アカウントには，レコードの更新権限だけが必要であり，テーブルの作成・削除権限は与えるべきではありません。したがって，組合せの正しい**イ**が正解です。

第5章

法務

情報セキュリティマネジメントを推進するにあたって，法律や標準などとの整合性を確認することはとても大切です。
この章では，情報セキュリティ関連法規と，その他の法規・標準について学んでいきます。
情報セキュリティ関連法規では，サイバーセキュリティ基本法や不正アクセス禁止法など，情報セキュリティに直接関係する法規について学習します。その他の法規・標準では，知的財産権や労働関連法規など，情報セキュリティと関係が深い法規や標準について学習していきます。

5-1 情報セキュリティ関連法規

情報セキュリティ関連法規には，不正アクセス禁止法や個人情報保護法をはじめ様々なものがあり，さらに新しい法規が追加され続けています。

5-1-1 サイバーセキュリティ基本法

頻出度 ★★★

サイバーセキュリティ基本法では，国のサイバーセキュリティ対策の司令塔として，内閣にサイバーセキュリティ戦略本部を設置することが定められています。

勉強のコツ

情報セキュリティ関連の法規は，毎年のように新しいものが追加されています。今どのようなものがあるのか，どのような法規が追加，変更されたのかをしっかり押さえておきましょう。

サイバーセキュリティ基本法

サイバーセキュリティ基本法は，国のサイバーセキュリティに関する施策を推進するにあたっての基本理念や国の責務などを定めた法律です。

サイバーセキュリティとは何かを明らかにし，必要な施策を講じるための基本理念や基本的施策を定義しています。また，その司令塔として，内閣にサイバーセキュリティ戦略本部を設置することが定められています。**国民**には，基本理念にのっとり，サイバーセキュリティの重要性に関する関心と理解を深め，**サイバーセキュリティの確保に必要な注意を払うよう努める**ことが求められています。さらに，様々な機関の情報共有の仕組みとして，**サイバーセキュリティ協議会**を設置することも定められています。

発展

サイバーセキュリティ基本法は，平成26年に制定され，改正を繰り返しています。令和4年の改正では，デジタル庁設置に合わせて記述が追加されています。

サイバーセキュリティとは

サイバーセキュリティ基本法の第二条では，サイバーセキュリティを次のように定義しています。

「電磁的方式により記録され、又は発信され、伝送され、若しくは受信される情報の漏えい、滅失又は毀損の防止その他の当該情報の安全管理のために必要な措置並びに情報システム及び情報通信ネットワークの安全性及び信頼性の確保のために必要な措置が講じられ、その状態が適切に維持管理されていること」

つまり，サイバー攻撃に対する防御行為全般をサイバーセキュリティといいます。

サイバーセキュリティ関連の組織

内閣サイバーセキュリティセンター（NISC：National center of Incident readiness and Strategy for Cybersecurity）は，内閣官房に設置された組織です。サイバーセキュリティ基本法に基づき，内閣にサイバーセキュリティ戦略本部が設置され，同時に内閣官房にNISCが設置されました。これらの組織は，国のサイバーセキュリティ対策の司令塔で，IT総合戦略本部や国家安全保障会議などと連携して，国全体の安全を保障するための活動を行います。地方公共団体や各省庁への勧告なども行います。また，公共の組織と各業界や団体が協力し，専門機関等から得られた対策情報を戦略的かつ迅速に共有するための仕組みとして，サイバーセキュリティ協議会が設置されています。

過去問題をチェック

サイバーセキュリティ基本法に関しては，次の出題があります。

【サイバーセキュリティ基本法】
・平成30年春 午前 問31

【サイバーセキュリティ戦略本部】
・平成30年秋 午前 問31

【NISC】
・サンプル問題セット 問6

政府機関等のサイバーセキュリティ対策のための統一基準群

政府機関等のサイバーセキュリティ対策のための統一基準群は，政府機関等の情報セキュリティ対策を統一するために定められた基準群で，**サイバーセキュリティ戦略本部**が発表しています。国の行政機関等のサイバーセキュリティに関する対策の基準となるガイドラインとなるものです。

政府機関等のサイバーセキュリティ対策のための統一規範やサイバーセキュリティ対策の運用等に関する指針，対策基準策定のためのガイドラインなど，様々な基準や適用個別マニュアルが公表されています。政府機関等のサイバーセキュリティ対策のための統一基準では，機密性，完全性及び可用性それぞれの観点による**情報の格付の区分を定義**しています。

関連

「政府機関等のサイバーセキュリティ対策のための統一基準群（令和5年度版）」は，内閣サイバーセキュリティセンターのWebサイトで公開されています。
https://www.nisc.go.jp/policy/group/general/kijun.html

▶▶▶ 覚えよう！

- □ サイバーセキュリティ基本法は，国がサイバー攻撃に対して司令塔となるための法律
- □ サイバーセキュリティ戦略本部が，国の司令塔としてサイバーセキュリティ対策を行う

5-1-2 不正アクセス禁止法

頻出度 ★☆☆

不正アクセス禁止法は，不正アクセスを規制する法律です。実際の被害を与えなくても，不正なアクセスを行うだけで犯罪となります。

不正アクセス禁止法

不正アクセス行為の禁止等に関する法律（**不正アクセス禁止法**）は，インターネットなどでの不正アクセスを規制する法律です。ネットワークへの侵入，アクセス制御のための情報提供などを処罰の対象としています。

不正アクセス禁止法では，被害がなくても不正アクセスをしただけ，またはそれを助けただけの**助長行為**も処罰の対象になります。さらに，不正アクセスを行わなくても，その目的で利用者IDやパスワードの**情報を集めただけ**で，不正に保管する行為として処罰の対象となります。

過去問題をチェック
不正アクセス禁止法については，次の出題があります。
【不正アクセス禁止法】
・平成28年秋 午前 問35
・平成30年秋 午前 問32

アクセス制御機能

不正アクセス禁止法では，第一条に「アクセス制御機能により実現される電気通信に関する秩序の維持」とあり，**アクセス制御機能**を用いて利用者のアクセスを制限することが推奨されています。不正アクセス禁止法の処罰の対象となるのは，アクセス制御を超えて権限のないコンピュータ資源にアクセスすることです。

不正アクセス行為

不正アクセス行為は，アクセス権限のないコンピュータ資源にアクセスすることですが，具体的には次のようなことが想定されています。

- **他人のIDやパスワードを盗用または不正使用し，その人になりすまして認証を行うこと**
- **認証サーバの脆弱性（セキュリティホール）などを突いた攻撃で，認証を行わずにコンピュータ資源にアクセスできるようになること**

- **目標の端末にアクセスするため，その端末のネットワークのゲートウェイの認証を不正に突破し，目標の端末にアクセスすること**

不正アクセス行為を助長する行為

実際の不正アクセス行為だけでなく，不正アクセスを助長する行為も処罰の対象となります。具体的には，IDやパスワードなどの認証情報を，端末利用者や管理者以外の人に漏らすなどの行為が助長行為とされています。ただし，情報セキュリティ教育を行う，注意喚起するなど正当な理由がある場合には，処罰の対象とはなりません。

覚えよう！

- □ 不正アクセスは，アクセス制御機能を超えて行うアクセス
- □ 不正アクセスは，自分でやらず助長しただけでも犯罪

5-1-3 個人情報保護法

個人情報保護法は，個人情報を守るための法律です。個人情報保護マネジメントの考え方に基づき，目的外利用の禁止や，個人情報保護マネジメントシステムの運用などについて定められています。

個人情報保護マネジメント

個人情報とは，氏名，住所，メールアドレスなど，それ単体もしくは組み合わせることによって生存している個人を特定できる情報のことです。対象となる個人が死亡していたり，法人の場合には個人情報とはなりません。

個人情報保護の基本的な考え方は，個人情報は本人の財産なので，それが勝手に別の人の手に渡ったり（第三者提供），間違った方法（**目的外利用**）で使われたり，内容を勝手に変えられたりしないように適切に管理する必要があるということです。

そのためには，個人情報を守るためのシステムであるPMS（Personal information protection Management Systems：個人情報保護マネジメントシステム）を構築し，ISMSと同様に維持管理していく必要があります。

> **用語**
> PMSは，改訂前の規格であるJIS Q 15001:1999までは，CP（コンプライアンス・プログラム：Compliance Program）と呼ばれていました。そのため，古い専門書や参考書などではこの言葉で説明されていることも多いです。

個人情報保護に関するガイドラインは，JIS Q 15001として定められています。

JIS Q 15001

JIS Q 15001は，PMSを事業者が構築し，適切にマネジメントしていくための仕組み作りについて定めている標準規格です。国際規格であるISO/IEC 15001が基となっており，最新版は2023年に改正されたJIS Q 15001:2023です。JIS Q 15001:2023（個人情報保護マネジメントシステム－要求事項）では，主に次のことが要求されています。

- 個人情報保護方針の策定と公表
- 個人情報の特定（匿名加工情報なども含む）とリスク分析
- 個人情報の利用目的の明確化

- **内部規程を定め，個人情報を適切に管理すること（PDCAサイクルの運用）**
- **本人の同意を得て，開示・訂正・苦情などに対応すること**

個人情報保護方針とは，個人情報保護に関する取組みについて文書化したもので，企業のWebページなどで公開されています。

OECDプライバシーガイドライン

国際的なプライバシーに関する原則としては，OECD（Organization for Economic Co-operation and Development：経済協力開発機構）が発表した，OECDプライバシーガイドラインがあります。プライバシー保護と個人データの国際流通についてのガイドラインに関する理事会勧告として出されています。

このガイドラインには，個人情報保護に関する次の8原則（**OECD8原則**）が定められています。

過去問題をチェック
個人情報保護については，午前で次のような出題があります。
【個人情報保護法】
・平成28年春 午前 問32
・平成29年秋 午前 問31
【JIS Q 15001】
・平成31年春 午前 問31
【OECDプライバシーガイドライン】
・平成28年春 午前 問31
【要配慮個人情報】
・平成30年春 午前 問33

1. 収集制限の原則

個人情報の収集は適法かつ公正な手段によらなければならない。本人の認識や同意が必要。

2. データ内容の原則

個人情報は，必要な範囲内で，正確で完全で最新のものでなければならない。

3. 目的明確化の原則

収集目的は，収集時に特定されていなければならない。

4. 利用制限の原則

収集目的を超えて開示，提供，利用されてはならない。

5. 安全保護の原則

紛失，改ざんなどのリスクに対して安全対策が必要。

6. 公開の原則

個人情報の取り扱いについて基本方針を公開する。

7. 個人参加の原則

本人の求めに応じて，回答を行わなければならない。

8. 責任の原則

管理者は，1～7のルールに準拠する責任をもつ。

個人情報保護法

個人情報を守るために制定された法律が，個人情報の保護に関する法律（**個人情報保護法**）です。個人情報をデータベース等として保持し，事業に用いている事業者は**個人情報事業者**とされ，以下のことを守るために安全管理措置を行う義務があります。

- **利用目的の特定**
- **利用目的の制限（目的外利用の禁止）**
- **適正な取得**
- **取得に際しての利用目的の通知**
- **本人の権利（開示・訂正・苦情・利用停止・第三者提供記録など）への対応（窓口での苦情処理）**
- **漏えい等が発生した場合の個人情報保護委員会や本人への通知**

個人情報などの第三者への提供は原則自由で，提供してほしくない場合には本人が拒否を通知するという仕組みを**オプトアウト**といいます。これに対し，提供するためには本人の同意を得る必要がある仕組みを**オプトイン**といいます。改正された個人情報保護法では，オプトアウトの手続が厳格化され，本人の同意を得ずに提供する場合には，あらかじめ本人に通知するなどの措置をとった上で，**個人情報保護委員会への届出が必須**となります。また，「人種」「信条」「病歴」など，特別な配慮が必要となる**要配慮個人情報**は，オプトアウトでは提供できません。

個人情報の利活用については，後述する匿名化技法を用いた**匿名加工情報**や，個人情報から氏名などの情報を取り除いた**仮名加工情報**は，データ分析のために利用条件が緩和されています。

プライバシーマーク

JIS Q 15001の要求を満たし，個人情報保護に関して適切な処理を行っていると認定される事業者には，プライバシーマークの利用が認められます。

個人情報保護法は，平成15年の制定後，何度も改正されています。最新版は令和5年6月に施行されました。最新版ではオプトアウトにさらに制限がかかり，他の事業者から提供された個人情報はオプトアウトできなくなりました。

EU（European Union：欧州連合）内での個人情報保護を規定する法律に，**一般データ保護規則（GDPR**：General Data Protection Regulation）があり，2018年より適用されています。EU経済圏に拠点がなくても，EU圏の個人にサービスを提供する場合はGDPRの対象範囲内となります。IPアドレスやCookieなども個人情報とみなされるなど，日本の個人情報保護法よりも高い保護レベルが求められます。

プライバシーマーク制度については，以下のWebサイトに詳しく解説されています。
https://privacymark.jp/
ここでは，プライバシーマーク制度の概要や審査基準などの情報が公開されています。

プライバシーマーク

プライバシーマーク制度の認定は，JIPDEC（日本情報経済社会推進協会）が行っています。

マイナンバー法

行政手続における特定の個人を識別するための番号の利用等に関する法律（マイナンバー法）とは，国民1人1人にマイナンバー（個人番号）を割り振り，社会保障や納税に関する情報を一元的に管理するマイナンバー制度を導入するための法律です。マイナンバー法には，内閣府の外局として，個人情報を適切に取り扱うために設置された機関である**個人情報保護委員会**について記載されています。

各種法定書類にマイナンバーが必要となるので，企業の従業員や個人事業主などは，関係する機関にマイナンバーを提示する必要があります。

特定個人情報の適正な取扱いに関するガイドライン

特定個人情報とは，マイナンバーやマイナンバーに対応する符号をその内容に含む個人情報のことです。マイナンバーに対応する符号とは，マイナンバーに対応し，マイナンバーに代わって用いられる番号や記号などで，住民票コード以外のものを指します。

特定個人情報の適正な取扱いに関するガイドラインは，個人情報保護委員会が策定したもので，（事業者編）と（行政機関等・地方公共団体等編）の2種類があり，特定個人情報を扱う際の注意点などがまとめられています。

ガイドラインでは，マイナンバーの利用目的を特定し，源泉徴収票などの**特定の業務以外でのマイナンバーの利用を制限**して

関連

特定個人情報の適正な取扱いに関するガイドラインの最新版は，令和5年7月に一部改正されたものです。個人情報保護委員会のホームページに公開されています。
https://www.ppc.go.jp/legal/policy/
Q&Aなども公開されており，具体的な手続きについての回答も行われています。

過去問題をチェック

特定個人情報については，午前で次の出題があります。

【特定個人情報】
・平成28年秋 午前 問33

【特定個人情報の適切な取扱いに関するガイドライン】
・平成31年春 午前 問34
・サンプル問題セット 問31

います。また，必要がない場合にマイナンバーを請求することが制限されており，委託する場合にも業務が限られ，監督責任が生じます。さらに，不要になって**一定の保管期間を過ぎた場合には速やかに廃棄**することなどが定められています。

プライバシー対策の三つの柱

個々の組織やプロジェクトが個人情報保護対策を検討する前提となる，個人情報保護に関する法律やガイドライン，指令等を**プライバシーフレームワーク**といいます。

このフレームワークを規範として，組織での個人情報保護がどのように運用されているか，プライバシー要件を満たしているかについて，組織の判断を支援するシステムが**プライバシー影響評価**（PIA：Privacy Impact Assessment）です。

また，技術面からのプライバシー強化策は，**プライバシーアーキテクチャ**と呼ばれます。

これら三つがプライバシー対策の**三つの柱**として運用され，個々の組織やプロジェクトでカスタマイズされます。

匿名化手法

匿名化とは，個人情報を活用する際，その個人を特定できないようにするために，属性に対して削除，加工などを行うことです。匿名化の手法としては，元のデータから一定の割合・個数でランダムに抽出する**サンプリング**や，同じ保護属性の組合せをもつレコードが少なくともk個存在するように属性の一般化やレコードの削除を行う**k-匿名化**などがあります。匿名化手法を使用して作成した情報を**匿名加工情報**といい，データ分析などで活用されています。また，個人情報を加工し，他の情報と照合しない限り個人を識別できないようにした情報を，**仮名加工情報**といいます。JIS Q 15001:2023では，個人情報だけでなく，匿名加工情報や仮名加工情報，個人関連情報も個人情報管理台帳で特定する対象となりました。

覚えよう！

- □ 個人情報保護法では，利用目的の特定と，窓口の設置などを義務化
- □ 個人情報の利用は原則オプトイン方式で，許可を得ていない情報の利用は不可

5-1-4 刑法

刑法の改正で，コンピュータ犯罪に関する条文が追加されました。電磁的記録に関する犯罪行為，詐欺行為などに加え，ウイルスの作成・提供行為なども対象とされています。

コンピュータ犯罪防止法

刑法では，1987年の改正から，コンピュータ犯罪も処罰の対象となりました。そのときに制定された刑法を**コンピュータ犯罪防止法**といいます。コンピュータ犯罪防止法では，電子計算機損壊等業務妨害罪や電子計算機使用詐欺罪など，様々な犯罪が定義されています。

過去問題をチェック
コンピュータ犯罪防止法については，午前で次のような出題があります。
【電子計算機使用詐欺罪】
・平成28年秋 午前 問32
【電子計算機損壊等業務妨害】
・平成28年春 午前 問33
【マルウェアに関する犯罪】
・平成30年春 午前 問32
【刑法】
・令和元年秋 午前 問31
・サンプル問題セット 問32

①電子計算機損壊等業務妨害罪

電子計算機損壊等業務妨害罪は，人の業務に使用する電子計算機（コンピュータ）を破壊するなどして業務を妨害することを処罰する法律です。企業が運営するWebページを改ざんする，またはその改ざんによって企業の信用を傷つける情報を流すなどで，業務の遂行を妨害した場合に適用されます。

また，実際に被害が発生せず，**未遂に終わった場合**にも罰せられます。

②電子計算機使用詐欺罪

電子計算機使用詐欺罪は，電磁的記録を用いて財産上不法の利益を得る犯罪を処罰する法律です。虚偽の内容や不正な内容を作成する**不実の電磁的記録の作出**と，内容が虚偽の電磁的記録を他人のコンピュータで使用する**電磁的記録の供用**の2種類の類型が定められています。インターネットを経由して銀行のシステムに虚偽の情報を送ることで，不正な振込や送金を実現させることなどが該当します。

③電磁的記録不正作出及び供用罪

電磁的記録不正作出及び供用罪は，人の事務処理を誤らせる目的で，その事務処理に関連する電磁的記録を不正に作るという罪です。

④支払用カード電磁的記録不正作出等罪

支払用カード電磁的記録不正作出等罪は，人の**財産上の事務処理**を誤らせる目的で，その事務処理に関連する電磁的記録を不正に作るという罪です。代金・料金の支払用のカード（クレジットカードやプリペイドカードなど）や，預金等のカード（キャッシュカードなど）を不正に作ると，この法律により罰せられます。

⑤不正指令電磁的記録に関する罪（ウイルス作成罪）

2011年に改正された刑法で新たに追加された**不正指令電磁的記録に関する罪**（ウイルス作成罪）は，マルウェアなど，不正な指示を与える電磁的記録の作成および提供を正当な理由がないのに故意に行うことを処罰する法律です。

ウイルスの作成については，他人の業務を妨害した場合には，もともと**電子計算機損壊等業務妨害罪**として処罰の対象となっています。しかし，ウイルスの作成自体が，**コンピュータ・ネットワークの安全性に対する公衆の信頼を損なう**ものと考えられるため，社会一般の信頼を保護するための法律として，ウイルス作成罪が新設されました。

発展

ウイルス作成罪は，正当な理由なく故意にウイルスを作成，提供した場合が対象です。
そのため，ウイルス感染を知らずに広めてしまった場合や，ウイルスの報告のために送付することなどは対象外となります。

覚えよう！

- □ 電子計算機損壊等業務妨害罪は，未遂でも処罰の対象となる
- □ ウイルス作成罪は，ウイルスを作成するだけで処罰の対象となる

5-1-5 その他のセキュリティ関連法規・基準

頻出度 ★★★

情報セキュリティ関連では，その他にも様々な法規があります。また，情報セキュリティに関連する基準は，様々な省庁から公表されています。

その他のセキュリティ関連法規

これまで取り上げてきた法規の他に，次のようなセキュリティ関連法規があります。

①電子署名及び認証業務に関する法律（電子署名法）

インターネットを活用した商取引などでは，ネットワークを通じて社会経済活動を行います。そのために，相手を信頼できるかどうか確認する必要があり，PKI（公開鍵基盤）が構築されました。そのPKIを支え，電子署名に法的な効力をもたせる法律に**電子署名及び認証業務に関する法律**（**電子署名法**）があります。電子署名法により，電子署名に押印と同じ効力が認められるようになりました。電子署名で使う**電子証明書**を発行できる機関は**認定認証事業者**と呼ばれ，国の認定を受ける必要があります。

過去問題をチェック

その他のセキュリティ関連法規については，午前で，次のような出題があります。

【電子署名法】
- 平成29年春 午前 問31
- 平成30年秋 午前 問33
- 令和5年度 公開問題 問8

【プロバイダ責任制限法】
- 平成28年秋 午前 問31

【特定電子メール法】
- 平成28年春 午前 問34
- 平成28年秋 午前 問34
- 平成29年秋 午前 問32
- 平成31年春 午前 問33
- サンプル問題セット 問33

②プロバイダ責任制限法

Webサイトの利用やインターネット上での商取引の普及，拡大に伴い，サイト上の掲示板などでの誹謗中傷，個人情報の不正な公開などが増えてきました。こういった行為に対し，プロバイダが負う損害賠償責任の範囲や，情報発信者の情報の開示を請求する権利を定めた法律が**プロバイダ責任制限法**です。正式名称は，「特定電気通信役務提供者の損害賠償責任の制限及び発信者情報の開示に関する法律」といいます。ここで定義されている特定電気通信役務提供者には，プロバイダだけでなく，Webサイトの運営者なども含まれます。

プロバイダ責任制限法では，他人の権利を侵害した書込みがなされたとき，**プロバイダがそれを知らなかった場合**には責任は問われないとされています。

③特定電子メール法（特定電子メールの送信の適正化等に関する法律：特定電子メール送信適正化法）

広告などの迷惑メールを規制する法律です。俗に迷惑メール防止法と呼ばれることもあり，スパムメール（迷惑メール）を規制するための内容となっています。

広告や宣伝の手段として送る**広告宣伝メール**のことを特定電子メールといいます。特定電子メールでは，原則的にオプトイン方式が採用され，あらかじめ許可を得た場合以外はメールを送ることができません。

> **用語**
> スパムメールとは，受信者の意向を無視して，無差別かつ大量に送りつけるメールのことです。日本では迷惑メールと呼ばれることも多く，これら二つはほぼ同じものとして扱われます。

> **関連**
> オプトインについては，「5-1-3 個人情報保護法」で解説しています。

情報セキュリティに関する基準

情報セキュリティに関する基準は，経済産業省などがガイドライン・基準として公開しています。主に以下のようなものがあります。

> **関連**
> 情報セキュリティに関する経済産業省の政策は，以下のWebページに掲載されています。
> https://www.meti.go.jp/policy/netsecurity/

①コンピュータウイルス対策基準

コンピュータウイルスに対する予防，発見，駆除，復旧のために実効性の高い対策をとりまとめた基準です。

②コンピュータ不正アクセス対策基準

コンピュータ不正アクセスによる被害の予防，発見，復旧や拡大，再発防止のために，企業などの組織や個人が実行すべき対策をとりまとめた基準です。

③ソフトウェア等脆弱性関連情報取扱基準

ソフトウェアの脆弱性関連情報等の取扱いにおいて，関係者に推奨する行為を定めた基準です。脆弱性の情報を適切に流通させ，対策の促進を図ることを目的としています。

スマートフォン安全安心強化戦略

スマートフォンを安心かつ安全に利用する環境について総務省が取りまとめた提言です。利用者情報の適切な取扱い，利用者からの苦情・相談に業界全体で取り組むこと，青少年がSNSを利用するための対応「**スマートユースイニシアティブ**」などについてまとめられています。

中小企業の情報セキュリティ対策ガイドライン

IPAでは，中小企業の情報セキュリティ対策に関して，具体的な対策を示すために，中小企業の情報セキュリティ対策ガイドラインを作成しています。最新版は，2023年（令和5年）に公開された第3.1版です。

中小企業の情報セキュリティ対策の考え方や実践方法について，本編2部と8つの付録で構成されています。

第1部は経営者編で，情報セキュリティ対策を怠るとどうなるか，経営者の責任について説明しています。具体的には，経営者が認識すべき「3原則」と，実行すべき「重要7項目の取組」が公開されています。内容は，サイバーセキュリティ経営ガイドラインと整合性が取られています。

第2部は実践編で，中小企業において情報セキュリティポリシを策定し，これを基に対策を実践していくための手順について説明しています。できるところから始めて段階的にステップアップしていく具体的な方法があり，「SECURITY ACTION」と合わせて始める方法が記載されています。

付録としては，「情報セキュリティ5か条」や診断シート「5分でできる！情報セキュリティ自社診断」，「情報セキュリティ関連規程（サンプル）」などが用意されています。

参考

中小企業の情報セキュリティ対策ガイドラインは，以下で公開されています。
https://www.ipa.go.jp/security/guide/sme/about.html

関連

サイバーセキュリティ経営ガイドラインについては，「1-2-1 情報セキュリティの目的と考え方」で取り上げています。
SECURITY ACTIONについては，「3-3-1 情報セキュリティ組織・機関」で取り上げています。

IoTセキュリティガイドライン

IoTセキュリティガイドラインは，経済産業省及び総務省で策定されたガイドラインです。IoT機器やシステム，サービスに対してリスクに応じた適切なサイバーセキュリティ対策を検討するための考え方を，分野を特定せずまとめたものとなります。

IoTセキュリティ対策の指針として，以下の五つが示されています。

- IoTの性質を考慮した基本方針を定める
- IoTのリスクを認識する
- 守るべきものを守る設計を考える
- ネットワーク上での対策を考える
- 安全安心な状態を維持し，情報発信・共有を行う

コンシューマ向けIoTセキュリティガイド

コンシューマ向けIoTセキュリティガイドは，日本ネットワークセキュリティ協会（JNSA：Japan Network Security Association）が公開しているセキュリティガイドです。スマートフォンやウェアラブルデバイスなどのコンシューマ向けIoT製品の開発者が考慮すべき内容をまとめたものです。IoTのセキュリティの現状や，代表的なIoT製品で想定される脅威とその対策などについて記載されています。

サイバー・フィジカル・セキュリティ対策フレームワーク

サイバー・フィジカル・セキュリティ対策フレームワークは，経済産業省で策定されたセキュリティへの対応指針です。サプライチェーンがより柔軟で動的なものに変化していくことを見据え，サプライチェーン全体のセキュリティ確保を目的に，産業に求められるセキュリティ対策の全体像を整理したものとなります。

産業社会を三層構造（第1層：企業間のつながり，第2層：フィジカル空間とサイバー空間のつながり，第3層：サイバー空間におけるつながり）でとらえ，セキュリティ確保のための信頼性の基点を明確化しています。

▶▶▶覚えよう！

- □ 電子署名法では，電子署名に印鑑と同じような効力を認める
- □ 中小企業の情報セキュリティ対策ガイドラインをもとにSECURITY ACTIONを宣言

5-1-6 演習問題

問1 サイバーセキュリティ基本法 CHECK ▶ □□□

サイバーセキュリティ基本法の説明はどれか。

ア 国民は，サイバーセキュリティの重要性に関する関心と理解を深め，その確保に必要な注意を払うよう努めるものとすると規定している。
イ サイバーセキュリティに関する国及び情報通信事業者の責務を定めたものであり，地方公共団体や教育研究機関についての言及はない。
ウ サイバーセキュリティに関する国及び地方公共団体の責務を定めたものであり，民間事業者が努力すべき事項についての規定はない。
エ 地方公共団体を"重要社会基盤事業者"と位置づけ，サイバーセキュリティ関連施策の立案・実施に責任を負う者であると規定している。

問2 不正アクセスを助長する行為 CHECK ▶ □□□

不正アクセス禁止法で規定されている，"不正アクセス行為を助長する行為の禁止"規定によって規制される行為はどれか。

ア 業務その他正当な理由なく，他人の利用者IDとパスワードを正規の利用者及びシステム管理者以外の者に提供する。
イ 他人の利用者IDとパスワードを不正に入手する目的で，フィッシングサイトを開設する。
ウ 不正アクセスの目的で，他人の利用者IDとパスワードを不正に入手する。
エ 不正アクセスの目的で，不正に入手した他人の利用者IDとパスワードをPCに保管する。

問3 匿名加工情報を第三者提供する際の義務 CHECK ▶ □□□

匿名加工情報取扱事業者が，適正な匿名加工を行った匿名加工情報を第三者提供する際の義務として，個人情報保護法に規定されているものはどれか。

ア 第三者に提供される匿名加工情報に含まれる個人に関する情報の項目及び提供方法を公表しなければならない。
イ 第三者へ提供した場合は，速やかに個人情報保護委員会へ提供した内容を報告しなければならない。
ウ 第三者への提供の手段は，ハードコピーなどの物理的な媒体を用いることに限られる。
エ 匿名加工情報であっても，第三者提供を行う際には事前に本人の承諾が必要である。

問4 個人情報保護法の個人情報の条件 CHECK ▶ □□□

個人情報保護法が保護の対象としている個人情報に関する記述のうち，適切なものはどれか。

ア 企業が管理している顧客に関する情報に限られる。
イ 個人が秘密にしているプライバシに関する情報に限られる。
ウ 生存している個人に関する情報に限られる。
エ 日本国籍を有する個人に関する情報に限られる。

問5 電子署名法 CHECK ▶ □□□

電子署名法に関する記述のうち，適切なものはどれか。

ア 電子署名には，電磁的記録ではなく，かつ，コンピュータで処理できないものも含まれる。
イ 電子署名には，民事訴訟法における押印と同様の効力が認められる。
ウ 電子署名の認証業務を行うことができるのは，政府が運営する認証局に限られる。
エ 電子署名は共通鍵暗号技術によるものに限られる。

問6 政府機関等のサイバーセキュリティ対策のための統一基準 CHECK ▶ □□□

“政府機関等のサイバーセキュリティ対策のための統一基準（令和5年度版）”に関する説明として，適切なものはどれか。

ア 機密性，完全性及び可用性それぞれの観点による情報の格付の区分を定義している。
イ 個人情報保護法に基づいて制定されたものである。
ウ 適用範囲は，全ての政府機関及び全ての民間企業としている。
エ 不正アクセス禁止法に基づいて制定されたものである。

問7 電子計算機使用詐欺罪 CHECK ▶ □□□

刑法の電子計算機使用詐欺罪が適用される違法行為はどれか。

ア いわゆるねずみ講方式による取引形態のWebページを開設する。
イ インターネット上に，実際よりも良品と誤認させる商品カタログを掲載し，粗悪な商品を販売する。
ウ インターネットを経由して銀行のシステムに虚偽の情報を与え，不正な振込や送金をさせる。
エ 企業のWebページを不正な手段によって改変し，その企業の信用を傷つける情報を流す。

問8 プロバイダ責任制限法での送信防止措置 CHECK ▶ □□□

プロバイダ責任制限法が定める特定電気通信役務提供者が行う送信防止措置に関する記述として，適切なものはどれか。

ア　明らかに不当な権利侵害がなされている場合でも，情報の発信者から事前に承諾を得ていなければ，特定電気通信役務提供者は送信防止措置の結果として生じた損害の賠償責任を負う。

イ　権利侵害を防ぐための送信防止措置の結果，情報の発信者に損害が生じた場合でも，一定の条件を満たしていれば，特定電気通信役務提供者は賠償責任を負わない。

ウ　情報発信者に対して表現の自由を保障し，通信の秘密を確保するため，特定電気通信役務提供者は，裁判所の決定を受けなければ送信防止措置を実施することができない。

エ　特定電気通信による情報の流通によって権利を侵害された者が，個人情報保護委員会に苦情を申し立て，被害が認定された際に特定電気通信役務提供者に命令される措置である。

解答と解説

問1　（平成30年春 情報セキュリティマネジメント試験 午前 問31）

《解答》ア

　サイバーセキュリティ基本法とは，サイバーセキュリティに関する施策を総合的かつ効率的に推進するための法律です。サイバーセキュリティ基本法には，（国民の努力）として第九条に，「国民は，基本理念にのっとり，サイバーセキュリティの重要性に関する関心と理解を深め，サイバーセキュリティの確保に必要な注意を払うよう努めるものとする」と明記されています。したがって，**ア**が正解です。

イ　第五条に（地方公共団体の責務），第八条に（教育研究機関の責務）として明記されています。

ウ　第十五条に（民間事業者及び教育研究機関等の自発的な取組の促進）として明記されています。

エ　重要社会基盤事業者については，第三条に「国民生活及び経済活動の基盤であって，その機能が停止し，又は低下した場合に国民生活又は経済活動に多大な影響を及ぼすおそれが生ずるものに関する事業を行う者をいう」という記述があり，国や地方公共団体とは別に定義されています。

問2　（令和4年春 応用情報技術者試験 午前 問78）

《解答》ア

　不正アクセス禁止法では，“不正アクセス行為を助長する行為の禁止”として，第五条に，「アクセス制御機能に係る他人の識別符号を、当該アクセス制御機能に係るアクセス管理者及び当該識別符号に係る利用権者以外の者に提供してはならない」とあります。つまり，他人の識別符号（利用者IDとパスワード）を利用権者以外の者（第三者）に提供することを規制しています。したがって，**ア**が正解です。

イ　“識別符号の入力を不正に要求する行為の禁止”の第七条に該当します。

ウ　“他人の識別符号を不正に取得する行為の禁止”の第四条に該当します。

エ　“他人の識別符号を不正に保管する行為の禁止”の第六条に該当します。

問3 （令和５年秋 応用情報技術者試験 午前 問79）

《解答》ア

個人情報保護法（令和5年改正）では，第四章の第四節に匿名加工情報取扱事業者等の義務についての記述があります。第四十四条に，「第三者に提供される匿名加工情報に含まれる個人に関する情報の項目及びその提供の方法について公表する」とあります。そのため，第三者に提供される匿名加工情報については，情報の項目と提供方法を公開しなければなりません。したがって，**ア**が正解です。

イ　匿名加工情報については，個人情報保護委員会規則で定めるところに従う必要はありますが，報告する必要はありません。

ウ　第三者への提供では，提供方法を公開する必要はありますが，媒体に制限はありません。

エ　匿名加工情報については，本人の承諾についての記述はありません。

問4 （令和2年10月 プロジェクトマネージャ試験 午前Ⅱ 問21）

《解答》ウ

個人情報とは，個人に関する情報全般のことです。ただし，個人情報保護法が保護の対象としている個人情報は，生存している個人に限られます。したがって，**ウ**が正解です。

ア　企業には限りません。

イ　プライバシには限りません。

エ　国籍や居住地についての記述はありません。

問5 （令和５年度 情報セキュリティマネジメント試験 公開問題 問8）

《解答》イ

電子署名法は，電子署名が手書きの署名や押印と同等に適用できることを定める法律です。民事訴訟法における押印と同様の効力が認められるので，**イ**が正解です。

ア　対象はコンピュータで処理できるものに限られます。

ウ　政府の認証局以外でも，認証業務は可能です。

エ　電子署名で用いる技術は共通鍵暗号技術には限られません。通常，電子署名は公開鍵暗号技術とハッシュ技術の組合せで実現されます。

問6 (平成31年春 情報セキュリティマネジメント試験 午前 問32改)

《解答》ア

国の行政機関等のサイバーセキュリティに関する対策の基準の枠組みとして，“政府機関等のサイバーセキュリティ対策のための統一基準群”が内閣サイバーセキュリティセンターで公開されています(https://www.nisc.go.jp/policy/group/general/kijun.html)。統一基準群のうちの“政府機関等のサイバーセキュリティ対策のための統一基準(令和5年度版)”において,「1.2 情報の格付の区分・取扱制限 (1)情報の格付の区分」に,「情報について、機密性、完全性及び可用性の3つの観点を区別し、本統一基準の遵守事項で用いる格付の区分の定義を示す」とし，それぞれの区分と分類の基準が明示されています。したがって，**ア**が正解です。

イ，エ　サイバーセキュリティ基本法(平成26年法律第104号)に基づいて制定されたものです。

ウ　適用範囲は国の行政機関及び独立行政法人等の政府機関等全体です。

問7 (平成28年秋 情報セキュリティマネジメント試験 午前 問32)

《解答》ウ

刑法の第二百四十六条の二(電子計算機使用詐欺)には,「人の事務処理に使用する電子計算機に虚偽の情報若しくは不正な指令を与えて財産権の得喪若しくは変更に係る不実の電磁的記録を作り，又は財産権の得喪若しくは変更に係る虚偽の電磁的記録を人の事務処理の用に供して，財産上不法の利益を得，又は他人にこれを得させた者」とあります。

銀行のシステムに虚偽の情報を与え，不正な振込や送金をさせることは，虚偽の電磁的記録での不法の利益となるので，**ウ**が正解です。

ア　特定商取引法「連鎖販売取引」第三十四条(禁止行為)が適用されます。

イ　特定商取引法「通信販売」第十二条(誇大広告等の禁止)が適用されます。

エ　刑法の第二百三十四条の二(電子計算機損壊等業務妨害)が適用されます。

問8 (令和2年10月 応用情報技術者試験 午前 問78)

《解答》イ

送信防止措置とは，情報の流通によって自己の権利を侵害された人が侵害情報などを示し，特定電気通信役務提供者（プロバイダ）が情報の送信を防止する措置のことです。プロバイダ責任制限法（特定電気通信役務提供者の損害賠償責任の制限及び発信者情報の開示に関する法律）第三条2に，「当該措置が当該情報の不特定の者に対する送信を防止するために必要な限度において行われたものである場合であって、次の各号のいずれかに該当するときは、賠償の責めに任じない」とあり，一定の条件を満たしていれば，特定電気通信役務提供者は賠償責任を負いません。したがって，**イ**が正解です。

ア　不当な権利侵害の場合には，技術的に可能である場合には送信防止措置を行うことが可能で，損害の賠償責任は負いません。

ウ，エ　裁判所や個人情報保護委員会を通さなくても，直接プロバイダが判断し送信防止措置を行うことができます。

5-2 その他の法規・標準

情報セキュリティ関連以外にも，情報資産を守るための法規・標準には，知的財産権や労働関連の法律をはじめとする様々なものがあります。

5-2-1 知的財産権

頻出度 ★★☆

知的財産権は，ソフトウェアなどの知的財産を守るための権利です。知的財産の開発者の利益を守り，市場で適正な利潤を得られるようにするために法律が整備されています。

勉強のコツ

法律は，基本的には暗記分野なので，知っていれば解答はできますが，その法律の意義や背景について理解していると，覚えやすく，実務にも役立ちます。

知的財産権

知的財産権とは，知的財産に関する様々な法令により定められた権利です。文化的な創作の権利には，**著作権**や**著作隣接権**があります。また，産業上の創作の権利には，**特許権**や実用新案権，意匠権，産業財産権などがあります。営業上の創作の権利には，**商標権**や**営業秘密**などがあります。

著作権法

著作権の保護対象は著作物で，思想または感情を創作的に**表現したもの**であって，文芸，学術，美術または音楽の範囲に属するものです。**コンピュータプログラム（ソースプログラム）やデータベースは著作物に含まれますが，アルゴリズムなどアイディアだけのものや，工業製品などは除かれます**。業務で作成したプログラムでは，特に契約がない場合の原始著作権は，**作成した本人が所属する会社**にあります。

著作権は産業財産権と違い，**無方式主義**，つまり出願や登録といった手続は不要です。そのため，権利侵害が認められれば処罰されます。コンピュータプログラムの場合には，**私的使用のための複製**は認められています。また，著作権の一部に**著作人格権**があり，著作者が精神的に傷つけられないように保護されます。

著作権の保護期間は，TPP発効（2018年12月30日）に伴い，著作者の死後50年から，死後70年に延長されました。

関連

TPP（環太平洋パートナーシップ）協定の内容をもとに著作権法の改正が行われ，関連法案が2018年6月に国会で可決されました。改正著作権法は，2018年12月30日のTPP発効に伴い施行されました。改正項目には，著作権の保護期間延長のほか，著作権等侵害罪の非親告罪化などもありました。

また，2012年に改正された著作権法では，**違法ダウンロード行為**に対する罰則が加えられました。また，**コピープロテクト外し**など，複製を防ぐ技術に対して，それを回避してコピーすることも違法とされています。

続いて，2018年に改正され，2019年1月に施行された改正著作権法では，デジタル・ネットワーク技術の進展に対応するため，著作権者の許諾を受ける範囲が見直されました。著作物の市場に悪影響を及ぼさない範囲における，AIなどでのビッグデータ活用や，情報セキュリティのためのリバースエンジニアリングなど，様々な利活用が合法化されています。さらに，2022年の改正（2023年6月施行）では，図書館の資料について，データ送信が可能となりました。

産業財産権法

産業財産権には，**特許権**，実用新案権，意匠権，商標権の四つがあります。特許法では，自然法則を利用した技術的思想の創作のうち高度なものである**発明**を保護します。アイデアが保護されるので，作成したソースプログラムなどは対象になりません。特許は発明しただけでは保護されず，特許権の審査請求を行い，審査を通過しなければなりません。特許の要件は，産業上の利用可能性，新規性，進歩性があり，先願（最初に出願）の発明であることなどです。

発明のうち高度でないものは，実用新案法の対象になります。また，意匠（デザイン）に関するものは意匠法の対象で，商標に関するものは商標法の対象になります。

不正競争防止法

不正競争防止法は，事業者間の不正な競争を防止し，公正な競争を確保するための法律です。営業秘密（トレードシークレット）に係る不正行為では，不正な手段によって営業秘密を取得し使用する，第三者に開示するなどの行為は禁じられています。**営業秘密**として保護を受けるためには，次の三つを満たす必要があります。

過去問題をチェック

知的財産権については，午前で次のような出題があります。

【著作権法】
- 平成29年春 午前 問34
- 平成29年秋 午前 問33
- 平成30年春 午前 問34
- 平成30年秋 午前 問34
- 平成31年春 午前 問35
- 令和元年秋 午前 問34
- サンプル問題セット 問34

【不正競争防止法】
- 平成28年春 午前 問35
- 平成29年春 午前 問33
- 平成29年秋 午前 問34
- 平成30年春 午前 問35

1. 秘密管理性（秘密として管理されていること）
2. 有用性（有用であること）
3. 非公知性（公然と知られていないこと）

また，他人の著名な商品にただ乗りする著名表示冒用行為や，他人の商品などと同一・類似のドメイン名を使用するなどのドメイン名に係る不正行為なども，不正競争防止法で禁止されています。

▶▶▶ 覚えよう！

- □ プログラムの原始著作権は，作った人が所属する会社
- □ 営業秘密は秘密管理性，有用性，非公知性を満たす必要がある

5-2-2 労働関連・取引関連法規

頻出度 ★★★

労働関連法規は，労働者の生活・福祉の向上を目的とする法律です。労働基準法や労働者派遣法などがあります。取引関連法規は会社の取引に関する法律で，下請法，民法，商法などがあります。

労働基準法

労働基準法では，労働者を保護するため，**就業規則**や**労働時間**などを規定しています。労働時間については，1日の法定労働時間の上限は**8時間**，1週間では**40時間**と定められています。時間外労働（残業），休日労働は基本的に認められていません。労働者と使用者（経営者）の間で労使協定を結び，行政官庁に届け出ることによって，法定労働時間外の労働が認められるようになります。この協定は，労働基準法第36条を根拠とすることから36協定（サブロク）と呼ばれます。

また，労働基準法には，常時10名以上の従業員を有する使用者は，**就業規則**を定め，行政官庁に届け出なければならないという記載があります。秘密保持規程などは，あらかじめ就業規則で定めておく必要があります。

過去問題をチェック

労働関連法規については，午前で次のような出題があります。

【労働基準法】
- 平成29年春 午前 問35
- 令和元年秋 午前 問36

【労働者派遣法】
- 平成29年秋 午前 問36
- 平成30年春 午前 問36
- 令和元年秋 午前 問35

労働者派遣法

労働者を派遣する場合，労働者，派遣元，派遣先の三者で関係を結びます。具体的には，以下の図のようになります。

関連

派遣と同様に別の会社で業務を行う方法に，「出向」があります。
出向では，派遣とは異なり，出向先の会社と雇用関係を結びます。指揮命令は，派遣の場合と同様に，出向先が行います。

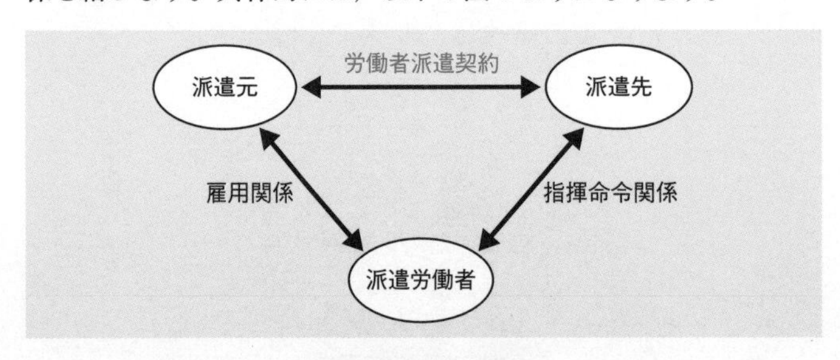

労働者派遣法の概念

雇用関係があるのは，派遣元と派遣労働者の間で，指揮命令は派遣先から派遣労働者に対して行います。

労働者派遣法では，同一の派遣労働者及び派遣事務所において，同じ派遣先への**最長派遣期間を3年**に制限しています。また，派遣先が派遣労働者を面接や条件で選定することは禁止されています。

その他の労働関連の法規

その他の労働関連の法律としては，男女雇用機会均等法や公益通報者保護法，労働安全衛生法などがあります。

男女雇用機会均等法では，性別による，配置，昇進，降格，教育訓練などへの差別的扱いを禁止します。

公益通報者保護法では，内部告発を行った労働者を保護するため，内部告発者に対する解雇や減給などの不利益な扱いを無効にしますが，現時点では不利益な扱いをした企業に対する罰則規定はありません。

労働安全衛生法では，労働災害を防止し，労働者の安全と健康の確保や快適な職場環境の形成を促進することが定められています。

下請法

下請法とは，下請取引の公正化や，下請事業者の利益を保護するための法律です。プログラムなどの情報成果物に対しては，情報成果物作成委託が行われます。

企業間の取引にかかわる契約

企業間の取引にかかわる契約にはいろいろな形態がありますが，典型契約として代表的なものに，請負契約と委任契約があります。

請負契約とは，ある仕事を完成することを約束する契約で，労働者への指揮命令は請け負った企業（請負元）が行います。請負先の企業が具体的な指揮命令を行うことは，偽装請負と判断されます。

委任契約は，法律行為を委託する契約です。法律行為以外を委託する場合は**準委任契約**といいます。準委任契約では，善管注意義務を負って作業を受託することは求められますが，完成責任は問われません。また，他の企業に労働者を出向させる場合には**出向契約**を結ぶ必要があります。

過去問題をチェック

契約については，午前で次のような出題があります。

【請負契約】
・平成28年春 午前 問36
【準委任契約】
・平成28年秋 午前 問36
【売買契約】
・平成29年春 午前 問32
【使用許諾契約】
・平成29年秋 午前 問35
【ボリュームライセンス契約】
・平成30年秋 午前 問35
【出向契約】
・平成31年春 午前 問36
【シュリンクラップ契約】
・令和元年秋 午前 問33

ソフトウェア開発契約

ソフトウェア開発においては，**請負契約**や**準委任契約**がよく用いられます。請負契約では，契約した仕事を**完成させる責任**があるのに対して，準委任契約では，**善管注意義務**（善良な管理者としての注意義務）はありますが完成責任はありません。

また経済産業省では，産業構造・市場取引を可視化する取組みとして**情報システム・モデル取引・契約書**をとりまとめ，公開しています。それに関連し，JISA（一般社団法人情報サービス産業協会）が**ソフトウェア開発委託基本モデル契約**を公表しています。

参考

善管注意義務とは，業務を行う人の階層や地位，職業などに応じて，社会通念上，客観的・一般的に要求される注意を払う義務です。

発展

JISA（Japan Information Technology Services Industry Association：情報サービス産業協会）では，ソフトウェア開発委託契約のモデルとして，「JISAソフトウェア開発委託基本モデル契約書2020」を公開しています。
https://www.jisa.or.jp/Portals/0/report/contract_model2020.pdf

インターネットを利用した取引

インターネットを利用した取引に関する法律には，特定商取引法や電子消費者契約法などがあります。

特定商取引法は，訪問販売や通信販売などを規制する法律です。**電子消費者契約法（電子契約法）**は，電子商取引などによる消費者の操作ミスを救済するための法律です。電子消費者契約法では，インターネット上での商取引は，消費者が商品を注文した時点ではなく，事業者からの**承諾の通知が消費者に到達した時点で，売買契約が成立する**と定められています。

発展

電子消費者契約法の正式名称は，「電子消費者契約及び電子承諾通知に関する民法の特例に関する法律」です。

また，インターネットにおける新しい著作権ルールの普及を目指すプロジェクトに，著作者が自分で著作物の再利用を許可するためにライセンスを策定するクリエイティブ・コモンズというプロジェクトがあります。**クリエイティブ・コモンズ・ライセンス**には，著作権がある状態と，著作権が消滅して放棄された状態であるパブリックドメインの中間に位置するものまで，様々なレベルのライセンスがあります。

ソフトウェア使用許諾契約（ライセンス契約）

ソフトウェアの知的財産権の所有者が第三者にソフトウェアの利用許諾を与える際に取り決める契約が，**ソフトウェア使用許諾契約**（ライセンス契約）です。許諾する条件により，使用許諾契約は様々です。代表的な例には次のものがあります。

①ボリュームライセンス契約

一つのソフトウェアに複数の使用権(ライセンス)をまとめた契約です。5台までなど，インストールできるPCの数を制限し，1台ずつの契約よりも割引価格で購入できるものが一般的です。

②サイトライセンス契約

1台1台のPCではなく，社内LANなどのネットワーク単位でソフトウェアの利用を許可する形態です。

③シュリンクラップ契約

パッケージの外側に契約条件が記してあり，そのパッケージの包装(シュリンク)を破った段階で契約条件に同意したとみなされる契約です。

オープンソースライセンシング

オープンソースソフトウェア(Open Source Software：OSS)のライセンスでは，ソフトウェアの原作者がどのようなライセンスを採用するかは自由です。そのためライセンスは多様で，次のような考え方があります。

①コピーレフト

著作権を保持したまま，二次的著作物も含めて，すべての人が著作物を利用・改変・再頒布できなければならないという考え方です。

②デュアルライセンス

一つのソフトウェアを異なる2種類以上のライセンスで配布する形態です。利用者は，そのうちの一つのライセンスを選びます。

関連

デュアルライセンスでは，フリーライセンス／商用ライセンスなどのかたちで，複数のライセンスから条件に応じてライセンスを選びます。例えば，元のソースコードを改変して公開したくない場合には商用ライセンス，公開する場合にはフリーライセンス，というように使い分けます。

③GPL（General Public License）

OSSのライセンス体系の一つで，コピーレフトの考え方に基づきます。GPLのソフトを再頒布する場合にはGPLのライセンスを踏襲する必要があります。

④BSD（Berkeley Software Distribution）ライセンス

OSSのライセンス体系の一つで，GPLに比べて制限の少ないライセンスです。無保証であることの明記と，著作権及びライセンス条文を表示する以外は自由です。

▶▶▶ 覚えよう！

- □ 36協定を結ばないと，残業を行わせることはできない
- □ 派遣契約では命令指揮は派遣先，請負契約では請負元自身で完成責任を負う

5-2-3 その他の法律・ガイドライン・技術者倫理

頻出度 ★★★

これまで取り上げてきた法律やガイドラインの他にも，IT関連の法律には様々なものがあります。また，法律を守るだけでなく，情報倫理・技術者倫理について考えることも大切です。

その他のIT関連の法律

IT関連の法律としては，次のものがあります。

①デジタル社会形成基本法

従来の高度情報通信ネットワーク社会形成基本法（IT基本法）を廃止し，デジタル庁を設置してデジタル社会を形成するために制定された法律です。データの標準化などによる情報の円滑な流通や，サイバーセキュリティの確保などが掲げられています。

②e-文書法

e-文書法とは，「民間事業者等が行う書面の保存等における情報通信の技術の利用に関する法律」と「民間事業者等が行う書面の保存等における情報通信の技術の利用に関する法律の施行に伴う関係法律の整備等に関する法律」の総称で，電子文書法ともいいます。

商法や税法で保管が義務づけられている文書について，電磁的記録（電子化された文書ファイル）での保存が認められるようになりました。

③ 電子帳簿保存法

電子帳簿保存法とは，国税関係の帳簿書類を電子保存するための法律で，2015年9月に改正されました。原本が紙である国税書類も，スキャナを使用して作成した電子データで保存できるようになりました。

5

コンプライアンス

コンプライアンスは法令遵守と翻訳される概念で，法令や規則などのルールや社会的規範を守ることです。

企業のコンプライアンスのことを企業コンプライアンスと呼び，区別することもあります。

CSR

CSR（Corporate Social Responsibility：企業の社会的責任）とは，企業が利益を追求するだけでなく，社会へ与える影響にも責任をもち，利害関係者（ステークホルダ）からの要求に対して適切な意思決定をすることです。

情報倫理・技術者倫理

情報倫理とは，ITを利用するときの行動規範です。ITに特有な倫理としては，利用者の情報倫理や技術者の職業倫理（技術者倫理）などがあります。

利用者の情報倫理としては，SNSなどで他人を誹謗・中傷しない，プライバシーを侵害しない，反社会的な情報を流さない，などが挙げられます。また，セキュリティ対策を行い，マルウェア感染や第三者攻撃の踏み台にされないようにすることも大切です。

技術者倫理としては，IT関連だけでなくIT化の対象業務関連も含む**コンプライアンス**を遵守する必要があります。また，経営者がコンプライアンスポリシ，セキュリティポリシ，プライバシポリシなどを作成して，組織の内外に宣言することも重要となります。さらに，技術者自身が自律的に職業倫理を守るような組織文化を作り出すことが大切です。

▶▶▶ 覚えよう！

- □ **電子帳簿保存法では，スキャナで取り込んだ紙の文書も使用可能**
- □ **情報倫理とは，ITを利用するときの行動規範**

5-2-4 標準化関連

標準や規格などには，標準化団体が決めるデジュレスタンダードと，事実上の標準であるデファクトスタンダードの2種類があります。

日本産業規格（JIS）

JIS（Japanese Industrial Standards：**日本産業規格**）は，日本の国家標準の一つで，工業やデータ，サービス，経営管理等に関する標準です。産業標準化法（JIS法）に基づき，**JISC**（Japanese Industrial Standards Committee：日本産業標準調査会）の答申を受けて主務大臣が制定します。情報処理についてはJIS X部門が，管理システムについてはJIS Q部門が行っています。

発展
令和元年にJIS法が改正され，JISの日本語名称が，日本工業規格から日本産業規格に変わりました。標準化の対象にデータ，サービス，経営管理等を追加し，標準化の対象範囲が広がっています。

国際規格（IS）

IS（International Standards：国際規格）は，ISO（International Organization for Standardization：国際標準化機構）で制定された世界の標準です。ISOは各国の代表的な標準化機関から成り，電気及び電子技術分野を除く工業製品の国際標準の策定を目的としています。

その他の標準

ISOでは電気及び電子技術分野を取り扱いませんが，その分野を補う国際規格としては，ITU（International Telecommunication Union：国際電気通信連合）やIEC（International Electrotechnical Commission：国際電気標準会議），IEEE（Institute of Electrical and Electronics Engineers：電気電子学会）などがあります。IEEEの規格としては，イーサネットに関するIEEE 802や，Fire Wireに関するIEEE 1394などが有名です。

任意団体では，インターネットの標準を定めるIETF（Internet Engineering Task Force：インターネット技術タスクフォース）があります。RFC（Request For Comments）を公開し，プロトコルやファイルフォーマットを主に扱います。

また，日本のJISに対応する米国の標準化組織にANSI（American National Standards Institute：米国規格協会）があり，ASCIIの文字コード規格や，C言語の規格などを定めています。

デジュレスタンダードとデファクトスタンダード

JISやISなどの標準化団体によって定められた標準規格のことを**デジュレスタンダード**（de jure standard）といいます。

それに対し，公的に標準化されていなくても事実上の規格，基準となっているものを**デファクトスタンダード**（de facto standard：事実上の標準）といいます。オブジェクト指向のOMG（Object Management Group）や，Webの標準を定めるW3C（World Wide Web Consortium）などがその例です。

覚えよう！

- □ 国際標準化団体がIS，日本の標準化団体がJIS，米国はANSI
- □ デファクトスタンダードは，公式に標準化されていない事実上の標準

5-2-5 演習問題

問1 著作権及び特許権 CHECK ▶ □□□

著作権及び特許権に関する記述a～cのうち，適切なものだけを全て挙げたものはどれか。

a 偶然二つの同じようなものが生み出された場合，発明に伴う特許権は両方に認められるが，著作権は一方の著作者にだけ認められる。
b ソフトウェアの場合，特許権も著作権もソースプログラムリストに対して認められる。
c 特許権の取得には出願と登録が必要だが，著作権は出願や登録の必要はない。

ア a，b　　イ b　　ウ b，c　　エ c

問2 A社に対するB社の著作権侵害 CHECK ▶ □□□

A社が著作権を保有しているプログラムで実現している機能と，B社のプログラムが同じ機能をもつとき，A社に対するB社の著作権侵害に関する記述のうち，適切なものはどれか。

ア A社のソースコードを無断で使用して，同じソースコードの記述で機能を実現しても，A社公表後1年未満にB社がプログラムを公表すれば，著作権侵害とならない。
イ A社のソースコードを無断で使用して，同じソースコードの記述で機能を実現しても，プログラム名称を別名称にすれば，著作権侵害とならない。
ウ A社のソースコードを無断で使用していると，著作権の存続期間内は，著作権侵害となる。
エ 同じ機能を実現しているのであれば，ソースコードの記述によらず，著作権侵害となる。

5

問3 不正競争防止法 CHECK ▶ □□□

不正競争防止法で禁止されている行為はどれか。

ア 競争相手に対抗するために，特定商品の小売価格を安価に設定する。
イ 自社製品を扱っている小売業者に，指定した小売価格で販売するよう指示する。
ウ 他社のヒット商品と商品名や形状は異なるが同等の機能をもつ商品を販売する。
エ 広く知られた他人の商品の表示に，自社の商品の表示を類似させ，他人の商品と誤認させて商品を販売する。

問4 罰則規定のない法律 CHECK ▶ □□□

技術者の活動に関係する法律のうち，罰則による懲役の規定のないものはどれか。

ア 公益通報者保護法
イ 個人情報保護法
ウ 特許法
エ 不正競争防止法

問5 労働者派遣法 CHECK ▶ □□□

労働者派遣法に照らして，派遣先の対応として，適切なものはどれか。ここで，派遣労働者は期間制限の例外に当たらないものとする。

ア 業務に密接に関連した教育訓練を，同じ業務を行う派遣先の正社員と派遣労働者がいる職場で，正社員だけに実施した。
イ 工場で3年間働いていた派遣労働者を，今年から派遣を受け入れ始めた本社で正社員として受け入れた。
ウ 事業環境に特に変化がなかったので，特段の対応をせず，同一工場内において派遣労働者を4年間継続して受け入れた。
エ ソフトウェア開発業務なので，派遣契約では特に期間制限を設けないルールとした。

問6　準委任契約　CHECK ▶ □□□

準委任契約の説明はどれか。

ア　成果物の対価として報酬を得る契約
イ　成果物を完成させる義務を負う契約
ウ　善管注意義務を負って作業を受託する契約
エ　発注者の指揮命令下で作業を行う契約

問7　労働基準法　CHECK ▶ □□□

時間外労働に関する記述のうち，労働基準法に照らして適切なものはどれか。

ア　裁量労働制を導入している場合，法定労働時間外の労働は従業員の自己管理としてよい。
イ　事業場外労働が適用されている営業担当者には時間外手当の支払はない。
ウ　年俸制が適用される従業員には時間外手当の支払はない。
エ　法定労働時間外の労働を労使協定（36協定）なしで行わせるのは違法である。

問8　売買契約が成立する時点　CHECK ▶ □□□

インターネットショッピングで商品を購入するとき，売買契約が成立するのはどの時点か。

ア　消費者からの購入申込みが事業者に到達した時点
イ　事業者が消費者宛てに承諾の通知を発信した時点
ウ　事業者からの承諾の通知が消費者に到達した時点
エ　商品が消費者の手元に到達した時点

問9 シュリンクラップ契約 CHECK ▶ □□□

市販のソフトウェアパッケージなどにおけるライセンス契約の一つであるシュリンクラップ契約に関する記述として，最も適切なものはどれか。

ア ソフトウェアパッケージの包装を開封してしまうと，使用許諾条件を理解していなかったとしても，契約は成立する。

イ ソフトウェアパッケージの包装を開封しても，一定期間内であれば，契約を無効にできる。

ウ ソフトウェアパッケージの包装を開封しても，購入から一定期間ソフトウェアの利用を開始しなければ，契約は無効になる。

エ ソフトウェアパッケージの包装を開封しなくても，購入から一定期間が経過すると，契約は成立する。

解答と解説

問1　（令和4年 ITパスポート試験 問1）

《解答》エ

著作権及び特許権に関する記述a～cについて，適切かどうかを確認していくと，次のようになります。

a　×　偶然二つの同じようなものが生み出された場合には，特許権，商標権などの産業財産権は，最初の出願者が権利を独占します。著作権は，偶然同じものを創作した場合には，どちらの権利も認められ，一方の権利が他方に影響を及ぼしません。

b　×　ソフトウェアの特許権は，その思考やアイデアに対して認められるものなので，ソースプログラムリストは対象外です。著作権は，ソースプログラムリストに対して認められています。

c　○　特許権の取得には出願と登録が必要です。著作権は無方式主義で，出願や登録を行わなくても認められます。

したがって，cだけ選択されている**エ**が正解です。

問2　（平成30年春 情報セキュリティマネジメント試験 午前 問34）

《解答》ウ

ソフトウェアの著作権は，オリジナルな著作物であるソースコードを保護します。そのため，A社のソースコードを無断で使用した場合には，著作権の存続期間内は，著作権侵害となります。したがって，**ウ**が正解です。

ア　無断でソースコードを使用した場合には，プログラムを公表しても，著作権侵害となります。

イ　無断でソースコードを使用した場合には，プログラム名称を改変しても，著作権侵害となります。

エ　同じ機能を実現していても，ソースコードが異なれば，著作権侵害とはなりません。ただし，特許権など，他の財産権の侵害となることはあります。

問3 （令和３年春 応用情報技術者試験 午前 問78）

《解答》エ

不正競争防止法とは，事業者間の公正な競争を促進するために，不正競争とは何かを示し，それを禁止する法律です。第二条に，不正競争として，「他人の商品等表示として需要者の間に広く認識されているものと同一若しくは類似の商品等表示を使用し，（～中略～）他人の商品又は営業と混同を生じさせる行為」とあるので，他人の商品と誤認させて商品を販売することは不正競争に当たります。したがって，**エ**が正解です。

ア　不当に安い値段で販売する不当廉売（dumping：ダンピング）に該当すると，独占禁止法における不公正な取引方法となります。

イ　小売業者での小売価格（再販売価格）を指示することは再販売価格の拘束となり，独占禁止法における不公正な取引方法に該当します。

ウ　他社がその機能について，特許を申請し，特許権が付与されている場合には，特許権の侵害になります。

問4 （令和元年秋 情報セキュリティマネジメント試験 午前 問32改）

《解答》ア

技術者の活動に関係する法律のうち，公益通報者保護法は，企業などが内部告発者に対する解雇や減給などの不利益な取扱いを無効にする法律です。従来の保護法では罰則規定がなく，実効性が疑問視されていましたが，令和4年（2022年）6月に法改正が行われました。改正法では，正当な理由なく公益通報者を特定させる情報を漏らした場合には「三十万円以下の罰金」，事業者が行政機関に報告しない，または虚偽の報告をした場合には「二十万円以下の過料」の罰則が定義されました。しかし，イ～エの法律にはある，懲役刑などのより重い刑罰は定義されていません。したがって，**ア**が正解です。

イ　個人情報保護法には罰則規定があります。個人情報取扱事業者が法の定める義務に違反し，この件に関する個人情報保護委員会の改善命令にも違反した場合の罰則は，「6ヶ月以下の懲役又は30万円以下の罰金」の刑事罰となっています。

ウ　特許法には罰則規定があります。特許権を侵害した場合の罰則は，「10年以下の懲役又は1,000万円以下の罰金（又はこれを併科）」です。

エ　不正競争防止法には罰則規定があります。営業秘密を侵害した場合の罰則は，「10年以下の懲役又は2,000万円以下の罰金（又はこれを併科）」，それ以外の不正の利益を得る目的で不正競争を行った場合は，「5年以下の懲役又は500万円以下の罰金（又はこれを併科）」です。

問5 (平成30年春 情報セキュリティマネジメント試験 午前 問36)

《解答》イ

労働者派遣法では，同一の派遣先に派遣できる期間は，期間制限の例外に当たらない場合は3年が上限です。3年を超えて働く場合には，雇用安定措置を講じることが義務化されており，派遣先企業への直接雇用を依頼することができます。本社で正社員として受け入れることは直接雇用に該当するので，派遣先の対応として適切です。したがって，**イ**が正解です。

ア すべての派遣労働者には，キャリアアップを図るため教育訓練を行うことが，派遣元に義務付けられています。

ウ 派遣労働者の同一派遣先への派遣は，3年間が上限です。

エ ソフトウェア開発業務などの専門26業務という区分は，2015年に改正された労働者派遣法では廃止されており，期間制限を設けないことは認められていません。

問6 (平成28年秋 情報セキュリティマネジメント試験 午前 問36)

《解答》ウ

準委任契約では，仕事の完成は約束されず，業務を実施して報告する善管注意義務があります。業務分析や要件定義，コンサルティングなどでよく行われる契約です。したがって，**ウ**が正解です。

ア，イ 請負契約の説明です。

エ 派遣契約，出向契約の説明です。

問7 (平成29年春 情報セキュリティマネジメント試験 午前 問35)

《解答》エ

時間外労働を行う場合には労使協定を結んでおく必要があり，結ばれていないと違法になります。したがって，**エ**が正解です。

ア 労働時間は企業側が管理する必要があります。

イ，ウ 時間外手当の支払は必要です。

問8 (平成29年春 情報セキュリティマネジメント試験 午前 問32)

《解答》ウ

電子契約法（電子消費者契約及び電子承諾通知に関する民法の特例に関する法律）では，インターネットショッピングで商品を購入するとき，売買契約が成立するのは，事業者からの承諾の通知が申込者に到達したときと定められています。したがって，**ウ**が正解です。

ア 購入申込みの時点では，まだ契約は成立していません。

イ 通常の取引では契約成立ですが，インターネットショッピングなどの電子契約では，発信ではなく到達した時点とされています。

エ 商品が手元に届いている時点では，すでに契約は成立しています。

問9 (令和4年 ITパスポート試験 問14)

《解答》ア

シュリンクラップ契約とは，パッケージの外側に契約条件が記してあり，そのパッケージの包装（シュリンク）を破った段階で契約条件に同意したとみなされる契約です。ソフトウェアパッケージの包装を開封してしまうと，使用許諾条件を理解していなかったとしても，契約は成立します。したがって，**ア**が正解です。

イ，ウ 開封した時点で契約が成立するので，一定期間内であったり，利用を開始していなくても無効にはできません。

エ 包装を開封しない限り，契約は成立しません。

第6章

マネジメント

マネジメント分野は，組織の情報セキュリティを考えるときに重要となる分野です。情報セキュリティマネジメント試験では，午前問題で主に出題されます。
この章では，マネジメント系の分野であるシステム監査，サービスマネジメント，プロジェクトマネジメントの3分野について学びます。それぞれの考え方と，情報セキュリティとの関連を押さえておくことがポイントです。

6-1 システム監査

システム監査とは，組織の情報システムが適正に運用・活用されているか評価することです。システム監査基準やシステム管理基準などの基準に従って，情報システムの監査を行います。

6-1-1 システム監査

システム監査では，対象の組織体（企業や行政機関など）が情報システムにまつわるリスクを適切にコントロールし，整備・運用しているかどうかをチェックします。

監査業務の種類

監査とは，ある対象に対し，順守すべき法令や基準に照らし合わせ，業務や成果物がそれに則っているかについて証拠を収集し，評価を行って利害関係者に伝達することです。

監査の業務には，その対象によって，システム監査，会計監査，情報セキュリティ監査，個人情報保護監査，コンプライアンス監査など，様々なものがあります。

また，組織外の独立した第三者が行う**外部監査**と，その組織の内部で行われる**内部監査**の2種類に分けられます。

さらに，基準に照らし合わせて適切であることを保証する**保証型監査**と，問題点を検出して改善提案を行う**助言型監査**という分け方もあります。これら二つの目的は排他的なものではないため，保証型と助言型の両方を監査の目的とすることができます。保証型監査を行い，その結果得た認証などを外部に公開することにより，顧客の信用を得ることができます。

頻出ポイント

システム監査（情報セキュリティ監査も含む）の分野は，情報セキュリティマネジメント試験では頻出で，この分野だけで3問程度出題されています。重点的に学習することをおすすめする分野です。

勉強のコツ

システム監査基準に出てくるシステム監査の考え方や手順について，主に問われます。監査の独立性や専門性などの考え方と，監査調書や監査証跡，指摘事項など，用語は正確に押さえておきましょう。

関連

システム監査基準，システム管理基準については後述します。

システム監査の目的

システム監査では，情報システムに関して監査を行います。対象の組織体（企業や行政機関など）が情報システムに関連するリスクを適切にコントロールし，整備・運用しているかを総合的に点検・評価・検証します。監査を受けた組織体は，監査の結果を基に，情報システムの**安全性**，**信頼性**，**準拠性**，**戦略性**，**効率性**，**有効性**をさらに高め，経営方針や戦略目標の実現に取り組むことができるようになります。

システム監査人の要件

システム監査を行う人を**システム監査人**といいます。システム監査人の要件で最も大切なものは**独立性**です。内部監査の場合でも，システム監査は社内の独立した部署で行われます。システム監査人は監査対象から独立していなければなりません。身分上独立している**外観上の独立性**だけでなく，公正かつ客観的に監査判断ができるよう**精神上の独立性**も求められます。

また，システム監査人は，**職業倫理**と**誠実性**，そして**専門能力**をもって職務を実施する必要があります。

関連

システム監査では独立性が重視されるので，現在関係がある会社に依頼することは避ける必要があります。まったく独立して監査を行う企業を探すための資料としては，**システム監査企業台帳**があります。経済産業省がシステム監査基準などと一緒に公表しており，こちらを参考に，システム監査を行う企業を探すことができます。
https://www.meti.go.jp/policy/netsecurity/sys-kansa/

システム監査の手順

システム監査は，①**監査計画**の策定，②**予備調査**，③**本調査**，④**評価・結論**の手順で実施します。

①監査計画

システム監査人は，実施するシステム監査の目的を有効かつ効率的に達成するために，監査手続の内容，時期及び範囲などについて適切な監査計画を立案します。監査計画は，事情に応じて修正できるよう，弾力的に運用します。

②予備調査

監査手続は，十分な監査証拠を入手するための手続です。システム監査の調査は，予備調査と本調査の二つに分けて行います。予備調査では，正確なシステム監査を実施するために，管理者へのヒアリングや資料の確認などで，監査対象の実態を概略的に調査します。

③本調査

予備調査の結果を基に，監査対象の実態を調査します。システム監査人は適切かつ慎重に**監査手続**を実施し，監査結果を裏付けるのに十分かつ適切な**監査証拠**を入手します。

監査手続としては，ヒアリング，現場調査，資料の入手，内容確認，質問票やアンケートなどがよく使われます。

④評価・結論

監査手続の結果とその関連資料をまとめて**監査調書**として作成します。監査調書は，監査結果の裏付けとなるため，監査の結論に至った過程が分かるように記録し，保存します。

> **過去問題をチェック**
> システム監査の目的や手順については，次のような出題があります。
> **【システム監査の目的】**
> ・平成29年秋 午前 問39
> **【監査調書】**
> ・平成29年秋 午前 問40
> **【監査報告書】**
> ・平成29年春 午前 問38
> **【指摘事項】**
> ・平成29年春 午前 問39
> ・平成31年春 午前 問38，39
> ・令和5年度 公開問題 問9
> **【監査証拠】**
> ・平成30年春 午前 問39
> **【外観上の独立性】**
> ・平成31年春 午前 問37
> **【保証型監査と助言型監査】**
> ・平成31年春 午前 問40
> **【ウォークスルー法】**
> ・令和元年秋 午前 問39
> **【監査でのチェックポイント】**
> ・平成29年春 午前 問37
> ・サンプル問題セット 問35
> **【システム監査人の行為】**
> ・令和元年秋 午前 問40
> ・サンプル問題セット 問36

システム監査の報告

システム監査人は，実施した監査についての**監査報告書**を作成し，監査の依頼者（組織体の長）に提出します。監査報告書には，実施した監査の対象や概要，保証意見または助言意見，制約などを記載します。また，監査を実施した結果において発見された**指摘事項**と，その改善を進言する**改善勧告**について明瞭に記載します。参考資料として，システム監査時にまとめた監査調書や監査証拠なども添付します。

システム監査終了後の任務

システム監査人は，監査報告書の記載事項について責任を負います。そして，監査の結果に基づいて改善できるよう，監査報告に基づく改善指導（**フォローアップ**）を行います。また，システム監査の実施結果の妥当性を評価するシステム監査の**品質評価**も行うことがあります。

システム監査技法

システム監査の技法としては，一般的な資料の閲覧・収集，ドキュメントレビュー（査閲），チェックリスト，質問書・調査票，インタビューなどのほかに次のような方法があります。

①統計的サンプリング法

母集団からサンプルを抽出し，そのサンプルを分析して母集団の性質を統計的に推測します。

②監査モジュール法

監査対象のプログラムに監査用のモジュールを組み込んで，プログラム実行時の監査データを抽出します。

③ITF（Integrated Test Facility）法

稼働中のシステムにテスト用の架空口座（ID）を設置し，システムの動作を検証します。実際のトランザクションとして架空口座のトランザクションを実行し，システムの正確性をチェックします。

④コンピュータ支援監査技法
（CAAT：Computer Assisted Audit Techniques）

監査のツールとしてコンピュータを利用する監査技法の総称です。③のITF法もCAATの一例であり，テストデータ法など様々な技法があります。

⑤デジタルフォレンジックス

証拠を収集し保全する技法です。操作記録などのログを取得し，それが改ざんされないように保護します。情報セキュリティインシデントの調査にも利用できます。

⑥ペネトレーションテスト法

対象のシステムに，専門家によって攻撃を行うペネトレーションテストを実施する手法です。システムに脆弱性がないかを確認します。

⑦ウォークスルー法

システム監査人が書面上で，または実際に追跡する技法です。データの生成から入力，処理，出力，活用までのプロセス全体や，組み込まれているコントロールについて，実際に追跡することで確認します。

監査証跡

監査証跡とは，監査対象システムの入力から出力に至る過程を追跡できる一連の仕組みと記録です。情報システムの可監査性を保つために，ログやトレースの情報を取得できるように設計しておきます。

> **用語**
> 可監査性とは，処理の正当性などを効果的に監査できるように情報システムが設計・運用されていることです。監査ができるような情報システムにしておくことで，適正にコントロールされているか確認できます。

コントロール

監査におけるコントロールとは，統制を行うための手続です。想定どおりの管理が適正に行われているかどうかを確認していきます。監査証跡は，情報システムに対して，次のような性質のコントロールが適切に行われていることを実証するために用いられます。

> **用語**
> トレースとは，プログラムの実行過程を辿ることです。監査におけるトレースは，実際に実行されたデータや実行状況などを詳細に記録したものとなります。

- **信頼性**
  システムが適切に稼働し続けることを確認します。
- **安全性**
  情報セキュリティが確保されていることを確認します。不正やセキュリティ上の不備を発見するための仕組みです。
- **効率性**
  システムが無駄なく，効率良く動作することを確認します。
- **正確性**
  システム内のデータが正確で，間違いがないことを確認します。
- **網羅性**
  システム内のデータが完全に揃っていて，抜けや重複がないことを確認します。

> **過去問題をチェック**
> コントロールについては，次のような出題があります。
> **【正確性のコントロール】**
> ・平成29年秋 午前 問37
> **【正確性及び網羅性のコントロール】**
> ・平成29年秋 午前 問38
> ・令和元年秋 午前 問37
> **【不正発見のコントロール】**
> ・平成29年春 午前 問36
> **【コントロールの監査】**
> ・平成28年春 午前 問37

コントロール手法の具体例としては,次のようなものがあります。

①エディットバリデーションチェック

画面上で入力した値が一定の規則に従っているかどうかを確認し，入力のミスを検出する方法です。

②コントロールトータルチェック

数値情報の合計値を確認することでデータに漏れや重複がないかを確認する方法です。

システム監査の基準

システム監査を行う際の基準としては，システム監査基準とシステム管理基準があります。

①システム監査基準

システム監査人のための行動規範です。システム監査の属性に係る基準，実施に係る基準，報告に係る基準の合わせて12の基準から構成されています。

②システム管理基準

システム監査基準に従って監査を行う場合に，監査人が判断の尺度として用いる基準です。

ITガバナンス編とITマネジメント編に分けられ，ITマネジメント編は企画プロセス，開発プロセス，運用プロセスなどから構成されています。

関連

システム監査基準／管理基準，情報セキュリティ監査基準／管理基準などは，経済産業省のホームページで公開されています。最新版は令和5年に改訂されたもので，下記のページにリンクがあります。
https://www.meti.go.jp/policy/netsecurity/sys-kansa/

6

情報セキュリティの監査

情報セキュリティに関する監査を行うためには，システム監査と同様に監査を実施し，評価・フォローアップを行います。さらに，情報セキュリティ特有の監査として，JIS Q 27001やJIS Q 27002などの情報セキュリティマネジメントシステムの基準をもとに，監査項目を定めていきます。

情報セキュリティ監査を行うにあたって利用する主な基準には，次のものがあります。

①情報セキュリティ監査基準

情報セキュリティ監査人のための行動規範です。システム監査基準の情報セキュリティバージョンといえます。情報資産を保護し，情報セキュリティのリスクマネジメントが効果的に実施されるように，情報セキュリティ監査人が**独立かつ専門的な立場**から検証や評価を行います。

また，場合によっては**他の専門家の支援を仰ぐ**ことも定義されており，適切な監査体制を築いて，情報セキュリティ監査人の責任で監査を行います。

過去問題をチェック

情報セキュリティの監査については，午前で次のような出題があります。

【情報セキュリティ監査基準】
- 平成28年春 午前 問39
- 平成28年秋 午前 問40

【情報セキュリティ管理基準】
- 平成28年春 午前 問38
- 令和5年度 公開問題 問1

【ISMSの内部監査】
- 平成28年秋 午前 問37
- 平成30年春 午前 問38

②情報セキュリティ管理基準

情報セキュリティ監査基準に従って監査を行う場合に，監査人が判断の尺度として用いる基準です。平成28年度改正版はJIS Q 27001とJIS Q 27002を基に策定されており，情報セキュリティマネジメント体制の構築と，適切な管理策の整備と運用を行うための基準となっています。

そのため，情報セキュリティ管理基準は，マネジメント基準と管理策基準から構成されており，情報セキュリティマネジメントの確立から具体的な管理策の整備まで，幅広くカバーしています。

関連

情報セキュリティ管理基準は，「ISMS適合性評価制度」で用いられる適合性評価の尺度と整合するように配慮されています。
しかし，以前の平成20年度改正版ではISO/IEC 27001:2005及びISO/IEC 27002:2005に基づいており，平成26年にJIS Q 27001:2014及びJIS Q 27002:2014に合わせて改正されたISMS適合性評価制度の文書とはずれが生じていました。
平成28年度改正版で，JIS Q 27001:2014及びJIS Q 27002:2014に合わせて改正されたため，再びISMS適合性評価制度と整合するようになりました。
情報セキュリティ監査制度については，以下のページに基準がまとめられています。
https://www.meti.go.jp/policy/netsecurity/is-kansa/

監査関連法規・標準

その他，システム監査に関連する標準や法規としては，主に以下のものがあります。

①個人情報保護関連法規

個人情報保護に関する法律や，プライバシーマーク制度で使われるJIS Q 15001などのガイドラインは，個人情報保護に関する監査に利用されます。

②知的財産権関連法規

システム監査では権利侵害行為を指摘する必要があるため，著作権法，特許法，不正競争防止法などの知的財産権に関する法律を参考にします。

③労働関連法規

システム監査では法律に照らして労働環境における問題点を指摘する必要があるので，労働基準法，労働者派遣法，男女雇用機会均等法などの労働に関する法律を参考にします。

④法定監査関連法規

システム監査は，会計監査などの法定監査との連携を図りながら実施する必要があるため，会社法や金融商品取引法，商法など法定監査に関わる法律も参考にします。

コンプライアンス監査

コンプライアンス監査は，組織のコンプライアンスに関する監査です。組織の行動指針や倫理，透明性などについて監査を行います。権利侵害行為への指摘，労働環境における問題点の指摘などを行います。

▶▶▶覚えよう！

- □ システム監査人は外観上と精神上の独立性が大事
- □ 監査証跡は信頼性，安全性，効率性，正確性，網羅性をコントロールする

6-1-2 内部統制

内部統制とは，健全かつ効率的な組織運営のための体制を，企業などが自ら構築し運用する仕組みです。内部監査と密接な関係があります。

内部統制

内部統制のフレームワークの世界標準は，米国のトレッドウェイ委員会組織委員会（COSO：the Committee of Sponsoring Organization of the Treadway Commission）が公表した**COSOフレームワーク**です。日本では，金融庁の企業会計審議会・内部統制部会が，「財務報告に係る内部統制の評価及び監査の基準」及び「財務報告に係る内部統制の評価及び監査に関する実施基準」を制定し，日本における内部統制の実務の基本的な枠組みを定めています。この基準によると，内部統制の意義は次の四つの目的を達成することです。

【四つの目的】

- **業務の有効性及び効率性**

  事業活動の目的の達成のため，業務の有効性及び効率性を高めること
- **財務報告の信頼性**

  財務諸表及び財務諸表に重要な影響を及ぼす可能性のある情報の信頼性を確保すること
- **事業活動に関する法令等の遵守**

  事業活動に関わる法令その他の規範の遵守を促進すること
- **資産の保全**

  資産の取得，使用及び処分が正当な手続及び承認の下に行われるよう，資産の保全を図ること

そして，内部統制の目的を達成するために，次の六つの基本的要素が定められています。

【六つの基本的要素】

- **統制環境**

組織の気風を決定する倫理観や経営者の姿勢，経営戦略など，他の基本的要素に影響を及ぼす基盤です。

- **リスクの評価と対応**

リスクを洗い出し，評価し，対応する一連のプロセスです。

- **統制活動**

経営者の命令や指示が適切に実行されることを確保するための要素です。**職務の分掌**や**相互牽制**（職務の分離）の方針や手続が含まれます。

- **情報と伝達**

必要な情報が識別，把握，処理され，組織内外の関係者に正しく伝えられることを確保するための要素です。

- **モニタリング**

内部統制が有効に機能していることを継続的に評価するプロセスです。

- **ITへの対応**

組織の目標を達成するために適切な方針や手続を定め，それを踏まえて組織の内外のITに適切に対応することです。IT環境への対応とITの利用及び統制から構成されます。COSOフレームワークにはない，**日本独自の追加要素**です。

用語

職務の分掌とは，業務を実行する人とそれを承認する人を分けるなど，業務を1人で完了できないようにすることです。
相互牽制とは，複数の人間が互いに牽制し合って誤りや不正を防ぐ仕組みです。

【役割と責任】

内部統制に関係する人には次のような役割があり，責任範囲が決まっています。

- **経営者**

組織のすべての活動について最終的な責任があり，取締役会が決定した基本方針に基づき内部統制を整備及び運用する役割と責任があります。

- **取締役会**

内部統制の整備及び運用に係る基本方針を決定します。経営者による内部統制の整備及び運用に対して監督責任があります。

- **監査役等**

独立した立場から，内部統制の整備及び運用状況を監視，検証する役割と責任があります。

- **内部監査人**

内部統制の目的をより効果的に達成するために，モニタリングの一環として，内部統制の整備及び運用状況を検討，評価し，改善を促す職務を担っています。

- **組織内のその他の者**

内部統制は組織内のすべての者が遂行するプロセスなので，有効な内部統制の整備及び運用に一定の役割を担っています。

ITガバナンス

ITガバナンスとは，企業などが競争力を高めることを目的として情報システム戦略を策定し，戦略実行を統制する仕組みを確立するための組織的な仕組みです。より一般的なコーポレートガバナンス（企業統治）は，企業価値を最大化し，企業理念を実現するために企業の経営を監視し，規律する仕組みです。そのための手段として，内部統制やコンプライアンス（法令遵守）が実施されます。

ITガバナンスのベストプラクティス集（フレームワーク）には**COBIT**（Control Objectives for Information and related Technology）があります。

順守状況の評価・改善

内部統制では，自社内外の行動規範の順守状況を継続的に評価することが大切です。内部統制の有効性について，業務運営の中で業務を運用している人自身が，その有効性について評価を行う**CSA**（Control Self Assessment：統制自己評価）という手法があります。CSAを行うことで，管理部門としては評価の負荷軽減となります。また，業務を行う人自身も，どのようなリスクがあるか，どのように対応すべきかなどについて自分のこととして考えることができます。

▶▶▶覚えよう！

- □ 内部統制は，企業自らが構築し運用する仕組み
- □ ITガバナンスは，IT戦略をあるべき方向に導く組織能力

6-1-3 演習問題

問1 正確性及び網羅性のコントロール CHECK ▶ □□□

入出金管理システムから出力された入金データファイルを，売掛金管理システムが読み込んでマスタファイルを更新する。入出金管理システムから売掛金管理システムに受け渡されたデータの正確性及び網羅性を確保するコントロールはどれか。

ア 売掛金管理システムにおける入力データと出力結果とのランツーランコントロール
イ 売掛金管理システムのマスタファイル更新におけるタイムスタンプ機能
ウ 入金額及び入金データ件数のコントロールトータルのチェック
エ 入出金管理システムへの入力のエディットバリデーションチェック

問2 BCPの監査 CHECK ▶ □□□

事業継続計画（BCP）について監査を実施した結果，適切な状況と判断されるものはどれか。

ア 従業員の緊急連絡先リストを作成し，最新版に更新している。
イ 重要書類は複製せずに1か所で集中保管している。
ウ 全ての業務について，優先順位なしに同一水準のBCPを策定している。
エ 平時にはBCPを従業員に非公開としている。

問3 監査報告書原案の意見交換の目的 CHECK ▶ □□□

システム監査人が，監査報告書の原案について被監査部門と意見交換を行う目的として，最も適切なものはどれか。

ア 監査依頼者に監査報告書を提出する前に，被監査部門に監査報告を行うため
イ 監査報告書に記載する改善勧告について，被監査部門の責任者の承認を受けるため
ウ 監査報告書に記載する指摘事項及び改善勧告について，事実誤認がないことを確認するため
エ 監査報告書の記載内容に関して調査が不足している事項を被監査部門に口頭で確認することによって，不足事項の追加調査に代えるため

問4 保証型の監査と助言型の監査 CHECK ▶ □□□

経済産業省“情報セキュリティ監査基準 実施基準ガイドライン（Ver1.0）”における，情報セキュリティ対策の適切性に対して一定の保証を付与することを目的とする監査（保証型の監査）と情報セキュリティ対策の改善に役立つ助言を行うことを目的とする監査（助言型の監査）の実施に関する記述のうち，適切なものはどれか。

ア 同じ監査対象に対して情報セキュリティ監査を実施する場合，保証型の監査から手がけ，保証が得られた後に助言型の監査に切り替えなければならない。
イ 情報セキュリティ監査において，保証型の監査と助言型の監査は排他的であり，監査人はどちらで監査を実施するかを決定しなければならない。
ウ 情報セキュリティ監査を保証型で実施するか助言型で実施するかは，監査要請者のニーズによって決定するのではなく，監査人の責任において決定する。
エ 不特定多数の利害関係者の情報を取り扱う情報システムに対しては，保証型の監査を定期的に実施し，その結果を開示することが有用である。

問5 合計を照合して確認するためのコントロール CHECK ▶ □□□

複数のシステム間でのデータ連携において，送信側システムで集計した送信データの件数の合計と，受信側システムで集計した受信データの件数の合計を照合して確認するためのコントロールはどれか。

ア アクセスコントロール　　イ エディットバリデーションチェック
ウ コントロールトータルチェック　　エ チェックデジット

問6 システム監査人が書面上で又は実際に追跡する技法 CHECK ▶ □□□

データの生成から入力，処理，出力，活用までのプロセス，及び組み込まれているコントロールを，システム監査人が書面上で又は実際に追跡する技法はどれか。

ア インタビュー法　　イ ウォークスルー法
ウ 監査モジュール法　　エ ペネトレーションテスト法

問7 システム監査の調査手段 CHECK ▶ □□□

a～dのうち，システム監査人が，合理的な評価・結論を得るために予備調査や本調査のときに利用する調査手段に関する記述として，適切なものだけを全て挙げたものはどれか。

a EA（Enterprise Architecture）の活用
b コンピュータを利用した監査技法の活用
c 資料や文書の閲覧
d ヒアリング

ア a，b，c　　イ a，b，d　　ウ a，c，d　　エ b，c，d

問8 ISMS内部監査での指摘事項 CHECK ▶ □□□

JIS Q 27001:2014（情報セキュリティマネジメントシステム－要求事項）に基づいてISMS内部監査を行った結果として判明した状況のうち，監査人が指摘事項として監査報告書に記載すべきものはどれか。

ア USBメモリの使用を，定められた手順に従って許可していた。
イ 個人情報の誤廃棄事故を主務官庁などに，規定されたとおりに報告していた。
ウ マルウェアスキャンでスパイウェアが検知され，駆除されていた。
エ リスクアセスメントを実施した後に，リスク受容基準を決めた。

問9 システム監査報告書に記載する指摘事項 CHECK ▶ □□□

システム監査報告書に記載する指摘事項に関する説明のうち，適切なものはどれか。

ア 監査証拠による裏付けの有無にかかわらず，監査人が指摘事項とする必要があると判断した事項を記載する。
イ 監査人が指摘事項とする必要があると判断した事項のうち，監査対象部門の責任者が承認した事項を記載する。
ウ 調査結果に事実誤認がないことを監査対象部門に確認した上で，監査人が指摘事項とする必要があると判断した事項を記載する。
エ 不備の内容や重要性は考慮せず，全てを漏れなく指摘事項として記載する。

問10 インシデント管理の監査での指摘事項 CHECK ▶ □□□

情報システムのインシデント管理に対する監査で判明した状況のうち，監査人が，指摘事項として監査報告書に記載すべきものはどれか。

ア インシデント対応手順が作成され，関係者への周知が図られている。

イ インシデントによってデータベースが被害を受けた場合の影響を最小にするために，規程に従ってデータのバックアップをとっている。

ウ インシデントの種類や発生箇所，影響度合いに関係なく，連絡・報告ルートが共通になっている。

エ 全てのインシデントについて，インシデント記録を残し，責任者の承認を得ることが定められている。

問11 情報セキュリティ管理基準 CHECK ▶ □□□

情報セキュリティ管理基準（平成28年）に関する記述のうち，適切なものはどれか。

ア “ガバナンス基準”，“管理策基準”及び“マネジメント基準”の三つの基準で構成されている。

イ JIS Q 27001:2014（情報セキュリティマネジメントシステム－要求事項）及びJIS Q 27002:2014（情報セキュリティ管理策の実践のための規範）との整合性をとっている。

ウ 情報セキュリティ対策は，“管理策基準”に挙げられた管理策の中から選択することとしている。

エ トップマネジメントは，“マネジメント基準”に挙げられている事項の中から，自組織に合致する事項を選択して実施することとしている。

問12 統制活動に該当するもの CHECK ▶ □□□

金融庁“財務報告に係る内部統制の評価及び監査の基準（平成23年）”に基づいて，内部統制の基本的要素を，統制環境，リスクの評価と対応，統制活動，情報と伝達，モニタリング，ITへの対応の六つに分類したときに，統制活動に該当するものはどれか。

ア　経営者が自らの意思としての経営方針を全社的に明示していること
イ　情報システムの故障・不具合に備えて保険契約に加入しておくこと
ウ　内部監査部門が定期的に業務監査を実施すること
エ　発注業務と検収業務をそれぞれ別の者に担当させること

解答と解説

問1 (令和元年秋 情報セキュリティマネジメント試験 午前 問37)

《解答》ウ

正確性と網羅性を両方確保するためには，一つ一つの入金額を確認することで正確性を，入金データ件数を確認することで網羅性を確認する，コントロールトータルのチェックが有効です。したがって，**ウ**が正解です。

ア，エ　正確性のみのコントロールです。

イ　完全性と存在性を確保するコントロールです。

問2 (平成30年春 情報セキュリティマネジメント試験 午前 問41)

《解答》ア

事業継続計画(BCP：Business Continuity Planning)は，災害発生時に最小時間でITサービスを復旧させ，事業を継続させるための計画です。緊急時に迅速に連絡を行うためには緊急連絡先リストは不可欠で，最新版に更新しておく必要があります。したがって，**ア**が正解です。

イ　重要書類は災害時の紛失を想定して，遠隔地に複製を管理しておく必要があります。

ウ　緊急時には，優先度に応じて対応の順位を決める必要があります。

エ　BCPは普段から公開し，従業員に周知徹底しておく必要があります。

問3 (平成29年春 情報セキュリティマネジメント試験 午前 問38)

《解答》ウ

システム監査人が被監査部門と意見交換を行うことで，指摘事項や改善勧告についての事実誤認がないことを確認できます。したがって，**ウ**が正解です。

ア，イ　被監査部門への報告や承認要求は必要ありません。

エ　監査報告書を作成する時点で行うことではありません。

問4 （平成31年春 情報セキュリティマネジメント試験 午前 問40）

《解答》エ

“情報セキュリティ監査基準 実施基準ガイドライン（Ver1.0）”の「2. 情報セキュリティ監査の目的設定」には，保証型の監査と助言型の監査についての様々な記述があります。このうち「2.7 利害関係者の信頼獲得についての検討」に，「不特定多数の利害関係者が関与する公共性の高い事業又はシステム等、あるいは不特定多数の利害関係者の情報を取扱う場合であって高い機密性の確保が要求される事業又はシステム等については、保証型の監査を定期的に（例えば、1年ごと）利用し、その監査の結果を開示することによって利害関係者の信頼を得ることが望ましい」という記述があります。したがって，**エ**が正解です。

ア，イ　2.1に，「2つの目的は排他的なものではないため、保証と助言の2つを監査の目的とすることができる」とあり，切り替える必要はなく，両方を目的に監査を行うことは可能です。

ウ　2.2に，「情報セキュリティ監査の目的は、基本的には監査依頼者又は被監査側のニーズによって決定される」とあり，監査要請者のニーズによって決定します。

問5 （平成30年春 情報セキュリティマネジメント試験 午前 問37）

《解答》ウ

システムの処理過程で，送信されたデータの合計と受信したデータの合計を照合するコントロールのことを，コントロールトータルチェックといいます。したがって，**ウ**が正解です。

ア　ユーザ認証を用いて，権限者とそれ以外の者を区別し，情報のアクセスを制限するコントロールです。

イ　データ入力において，入力した内容が入力を予定している内容と一致しているかどうかをチェックするコントロールです。

エ　数列の誤りを検出するために用いられる検査数字で，データの最後に，一定の計算式で計算した値を付与します。入力された数列の誤りをなくすためのコントロールです。

問6
(令和元年秋 情報セキュリティマネジメント試験 午前 問39)

《解答》イ

システム監査の手法のうち，データの生成から入力，処理，出力，活用までのプロセスなどを追跡する手法のことを，ウォークスルー法といいます。ウォークスルー法では，書面上でまたは実際に追跡することで，一連のプロセスを確認します。したがって，**イ**が正解です。

ア 関係者に聞き取り（インタビュー）を行う方法です。

ウ 監査用モジュールをシステムに組み込み，一定の条件のデータが発生するたびに監査用ファイルに記録し，確認する手法です。

エ システムを実際に攻撃して侵入を試みることで，脆弱性検査を行う手法です。

問7
(令和4年 ITパスポート試験 問53)

《解答》エ

システム監査人が，合理的な評価・結論を得るために予備調査や本調査のときに利用する調査手段についてa～dについて考えると，次のようになります。

a × EA（Enterprise Architecture）は，組織全体の業務とシステムを統一的な手法でモデル化し，業務とシステムを同時に改善することを目的とした，組織の設計・管理手法です。システムの要件定義時に使用される考え方なので，システム監査では利用されません。

b ○ コンピュータを利用した監査技法は，CAAT（Computer Assisted Audit Techniques）といわれます。システム監査の調査手段として利用されます。

c ○ 資料や文書の閲覧は，システム監査での基本的な調査手段として利用されます。

d ○ ヒアリングは，システム監査での基本的な調査手段として利用されます。

したがって，組合せが正しい**エ**が正解です。

問8 （令和４年秋 応用情報技術者試験 午前 問58）

《解答》エ

ISMS（Information Security Management System：情報セキュリティマネジメントシステム）について定められたJIS Q 27001:2014では，情報セキュリティリスクアセスメントを行うときに，最初にリスク受容基準を含む情報セキュリティのリスク基準を確立することが求められています。基準は先に決めておくべきで，リスクアセスメントを実施した後にリスク受容基準を決めると，不正が行われる可能性もあるので，指摘事項に該当します。したがって，**エ**が正解です。

ア　USBメモリの使用許可を手順に従って与えるのは望ましいことです。

イ　セキュリティ事故について規定どおりに報告することは，やるべきことです。

ウ　スパイウェアを検知し，駆除することは適切なセキュリティ対策です。

6

問9 （平成31年春 情報セキュリティマネジメント試験 午前 問39）

《解答》ウ

システム監査報告書は，監査依頼者に提出する文書です。システム監査報告書の作成に際しては，正確性，客観性，簡潔性，明瞭性，理解容易性，適時性に留意する必要があります。調査結果に事実誤認がないことを監査対象部門に確認することは，正確性の観点から有効です。また，重要なことを優先して理解しやすくするために，すべてを漏れなく記述するのではなく，監査人が指摘事項とする必要があると判断した事項のみを記載することが適切です。したがって，**ウ**が正解です。

ア　システム監査報告書に記載する指摘事項は，監査証拠による裏付けが必要です。

イ　システム監査報告書には，監査対象部門の責任者の承認は必要ありません。

エ　指摘事項は，不備の内容や重要性を考慮し，監査人が必要だと判断した事項のみシステム監査報告書に記載します。

問10 (令和5年度 情報セキュリティマネジメント試験 公開問題 問9)

《解答》ウ

システム障害管理では，システム障害の種類や発生箇所，影響度合いに応じて，連絡・報告ルートを別に定める必要があります。共通の連絡・報告ルートだけでは不十分なので，指摘事項に該当します。したがって，**ウ**が正解です。

ア，イ，エは望ましい状態なので，指摘事項とはなりません。

問11 (令和5年度 情報セキュリティマネジメント試験 公開問題 問1)

《解答》イ

情報セキュリティ管理基準(平成28年)は，情報セキュリティ監査にあたっての判断の尺度となる基準です。JIS Q 27001:2014（情報セキュリティマネジメントシステム－要求事項）及びJIS Q 27002:2014（情報セキュリティ管理策の実践のための規範）との整合性をとって作成されています。したがって，**イ**が正解です。

ア，ウ　ISMAP（Information system Security Management and Assessment Program：政府情報システムのためのセキュリティ評価制度）管理基準に関する記述です。

エ　情報セキュリティ管理基準(平成28年)では，「マネジメント基準は、原則としてすべて実施しなければならないもの」と書かれており，選択して実施するものではありません。

問12 (令和元年秋 情報セキュリティマネジメント試験 午前 問38)

《解答》エ

内部統制の基本的要素のうち，統制活動とは，リスクに対処するために決定した方針や手続きであり，経営者の命令や指示が適切に実行されることを確保する要素です。

発注業務と検収業務をそれぞれ別の者に担当させることは，責務を分離して不正のリスクを減らすことができる活動なので，統制活動に該当します。したがって，**エ**が正解です。

ア　情報と伝達に該当します。

イ　リスクの評価と対応に該当します。

ウ　モニタリングに該当します。

6-2 サービスマネジメント

ITのサービスマネジメントは，システムの運用や保守などをITサービスとしてとらえて体系化し，これを効果的に提供するための統合されたプロセスアプローチです。

6-2-1 サービスマネジメント

頻出度 ★★★

勉強のコツ

ITILのマネジメント手法を中心に，システム運用管理手法全般についての方法論を押さえておきましょう。知識としては，ITILのサービスマネジメントプロセスのそれぞれの管理について出題されますので，一度しっかりそれぞれのプロセスを押さえておくと確実です。

サービスマネジメントでは，サービスをただ実施するだけでなく，顧客にとっての価値を創造することが重要です。

サービスマネジメントの目的と考え方

ITILではサービスマネジメントを「顧客に対し，サービスの形で価値を提供する組織の専門能力の集まり」と定義しています。

システムの運用や保守などをITサービスとしてとらえて体系化し，適切なサービス品質で，サービス価値を提供します。また，顧客満足度を考え，サービス提供者だけでなく，ユーザの順守事項も決定します。

サービスマネジメント構築手法

ITサービスマネジメントでは，計画（Plan），実行（Do），点検（Check），処置（Act）のPDCAマネジメントサイクルによってサービスマネジメントの目的を達成します。そのために，ITサービス全体をマネジメントする仕組みとして**ITSMS**（IT Service Management System：ITサービスマネジメントシステム）を構築します。

ITサービスマネジメントシステムの構築手法には以下のものがあります。

①ベンチマーキング

業務やプロセスのベストプラクティスを探し出して分析し，それを指標（ベンチマーク）にして現状の業務のやり方を評価し，変革に役立てる手法です。現状とベストプラクティスの差異を分析することを**ギャップ分析**といいます。

6

②リスクアセスメント

ITサービスにかかわるリスクを洗い出し，リスクの大きさや，許容できるリスクかどうかということと，対策の優先順位などを評価します。

③CSFとKPIの定義

ITサービスマネジメントが成功したかどうかを，あいまいにせず確実に評価するため，CSF（Critical Success Factor：重要成功要因）を定義します。そして，そのCSFが実現できたかどうかを確認する指標として，KPI（Key Performance Indicator：重要業績評価指標）を設定します。

■ ITIL

ITIL（Information Technology Infrastructure Library）は，ITサービスマネジメントのベストプラクティスをまとめたフレームワークで，現在，デファクトスタンダードとして世界中で活用されています。ITILを基にした規格がJIS Q 20000（ISO/IEC 20000）です。JIS Q 20000は，ITSMSの構築にあたって適用する運用管理手順でもあります。ITILがベストプラクティスとして，「このようにすればよい」という手法を示すのに対して，JIS Q 20000は**ITSMS適合性評価制度**として，ITSMSが適切に運用されていることを認定するために使用します。

過去問題をチェック
サービスマネジメントについては，次のような出題があります。
【PDCA方法論】
・平成29年秋 午前 問41
【SLA】
・平成28年春 午前 問40

ITILの最新版ITIL4では，「ITはビジネスと共にある」として，ITとビジネスの柔軟性にフォーカスしており，サービスマネジメントを次の四つの側面と六つの外部要因で捉えています。

サービスマネジメントの四つの側面とは，

①組織と人材
②情報と技術
③パートナとサプライヤ
④バリューストリームとプロセス

です。プラクティスの活動をグループ化したものをプロセス，複数プラクティスからプロセスを組み合わせて作り上げた業務をバリューストリームといいます。

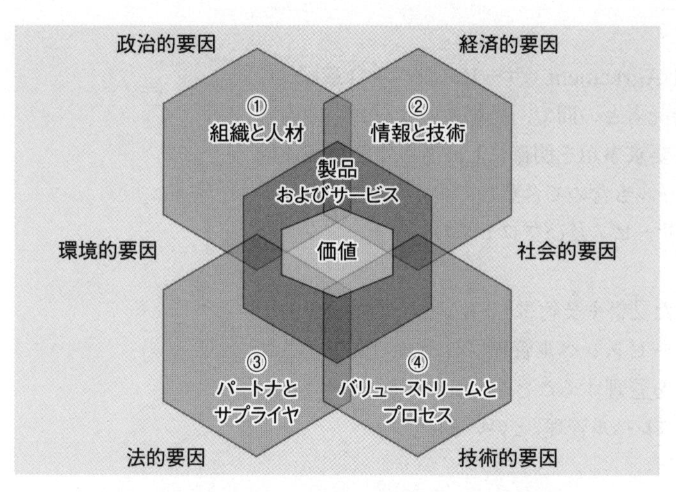

サービスマネジメントの四つの側面と六つの外部要因

ITILでは，IT組織が必要とする業務をサービスマネジメントプラクティス，一般的マネジメントプラクティス，技術的マネジメントプラクティスに分類して定義しています。このうち，サービスマネジメントプラクティスには，次のものがあります。

サービスマネジメントプラクティス一覧

・可用性管理
・事業分析
・キャパシティ及び
　パフォーマンス管理
・変更実現
・インシデント管理
・IT資産管理
・モニタリング及びイベント管理
・問題管理
・リリース管理
・サービス・カタログ管理
・サービス構成管理
・サービス継続性管理
・サービスデザイン
・サービスデスク
・サービスレベル管理
・サービスの要求管理
・サービスの妥当性管理
　およびテスト

SLA

SLA（Service Level Agreement：サービスレベル合意）とは，サービスの提供者と委託者との間で，提供するサービスの内容と範囲，品質に対する要求事項を明確にし，さらにそれが達成できなかった場合のルールも含めて合意しておくことです。サービス時間，応答時間，サービス及びプロセスのパフォーマンスなどの目標を設定します。

要求事項を明文化した文書や契約書もSLAと呼ばれ，ITILでは，サービス設計のサービスレベル管理プロセスで文書化されます。サービスレベルを管理することを，SLM（Service Level Management：サービスレベル管理）といいます。

覚えよう！

- □ ITILはベストプラクティス，JIS Q 20000は評価の基準
- □ SLAは，サービスの提供者と委託者の間であらかじめ合意すること

6-2-2 サービスマネジメントシステムの計画及び運用

頻出度 ★★★

サービスマネジメントシステムでは，サービスを維持するために計画を立て，継続的な管理を行います。さらに，サービス保証や情報セキュリティ管理を行い，適切に管理されていることを確認します。

サービスマネジメントシステムの計画と支援

サービスマネジメントシステムでは，サービスマネジメントシステムの計画を作成し，実施及び維持することでPDCAサイクルを回します。このとき，**文書化した情報**，**知識を共有**し，コミュニケーションを正確に行うことが大切です。

サービスポートフォリオ

サービスポートフォリオとは，提供するすべてのサービスの一覧です。どのようなサービスがあるのかを把握し，適切なレベルで資源を配分し，何に重点を置くのかを決定します。サービスポートフォリオの管理で行われる代表的な内容は，次のとおりです。

●サービスの計画

サービスの要求事項を決定し，利用可能な資源を考慮して，変更要求及び新規サービスまたはサービス変更の提案の優先順位付けを行います。

●サービスカタログ管理

顧客に提供するサービスについての文書化した情報として**サービスカタログ**を作成し，維持します。サービスカタログには，サービスの意図した成果や，サービス間の依存関係を説明する情報を含めます。

●資産管理

サービスマネジメントシステムの計画における要求事項及び義務を満たすために，サービスを提供するために使用されている資産を確実に管理します。資産管理では，ライセンス数を適切に管理する**ライセンスマネジメント**も行います。

●構成管理

構成管理では,サービスや製品を構成するすべての**CI**(Configuration Item：**構成品目**)を識別し，維持管理します。

関係及び合意

サービスマネジメントでは，事業関係者との関係を管理する必要があります。また，関係者の間を調整し，合意を形成する必要があります。代表的な管理には次のものがあります。

過去問題をチェック

関係及び合意については，次のような管理に関する出題があります。

【サービスレベル管理】

・平成29年秋 午前 問42
・平成30年秋 午前 問41

●事業関係管理

顧客関係を管理し，顧客満足を維持し，顧客及び他の利害関係者との間のコミュニケーションのための取決めを確立します。

サービスのパフォーマンス傾向やサービスの成果のレビューを行い，**サービス満足度**の測定，サービスに対する苦情の管理を行います。

●サービスレベル管理

サービスの利用者とサービスの提供者の間で**SLA**を締結し，PDCAマネジメントサイクルでサービスの維持，向上を図ります。SLAでは合意された達成可能な**サービスレベル目標**を設定し，パフォーマンスや実績の周期的な変化を監視して，レビューや報告を行います。

●供給者管理

サービス提供者が委託などにおいて，さらにサービスマネジメントプロセスの導入や移行のために**外部供給者**を用いる場合には，その供給者の管理が必要です。運用を委託する場合や，内部での提供でも別の部署として管理する場合には，運用レベルを保証するため**OLA**(Operation Level Agreement：運用レベル合意書)を作成します。また，アウトソーシング先として，SaaS，PaaS，IaaSなどのクラウドサービスの利用も増えてきています。

関連

SaaS，PaaS，IaaSについては，「8-2-3 ソリューションサービス」で解説しています。

供給及び需要

サービスを提供するにあたり，資源や費用などの供給や需要に関する管理を行います。代表的な業務や管理内容は次のとおりです。

過去問題をチェック
供給及び需要については，次のような管理に関する出題があります。
【サービスの予算業務及び会計業務】
・平成29年秋 午前 問43
【供給者管理】
・平成29年春 午前 問41

●サービスの予算業務及び会計業務

財務管理の方針に従って，サービス提供費用の予算を計画・管理する予算業務を行います。ITサービスのコストを明確にし，事業を行う者がその内容を確実に理解するようにします。

サービスを実施するコストだけでなく，ランニングコストなどの必要な経費を含めた総保有コストである**TCO**（Total Cost of Ownership：総所有費用）を意識することが大切です。

●需要管理

サービスに対する現在の需要を決定し，将来の需要を予測します。あらかじめ定めた間隔で，サービスの需要及び消費を監視し，報告します。

●容量・能力管理

資源の容量，能力などシステムの容量（**キャパシティ**）を管理し，最適なコストで合意された需要を満たすために，サービス提供者が十分な能力を備えることを確実にする一連の活動が容量・能力管理です。CPU使用率，メモリ使用率，ディスク使用率，ネットワーク使用率などの管理指標を計画し，それぞれの**しきい値**（閾値）を設定します。

また，容量・能力の利用状況を監視し，容量・能力及びパフォーマンスデータを分析し，パフォーマンスを改善するためのポイントを特定していきます。

サービスの設計・構築・移行

サービスの設計・構築・移行では，新規サービスや変更サービスの設計・構築を行います。サービス内容の変更や移行時のリリース・展開についても管理を行います。管理の内容には次のものがあります。

過去問題をチェック
サービスの設計・構築・移行については，午前で次のような出題があります。
【システムの移行】
・平成28年秋 午前 問41
【システムの運用テスト】
・平成29年春 午前 問40

●変更管理

変更管理は，サービスやコンポーネント，文書の変更を安全かつ効率的に行うための管理です。事業やITからのRFC（Request for Change：変更要求）を受け取り，対応します。

●サービスの設計及び移行

サービスの設計及び移行では，まず新規サービスまたはサービス変更の計画を立て，設計を行った後，構築及び移行を行います。それぞれの段階で行うことは，次のとおりです。

1. 新規サービスまたはサービス変更の計画

サービス計画で決定した新規サービスや，サービス変更についてのサービスの要求事項を用いて，新規サービスまたはサービス変更の計画を立案します。

2. 設計

サービス計画で決定したサービスの要求事項を満たすようにサービス受入れ基準を決定してサービスを設計し，サービス設計書として文書化します。このとき，SLAやサービスカタログ，契約書なども必要に応じて新設，更新を行います。

3. 構築及び移行

文書化した設計に適合する構築を行い，サービス受入れ基準を満たしていることを検証するために，**受入れテストや運用テスト**などの試験を行います。リリース及び展開管理を使用して，新規サービスやサービス変更を，稼働環境に展開していきます。

●リリース及び展開管理

変更管理プロセスで承認された変更内容を，ITサービスの本番環境に正しく反映させる作業（リリース作業）を行うのがリリース管理及び展開管理です。リリース管理では，本番環境にリリースした確定版のすべてのソフトウェアのソースコードや手順書，マニュアルなどのCI（構成品目）を1か所にまとめて管理します。

解決及び実現

サービスマネジメントシステムの構築後の不具合を解決し，さらに改善したシステムを実現するためには，インシデントを適切に取り扱うだけではなく，根本原因を解決することが大切です。

解決及び実現に向けた管理には，次のものがあります。

過去問題をチェック

解決及び実現については，次のような管理に関する出題があります。

【問題管理】
・平成29年春 午前 問42

【インシデント管理】
・平成28年秋 午前 問42
・平成31年春 午前 問41
・令和元年秋 午前 問41
・サンプル問題セット 問39
・令和5年度 公開問題 問9

●インシデント管理

サービスマネジメントシステムにおけるインシデントとは，サービスに対する計画外の中断，サービスの品質の低下だけでなく，顧客または利用者へのサービスにまだ影響していないが今後影響する可能性のある事象のことです。インシデントに対しては，暫定的でもよいので，できる限り迅速に対応する必要があります。

インシデントの対応手順は，次のようになります。

1. 記録し，分類する
2. 影響及び緊急度を考慮して，優先順位付けをする
3. 必要であれば，エスカレーションする
4. 解決する
5. 終了する

エスカレーションとは，自身で解決できない問題を他の人に引き継ぐことです。インシデントが発生したときに早急に行われる，サービスへの影響を低減または除去する方法のことを，**回避策**(ワークアラウンド)といいます。

●サービス要求管理

サービス要求管理では，サービス要求に対して，次の事項を実施します。

1. 記録し，分類する
2. 優先順位付けをする
3. 実現する
4. 終了する

また，サービス要求の実現に関する指示書を，サービス要求の実現に関与する要員が利用できるようにする必要があります。

●問題管理

一つまたは複数のインシデントの根本原因のことを**問題**といいます。その問題を突き止めて，登録し管理するのが問題管理です。

問題を特定するために，インシデントのデータ及び傾向を分析し，根本原因の分析を行い，インシデントの発生または再発を防止するための処置を決定します。

問題管理は，次の事項を実施します。

1. 記録し，分類する
2. 優先順位付けをする
3. 必要であれば，エスカレーションする
4. 可能であれば，解決する
5. 終了する

根本原因が特定されても問題が恒久的に解決されていない場合には，問題がサービスに及ぼす影響を低減，除去するための処置を決定する必要があります。

■サービス保証

サービスが適切に運用されていることを確認し，保証する必要があります。サービス保証に向けた管理には，次のものがあります。

過去問題をチェック
サービス保証については，次のような管理に関する出題があります。
【サービス可用性管理】
・平成30年秋 午前 問40

●サービス可用性管理

すべてのサービスで提供されるサービス可用性のレベルが，費用対効果に優れた方法であり，合意されたビジネスニーズに合致するように実行するための管理がサービス可用性管理です。

サービス可用性管理では，次の四つの側面をモニタ，測定，分析，報告します。

・サービス可用性 … 必要なときに合意された機能を実行する能力（指標例：稼働率）

- 信頼性 …………… 合意された機能を中断なしに実行する能力（指標例：MTBF）
- 保守性 …………… 障害の後，迅速に通常の稼働状態に戻す回復力（指標例：MTTR）
- サービス性 ……… 外部プロバイダが契約条件を満たす能力

関連

MTBFやMTTRなどのシステムの信頼性の指標については，「7-1-2 システムの評価指標」で詳しく学習します。

●サービス継続管理

顧客と合意したサービス継続をあらゆる状況の下で満たすことを確実にするための活動がサービス継続管理です。サービス継続に関する要求事項は，事業計画やSLA，リスクアセスメントに基づいて決定します。

●情報セキュリティ管理

情報資産の機密性，完全性，可用性を保つように，情報セキュリティを管理します。ISMSを構築し，情報セキュリティマネジメントに関する作業を適切に実施します。

覚えよう！

- □ サービスの移行時には，運用テストなどのテストが必要
- □ インシデント管理は，とりあえず復旧。問題管理で根本的原因を解明

6

6-2-3 パフォーマンス評価及び改善 頻出度 ★☆☆

サービスマネジメントシステムでは，パフォーマンスを定期的に評価し，改善していく必要があります。サービスマネジメントシステムのパフォーマンスを適切に監視し，測定しておくことで，評価や改善につながります。

パフォーマンス評価

サービスマネジメントシステムのパフォーマンスは，サービスマネジメントの目的に合わせて有効性を評価する必要があります。このとき，目的に合わせて作成したサービスの要求事項と照らし合わせ，監視，測定，分析，評価を行います。

パフォーマンス評価を行うための手法としては，内部監査やマネジメントレビューがあります。監査項目を設定し，サービスの要求事項を満たしているかを監査します。また，報告の要求事項や目的に沿って作成された，サービスマネジメントシステムやサービスのパフォーマンスや有効性に関する**サービスの報告**を作成する必要があります。

過去問題をチェック

パフォーマンス評価については，午前で次のような出題があります。

【サービスの報告】

・平成28年春 午前 問42

パフォーマンスの改善

パフォーマンス評価で不適合が発生した場合には，不適合を管理し修正するための処置を行う必要があります。不適合によって起こった結果に対処する処置，不適合が再発しないようにするための処置のことを**是正処置**といいます。

パフォーマンスの改善は，一度で終わりではなく，**継続的改善**を行っていくことが大切です。サービスマネジメントシステムやサービスの適切性，妥当性及び有効性を継続的に改善するために，改善の機会に適用する**評価基準**を決定しておくことで，承認された改善活動を管理することが可能になります。

評価基準には，CSF，KPIなどがあります。

7ステップの改善プロセス

7ステップの改善プロセスは，ITIL 2011 editionの継続的サービス改善で紹介されている改善プロセスです。次のように，サービスやプロセスを着実に改善するためにやるべきことを具体的に示しています。

1. 改善の戦略を識別する
2. 測定するものを定義する
3. データを収集する
4. データを処理する
5. 情報とデータを分析する
6. 情報を提示して利用する
7. 改善を実施する

▶▶▶ 覚えよう！

- □ 事業目的に合わせてパフォーマンスの評価指標を決定して評価する
- □ 継続的にサービスの品質を改善していくため，プロセスを回す

6-2-4 サービスの運用

サービスの運用では，システム運用管理者の役割が重要になってきます。通常時の運用と障害時の運用の両方を考える必要があります。

システム運用管理者の役割

システム運用管理者の役割は，業務を行うユーザに対してITサービスを提供し，業務に役立ててもらうことです。従来は依頼があったときに対応するリアクティブ（受動的）な運用が主でしたが，最近は自発的に貢献するプロアクティブ（能動的）な取り組みが推奨されます。

システム運用管理者が運用以外の業務にもプロアクティブに関わっていくことで，より良いITサービスを提供できるようになります。

サービスの運用

サービスの運用では，システムの運用管理を行います。運用オペレーションでは，システムの監視や操作，状況連絡を行い，作業指示書や操作ログを記録します。サービス運用時にエラーや障害を起こりにくくするために，システムを構成する人以外の要素を改善する**エラープルーフ化**を行うことが効果的です。

スケジュール設計

通常時の運用では，日次処理，週次処理，月次処理など，段階別に運用内容を決定しておく必要があります。運用ジョブに対しても，プロジェクトマネジメントの場合と同様に，先行ジョブとの関連を考え，ジョブネットワーク（ジョブのつながり方）を考慮してスケジュール設計を行います。

障害時運用設計

障害時には，待機系の切替え，データの回復などを行いますが，その手法はあらかじめ設計しておく必要があります。**BCP**（Business Continuity Planning：事業継続計画）を策定し，**RTO**（Recovery Time Objective：目標復旧時間），**RPO**（Recovery

Point Objective：目標復旧時点／リカバリポイント目標）を決めておきます。RPOとは，障害時にどの時点までのデータを復旧できるようにするかという目標です。

災害などによる致命的なシステム障害から情報システムを復旧させることや，そういった障害復旧に備えるための復旧措置のことをディザスタリカバリ（災害復旧）と呼びます。

また，障害が起こると企業に重大な影響を及ぼすため，24時間365日常に稼働し続ける必要があるシステムをミッションクリティカルシステムといいます。ミッションクリティカルシステムでは，システム障害が起こっても停止しないように待機系を複数用意するなど，万全の対策が求められます。

システム運用の評価項目

システムが運用要件を満たしているかどうかを定期的に評価することは重要です。様々な視点からの評価項目が設定されます。例として，次のようなものがあります。

- **機能性評価指標** …………………… 要求機能の実現度
- **使用性評価指標** …………………… 特定の利用の実現度
- **性能指標** ………………………… 応答時間，処理時間
- **資源の利用状況に関する指標** …… 資源の利用状況
- **信頼性評価指標** …………………… システム故障の頻度，障害件数，回復時間，稼働率

その他，安全性とセキュリティ，運用者の作業負担，利用者のシステム使用性なども評価項目として考えられます。

サービスデスク（ヘルプデスク）

サービスデスクとは，様々なサービスやイベントに関わるスタッフを擁する機能です。利用者にとっては，問題が起こったときに連絡する**単一窓口**（SPOC：Single Point Of Contact）となり，利用者からの問合せに対応します。

サービスデスクで問合せの内容をすぐに解決できない場合には，エスカレーション（段階的取扱い）を行います。

また，サービスデスクには次のように様々な形態があります。

●サービスデスクの形態

- **ローカルサービスデスク**
  組織の拠点が複数箇所に分散している場合に，それぞれの拠点に要員を置き対応する
- **フォロー・ザ・サン**
  分散した二つ以上のサービスデスクを組み合わせ，24時間体制でサービスを提供する
- **中央サービスデスク**
  中央で一括してサービスの提供を行う
- **バーチャルサービスデスク**
  サービスデスクが物理的に分散していても，サポートツールなどを利用することで，中央で集中して対応しているように見える

▶▶▶覚えよう！

- □ BCP（事業継続計画）では，RPO（リカバリポイント目標）やRTOを設定する
- □ サービスデスクは単一窓口（SPOC）で，他の部署にエスカレーションする

6-2-5 ファシリティマネジメント

頻出度 ★★★

ファシリティマネジメントでは，経営の視点から業務用不動産を総合的にマネジメントします。

ファシリティマネジメント

ファシリティマネジメントとは，経営の視点から業務用不動産（土地や建物や設備など）を保有，運用し，維持するための総合的な管理手法です。単なる施設管理ではなく，施設を適切に使っていくためのあらゆるマネジメントを含みます。

施設管理・設備管理

データセンタなどの施設や，コンピュータ，ネットワークなどの設備を管理し，コストの削減を図り，快適性，安全性などを確保します。

また，電源・空調設備などの管理を行います。停電時に数分間電力を供給し，システムを安定して停止させることができる**UPS**（Uninterruptible Power Supply：無停電電源装置）や，停電時に自力で電力を供給できるようにする**自家発電装置**などを利用した電源管理を行います。さらに，PCなどにケーブルを取り付ける**セキュリティケーブル**の利用などにより，物理的なセキュリティを確保します。

環境側面

環境側面では，地球環境に配慮したIT製品やIT基盤，環境保護や資源の有効活用につながるIT利用を推進することが大切です。この思想のことを**グリーンIT**といいます。

▶▶▶ 覚えよう！

- □ ファシリティマネジメントでは設備を管理する
- □ 停電時はUPSで数分間電力を提供し，その後は自家発電装置が必要

6-2-6 演習問題

問1 PDCA方法論 CHECK ▶ □□□

サービスマネジメントシステムにPDCA方法論を適用するとき，Actに該当するものはどれか。

ア サービスの設計，移行，提供及び改善のためにサービスマネジメントシステムを導入し，運用する。
イ サービスマネジメントシステム及びサービスのパフォーマンスを継続的に改善するための処置を実施する。
ウ サービスマネジメントシステムを確立し，文書化し，合意する。
エ 方針，目的，計画及びサービスの要求事項について，サービスマネジメントシステム及びサービスを監視，測定及びレビューし，それらの結果を報告する。

問2 SLAやサービスカタログを文書化し維持する人 CHECK ▶ □□□

ITサービスマネジメントにおいて，SMS（サービスマネジメントシステム）の効果的な計画立案，運用及び管理を確実にするために，SLAやサービスカタログを文書化し，維持しなければならないのは誰か。

ア 経営者　　イ 顧客
ウ サービス提供者　　エ 利用者

問3 インシデントの解決を依頼すること CHECK ▶ □□□

ITサービスマネジメントにおいて，一次サポートグループが二次サポートグループにインシデントの解決を依頼することを何というか。ここで，一次サポートグループは，インシデントの初期症状のデータを収集し，利用者との継続的なコミュニケーションのための，コミュニケーションの役割を果たすグループであり，二次サポートグループは，専門的技能及び経験をもつグループである。

ア 回避策　　イ 継続的改善
ウ 段階的取扱い　　エ 予防処置

問4 インシデント管理の目的 CHECK ▶ □□□

ITサービスマネジメントにおけるインシデント管理の目的として，適切なものはどれか。

ア インシデントの原因を分析し，根本的な原因を解決することによって，インシデントの再発を防止する。
イ サービスに対する全ての変更を一元的に管理することによって，変更に伴う障害発生などのリスクを低減する。
ウ サービスを構成する全ての機器やソフトウェアに関する情報を最新，正確に維持管理する。
エ インシデントによって中断しているサービスを可能な限り迅速に回復する。

問5 サービスレベル管理 CHECK ▶ □□□

サービス提供者と顧客との間で，新サービスの可用性に関するサービスレベルの目標を定めたい。次に示すサービスの条件で合意するとき，このサービスの稼働率の目標値はどれか。ここで，1週間のうち5日間を営業日とし，保守のための計画停止はサービス提供時間帯には行わないものとする。

〔サービスの条件〕

サービス提供時間帯	営業日の9時から19時まで
1週間当たりのサービス停止の許容限度	・2回以下 ・合計1時間以内

ア 96.0％以上　イ 97.8％以上　ウ 98.0％以上　エ 99.8％以上

問6 利用者が優先して確認すべき事項 CHECK ▶ □□□

システムの利用部門の利用者と情報システム部門の運用者が合同で，システムの運用テストを実施する。利用者が優先して確認すべき事項はどれか。

ア オンライン処理，バッチ処理などが運用手順どおりに稼働すること
イ システムが決められた業務手順どおりに稼働すること
ウ システムが目標とする性能要件を満たしていること
エ 全てのアプリケーションプログラムが仕様どおりに機能すること

問7 問題管理の活動 CHECK ▶ □□□

サービスマネジメントシステムにおける問題管理の活動のうち，適切なものはどれか。

ア 同じインシデントが発生しないように，問題は根本原因を特定して必ず恒久的に解決する。
イ 同じ問題が重複して管理されないように，既知の誤りは記録しない。
ウ 問題管理の負荷を低減するために，解決した問題は直ちに問題管理の対象から除外する。
エ 問題を特定するために，インシデントのデータ及び傾向を分析する。

問8 システム運用におけるデータの取扱い CHECK ▶ □□□

システム運用におけるデータの取扱いに関する記述のうち，最も適切なものはどれか。

ア エラーデータの修正は，データの発生元で行うものと，システムの運用者が所属する運用部門で行うものに分けて実施する。
イ 原始データの信ぴょう性のチェック及び原始データの受渡しの管理は，システムの運用者が所属する運用部門が担当するのが良い。
ウ データの発生元でエラーデータを修正すると時間が掛かるので，エラーデータの修正はできるだけシステムの運用者が所属する運用部門に任せる方が良い。
エ 入力データのエラー検出は，データを処理する段階で行うよりも，入力段階で行った方が検出及び修正の作業効率が良い。

解答と解説

問1 (平成29年秋 情報セキュリティマネジメント試験 午前 問41)

《解答》イ

サービスマネジメントシステムの改善(Act)のフェーズでは，継続的に改善するための処置を実施します。したがって，**イ**が正解です。

アは実行(Do)，ウは計画(Plan)，エは評価(Check)です。

問2 (平成30年秋 情報セキュリティマネジメント試験 午前 問41)

《解答》ウ

ITサービスマネジメントにおいて，SMS (Service Management System) 全般について計画し，維持管理を行うのはサービス提供者です。そのため，SLA (Service Level Agreement) やサービスカタログを文書化し，維持する役割をもつのは，サービス提供者になります。したがって，**ウ**が正解です。

ア　経営者には，SMSの導入を決定するなど，全体的な意思決定の役割があります。

イ　顧客は，SLAの内容に同意し，SMSの提供を受ける側です。

エ　利用者は，実際にシステムを利用する側で，維持管理はサービス提供者に任せます。

問3 (平成30年秋 情報セキュリティマネジメント試験 午前 問42)

《解答》ウ

ITサービスマネジメントにおいては，一次サポートグループが利用者との窓口となり，問題の解決を行います。一次サポートグループが対処仕切れないインシデントの場合は，二次サポートグループに依頼し，問題の解決を任せます。この依頼のことを，段階的取扱い(エスカレーション)といいます。したがって，**ウ**が正解です。

ア　ワークアラウンドともいい，インシデントが発生した際の応急措置です。完全な解決策がまだ存在しないインシデントや問題を低減または排除します。

イ　マネジメントのプロセスを繰り返すことで，継続的に改善していくことです。

エ　インシデントが発生しないように事前に行う処置のことです。

問4

（令和4年 ITパスポート試験 問44）

《解答》エ

ITサービスマネジメントシステムにおけるインシデント管理では，発生したインシデントに，影響及び緊急度を考慮して，優先順位付けを行って対応します。インシデントによって中断しているサービスを可能な限り迅速に回復することが，インシデント管理の目的となります。したがって，**エ**が正解です。

ア 問題管理の目的です。

イ 変更管理の目的です。

ウ 構成管理の目的です。

問5

（平成29年秋 情報セキュリティマネジメント試験 午前 問42）

《解答》ウ

1週間当たりの新サービスの稼働時間を考えます。1週間のうち5日が営業日で，営業日の9時から19時までの10時間稼働するので，稼働時間は，5［日］×10［時間］＝50［時間］です。

サービスの条件で，1週間当たりのサービス停止の許容限度は1時間なので，稼働している時間は最低でも，50－1＝49［時間］です。

このときの稼働率は，49 ／ 50＝0.98＝98.0％なので，稼働率の目標値は98.0％以上となります。したがって，**ウ**が正解です。

問6

（平成29年春 情報セキュリティマネジメント試験 午前 問40）

《解答》イ

システムの運用テストを実施する場合，利用部門は利用時を想定して，システムが決められた業務手順どおりに稼働することをチェックすることが大切です。したがって，**イ**が正解です。

ア，ウ，エは，情報システム部門が優先して確認すべき事項です。

問7 (令和3年秋 応用情報技術者試験 午前 問54)

《解答》エ

サービスマネジメントシステムにおける問題管理では，インシデントの根本原因となる問題を管理します。問題が何であるかを特定するために，インシデントのデータ及び傾向を分析するのは問題管理の活動となります。したがって，**エ**が正解です。

ア　根本原因が特定できないこともあるので，可能であれば解決します。恒久的に解決されない場合には，問題がサービスに及ぼす影響を低減，除去するための処置を決定します。

イ　データの件数などの傾向を把握するため，既知の誤りも記録します。

ウ　問題が解決した場合でも，再発防止などの対策を考える必要があることがあります。

問8 (平成31年春 情報セキュリティマネジメント試験 午前 問42)

《解答》エ

システム運用におけるデータの取扱いのうち，入力データのエラー検出は，入力段階ですぐに行うと，迅速に入力を修正できることになるため，作業効率は良くなります。したがって，**エ**が正解です。

ア　エラーデータの修正は，データの発生元と運用部門のどちらかで行うものもありますが，両方のチェックが必要なものもあります。

イ　原始データの信ぴょう性のチェックなどに関しては，データの内容を理解しているデータの発生元で行うことが望ましいとされます。

ウ　エラーデータの修正は，運用部門が行うことで信ぴょう性が失われるものもあるので，データの種類に応じた適切な対応が大切です。

6-3 プロジェクトマネジメント

プロジェクトマネジメントでは，毎回異なるプロジェクトを無事完了させるために，プロジェクトマネージャが様々な行動を行う必要があります。そのときに活用できる方法論がPMBOKにまとめられています。

6-3-1 プロジェクトマネジメント 頻出度★★★

プロジェクトマネジメントでは，プロジェクトの目標を達成するために，計画し（Plan），計画どおりに作業を進め（Do），計画と実績の差異を検証し（Check），差異の原因に対する処置を行う（Act），PDCAマネジメントサイクルで管理します。

プロジェクトとは

プロジェクトとは，目標達成のために行う有期の活動です。つまり，定常的な業務と異なり，そのプロジェクトならではの独自性をもち，ゴールがあります。そして，明確な始まりと終わりがあることもプロジェクトの特徴です。プロジェクトが終わりになるのは，プロジェクト目標が**達成**されたときか，プロジェクトが**中止**されたときです。

プロジェクトマネジメント

プロジェクトマネジメントとは，プロジェクトの要求事項を満たすため，知識，スキル，ツール及び技法をプロジェクト活動に適用することです。具体的には，**テーラリング**（プロジェクトの設計）を実施し，プロジェクトの環境を考慮してプロジェクトの体制を決定し，プロセスごとに適切なツールや技法を決めます。

プロジェクトでは，**ステークホルダ**（利害関係者）のニーズと期待に応えつつ，競合する要求のバランスをとります。また，プロジェクトの進行中には，変更管理，問題発見，問題報告，対策立案，文書化といった自己管理も行う必要があります。

勉強のコツ

プロジェクトマネジメントのベストプラクティス集であるPMBOKには，実際の現場での経験則が詰まっています。そのため，プロジェクトのチームで働いた経験があれば，理解しやすい分野です。
PMBOKに出てくる様々なプロジェクトマネジメントの手法についての知識が主な出題ポイントなので，用語を中心に理解しておきましょう。

動画

プロジェクトマネジメント分野についての動画を以下で公開しています。
http://www.wakuwakuacademy.net/itcommon/5
プロジェクトマネジメントの考え方やリスクマネジメントなどについて詳しく解説しています。
本書の補足として，よろしければご利用ください。

PMBOK

プロジェクトマネジメントの専門家が,「実務でこうすればプロジェクト成功の可能性が高くなる」という方法論やスキルなどを集めて作成された標準が**PMBOK**（Project Management Body of Knowledge：プロジェクトマネジメント知識体系）です。

プロジェクトマネジメントの原理・原則を明らかにし，業界や場所，規模などを問わず適用されます。

プロジェクトマネジメント・コミュニティにとって最も重要と特定された四つの価値は，責任・尊重・公正・誠実です。PMBOKでは，プロジェクトの成果を実現するために，次の8個のパフォーマンス領域を特定しています。

発展

プロジェクトマネジメントを行うためには，プロジェクトマネジメントの知識以外にも必要とされる知識がたくさんあります。人間関係のスキルやマネジメント分野の知識などはその代表例です。PMBOKは，それらの知識は必要であるという前提で，**プロジェクトマネジメントに関する知識だけ**がまとめられたものです。PMBOKの最新版は第7版です。

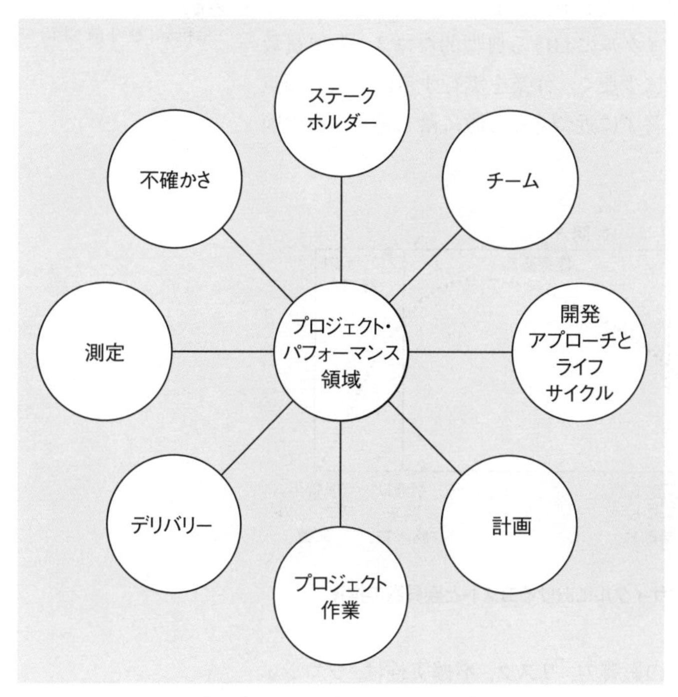

プロジェクト・パフォーマンス領域

PMBOK第6版までは，プロジェクトマネジメントで使用されていたプロセスの実施について記載されていました。第7版ではまったく異なり，プロジェクトチームが使用するアプローチに関係なく，成果を達成することに重点が置かれています。プロジェクト・パフォーマンス領域は，プロジェクトの成果の効果的な提供に不可欠なものです。

PMBOK第7版で重視されているテーラリングとは，プロジェクトマネジメントのアプローチやプロセスなどを目の前のタスクに適応させることです。プロジェクトの状況に合わせて，慎重に適合させていくことが求められます。

プロジェクトライフサイクル

プロジェクトライフサイクルとは，プロジェクトのフェーズの集合です。プロジェクトの規模や複雑さは様々ですが，ライフサイクルはプロジェクト開始，組織編成と準備，作業実施，プロジェクト終結の4段階で表現することができます。

プロジェクトライフサイクルにおける典型的なコストと要員数は，プロジェクト開始時に少なく，作業を実行するにつれて頂点に達し，プロジェクトが終了に近づくと急激に落ち込む，次の図のように推移します。

過去問題をチェック
プロジェクトについては，午前で次の出題があります。
【プロジェクト】
・平成31年春 午前 問43
【プロジェクトライフサイクル】
・令和元年秋 午前 問43

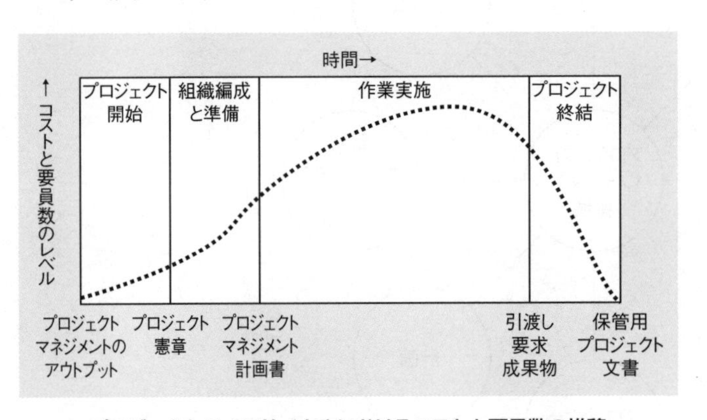

プロジェクトライフサイクルにおけるコストと要員数の推移

また，ステークホルダの影響力，リスク，不確実性は，プロジェクト開始時に最大であり，プロジェクトが進むにつれて徐々に低下します。変更コストは，プロジェクトが終了に近づくにつれて図のように大幅に増加していきます。

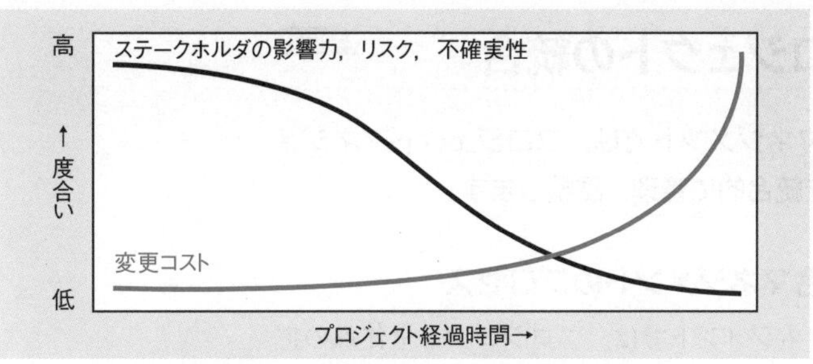

ステークホルダの関わり方と変更コストの推移

▶▶▶ 覚えよう！

- □ **プロジェクトは目標を達成するために実施する有期の活動**
- □ **プロジェクトの必要人員は，作業実施時が最も多い**

6-3-2 プロジェクトの統合

プロジェクト統合マネジメントでは，プロジェクトマネジメント活動の各エリアを統合的に管理，調整します。

プロジェクト統合マネジメントのプロセス

プロジェクト統合マネジメントでは，プロジェクト全体像の把握と管理を行い，プロジェクトの定義や統一，調整など，必要なプロセスを実施します。個々のプロセスは相互に関係しているので，その中で競合する目標と代替案などのトレードオフを行い，相互依存関係のマネジメントを実施します。

トレードオフとは，一方を追求すれば他方を犠牲にせざるを得ないという状態または関係です。プロジェクトマネジメントでは，このようなトレードオフを調整することが求められます。

プロジェクト統合マネジメントのプロセスには，プロジェクト憲章作成，プロジェクトマネジメント計画書作成，プロジェクト実行の指揮・マネジメント，プロジェクト作業の監視・コントロール，統合変更管理，プロジェクトやフェーズの終結があります。

プロジェクト憲章

プロジェクト憲章は，プロジェクトやフェーズを**公式に認可する文書**です。立上げプロセス群の中で実行される，**ステークホルダ**のニーズと期待を満足させる初期の要求事項を文書化するプロセスが，プロジェクト憲章作成です。

プロジェクト憲章には，以下のような内容が記述されます。

- **プロジェクトの目的や妥当性**
- **測定可能なプロジェクト目標とその成功基準**
- **予算，スケジュールなどの概要**

プロジェクトやフェーズの終結

プロジェクトやフェーズを公式に終了するためにすべてのプロジェクトマネジメントプロセス群のすべてのアクティビティを完結するプロセスが，**プロジェクトやフェーズの終結**です。プロジェクトマネージャは，すべての作業が完了し，その目標を達成したことを確認します。

▶▶▶ 覚えよう！

☐ プロジェクト憲章でプロジェクトは正式に認可される

6-3-3 プロジェクトのステークホルダ

頻出度 ★★★

プロジェクトステークホルダマネジメントでは，プロジェクトに影響を受けるか，あるいは影響を及ぼす個人，グループまたは組織を明らかにします。

用語

PMBOKでは，従来はプロジェクトコミュニケーションマネジメントの一部としてステークホルダマネジメントを定義していました。しかし，ステークホルダマネジメント活動はプロジェクトを円滑に進める上で非常に重要であるという判断があり，第5版以降で新たに知識エリアとして加わりました。

ステークホルダ

ステークホルダとは，プロジェクトに積極的に関与しているか，またはプロジェクトの実行や完了によって利益にプラスまたはマイナスの影響を受ける個人や組織です。具体的には，顧客やユーザ，スポンサー，プロジェクトチームのメンバ，メンバが所属する組織，商品の納入を行う業者などです。

プロジェクトステークホルダマネジメントのプロセス

プロジェクトステークホルダマネジメントに含まれるプロセスには，ステークホルダマネジメント計画，ステークホルダエンゲージメントマネジメント，ステークホルダエンゲージメントコントロールがあります。エンゲージメントとは，ステークホルダの関係や関わりの度合いを，強すぎもせず弱すぎもしない適切なものとするような活動です。

ステークホルダ登録簿

ステークホルダを適切に管理するため，ステークホルダの利害や環境に関する情報を文書化します。**ステークホルダ登録簿**を作成し，ステークホルダの氏名や評価情報などを記載します。

覚えよう！

- □ ステークホルダには，顧客やメンバ，関係組織など，様々な人がいて，利害関係が対立する
- □ ステークホルダとプロジェクトとの関係が適度な距離になるよう管理する

6-3-4 プロジェクトのスコープ

頻出度 ★★★

プロジェクトスコープマネジメントは，プロジェクトに必要な作業を過不足なく含めることを目的に行われます。

プロジェクトスコープ

プロジェクトスコープとは，プロジェクトの範囲であり，必要なプロダクトやサービスを生み出すために行わなければならない作業です。プロジェクトスコープマネジメントでは，計画された作業の基準値である**ベースライン**を決め，それを実績と比較することによって，プロジェクトが順調かどうかを判断します。

プロジェクトスコープマネジメントのプロセス

プロジェクトスコープマネジメントに含まれるプロセスには，スコープマネジメント計画，要求事項収集，スコープ定義，WBS作成，スコープ妥当性確認，スコープコントロールがあります。

WBS

過去問題をチェック

WBSについては次の出題があります。

【WBS】
- 平成30年秋 午前 問43
- サンプル問題セット 問40

WBS（Work Breakdown Structure）は，成果物を中心に，プロジェクトチームが実行する作業を階層的に要素分解したものです。WBSを使うと，プロジェクトのスコープ全体を系統立ててまとめて定義することができます。

WBSでは，上位のWBSレベルから下位のWBSレベルへと，より詳細な構成要素に分解します。最も詳細に分解した最下位のWBSをワークパッケージといいます。ワークパッケージには，実際に行う作業であるアクティビティを割り当てます。

WBSの構造は，プロジェクトライフサイクルのフェーズを要素分解の第1レベルに置く方法，主要な成果物を第1レベルに置く方法，組織単位・契約単位で分ける方法などがあり，いろいろな形態で利用することができます。

WBSの構造は次の図のようになります。

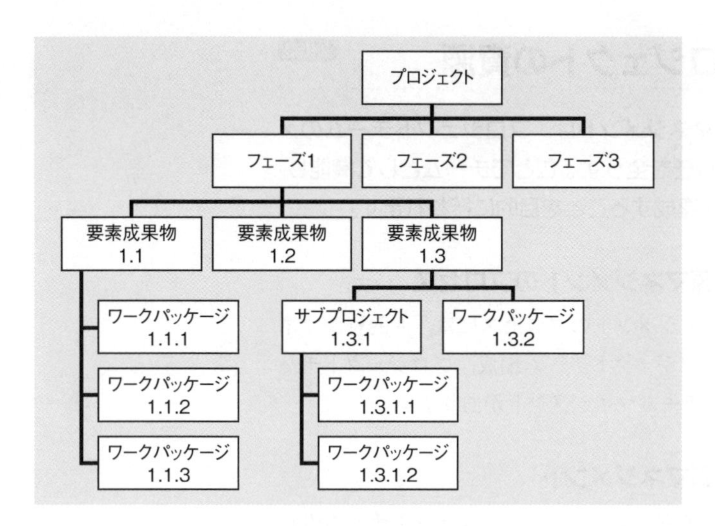

WBSの構造

WBSは毎回一から作るのではなく，これまでのプロジェクトで作成されたWBSを参考にすることで，より効率的にプロジェクトを運営できます。過去のプロジェクトの実績に基づき，典型的な作業の階層構造や作業項目をまとめたひな形を**WBSテンプレート**といいます。WBSテンプレートを作ることで，中長期的にスケジュール作成の効率と精度を高めることができるようになります。

WBS辞書

WBS辞書は，WBS作成プロセスにおいて生成する文書であり，WBSを補完します。各WBS要素に対応する作業の詳細な記述や，技術的な文書の詳細な記述を行います。

▶▶▶ 覚えよう！

- □ **スコープはプロジェクトに必要なものを過不足なく定義**
- □ **WBSの最下位の要素はワークパッケージ**

6-3-5 プロジェクトの資源

プロジェクト資源マネジメントは，プロジェクトチームのメンバが各々の役割と責任を全うすることでチームとして機能し，プロジェクトの目標を達成することを目的に行われます。

プロジェクト資源マネジメントのプロセス

プロジェクト資源マネジメントのプロセスには，人的資源マネジメント計画作成，プロジェクトチーム編成，プロジェクトチーム育成，プロジェクトチームマネジメントがあります。

プロジェクト資源マネジメント

プロジェクト資源マネジメントでは，プロジェクトチームの管理を行います。プロジェクトチームの要員として，プロジェクトマネージャやプロジェクトメンバを決定し，プロジェクトマネジメントチームで管理を行います。機器，備品，資材，ソフトウェア，ハードウェア，外部人材の管理なども行います。

教育技法

プロジェクトの人材育成では，知識中心ではなく，より実践的な教育技法が用いられます。代表的なものに，日常業務の中で先輩や上司が個別指導する**OJT**（On the Job Training）や，具体的な事例を取り上げて詳細に分析し，解決策を見出していく**ケーススタディ**，その応用で，制限時間内で多くの問題を処理させる**インバスケット**などがあります。

覚えよう！

- □ 日常業務での個別指導の教育はOJT
- □ インバスケットは，一定時間に数多くの案件を処理する

6-3-6 プロジェクトの時間

プロジェクトスケジュールマネジメントでは，プロジェクトを所定の時期に完了させることを目的とします。プロジェクトだけでなく，プロジェクトに関わる要員それぞれの進捗管理も重要です。

プロジェクトスケジュールマネジメント

プロジェクトスケジュールマネジメントに含まれるプロセスには，スケジュールマネジメント計画，アクティビティ定義，アクティビティ順序設定，アクティビティ資源見積り，アクティビティ所要期間見積り，スケジュール作成，スケジュールコントロールがあります。

アクティビティ

プロジェクトのWBSで定義されたワークパッケージを，より小さく，よりマネジメントしやすい単位に要素分解したものが**アクティビティ**です。チームメンバや専門家などと協力してアクティビティを分解し，必要なすべてのアクティビティを網羅した**アクティビティリスト**を作成します。そして，すべて**マイルストーン**を特定し，マイルストーンリストを作成します。さらに，アクティビティの順序関係をまとめ，プロジェクトのスケジュールを**アローダイアグラム**で表現します。

スケジュールの作成方法

アクティビティごとに，資源がいつどれだけ必要になるか，作業量や期間はどの程度かを見積もり，スケジュールを作成します。スケジュール作成の代表的な手法には以下のものがあります。

①クリティカルパス法

アクティビティ（作業）の順序関係を表した**アローダイアグラム**から，プロジェクト完了までにかかる最長の経路である**クリティカルパス**を計算し，それを基準にそれぞれのアクティビティがプロジェクト完了を延期せずにいられる余裕がどれだけあるか（**トータルフロート**）を計算します。

具体的には，最初にスケジュール・ネットワークの経路の往路時間計算（**フォワードパス**）を求め，作業期間の合計が最も大きい経路をクリティカルパスとし，その期間をプロジェクト全体の所要時間とします。そして，その所要時間から逆算して復路時間計算（**バックワードパス**）を行います。フォワードパスにより，すべてのアクティビティの最早開始日と最早終了日を，バックワードパスにより最遅開始日と最遅終了日を求めることができます。

参考

クリティカルパスは，プロジェクト完了までにかかるそれぞれの経路の所要時間の合計から最長の経路を選択して求めるものです。このクリティカルパスでの所要時間が，プロジェクト全体で必要な最短の時間となります。

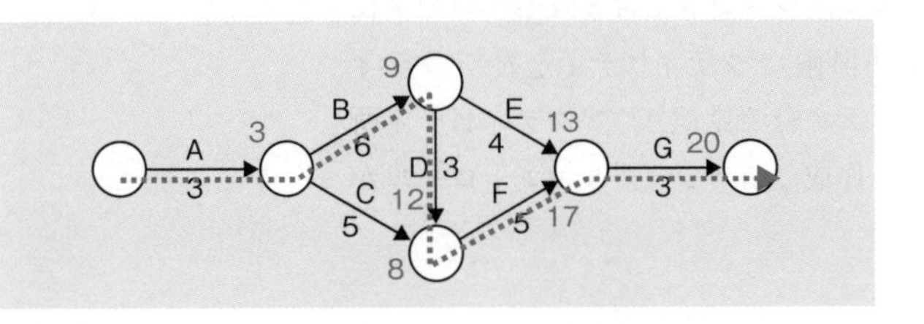

アローダイアグラムの例（点線はクリティカルパス）

過去問題をチェック

プロジェクトタイムマネジメントについては，午前で次のような出題があります。

【アローダイアグラム】
・平成29年春 午前 問43
・平成30年春 午前 問43
・令和元年秋 午前 問44

【ガントチャート】
・平成29年秋 午前 問44

【PERT】
・サンプル問題セット 問41

②PERT

PERT（Program Evaluation and Review Technique）は，クリティカルパス法とよく似た手法です。PERT図を作成し，クリティカルパスを求めます。

PERTでは，三点見積りという，時間見積りを確率的に行う方法を用いて，全体スケジュールの所要期間を計算します。

③クリティカルチェーン法

クリティカルパス法では，資源（人員など）に関する制限を考慮せずに計算していました。しかし実際には資源に限度があるので，その資源に合わせてクリティカルパスを修正する手法がクリティカルチェーン法です。

④スケジュール短縮手法

作成したスケジュールの予定が目標の期限に間に合わない場合にスケジュールを短縮させる方法に，クラッシングとファストトラッキングがあります。クラッシングとは，コストとスケジュールのトレードオフを分析し，最小の追加コストで最大の期間短縮

を実現する手法を決定することです。ファストトラッキングは，順を追って実行するフェーズやアクティビティを並行して実行するというスケジュール短縮手法です。

スケジュールコントロール

スケジュールコントロールでは，プロジェクトの進捗を更新するためにプロジェクトの状況を監視し，スケジュールに対する変更をマネジメントします。スケジュール作成で行われたクリティカルパス法などの分析により，基本となるスケジュールであるスケジュールベースラインを決定します。それを基に差異分析を行い，スケジュールを調整します。

ガントチャート

ガントチャートは，作業の進捗状況を表す図です。プロジェクト管理などにおいて工程管理に用いられます。縦軸でWBSのそれぞれの要素を表し，横棒で実施される期間や実施状況を色分けなどして表します。ガントチャートは，次のような一種の棒グラフのかたちで示されます。

アクティビティ	開始	終了	1	2	3	4	5	6	7	8	9
要件定義	1月	1月									
概要設計	2月	3月									
詳細設計	4月	5月									
プログラミング	6月	8月									
テスト	7月	9月									

ガントチャートの例

▶▶▶ 覚えよう！

- □ クリティカルパスは日程に余裕のない経路
- □ ガントチャートは進捗管理に利用される図

6-3-7 プロジェクトのコスト

頻出度 ★★★

プロジェクトコストマネジメントは，プロジェクトを決められた予算内で完了させることを目的に行われます。プロジェクトだけでなく，プロジェクトに関わる要員それぞれのコスト管理も重要です。

プロジェクトコストマネジメント

プロジェクトコストマネジメントでは，プロジェクトのそれぞれのアクティビティで見積もられたコストを集計し，パフォーマンスを測定するためのコストベースラインを決定します。様々な資源費用や要員の人件費なども考慮に入れる必要があります。

プロジェクトコストマネジメントのプロセス

プロジェクトコストマネジメントに含まれるプロセスには，コストマネジメント計画，コスト見積り，予算設定，コストコントロールがあります。

コスト見積手法

代表的なコスト見積手法には，次のものがあります。

①ファンクションポイント法(FP法)

ソフトウェアの機能(ファンクション)を基本にして，その処理内容の複雑さからファンクションポイントを算出します。帳票，画面，ファイルなどのソフトウェアの機能を洗い出し，その数を見積もります。その後，機能を次の5種類のファンクションタイプに分け，それぞれの難易度を容易・普通・複雑の3段階で評価して点数化し，それを合計して基準値とします。

ファンクションの評価基準の例

<table>
<tr><th>ファンクション</th><th>ファンクションタイプ</th><th>容易</th><th>普通</th><th>複雑</th></tr>
<tr><td rowspan="3">トランザクションファンクション</td><td>外部入力(EI)</td><td>3</td><td>4</td><td>6</td></tr>
<tr><td>外部出力(EO)</td><td>4</td><td>5</td><td>7</td></tr>
<tr><td>外部参照(EQ)</td><td>3</td><td>4</td><td>6</td></tr>
<tr><td rowspan="2">データファンクション</td><td>内部論理ファイル(ILF)</td><td>7</td><td>10</td><td>15</td></tr>
<tr><td>外部インタフェースファイル(EIF)</td><td>5</td><td>7</td><td>10</td></tr>
</table>

次に，システム特性に対してその複雑さを14の項目で0～5の6段階で評価し，それを合計して調整値を求めます。

FP法は，プログラミングに入る前にユーザ要件が決まり，必要な機能が見えてきた段階で見積りが行えるという特徴があります。

②LOC（Lines Of Code）法

ソースコードの行数でプログラムの規模を見積もる方法です。従来からある方法ですが，担当者によって見積り規模に大きな偏差が出ることから，客観的に計算できるFP法が普及してきました。

③COCOMO（Constructive Cost Model）

ソフトウェアで予想されるソースコードの行数に，エンジニアの能力や要求の信頼性などによる補正係数を掛け合わせ，開発に必要な工数，期間などを算出する手法です。現在は，ファンクションポイントなどの概念を取り入れて発展させたCOCOMO IIが提唱されています。

EVM

アーンドバリューマネジメント（EVM：Earned Value Management）は，予算とスケジュールの両方の観点からプロジェクトの遂行を定量的に評価するプロジェクトマネジメントの技法です。PMBOKでは，コストコントロールの技法として使われています。

EVMでは，次の三つの値を用いて測定し，監視します。

- PV（Planned Value：計画値）
  遂行すべき作業に割り当てられた予算。計画から求められる。
- EV（Earned Value：出来高）
  実施した作業の価値。完了済の作業に対して当初割り当てられていた予算を算出する。
- AC（Actual Cost：実コスト）
  実施した作業のために実際に発生したコスト。実測値から求められる。

▶▶▶ 覚えよう！

- □ 帳票や画面など機能を基に見積もるファンクションポイント法
- □ EVMは進捗とコストの両方を定量的に評価する

6

6-3-8 プロジェクトのリスク

頻出度 ★★★

プロジェクトリスクマネジメントでは，プロジェクトに関するリスクについてマネジメントの計画，特定，分析，対応，監視・コントロール等を実施します。

プロジェクトリスクマネジメントのプロセス

プロジェクトリスクマネジメントに含まれるプロセスには，リスクマネジメント計画，リスク特定，定性的リスク分析，定量的リスク分析，リスク対応計画，リスクコントロールがあります。

リスク特定

リスクとは，もしそれが発生すれば，プロジェクト目標に影響を与える不確実な事象あるいは状態のことです。常に将来において起こるものが対象になります。すでに起こっていて明らかなものは問題と呼ばれ，リスクとは区別して管理します。リスク特定では，可能性のあるリスクを洗い出します。

リスクの情報収集方法としては，参加者が自由にアイディアを出す**ブレーンストーミング**や，専門家の間でアンケートを使用して質問を繰り返すことで合意を形成するデルファイ法，根本原因分析などが挙げられます。

リスク分析

リスク分析では，リスクの発生確率とその影響度を策定し，プロジェクトへの影響を分析します。大まかにリスクの優先順位付けを行う定性的リスク分析と，リスクの影響を数量的に分析する定量的リスク分析があります。

リスク対応

リスク対応では，リスク分析の結果を基に，プロジェクト目標に対する好機を高め，脅威を減少させるための選択肢と方法を策定します。

●プラスのリスクもしくは好機に対する戦略

- **活用** …… 好機が確実に到来するようにする
- **共有** …… 能力の高い第三者に好機の実行権を与える
- **強化** …… 好機の発生確率や影響力を増加させる
- **受容** …… 特に何もしないが，実現したときには利益を享受する

●マイナスのリスクもしくは脅威に対する戦略

- 回避 …… 脅威を完全に取り除くために，プロジェクトマネジメント計画を変更する
- 転嫁 …… 脅威によるマイナスの影響や責任の一部または全部を第三者に移転する。保険，担保など
- 軽減 …… リスク事象の発生確率や影響度を減少させる
- 受容 …… 脅威に対して特別な対応をしないが状況に応じて次のような対策をとる
  能動的な受容：脅威の発生に備えて時間や資金に予備を設けるなど
  受動的な受容：何もせず起きたときに対応する

関連
リスク対応については，「3-2-4　情報セキュリティリスク対応」でも取り上げています。
プロジェクトのリスクと情報セキュリティリスクの一番の違いは，プロジェクトではプラスのリスクが考えられるのに対して，情報セキュリティではマイナスのリスク（脅威）しか考えられないことです。

▶▶▶ 覚えよう！

- □ プロジェクトには，プラスとマイナスのリスクがある
- □ リスクを第三者に移すのは転嫁，代替策は回避

6

6-3-9 プロジェクトの品質

　プロジェクト品質マネジメントでは，プロジェクトのニーズを満足させることを目的とします。プロジェクトでは，必要に応じて行われる継続的プロセス改善活動とともに，方針，手順を通して品質マネジメントを実施します。

プロジェクト品質マネジメントのプロセス

　プロジェクト品質マネジメントに含まれるプロセスには，品質マネジメント計画，品質保証，品質コントロールがあります。それぞれのプロセスでは，以下のことを行います。

①品質マネジメント計画（品質計画）

　品質要求事項や品質標準を定め，プロジェクトでそれを順守するための方法を文書化します。

②品質保証

　適切な品質標準と運用基準の適用を確実に行うために，品質の要求事項と品質管理測定の結果を監査します。

③品質コントロール（品質管理）

　パフォーマンスを査定し，必要な変更を提案するために品質を監視するシステムなどの実行結果を監視し，記録します。QC七つ道具や新QC七つ道具などを駆使します。**障害報告書**などを作成し，障害が起こったという事実とその内容を管理します。

品質マネジメントの手法

　代表的な品質マネジメントの手法には，以下のものがあります。

①管理図

　管理図は，プロセスが安定しているかどうか，またはパフォーマンスが予測どおりであるかどうかを判断するための図です。許容される上方管理限界と下方管理限界を設定します。

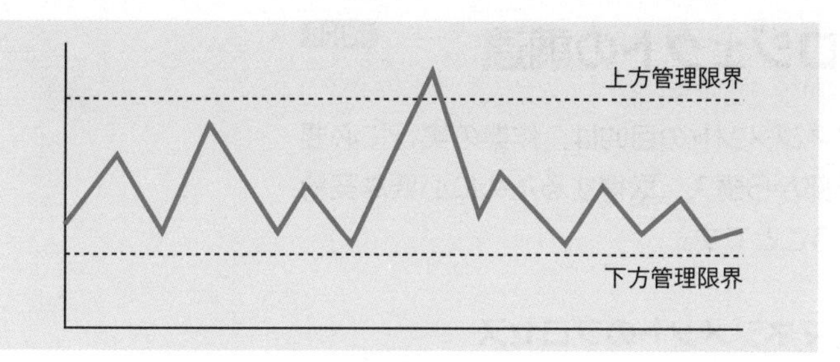

管理図の例

②ベンチマーク

実施中または計画中のプロジェクトを類似性の高いプロジェクトと比べることによって，ベストプラクティスを特定したり，改善策を考えたり，測定基準を設けたりすることです。

③レビュー，テスト

ウォークスルー，インスペクションなどのレビューや，段階的なテストは，品質を向上させるための大切な手法です。

④品質の指標

JIS X 25010（ISO/IEC 25010）で定められているソフトウェア品質特性の指標は，ソフトウェア開発時の品質の指標としてよく用いられます。

覚えよう！

- □ 品質マネジメント計画では，手順を定めて文書化する
- □ 品質保証は，品質を確実にするための体系的な活動

6-3-10 プロジェクトの調達

頻出度 ★★★

プロジェクト調達マネジメントの目的は，作業の実行に必要な資源やサービスを外部から購入，取得するために必要な契約やその管理を適切に行うことです。

プロジェクト調達マネジメントのプロセス

プロジェクト調達マネジメントのプロセスに含まれるものには，調達マネジメント計画，調達実行，調達コントロール，調達終結があります。外部資源の活用方法を考え，購入者，サプライヤを決定していきます。

それぞれのプロセスでは，以下のことを行います。

①調達マネジメント計画

プロジェクト調達の意思決定を文書化し，取り組み方を明確にして，納入候補を特定します。

②調達実行

納入候補から回答を得て，納入者（サプライヤ）を選定し，契約を締結します。

③調達コントロール

調達先との関係をマネジメントし，契約のパフォーマンスを監視して，必要に応じて変更と是正を行います。

④調達終結

プロジェクトにおける個々の調達を完結します。

覚えよう！

- □ 調達マネジメントでは，必要な資源やサービスを外部から取得する

6-3-11 プロジェクトのコミュニケーション

頻出度 ★★★

プロジェクトコミュニケーションマネジメントは，プロジェクト情報の生成，収集，配布，保管，検索，最終的な廃棄を適宜，適切かつ確実に行うためのプロセスから構成されます。人と情報を結び付ける役割を果たすことが目的です。

プロジェクトコミュニケーションマネジメントのプロセス

プロジェクトコミュニケーションマネジメントのプロセスには，コミュニケーションマネジメント計画，コミュニケーションマネジメント，コミュニケーションコントロールがあります。コミュニケーションマネジメント計画書を作成し，ステークホルダのコミュニケーションに関するニーズに応えるための仕組みを構築します。

情報配布の方法

情報配布の形態としては，相手の行動にかかわらず情報を提供する**プッシュ型**と，相手の行動に応じて情報を提供する**プル型**があります。また，相手の応答を受け取るフィードバック型もあります。

代表的な配布手段には，電子メールやボイスメール，テレビ会議や紙面などがあります。

▶▶▶ 覚えよう！

□ 相手の行動に応じて情報を提供するのがプル型

6-3-12 演習問題

問1 プロジェクトに該当するもの CHECK ▶ □□□

組織が実施する作業を，プロジェクトと定常業務の二つに類別するとき，プロジェクトに該当するものはどれか。

ア 企業の経理部門が行っている，月次・半期・年次の決算処理
イ 金融機関の各支店が行っている，個人顧客向けの住宅ローンの貸付け
ウ 精密機器の製造販売企業が行っている，製品の取扱方法に関する問合せへの対応
エ 地方公共団体が行っている，庁舎の建替え

問2 ステークホルダとなるもの CHECK ▶ □□□

A社がB社にシステム開発を発注し，システム開発プロジェクトを開始した。プロジェクトの関係者①～④のうち，プロジェクトのステークホルダとなるものだけを全て挙げたものはどれか。

① A社の経営者
② A社の利用部門
③ B社のプロジェクトマネージャ
④ B社を技術支援する協力会社

ア ①，②，④　　イ ①，②，③，④
ウ ②，③，④　　エ ②，④

問3 プロジェクトライフサイクルの一般的な特性 CHECK ▶ □□□

プロジェクトライフサイクルの一般的な特性はどれか。

ア 開発要員数は，プロジェクト開始時が最多であり，プロジェクトが進むにつれて減少し，完了に近づくと再度増加する。

イ ステークホルダがコストを変えずにプロジェクトの成果物に対して及ぼすことができる影響の度合いは，プロジェクト完了直前が最も大きくなる。

ウ プロジェクトが完了に近づくほど，変更やエラーの修正がプロジェクトに影響する度合いは小さくなる。

エ リスクは，プロジェクトが完了に近づくにつれて減少する。

問4 クリティカルパス CHECK ▶ □□□

あるプロジェクトの日程計画をアローダイアグラムで示す。クリティカルパスはどれか。

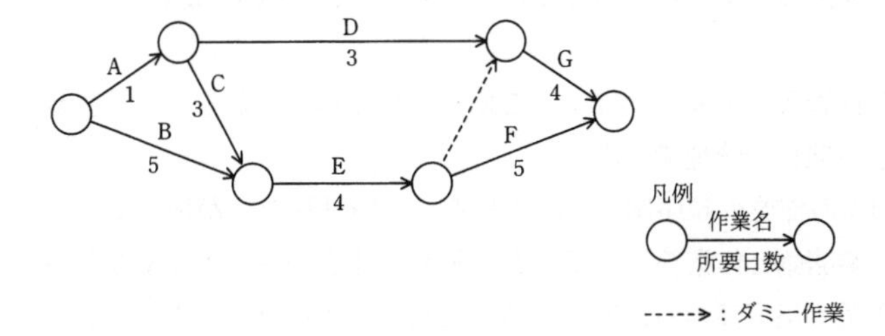

ア A，C，E，F　　イ A，D，G

ウ B，E，F　　エ B，E，G

6

問5 “強化”の戦略 CHECK ▶ □□□

PMBOKガイド第6版によれば，リスクにはマイナスの影響を及ぼすリスク（脅威）とプラスの影響を及ぼすリスク（好機）がある。プラスの影響を及ぼすリスクに対する“強化”の戦略はどれか。

ア　いかなる積極的行動も取らないが，好機が実現したときにそのベネフィットを享受する。
イ　好機が確実に起こり，発生確率が100％にまで高まると保証することによって，特別の好機に関連するベネフィットを捉えようとする。
ウ　好機のオーナーシップを第三者に移転して，好機が発生した場合にそれがベネフィットの一部を共有できるようにする。
エ　好機の発生確率や影響度，又はその両者を増大させる。

問6 ガントチャート CHECK ▶ □□□

工程管理図表に関する記述のうち，ガントチャートの特徴はどれか。

ア　工程管理上の重要ポイントを期日として示しておき，意思決定しなければならない期日が管理できる。
イ　個々の作業の順序関係，所要日数，余裕日数などが把握できる。
ウ　作業開始と作業終了の予定と実績や，仕掛かり中の作業などが把握できる。
エ　作業の出来高の時間的な推移を表現するのに適しており，費用管理と進捗管理が同時に行える。

解答と解説

問1 (平成31年春 情報セキュリティマネジメント試験 午前 問43)

《解答》エ

プロジェクトとは，目標達成のために行う有期の活動です。定常業務と異なり，そのプロジェクトならではの独自性をもち，ゴールがあります。庁舎の建替えは，建替えという目標をもつ有期の活動なのでプロジェクトに該当します。したがって，**エ**が正解です。

ア　繰返しの活動となるので，定常業務です。

イ　有期ではないので，定常業務です。

ウ　ゴールなどはないため，定常業務です。

問2 (令和４年 ITパスポート試験 問52)

《解答》イ

ステークホルダとは，プロジェクトに積極的に関与しているか，またはプロジェクトの実行や完了によって利益にプラスまたはマイナスの影響を受ける個人や組織です。A社がB社にシステム開発を発注し，システム開発プロジェクトを開始した場合のプロジェクトの関係者①～④については，次のように考えられます。

①　○　A社の経営者は，プロジェクトによって開発されたシステムによって利益を得るので，ステークホルダです。

②　○　A社の利用部門は，プロジェクトによって開発されたシステムの恩恵を得るので，ステークホルダです。

③　○　B社のプロジェクトマネージャは，プロジェクトの実行状況により影響を受けるので，ステークホルダです。

④　○　B社を技術支援する協力会社は，プロジェクトの実行により利益を得るので，ステークホルダです。

したがって，すべてがステークホルダとなっている**イ**が正解です。

問3 (令和元年秋 情報セキュリティマネジメント試験 午前 問43)

《解答》エ

プロジェクトライフサイクルの一般的な特性では，リスクは，プロジェクト開始時が最多で，プロジェクトが完了に近づくにつれて減少します。したがって，**エ**が正解です。

ア　開発要員数は，プロジェクト開始時には少なく，プロジェクトが進むにつれて増加し，完了が近づくと減少します。

イ　ステークホルダがコストを変えずにプロジェクトの成果物に対して及ぼすことができる影響の度合いは，プロジェクト開始時が最も大きく，プロジェクト完了直前が最も小さくなります。

ウ　プロジェクトが完了に近づくほど，変更やエラーの修正がプロジェクトに影響する度合いは大きくなります。

問4　（令和元年秋 情報セキュリティマネジメント試験 午前 問44）

《解答》ウ

始点～終点の所要日数の合計で最も大きいのは，B→E→Fのパスで，5＋4＋5＝14日となります。したがって，**ウ**が正解です。

ア　A→C→E→Fでは，1＋3＋4＋5＝13日となり，14日より短いためクリティカルパスではありません。

イ　A→D→Gでは，1＋3＋4＝8日となり，14日より短いためクリティカルパスではありません。

エ　B→E→Gでは，5＋4＋4＝13日となり，14日より短いためクリティカルパスではありません。

問5　（令和３年春 応用情報技術者試験 午前 問54）

《解答》エ

リスク対応において，プラスの影響を及ぼすリスクに対する“強化”の戦略では，好機の発生確率や影響力，またはその両方を増加させます。したがって，**エ**が正解です。

ア　“受容”の戦略です。

イ　“活用”の戦略です。

ウ　“共有”の戦略です。

問6　（平成29年秋 情報セキュリティマネジメント試験 午前 問44）

《解答》ウ

ガントチャートは，作業の進捗状況を表す図です。作業開始と作業終了の予定と実績などを管理できます。したがって，**ウ**が正解です。

アはマイルストーン，イはアローダイアグラム，エはアーンドバリューマネジメント（EVM）の特徴です。

第7章

テクノロジ

テクノロジ系の関連分野について知っておくことは，情報セキュリティを理解する上でとても大切です。
この章では，ネットワーク，データベース，システム構成要素の3分野について，その概要を学習していきます。
ネットワークは，サイバー攻撃やファイアウォールなどのセキュリティ機器を理解する上で基本となる知識です。
データベースは，SQLインジェクションをはじめとしたサイバー攻撃やデータへのアクセス制御などを理解する上で大切な分野です。

7-1 システム構成要素

システム構成要素では，システム，つまり複数のコンピュータやサーバ，プリンタなどが集まったときの全体の構成について学びます。

7-1-1 システムの構成

頻出度 ★★☆

複数台のコンピュータを接続してシステムを構成するには，複数台のサーバを用意して並列に動かすなど，いろいろな工夫が必要になります。

勉強のコツ

システム構成要素の分野は計算問題が多く，稼働率の計算が一番のポイントになります。直列・並列システム，またその組合せについて，計算練習を行っておきましょう。

システム構成の基本

システム構成の基本は，2台のシステムを接続するデュアルシステムとデュプレックスシステムです。3台,4台と増やす場合も，この考え方が基礎になります。

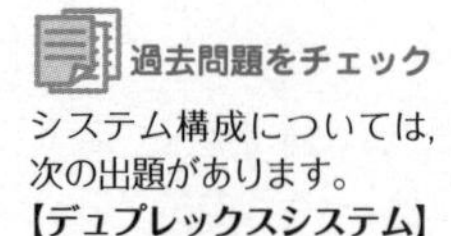

過去問題をチェック

システム構成については，次の出題があります。

【デュプレックスシステム】

・サンプル問題セット 問42

【ホットスタンバイ】

・平成29年春 午前 問44

①デュアルシステム

二つのシステムを用意し，並列して同じ処理を走らせて，結果を比較する方式です。結果を比較することで高い信頼性が得られます。また，一つのシステムに障害が発生しても，もう一つのシステムで処理を続行することができます。

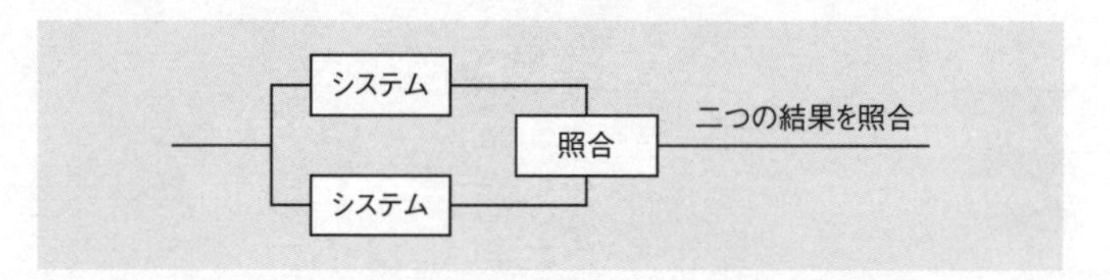

デュアルシステムのイメージ

②デュプレックスシステム

二つのシステムを用意しますが，普段は一つのシステムのみ稼働させて，もう一方は待機させておきます。このとき，稼働させるシステムを主系（現用系），待機させるシステムを従系（待機系）と呼びます。

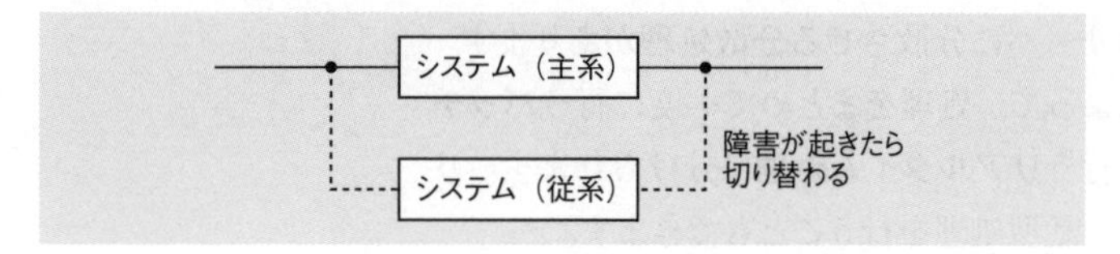

デュプレックスシステムのイメージ

デュプレックスシステムには，従系の待機のさせ方によって次の三つのスタンバイ方式があります。

●ホットスタンバイ

従系のシステムを常に稼働可能な状態で待機させておきます。具体的には，サーバを立ち上げておき，アプリケーションやOSなどもすべて主系のシステムと同じように稼働させておきます。そのため，主系に障害が発生した場合には，すぐに従系への切替えが可能です。故障が起こったときに自動的に従系に切り替えて処理を継続することを**フェールオーバ**といいます。

関連
ホット，ウォーム，コールドという言葉は，システムの待機系以外でもよく使われます。
災害時の対応で，別の場所に情報処理施設（ディザスタリカバリサイト）を用意しておくときの形態に，ホットサイト，ウォームサイト，コールドサイトという呼び方を用います。

●ウォームスタンバイ

従系のシステムを本番と同じような状態で用意してあるのですが，すぐに稼働はできない状態で待機させておきます。具体的には，サーバは立ち上がっているものの，アプリケーションは稼働していないか別の作業を行っているかで，切替えに少し時間がかかります。

●コールドスタンバイ

従系のシステムを，機器の用意だけをして稼働しないで待機させておきます。具体的には，電源を入れずに予備機だけを用意しておいて，障害が発生したら電源を入れて稼働し，主系の代わりになるように準備します。主系から従系への切替えに最も時間がかかる方法です。

システムの処理形態／利用形態

システムの形式は，処理形態や利用形態などでも様々なものがあります。例えば，処理を一つのサーバに集中させる**集中処理**

の他に，処理を複数のサーバに分散させる**分散処理**があります。

さらに，利用形態によって，処理をまとめて一度に行う**バッチ処理**や，すぐに処理を行う**リアルタイム処理**に分けられます。リアルタイム処理では，対話型処理を行うこともできます。

クライアントサーバシステム

クライアントサーバシステムとは，クライアントとサーバでそれぞれ役割分担して，協力して処理を行うシステムです。3層クライアントサーバシステムでは，その役割を次の三つに分けています。それぞれの役割をクライアントとサーバのどちらが行うかは，システムの形態によって異なります。

- **プレゼンテーション層**
  ユーザインタフェースを受けもつ層
- **ファンクション層（アプリケーション層／ロジック層）**
  メインの処理やビジネスロジックを受けもつ層
- **データベースアクセス層**
  データ管理を受けもつ層

例えば，一般的なWebシステムの場合には，三つの役割を次のように分担します。

過去問題をチェック
クライアントサーバシステムについては，次の出題があります。
【クライアントサーバシステム】
・平成28年秋 午前 問45
・平成31年春 午前 問44

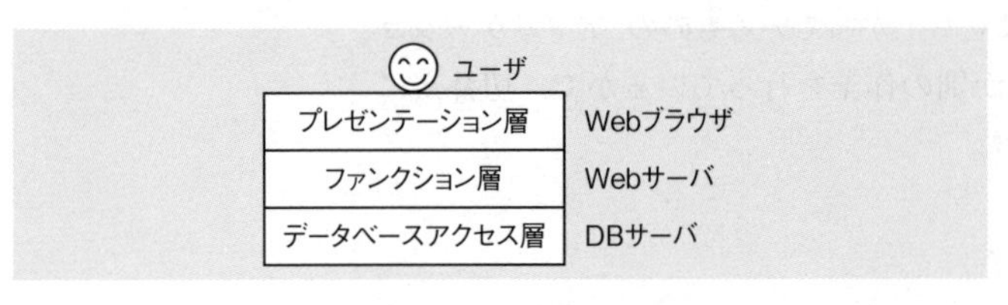

3層クライアントサーバシステム

RAID

システムの構成要素には，記憶装置の障害に備える仕組みが必要です。RAID（レイド）（Redundant Arrays of Inexpensive Disks）は，複数台のハードディスクを接続して全体で一つの記憶装置として扱う仕組みです。その方法はいくつかありますが，複数台のディスクを組み合わせることによって信頼性や性能が上がります。RAIDの代表的な種類としては，以下のものがあります。

①RAID0

複数台のハードディスクにデータを分散することで高速化したものです。これをストライピングと呼びます。性能は上がりますが，信頼性は1台のディスクに比べて低下します。

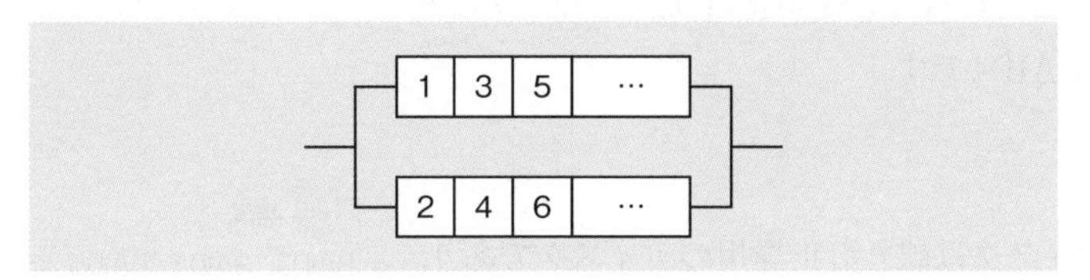

ストライピングのイメージ

②RAID1

複数台のハードディスクに同時に同じデータを書き込みます。これをミラーリングと呼びます。2台のディスクがあっても一方は完全なバックアップです。そのため，信頼性は上がりますが，性能は特に上がりません。

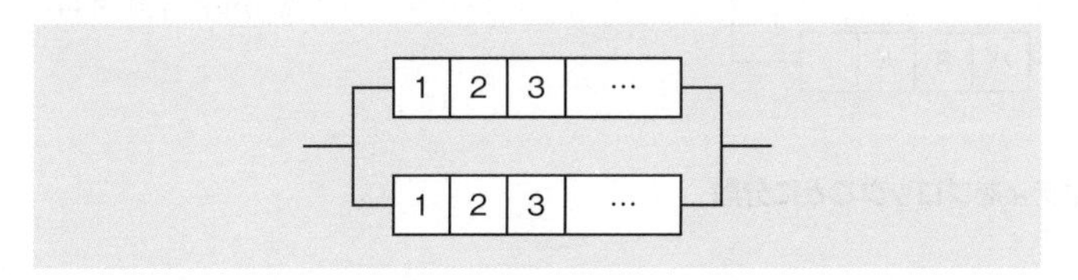

ミラーリングのイメージ

③RAID3，RAID4

複数台のディスクのうち1台を誤り訂正用のパリティディスクにし，誤りが発生した場合に復元します。次の図のように，パリティディスクにほかのディスクの偶数パリティを計算したものを格納しておきます。

RAID3，RAID4 は，RAID5と信頼性が同等で性能の面で劣るため，RAID5が用いられる場合がほとんどです。
また，RAID5はRAID1に比べてもディスクの使用効率が高いので，非常によく用いられるRAID方式です。

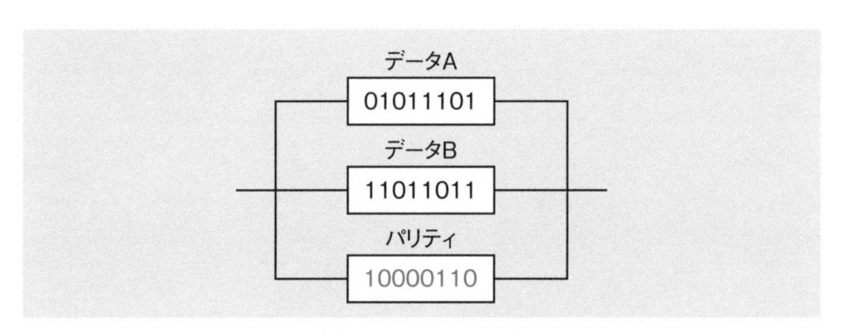

パリティディスクの役割

この状態でデータBのディスクが故障した場合，データAとパリティディスクから偶数パリティを計算することで，データBが復元できます。データAのディスクが故障した場合も同様に，データBとパリティディスクから偶数パリティでデータAが復元できます。これをビットごとに行う方式がRAID3，ブロックごとにまとめて行う方式がRAID4です。

④RAID5

RAID4のパリティディスクは誤り訂正専用のディスクであり，通常時は用いません。しかし，データを分散させた方がアクセス効率は上がるので，パリティをブロックごとに分散し，通常時にもすべてのディスクを使うようにした方式がRAID5です。

発展

RAID3，RAID4，RAID5では，最低でもディスクが3台必要です。RAID6ではパリティディスクに2台割り当てるため，ディスクは最低でも4台必要になります。

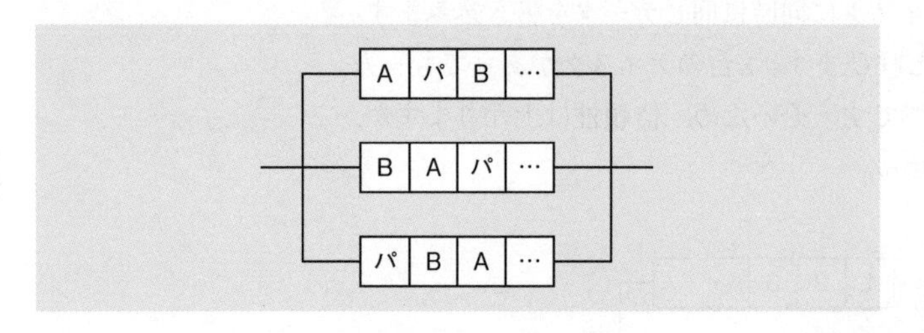

パリティをブロックごとに分散

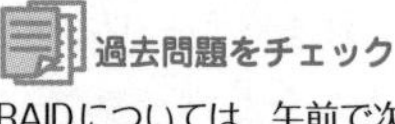

過去問題をチェック

RAIDについては，午前で次のような出題があります。

【RAID5】

・平成30年春 午前 問44

⑤RAID6

RAID5では，1台のディスクが故障してもほかのディスクの排他的論理和を計算することで復元できます。しかし，ディスクは同時に2台壊れることもあります。そこで，冗長データを2種類作成することで，2台のディスクが故障しても支障がないようにした方式がRAID6です。

信頼性設計

システム全体の信頼性を設計するときには，システム一つ一つを見る場合とは違った，全体の視点というものが必要になってきます。代表的な信頼性設計の手法には，次のものがあります。

①フォールトトレランス

システムの一部で障害が起こっても，全体でカバーして機能停止を防ぐという設計手法です。

②フォールトアボイダンス

個々の機器の障害が起こる確率を下げて，全体として信頼性を上げるという考え方です。

③フェールセーフ

システムに障害が発生したとき，安全側に制御する方法です。信号機が故障したときにはとりあえず赤を点灯させるなど，障害が新たな障害を生まないように制御します。処理を停止させることもあります。

過去問題をチェック
信頼性設計については，午前で次のような出題があります。
【フェールセーフ】
・平成30年秋 午前 問44
【エラープルーフ化】
・サンプル問題セット 問38

④フェールソフト

システムに障害が発生したとき，障害が起こった部分を切り離すなどして最低限のシステムの稼働を続ける方法です。このとき，機能を限定的にして稼働を続ける操作をフォールバック（**縮退運転**）といいます。

⑤フォールトマスキング

機器などに故障が発生したとき，その影響が外部に出ないようにする方法です。具体的には，装置の冗長化などによって，1台が故障しても全体に影響がないようにするなどします。

⑥エラープルーフ化

エラーが起こっても危険な状況にならないようにするか，そもそもエラーが起こらないようにする設計手法です。ヒューマンエラー（利用者が行う間違った操作）の場合には，**フールプルーフ**ともいわれます。

7

具体的には，画面上の複数のウィンドウを同時に使用する作業では，ウィンドウを間違えないようにウィンドウの背景色をそれぞれ異なる色にするなどの方法があります。

いろいろなシステム構成

基本的なシステムのほかにも，近年ではいろいろなシステム構成が見られます。ここに代表的なものを示します。

①ロードシェアシステム

複数のコンピュータで処理や通信の負荷を分散させることで，性能や信頼性を向上させる手法です。**負荷分散システム（ロードバランスシステム）**ともいいます。

②クラスタ

複数のコンピュータを結合してひとまとまりにしたシステムです。**クラスタリング**ともいいます。負荷の分散や，HPC（High-Performance Computing：高性能計算）の手法としてよく使われます。

③シンクライアント

ユーザが使うクライアントの端末には必要最小限の処理を行わせ，ほとんどの処理をサーバ側で行う方式です。

シンクライアントが導入されるのは，性能上の理由だけではありません。データがクライアント上に残らないことが情報漏えいの防止につながるため，セキュリティの観点から導入する企業が増えています。

④ピアツーピア

端末同士で対等に通信を行う方式です。P2Pともいわれます。クライアントサーバ方式と異なり，サーバを介さずクライアント同士で直接アクセスするのが特徴です。

ピアツーピアは，サーバへのアクセス集中が起こらないため処理を拡大しやすく，IP電話や動画配信サービスなどで応用されています。Skypeなどでも採用されています。

⑤分散処理システム

複数のプログラムが並列的に複数台のコンピュータで実行され，それらが通信しあって一つの処理を行うシステムです。分散処理システムでは複数の場所で処理を行いますが，利便性の面では，利用者にその場所を意識させず，どこにあるプログラムも同じ操作で利用できることが大切です。これをアクセス透過性といいます。

⑥クラウドコンピューティング

クラウドコンピューティングは，ソフトウェアやデータなどを，インターネットなどのネットワークを通じて，サービスというかたちで必要に応じて提供する方式です。クラウドコンピューティングには，ソフトウェアを提供するSaaS（Software as a Service）や，OSやデータベースシステムなどのプラットフォームを提供するPaaS（Platform as a Service）などがあります。

関連

クラウドコンピューティングは，クラウドサービスで用いられる技術です。クラウドサービスについては，「8-2-3 ソリューションビジネス」で詳しく取り上げています。

ストレージ

ストレージは，ハードディスクやCD-Rなど，データやプログラムを記録するための装置のことです。従来は，サーバに直接，外部接続装置や内蔵装置として接続するのが一般的でしたが，近年ではネットワークを通じて，コンピュータとは別の場所にあるストレージと接続することも多くなっています。

ストレージを接続する方法には，次の3種類があります。

①DAS（Direct Attached Storage）

サーバにストレージを直接接続する従来の方法です。SANやNASが出てきたことで，DASと位置づけるようになりました。

②SAN（Storage Area Network）

サーバとストレージを接続するために専用のネットワークを使用する方法です。ファイバチャネルやIPネットワークを使って，あたかも内蔵されたストレージのように使用することができます。

用語

ファイバチャネル（FC：Fibre Channel）とは，主にストレージネットワーク用に使用される，ギガビット級のネットワークを構築する技術の一つです。機器の接続に光ファイバや同軸ケーブルを用います。

③NAS（ナス）（Network Attached Storage）

ファイルを格納するサーバをネットワークに直接接続することで，外部からファイルを利用できるようにする方法です。

DASに比べると，SANもNASもストレージを複数のサーバやクライアントで共有できるので，ストレージの資源を効率的に活用することができます。また，物理的なストレージ数を減らせるため，バックアップなども取りやすくなります。

SANとNASの大きな違いは，サーバから見たとき，SANで接続されたストレージは内蔵のディスクのように利用できるのに対し，NASでは外部のネットワークにあるサーバに接続するように見えることです。

仮想化技術

コンピュータの物理的な構成と，それを利用するときの論理的な構成を自由にする考え方を**仮想化**といいます。具体的には，仮想OSを用いて1台の物理サーバ上で複数の**VM**（Virtual Machine：仮想マシン）を走らせ，それぞれを1台のコンピュータとして利用することや，クラスタリングで複数台のマシンを一つにまとめたりすることです。

仮想化の方式には，サーバを仮想化したVMだけでなく，PCを仮想化する**VDI**（Virtual Desktop Infrastructure：デスクトップ仮想化）があります。VDIは，アプリケーションやデータをVDIサーバで管理し,PCでは通信・操作のみを実行する方式です。VDIサーバで作成された画面をシンクライアント端末に転送する画面転送型のシンクライアントともいえます。

エッジコンピューティング

ユーザが利用する各種端末の近くにサーバを分散配置することで，ネットワークの負荷分散を図る手法です。ネットワークでの遅延が少なくなり，高速化も実現できます。

覚えよう！

- □ フェールセーフは安全に落とすこと，フェールソフトは処理を継続すること
- □ SANは専用のネットワーク，NASはファイルサーバ

7-1-2 システムの評価指標

★★★

システムの性能や信頼性，経済性などについて総合的に評価するための指標のことを，システムの評価指標といいます。

システムの性能特性と評価

システムの性能を評価する性能指標や手法には，次のようなものがあります。

> **過去問題をチェック**
> システムの性能指標については，午前で次のような出題があります。
> **【応答時間(レスポンスタイム)】**
> ・平成28年春 午前 問43
> ・令和元年秋 午前 問45

①応答時間(レスポンスタイム)

システムにデータを入力し終わってから，データの応答が開始されるまでの時間です。「早く返す」ことを表す指標です。また，データの入力が始まってから，応答が完全に終わるまでの時間をターンアラウンドタイムと呼びます。

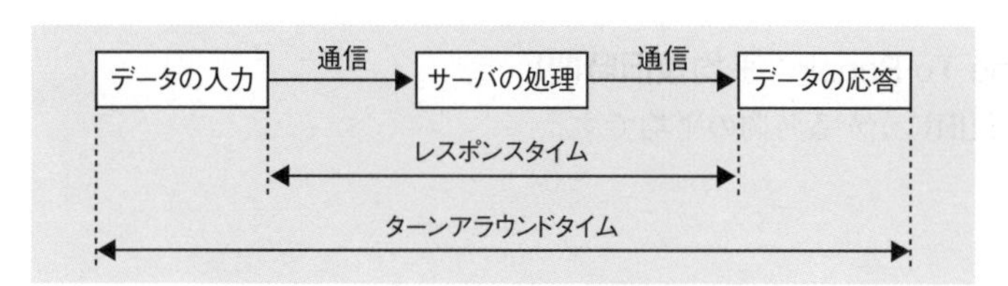

レスポンスタイムとターンアラウンドタイム

②スループット

単位時間当たりにシステムが処理できる処理数です。「数多く返す」ことを表す指標です。Webシステムの応答性能を求めるときにはレスポンスタイムが，処理性能を求めるときにはスループットがよく用いられます。

③ベンチマーク

システムの処理速度を計測するための指標です。特定のプログラムを実行し，その実行結果を基に性能を比較します。有名なベンチマークとしては，TPC（Transaction Processing Performance Council：トランザクション処理性能評議会）が作成している**TPC-C**（オンライントランザクション処理のベンチマーク）があります。ほかに，SPEC（Standard Performance Evaluation Corporation：標準性能評価法人）が作成している

SPECint（整数演算を評価），SPECfp（浮動小数点演算を評価）があります。

④モニタリング

システムを実際に稼働させて，その性能を測定する手法です。システムの性能改善時に用いられます。

信頼性指標

信頼性指標は，システムの信頼性を表す指標です。代表的なものを以下に挙げます。

①MTBF（Mean Time Between Failure：平均故障間隔）

故障が復旧してから次の故障までにかかる時間の平均です。連続稼働できる時間の平均値にもなります。

②MTTR（Mean Time To Repair：平均復旧時間）

故障したシステムの復旧にかかる時間の平均です。

③稼働率

ある特定の時間にシステムが稼働している確率です。次の式で計算されます。

$$稼働率 = \frac{MTBF}{MTBF + MTTR}$$

④故障率

故障率という言葉は2通りの意味で使われます。

一つ目は稼働率の反対で，ある特定の時間にシステムが稼働していない確率です。不稼働率とも呼ばれるもので，以下の式で計算されます。

故障率＝(1－稼働率)

二つ目は，単位時間内にどの程度の確率で故障するかを表したものです。こちらはMTBFを使用し，以下の式で計算されます。

$$故障率 = \frac{1}{MTBF}$$

信頼性計算

信頼性，特に稼働率の計算については，複雑なものがたくさん出題されます。基本的な計算方法を押さえておきましょう。

①並列システム

機器を並列に並べたシステムは，どれか一つが稼働していれば全体で稼働していることになるので，稼働率が向上します。

下の図のようなA，B二つの機器がある並列システムで，それぞれの稼働率がa，bだとします。このシステムは，A，Bのいずれも動かないとき以外は動くので，Aの不稼働率（1－a）とBの不稼働率（1－b）を用いて，稼働率は**1－（1－a）（1－b）**となります。

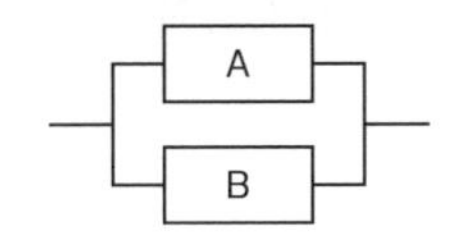

②直列システム

機器を直列に並べたシステムは，すべて稼働していなければ全体で稼働しないので，稼働率が低下します。

下の図のようなA，B二つの機器がある直列システムで，それぞれの稼働率がa，bだとします。このシステムは，A，Bのどちらも動くときだけ稼働するので，稼働率は**a×b**となります。

システムの経済性の評価

システムの経済性を評価するときには，システムを導入するときの初期コスト（**イニシャルコスト**）だけでなく，運用コスト（**ランニングコスト**）も考えることが大切です。

ランニングコストも含めた，システムに必要な総コストのことを**TCO**（Total Cost of Ownership）といいます。TCOを意識し，システムの経済性を考えることが大切です。

覚えよう！

- □ 応答性能はレスポンスタイムで，処理性能はスループットで測定
- □ 並列処理の稼働率は1－（1－a）（1－b），直列処理の稼働率はa×b

7-1-3 演習問題

問1 複数の仮想サーバで得られる効果 CHECK ▶ □□□

1台の物理的なコンピュータ上で，複数の仮想サーバを同時に動作させることによって得られる効果に関する記述a～cのうち，適切なものだけを全て挙げたものはどれか。

a　仮想サーバ上で，それぞれ異なるバージョンのOSを動作させることができ，物理的なコンピュータのリソースを有効活用できる。
b　仮想サーバの数だけ，物理的なコンピュータを増やしたときと同じ処理能力を得られる。
c　物理的なコンピュータがもつHDDの容量と同じ容量のデータを，全ての仮想サーバで同時に記録できる。

ア　a　　イ　a，c　　ウ　b　　エ　c

問2 PaaS型サービスモデル CHECK ▶ □□□

PaaS型サービスモデルの特徴はどれか。

ア　利用者は，サービスとして提供されるOSやストレージに対する設定や変更をして利用することができるが，クラウドサービス基盤を変更したり拡張したりすることはできない。
イ　利用者は，サービスとして提供されるOSやデータベースシステム，プログラム言語処理系などを組み合わせて利用することができる。
ウ　利用者は，サービスとして提供されるアプリケーションを利用することができるが，自らアプリケーションを開発することはできない。
エ　利用者は，ネットワークを介してサービスとして提供される端末のデスクトップ環境を利用することができる。

問3　システム信頼性設計　CHECK ▶ □□□

システムの信頼性設計に関する記述のうち，適切なものはどれか。

ア　フェールセーフとは，利用者の誤操作によってシステムが異常終了してしまうことのないように，単純なミスを発生させないようにする設計方法である。
イ　フェールソフトとは，故障が発生した場合でも機能を縮退させることなく稼働を継続する概念である。
ウ　フォールトアボイダンスとは，システム構成要素の個々の品質を高めて故障が発生しないようにする概念である。
エ　フォールトトレランスとは，故障が生じてもシステムに重大な影響が出ないように，あらかじめ定められた安全状態にシステムを固定し，全体として安全が維持されるような設計方法である。

問4　RAID5　CHECK ▶ □□□

磁気ディスクの耐障害性に関する説明のうち，RAID5に該当するものはどれか。

ア　最低でも3台の磁気ディスクが必要となるが，いずれか1台の磁気ディスクが故障しても全データを復旧することができる。
イ　最低でも4台の磁気ディスクが必要となるが，いずれか2台の磁気ディスクが故障しても全データを復旧することができる。
ウ　複数台の磁気ディスクに同じデータを書き込むので，いずれか1台の磁気ディスクが故障しても影響しない。
エ　複数台の磁気ディスクにデータを分散して書き込むので，磁気ディスクのいずれか1台が故障すると全データを復旧できない。

問5 応答時間 CHECK ▶ □□□

Webシステムの性能指標のうち，応答時間の説明はどれか。

ア　Webブラウザに表示された問合せボタンが押されてから，Webブラウザが結果を表示し始めるまでの時間
イ　Webブラウザを起動してから，最初に表示するようにあらかじめ設定したWebページの全てのデータ表示が完了するまでの時間
ウ　サーバ側のトランザクション処理が完了してから，Webブラウザが結果を表示し始めるまでの時間
エ　ダウンロードを要求してから，ダウンロードが完了するまでの時間

問6 システムの信頼性指標 CHECK ▶ □□□

システムの信頼性指標に関する記述として，適切なものはどれか。

ア　MTBFは，システムの稼働率を示している。
イ　MTBFをMTTRで割ると，システムの稼働時間の平均値を示している。
ウ　MTTRの逆数は，システムの故障発生率を示している。
エ　MTTRは，システムの修復に費やす平均時間を示している。

解答と解説

問1 (令和4年 ITパスポート試験 問99)

《解答》ア

1台の物理的なコンピュータ上で，複数の仮想サーバを同時に動作させることによって得られる効果について，記述a～cを検討すると，次のようになります。

a ○ 複数の仮想サーバ上で，それぞれ異なるバージョンのOSを動作させることは可能です。そのため，物理的なコンピュータのリソースを有効活用することができます。

b × 仮想サーバの処理能力の合計は，物理的なコンピュータの上限を超えられないので，仮想サーバ単体での処理能力は下がります。

c × 仮想サーバのデータ容量の合計は，物理的なコンピュータがもつHDDの容量を超えられないので，仮想サーバ単体でのデータ容量は少なくなります。同時に同じHDDに別のデータを書き込むことはできません。

したがって，aだけが選択されている**ア**が正解です。

問2 (平成30年春 情報セキュリティマネジメント試験 午前 問45)

《解答》イ

PaaS（Platform as a Service）型サービスモデルでは，アプリケーションを開発するためのOSやデータベースシステム，プログラム言語処理系などがサービスとして提供されます。アプリケーションの自作は可能です。したがって，**イ**が正解です。

ア IaaS（Infrastructure as a Service）型サービスモデルの特徴です。

ウ SaaS（Software as a Service）型サービスモデルの特徴です。

エ DaaS（Desktop as a Service）型サービスモデルの特徴です。

問3 (令和4年秋 応用情報技術者試験 午前 問13)

《解答》ウ

システムの信頼性設計において，フォールトアボイダンスは，個々の製品の信頼性を高め，故障が発生しないようにして信頼性を高める考え方です。したがって，**ウ**が正解となります。

ア フールプルーフに関する記述です。

イ フェールソフトは，故障が発生した場合に機能を縮退させて稼働を継続させる概念です。

エ フォールトトレランスは，故障が生じてもシステムに重大な影響が出ないようして，全体として安全が維持されるような設計方法です。しかし，システムを安全な状態に固定するのではなく，システムの二重化や予備のシステムの準備などで変化に対応できるようにします。

問4 （平成30年春 情報セキュリティマネジメント試験 午前 問44）

《解答》ア

RAID5 (Redundant Arrays of Inexpensive Disks 5)とは，水平パリティを利用して誤り訂正符号データを作成し，複数の磁気ディスクに元のデータと誤り訂正符号データを分散させて記録する手法です。最低でも3台の磁気ディスクが必要で，いずれか1台の磁気ディスクが故障した場合，残りの磁気ディスクから全データを復旧することが可能です。したがって，**ア**が正解です。

イ　RAID6に該当します。

ウ　RAID1に該当します。

エ　RAID0に該当します。

問5 （令和元年秋 情報セキュリティマネジメント試験 午前 問45）

《解答》ア

Webシステムの応答時間（レスポンスタイム）とは，Webシステムに指示や入力を与えてから反応を返すまでの時間のことです。Webブラウザに表示された問合せボタンが押されてからWebブラウザが結果を表示し始めるまでの時間は，応答時間となります。したがって，**ア**が正解です。

イ　Webブラウザの起動時間の説明です。

ウ　サーバからWebブラウザまでの通信時間に該当します。

エ　ダウンロードの所要時間の説明です。

問6 （平成29年秋 情報セキュリティマネジメント試験 午前 問45）

《解答》エ

MTTR (Mean Time To Repair)は，システムの修復に費やす平均時間を示しています。したがって，**エ**が正解です。

ア，イ　MTBF (Mean Time Between Failure)は平均故障間隔で，平均稼働時間ともいいます。稼働率は稼働している割合なので，稼働率＝MTBF ／（MTBF＋MTTR）で求まります。

ウ　故障発生率は故障が起こる確率で，1 ／ MTBFで表されます。

7-2 データベース

データベースとは，もともとは「データの基地」という意味で，データを1か所に集めて管理しやすくしたものです。データベースを運用・管理するためのシステムがデータベース管理システム（DBMS）です。

7-2-1 データベース方式

★☆☆

データベースの方式には様々なものがありますが，現在は関係データベースが主流です。DBMSではメタデータ管理，クエリ処理，トランザクション管理などを行います。

勉強のコツ

データベースについては，基本的な用語やトランザクション管理を中心に押さえておきましょう。
情報セキュリティとの関連では，DBMSのセキュリティ機能やSQLインジェクションなどの攻撃を理解するためのSQLがポイントです。

データベースの種類と特徴

データベースには，大きく分けて以下の4種類があります。

①階層型データベース

データを階層型の親子関係で表現します。最も古くからある手法であり，データ同士の関係はポインタで表します。

②ネットワーク型データベース

階層型で表現できない，子が複数の親をもつ状態を表現します。

③関係データベース（リレーショナルデータベース：RDB）

テーブル間の関連でデータを表現するデータベースです。数学の理論を基にしているので，上記の2種類とは考え方がまったく異なります。現在のデータベースの主流です。

④オブジェクト指向データベース

オブジェクト指向という開発手法に対応したデータベースです。データと操作を一体化して扱います。

動画

テクノロジ（技術要素）の分野についての動画を以下で公開しています。
http://www.wakuwakuacademy.net/itcommon/3
本書では記載しきれなかった基本的な内容や，正規化の手法などの手順について詳しく解説しています。
本書の補足として，よろしければご利用ください。

DBMS（データベース管理システム）

DBMS（DataBase Management System：データベース管理システム）は，データを一つにまとめて管理することでデータの整合性を保ち，データを安全に保管することを目的としたシステムです。そのために，DBMSは次の四つの機能を備えています。

①メタデータ管理

データとその特性（メタデータ）を管理します。メタデータは，DBMSの中にあるデータディクショナリに格納されます。

②問合せ（クエリ）処理

データベースに対する問合せ（クエリ）を処理します。問合せはSQLで記述されます。

③トランザクション管理

複数のトランザクションの同時実行を管理します。そのために排他制御や障害回復などを行います。

④セキュリティ機能

データのセキュリティを確保します。データが失われないようにする**保全機能**や，暗号化などでデータを秘匿化する**データ機密保護機能**，必要な人のみがデータを操作できるようにするアクセス制限機能など，様々なセキュリティ機能があります。

DBMSについては，午前で次のような出題があります。
【データベースの監査ログ】
・平成30年秋 午前 問45
・サンプル問題セット 問43

メタデータとは，データの属性など，そのデータが何を示すかを表すものです。例えば，商品番号，商品名などの属性情報や，日付や数値などのデータ形式などの情報がメタデータです。

関連

SQLについては，「7-2-3 データ操作」で詳しく説明します。

関連

トランザクションについては，「7-2-4 トランザクション処理」で詳しく説明します。

▶▶▶ 覚えよう！

- □ 関係データベースは，テーブルとテーブル間の関連でデータを表現
- □ DBMSには，セキュリティ機能として，保全機能やデータ機密保護機能などがある

7-2-2 データベース設計

データベース設計では，データ分析を行い，正規化します。また，データの関係を表すのにE-R図を使用します。

データ分析

データベース設計では，どのようなデータがあるのかを洗い出し，データ分析を行います。データ分析では，**正規化**を行います。正規化とは，正しい規則に従ってテーブルを分割することです。

正規化の目的は，**データの重複を排除し，データの整合性を保つこと**です。テーブルの構造など，データに関連する情報は，**データディクショナリ**に格納されます。

E-R図

データ分析を行った後のテーブル間の関連は，E-R図(Entity-Relationship Diagram)で表します。E-R図は，実体(**エンティティ**)と関連(**リレーションシップ**)を表す図です。関連では，対応関係(カーディナリティ)を記述しますが，対応関係には次の4種類があります。

①1対1の関連

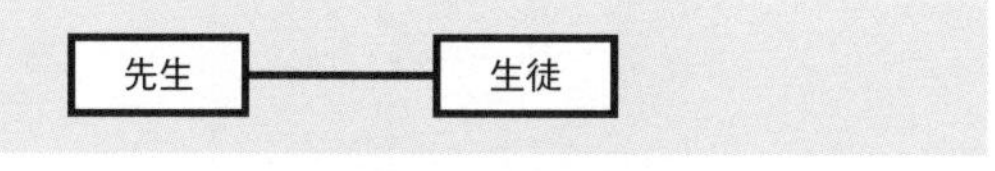

一つのデータに一つのデータが対応します。先生と生徒なら，家庭教師のようなマンツーマンの関係です。

発展

実務的には，E-R図のエンティティは関係データベースのテーブルに対応します。リレーションシップは，外部キーなどを用いてテーブルに設定します。

② 1対多の関連

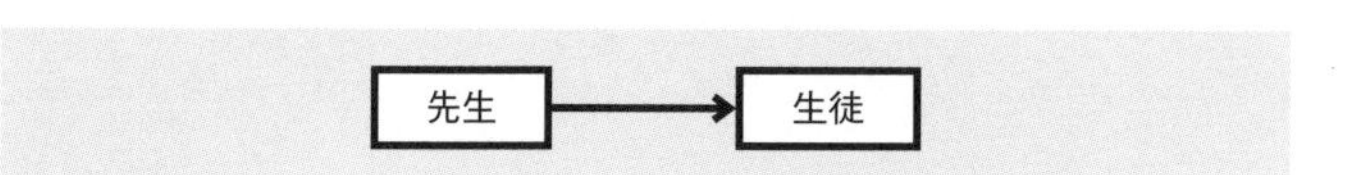

一つのデータに複数のデータが対応します。先生と生徒なら，学校の担任のように先生1人で複数の生徒を教える関係です。

③ 多対1の関連

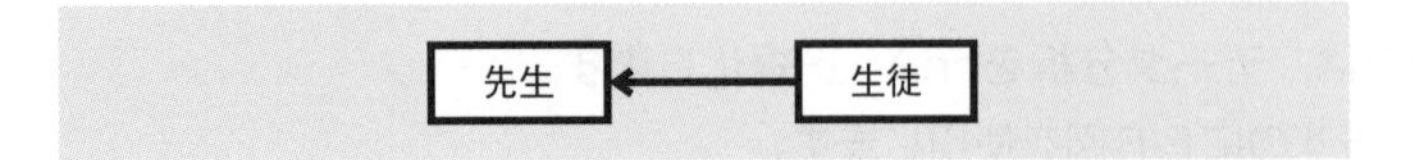

複数のデータに一つのデータが対応します。先生と生徒なら，複数の先生が１人の生徒に質問する面接のような関係です。

④ 多対多の関連

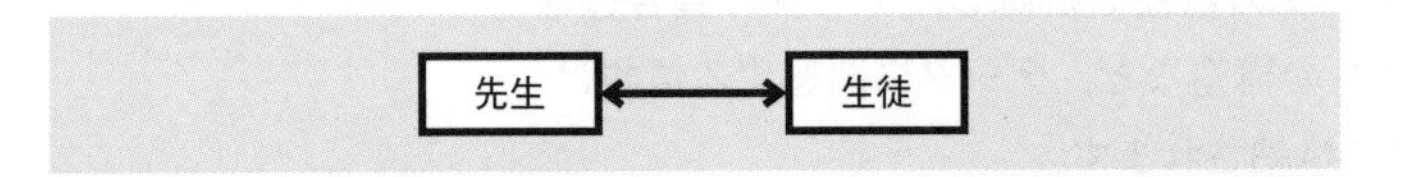

複数のデータに複数のデータが対応します。先生と生徒なら，学校のように複数の先生が複数の生徒を教える関係です。

覚えよう！

- □ 正規化を行うことで，データの重複をなくし，整合性を確保する
- □ E-R図は，エンティティ間の関係をリレーションシップで表した図

7-2-3 データ操作

頻出度 ★★★

データ操作を行う言語はいろいろありますが，関係データベースの操作を行うのはSQLです。SQLには，SQL-DDLとSQL-DML，SQL-DCLがあります。

SQL

SQLは，関係データベースを記述するための言語です。次の3種類に大別できます。

- データ定義言語（SQL-DDL：SQL Data Definition Language）
- データ操作言語（SQL-DML：SQL Data Manipulation Language）
- データ制御言語（SQL-DCL：SQL Data Control Language）

データ定義言語（SQL-DDL）

データ定義言語は，データベースの構造などを定義する言語です。CREATE文で新たなテーブルやビューなどを作成します。

例えば，見せるための表であるビューを作成するときには，次のようなかたちで元のテーブルからビューを作成します。

```
CREATE VIEW ビュー名 AS SELECT * FROM テーブル名
```

ビューを定義して，基になるテーブルから必要なデータを抜き出し，ビューだけにアクセスを許可することで，データに細かくアクセス制御を行うことが可能になります。

データ操作言語（SQL-DML）

データ操作言語は，データの表示，挿入，更新，削除を行うための言語です。データ操作言語のうち最もよく使われるのは，検索して表示するためのSELECT文です。SELECT文の文法は決まっており，次の書式となります。

7

```
SELECT * | [ALL | DISTINCT] <列名1> [, <列名2>, ・・・. ]
    FROM <表名1> [, <表名2>, ・・・, ]
         [JOIN <表名2> ON <結合条件>]
    [WHERE <検索条件> (AND <検索条件2> ・・・)]
    [GROUP BY グループ化する列の位置 (または列名) ]
    [HAVING グループ化した後の行を抽出する条件]
    [ORDER BY 整列の元となる列 [ ASC | DESC] ]
```

・[ ]で示した内容はオプションです。「|」はORを示し，いずれかを選択します。

SELECT文の書式

SELECT文の最初に，表示する列名を記述します。このとき，行の重複を許さない場合にはDISTINCTを用います。

FROM句では，使用するテーブルを記述します。二つ以上のテーブルの結合は，FROM句でJOIN句を使い，結合するときに使用する列を記述します。

WHERE句は，行を選択する条件を記述します。

GROUP BY句は，グループ化，つまり指定された列の値が同じ複数の行を一つにまとめるものです。グループ化すると複数の行が一つになるので，元の行のデータは取り出せなくなります。

グループ化後の選択条件は，HAVING句に記述します。

ORDER BY句は，指定された列を使って整列します。

SELECT文以外のSQL-DMLは更新系SQLとも呼ばれ，INSERT文，UPDATE文，DELETE文の3種類があります。INSERT文ではデータを挿入，UPDATE文ではデータを更新，DELETE文ではデータを削除します。

データ制御言語(SQL-DCL：GRANTなど)

データベースを制御するための言語です。トランザクションの開始や終了，アクセス権限の制御などに用います。

データベースに作成される表やビューなどは，すべての人に公開する場合もありますが，アクセスを制限して特定のユーザのみに公開する場合もあります。その際にデータベースのアクセス権限を設定するSQLが，GRANT文です。

例えば，商品表に対して，うさぎさんにSELECT権限を付与する場合には，次のように記述します。

```
GRANT SELECT ON 商品 TO うさぎ
```

ストアドプロシージャ

ストアドプロシージャとは，データベースへの問合せ（SQL）を一連の処理としてまとめ，DBMSに保存したものです。使用するときには，プロシージャ名で呼び出すと，一連の処理を実行してくれます。

データベースの処理での通信回数が少なくなるため，速度の向上につながります。また，通信経路上に流すデータが少なくなるため，セキュリティの向上にもつながります。

覚えよう！

- □ GRANT文で，表やビューなどにアクセス権限を設定
- □ ストアドプロシージャでは，一連の処理をまとめて実行

7-2-4 トランザクション処理

データベースのデータが失われたり改ざんされたりしないように,トランザクションを適切に管理する必要があります。また,性能を向上させるための工夫も行います。

トランザクション管理

トランザクションとは,分けることのできない一連の処理単位です。例えば銀行の処理なら,Aさんの口座からBさんの口座に振り込む場合,次のような一連の処理が発生します。

Aさんの口座の残高を減らす → Bさんの口座の残高を増やす

これらを途中で終わらせるわけにはいかないので,二つの処理をまとめてトランザクションとします。

トランザクション管理では,トランザクションを適切に管理するために排他制御を行い,障害が発生した際には回復処理を行います。

トランザクション処理については,午前で次のような出題があります。

【トランザクション処理】

・平成30年春 午前 問46
・令和元年秋 午前 問46

【排他制御】

・平成31年春 午前 問45

同時実行制御(排他制御)

二つのトランザクションを同時に実行し,同じデータを更新してしまいデータに矛盾が生じることがあります。それを防ぐためには,**同時実行制御**(**排他制御**)を行い,一度に一つのトランザクションしかデータの更新が行えないようにする必要があります。そのための方法に**ロック**があります。参照・更新するデータにロックをかけ,使用が終わったときにロックを解除します。ロックの種類には以下のものがあります。

①共有ロック/占有ロック

データを参照するだけの場合には,複数のトランザクションで同時に実行しても問題ありません。そのために**共有ロック**をかけて,データの参照は自由に行えるようにします。データを更新する場合には,ほかのトランザクションに見えないように**占有ロック**(専有ロック,排他ロック)をかけ,参照もできないようにします。

②デッドロック

二つのトランザクションで複数のデータを参照するとき，ロックのために互いのデータが使用可能になるのを待ち続けて，互いに動けない状態になることがデッドロックです。

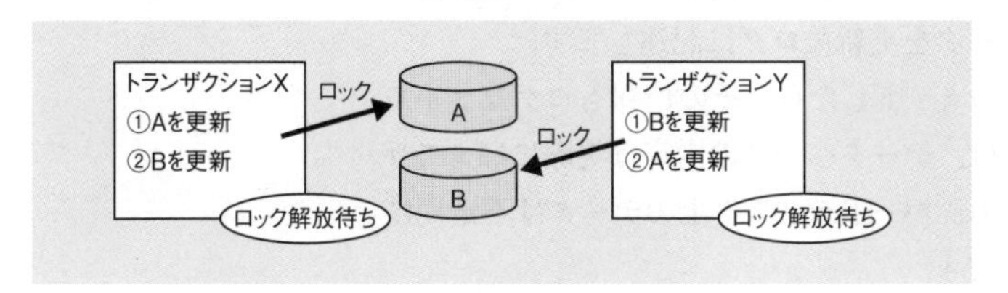

デッドロック

デッドロックが起こらないようにするためには，複数のトランザクションにおいてデータの呼出し順序を同じにする方法が効果的です。

障害回復処理

データベースの障害には，大きく分けて次の三つがあります。

- **トランザクション障害**
- **ソフトウェア（電源）障害**
- **ハードウェア（媒体）障害**

トランザクション障害とは，デッドロックのような，トランザクションに不具合が起こる障害です。トランザクション障害ではDBMSは正常に動いており，データの不具合はないため，DBMSの状態を元に戻すロールバック命令などを実行することだけで対処できます。

ソフトウェア障害とは，ソフトウェアの実行中止などで，DBMSのデータに不具合が起こる障害です。ハードウェア障害とは，ハードディスクの故障などでデータが損傷するような障害で，バックアップデータを用いて復元する必要があります。ただし，バックアップ後に更新されたデータやソフトウェア障害時のデータの復元には，次に挙げるログファイルが使われます。

7

ログファイルによる障害回復処理

データベース障害に備えるために，データベース用のハードディスクとは別のディスクにログファイルを用意します。用意するログファイルは，**更新前ログ**と**更新後ログ**の二つです。データベースを更新したらその都度，更新する前のデータを更新前ログに，更新した後のデータを更新後ログに記述します。

トランザクションがコミットしたら，その情報もログファイルに書き込みます。これは，データベースの内容は実際にはメモリ上でのみ更新されており，ハードディスク上のデータは不定期にしか更新されないためです。

メモリからハードディスク上のデータベースに書込みを行うポイントが，**チェックポイント**です。チェックポイント後のデータは，障害が発生してメモリ上のデータが消えると失われてしまいます。そのためにログファイルを用意しておき，障害発生に備えます。

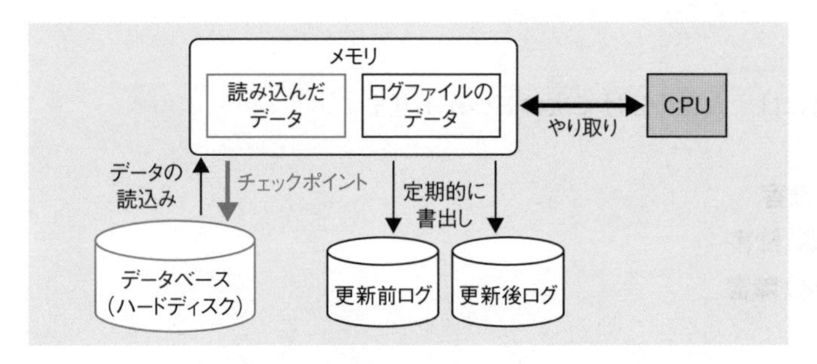

障害回復処理

データベースに障害が発生したときにトランザクションのコミットが完了していた場合には，**更新後ログ**を使って，チェックポイント後のデータを復元させます。この動作を**ロールフォワード**と呼びます。

また，コミットが完了しないうちに障害が発生したときには，ハードディスクに書き込まれていた実行途中のデータをトランザクションの実行前の状態に戻す必要があります。そのためには，**更新前ログ**を用いて復元させます。この動作を**ロールバック**といいます。

バックアップによる障害回復処理

障害回復にバックアップは不可欠です。バックアップを取得する際，バックアップ対象をすべて取得することを**フルバックアップ**といいます。それに対し，前回のフルバックアップとの増分や差分のみを取得することを**増分バックアップ**，**差分バックアップ**といいます。増分バックアップでは，前回のフルバックアップまたは増分バックアップ以後に変更された部分だけをバックアップします。差分バックアップでは，前回のフルバックアップ以後に変更された部分だけをバックアップします。図で示すと次のとおりです。

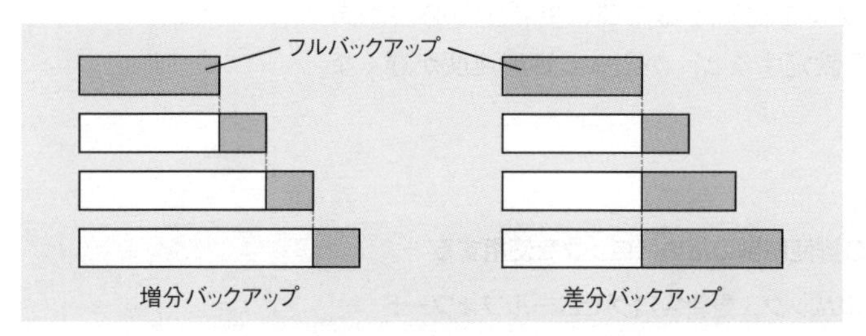

増分バックアップと差分バックアップ

フルバックアップを取得する周期が短い方が，復旧にかかる時間は短くなります。また，増分バックアップでは，1回のバックアップにかかる時間は短くて済みますが，復旧時にはすべての増分バックアップを順番に使用する必要があるため，復旧に時間がかかります。

また，ウイルス感染などのために，直前のバックアップ以外で復旧しなければならない場合があります。そのため，バックアップの**世代管理**を行い，最新のバックアップ以外も保管しておくことが大切です。

データベースの性能向上

データベースの性能を向上させる方法として一般的なものが**インデックス**です。インデックスとは，検索速度を上げるために設定する索引であり，元のテーブルとは別に，キーとデータの場所（ポインタ）の組を一緒に格納します。

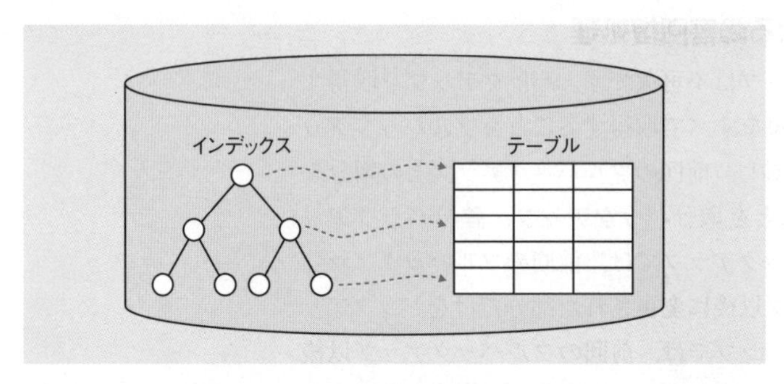

インデックス

インデックスはテーブルを更新するたびに更新する必要があるので，インデックスを設定すると，かえって処理速度が遅くなることがあります。

▶▶▶ 覚えよう！

- □ トランザクションの排他制御のためにロックを使用する
- □ 更新前ログでロールバック，更新後ログでロールフォワード

7-2-5 データベース応用

データベースでは，日々の業務を行うだけではなく，そのデータを分析する必要があります。そのため，データウェアハウスを構築します。

データウェアハウス

データベースに記録されたデータを分析するために，関係データベースなどのデータのスナップショット（ある時点のデータベースの内容）を取り，別のデータベースに移します。そのとき，多次元データとして再構成することで，いろいろな次元（分析軸）での分析を可能にします。この，多次元データの集まりが**データウェアハウス**です。

過去問題をチェック

データベース応用については，午前で次のような出題があります。

【データウェアハウス】
・平成28年春 午前 問44
【データマイニング】
・平成29年春 午前 問45
【ビッグデータ】
・平成29年秋 午前 問46

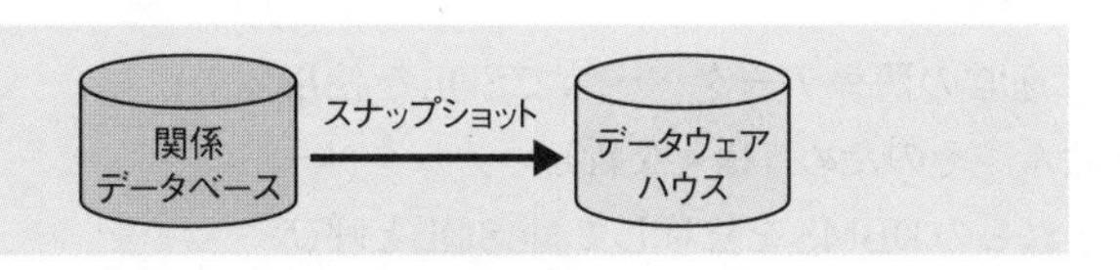

データウェアハウス

データウェアハウスの基本操作には，以下のものがあります。

①スライシング

多次元のデータを2次元の表に切り取る操作です。

②ダイシング

データの分析軸を変更し，視点を変える操作です。

③ドリリング

分析の深さを詳細にしたり，また，集計したりして変更する操作です。例えば，年月での分析を年単位にすることをドリルアップ，日単位にすることをドリルダウンといいます。ロールアップ，ロールダウンともいいます。

データウェアハウスなどに，統計学，パターン認識，人工知能などのデータ解析手法を適用することで新しい知見を取り出す技術のことをデータマイニングといいます。

ビッグデータ

ビッグデータとは，通常のDBMS（関係データベースなど）で取り扱うことが困難な大きさのデータの集まりのことです。ビッグデータは，**3つのV**といわれる，Volume（量），Variety（多様性），Velocity（速度）のいずれかが大きいデータのことを指し，従来の定型的な処理を行うことが難しくなります。

ビッグデータを扱うための技術には，**グリッド・コンピューティング**，**データマイニング**，超並列コンピュータなどがあります。さらに，ビッグデータを活用して，機械学習やディープラーニングなどによるAI（Artificial Intelligence）での学習が行われます。膨大なデータを処理することで，従来は気付かなかったパターンを発見できるようになりました。

用語

グリッド・コンピューティングとは，インターネットなどの広域ネットワークにある計算資源を結び付け，一つの複合的なシステムとして使用する仕組みです。

また，ビッグデータは通常の関係データベースでSQLを使用する処理に向いていません。そのため，様々な新しいデータベースが考案されており，それらのDBMSを総称してNoSQLと呼びます。

ビッグデータを扱うためには高度な技術スキルや統計スキルが必要とされるため，データサイエンティストと呼ばれる人材の育成も課題の一つです。データサイエンティストは，情報科学についての知識を有し，ビジネス課題を解決するためにビッグデータを意味ある形で使えるように分析システムを実装・運用し，課題の解決を支援する役割をもちます。

▶▶▶ 覚えよう！

- □ 視点を変えるのがダイシング，掘り下げるのがドリリング
- □ ビッグデータの処理には，NoSQLを使用することもある

7-2-6 演習問題

問1 E-R図 CHECK ▶ □□□

E-R図に関する記述のうち，適切なものはどれか。

ア 関係データベースの表として実装することを前提に表現する。
イ 管理の対象をエンティティ及びエンティティ間のリレーションシップとして表現する。
ウ データの生成から消滅に至るデータ操作を表現する。
エ リレーションシップは，業務上の手順を表現する。

問2 トランザクション処理 CHECK ▶ □□□

DBMSにおいて，複数のトランザクション処理プログラムが同一データベースを同時に更新する場合，論理的な矛盾を生じさせないために用いる技法はどれか。

ア 再編成　　イ 正規化
ウ 整合性制約　　エ 排他制御

問3 データベースのトランザクション CHECK ▶ □□□

データベースのトランザクションに関する記述のうち，適切なものはどれか。

ア 他のトランザクションにデータを更新されないようにするために，テーブルに対するロックをアプリケーションプログラムが解放した。
イ トランザクション障害が発生したので，異常終了したトランザクションをDBMSがロールフォワードした。
ウ トランザクションの更新結果を確定するために，トランザクションをアプリケーションプログラムがロールバックした。
エ 複数のトランザクション間でデッドロックが発生したので，トランザクションをDBMSがロールバックした。

問4 ビッグデータ CHECK ▶ □□□

コンピュータの能力の向上によって，限られたデータ量を分析する時代から，Volume（量），Variety（多様性），Velocity（速度）の三つのVの特徴をもつビッグデータを分析する時代となった。この時代の変化によって生じたデータ処理の変化について記述しているものはどれか。

ア　コストとスピードを犠牲にしても，原因と結果の関係に力を注ぐようになった。
イ　ビッグデータ中から対象データを無作為抽出することによって予測精度を高めるようになった。
ウ　分析対象のデータの精度を高めるクレンジングに力を注ぐようになった。
エ　膨大なデータを処理することで，パターンを発見することに力を注ぐようになった。

問5 データマイニング CHECK ▶ □□□

ビッグデータの利用におけるデータマイニングを説明したものはどれか。

ア　蓄積されたデータを分析し，単なる検索だけでは分からない隠れた規則や相関関係を見つけ出すこと
イ　データウェアハウスに格納されたデータの一部を，特定の用途や部門用に切り出して，データベースに格納すること
ウ　データ処理の対象となる情報を基に規定した，データの構造，意味及び操作の枠組みのこと
エ　データを複数のサーバに複製し，性能と可用性を向上させること

問6 データサイエンティストの主要な役割 CHECK ▶ □□□

データサイエンティストの主要な役割はどれか。

ア　監査対象から独立的かつ客観的立場のシステム監査の専門家として情報システムを総合的に点検及び評価し，組織体の長に助言及び勧告するとともにフォローアップする。

イ　情報科学についての知識を有し，ビジネス課題を解決するためにビッグデータを意味ある形で使えるように分析システムを実装・運用し，課題の解決を支援する。

ウ　多数のコンピュータをスイッチやルータなどのネットワーク機器に接続し，コンピュータ間でデータを高速に送受信するネットワークシステムを構築する。

エ　プロジェクトを企画･実行する上で，予算管理，進捗管理，人員配置やモチベーション管理，品質コントロールなどについて重要な決定権をもち，プロジェクトにおける総合的な責任を負う。

解答と解説

問1 （平成28年秋 情報セキュリティマネジメント試験 午前 問46）

《解答》イ

E-R図とは，実体（エンティティ）と関連（リレーションシップ）を表す図です。管理の対象をエンティティ及びエンティティ間のリレーションシップとして表現するので，**イ**が正解です。

ア　関係データベースに限らず表現できます。

ウ　DFD（Data Flow Diagram）で表現します。

エ　リレーションシップは，エンティティ間のデータの関連を表します。

問2 （平成30年春 情報セキュリティマネジメント試験 午前 問46）

《解答》エ

複数のトランザクションが同時に更新する場合，論理的な矛盾を発生させないために，あるトランザクションが処理を行っている間は別のトランザクションの処理を制限する技法を排他制御といいます。したがって，**エ**が正解です。排他制御の例としては，ロックなどが挙げられます。

ア　データベース内のデータの配置の乱れを直し，データベースのスペース効率を上げる技法です。

イ　データベースの整合性を確保するために，テーブルを分割するための技法です。

ウ　テーブル内の列に含まれるデータが，指定されたガイドラインに従うことを保証する仕組みです。

問3 （令和元年秋 情報セキュリティマネジメント試験 午前 問46）

《解答》エ

トランザクションとは，分けることのできない一連の処理単位です。複数のトランザクションを同時実行した場合には，デッドロックが発生してトランザクションが進められない状態になることがあります。デッドロックを解決するには，ロールバックしてトランザクションを初期状態に戻し，再度実行する対策が有効です。したがって，**エ**が正解です。

ア　テーブルに対してロックをかけることで，他のトランザクションにデータを更新されないようにすることができます。

イ　トランザクション障害が発生した場合は，異常終了したトランザクションを初期状態に戻すためにロールバックします。

ウ　トランザクションの更新状態を確定するためには，ロールバックではなくロールフォワードを行います。

問4　（平成29年秋 情報セキュリティマネジメント試験 午前 問46）

《解答》エ

ビッグデータを分析することによるデータ処理の変化としては，データマイニングや機械学習，ディープラーニングなどで膨大なデータを処理することでパターンを発見することが多くなったことが挙げられます。したがって，**エ**が正解です。

ア　パターンが発見されても，原因と結果の関係が分からないことが増えています。

イ　無作為抽出は，従来からの統計学の手法です。

ウ　クレンジングは重要ですが，ビッグデータに限りません。

問5　（令和4年春 応用情報技術者試験 午前 問30）

《解答》ア

データマイニングとは，データに統計学，パターン認識，人工知能などのデータ解析手法を適用することで新しい知見を取り出す技術です。蓄積されたデータを分析し，単なる検索だけでは分からない隠れた規則や相関関係を見つけ出すことは，データマイニングに該当します。したがって，**ア**が正解です。

イ　データマートの説明です。

ウ　概念データモデルの説明です。

エ　分散データベースの説明です。

問6　（平成30年秋 情報セキュリティマネジメント試験 午前 問47）

《解答》イ

データサイエンティストとは，データ分析の専門家です。情報科学（Computer Science）全般についての知識を利用して，ビジネス課題を解決するためにビッグデータの分析システムを実装・運用し，課題の解決を支援します。したがって，**イ**が正解です。

ア　システム監査技術者の役割です。

ウ　ネットワークスペシャリストの役割です。

エ　プロジェクトマネージャの役割です。

7-3 ネットワーク

情報セキュリティは，もともとネットワーク利用の分野から発展していきました。情報セキュリティを理解するためには，ネットワークの基礎知識が不可欠です。

7-3-1 ネットワーク方式

頻出度 ★★★

ネットワークの種類には，大きく分けてLANとWANがあります。インターネット技術では，TCP/IP技術を中心に様々な方式があります。

勉強のコツ
ネットワークの知識は，情報セキュリティ技術を理解する上での基本となります。特にTCP/IPやLANなどについて，重点を置いて学習していきましょう。

通信ネットワークの役割

初期の通信ネットワークは，管理者が特定のコンピュータ同士を接続しただけのものでした。このようなネットワークを私的（プライベート）なネットワークといいます。それが徐々に，プライベートなネットワーク同士を接続する公共（パブリック）のネットワークへと移行していきました。その一番大きなものが，世界中のネットワークが接続されたインターネットです。

ネットワーク社会とICT

ネットワークで世界中がつながり，情報が世界中に広がる現在の社会は，ネットワーク社会，または**情報社会**と呼ばれています。ネットワーク社会で使われる情報・通信技術の総称をICT（Information and Communication Technology）といい，ネットワークを利用したITの活用はますます重要になってきています。

ネットワークの種類と特徴

LAN（Local Area Network）は，一つの施設内で用いられるネットワークです。WAN（Wide Area Network）は，広い範囲を結ぶネットワークです。といっても二つの違いは広さではなく，管理する人によって区別されます。ユーザが主体となって運営・管理するのがLAN，電気通信事業者が提供するサービスで構成されるのがWANです。

電気通信事業者とは，NTTやKDDIなど，公共の場所にネットワークを構築することを許可された事業者です。

電気通信事業者が提供するサービスには，FTTH（Fiber To

The Home）や携帯電話接続サービスなど，様々なものがあります。それに加えて，インターネットサービスプロバイダが提供するインターネット接続サービスを利用することで，インターネットに接続できるようになります。

インターネット技術

プロトコルとは，コンピュータとコンピュータがネットワークを利用して通信するために決められた約束ごとです。プロトコルをきちんと決めておくことによって，メーカやCPU，OSなどが異なるコンピュータ同士でも，同じプロトコルを使えば互いに通信することができます。

インターネットの標準であるプロトコルは**TCP/IPプロトコル群**（Transmission Control Protocol/Internet Protocol）といい，インターネットのデファクトスタンダードとして世界中で最も広く使われています。

TCP/IPプロトコル群の詳細は，「7-3-3 通信プロトコル」で改めて取り上げます。

クライアントとサーバ

ITサービスを実際に提供する機器のことを**サーバ**といいます。そして，ITサービスを利用するためにユーザが使用するPCなどの機器が**クライアント**です。サーバでは，クライアントからの**リクエスト**（問合せ）を受け，必要な**レスポンス**（応答）を返します。

覚えよう！

- □　LANは施設内に自分で設置，WANは電気通信事業者が用意
- □　ITサービスを提供する機器がサーバ，ユーザが利用するのがクライアント

7

7-3-2 データ通信と制御

ここでは，LANやWANでの伝送方式や仕組みについて学びます。プロトコルは，階層化させることで処理の変更に対応しやすくなります。

パケット交換と回線交換

データを送るときに，大きなデータをそのまま送ると，ネットワークに負荷がかかる上，時間もかかります。そのため，コンピュータネットワーク上では，大きなデータをパケットと呼ばれる小さな単位に分割して送信する**パケット交換**という手法がよく用いられます。

それに対し，通信回線を専用で用意する専用線では，電話回線のように通信ごとに専用の回線を接続して，連続してデータを流し続ける**回線交換**という方法を利用します。

WANでの伝送方式

電気通信事業者は，全国にWANの回線を張り巡らせています。しかし，その回線は，特定の場所に設置されているアクセスポイントまで行かないと利用できません。そのため，会社のLANをその回線に接続するために，アクセスポイントまで別の回線を利用する必要があります。

そのときに利用する回線をアクセス回線といいます。例えば，A地点とB地点のLANを，通信事業者が用意した回線を用いて接続する場合は，次図のように利用します。

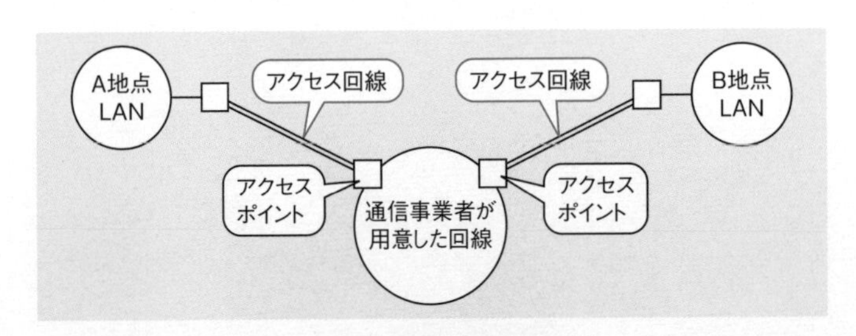

WANでの回線の利用方法

ネットワーク接続では，LAN内での接続，LAN－WAN接続，WAN内での接続など，様々な接続を行いながら通信を行っていきます。

OSI基本参照モデル

一つのプロトコルにすべての機能を詰め込んでしまうと，処理が変わったときに変更するのが大変なので，プロトコルを階層化させて役割を分けておきます。

ネットワーク階層化の考え方として最も有名なものが，OSI（Open Systems Interconnection）基本参照モデルです。コンピュータのもつべき通信機能を，次の七つの階層に分けて定義しています。

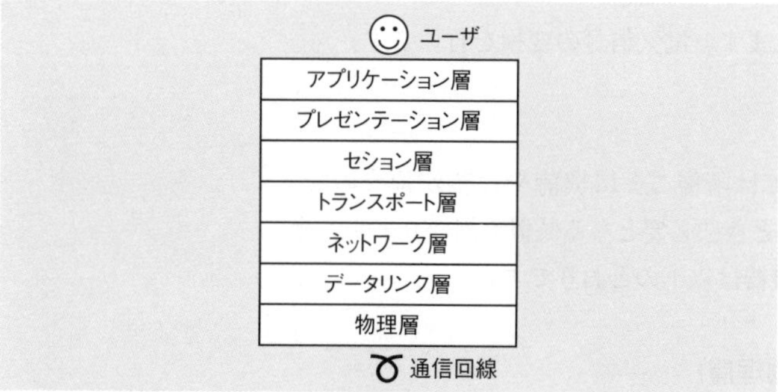

ユーザ

アプリケーション層
プレゼンテーション層
セション層
トランスポート層
ネットワーク層
データリンク層
物理層

通信回線

OSI基本参照モデル

ユーザが作成したデータは，通信に使用するアプリケーションに送られます。それがアプリケーション層です。その後，順にプレゼンテーション層，セション層……と送られ，最終的に物理層に到達し，電気信号として通信回線に流されます。

それぞれの層の機能や役割は，以下のとおりです。

第7層　アプリケーション層

通信に使うアプリケーション（サービス）そのものです。

第6層　プレゼンテーション層

データの表現方法を変換します。例えば，画像ファイルをテキスト形式に変換したり，データを圧縮したりします。

第5層　セション層

通信するプログラム間で会話を行います。セションの開始や終了を管理したり，同期をとったりします。

第4層　トランスポート層

コンピュータ内でどの通信プログラム（サービス）と通信するのかを管理します。また，通信の信頼性を確保します。

第3層　ネットワーク層

ネットワーク上でデータが始点から終点まで配送されるように管理します。ルーティングを行い，データを転送します。

第2層　データリンク層

ネットワーク上でデータが隣の通信機器まで配送されるように管理します。通信機器間で信号の受渡しを行います。

第1層　物理層

物理的な接続を管理します。電気信号の変換を行います。

LAN間接続装置

OSI基本参照モデルでは階層ごとに機能や役割が違うので，ネットワークに接続するときに必要となる装置も異なります。それぞれの階層で必要な機器は以下のとおりです。

①リピータ（第1層　物理層）

電気信号を増幅して整形する装置です。リピータの機能で複数の回線に中継するリピータハブ（L1スイッチ）が一般的です。すべてのパケットを中継するので，接続数が多くなってくるとパケットの衝突が発生し，ネットワークが遅くなります。

リピータ

②ブリッジ（スイッチングハブ）（第2層　データリンク層）

データリンク層の情報（MACアドレス）に基づき，通信を中継するかどうかを決める装置です。ブリッジの機能で複数の回線に中継するレイヤ2（L2）スイッチがよく用いられます。リピータに加えて，アドレス学習機能とフィルタリング機能を備えています。送信元のMACアドレスをアドレステーブルに学習し，宛先のMACアドレスがアドレステーブルにある場合に，そのポートのみにデータを送信します。

③ルータ（第3層　ネットワーク層）

ネットワーク層の情報（IPアドレス）に基づき，通信の中継先を決める装置です。ルーティングテーブルによって中継先を決める動作を**ルーティング**といいます。スイッチングハブの機能にルーティングの機能を加えた**レイヤ3（L3）スイッチ**もあります。

④ゲートウェイ（第4～7層　トランスポート層以上）

トランスポート層以上でデータを中継する必要がある場合に用います。例えば，PCの代理としてインターネットにパケットを中継する**プロキシサーバ**や，電話の音声をデジタルデータに変換して送出するVoIPゲートウェイなどは，ゲートウェイの一種です。

過去問題をチェック
LAN間接続装置については，次の出題があります。
【ルータ】
・平成28年春 午前 問45
・平成29年秋 午前 問47
【プロキシサーバ】
・平成28年春 午前 問46
・サンプル問題セット 問44

7

スイッチの機能

スイッチ（レイヤ2スイッチ，レイヤ3スイッチ）には，有線／無線にかかわらず次のような機能をもつ機器があり，信頼性やセキュリティを向上させています。

①VLAN（Virtual LAN：仮想LAN）

一つのスイッチに接続されているPCを，論理的に複数のネットワークに分ける仕組みです。部署ごとに接続するVLANを分ける，または，ウイルス対策は専用のVLAN（検疫VLAN）に隔離して行うなどの使い方があります。

②認証スイッチ

スイッチのポート一つ一つで認証を行い，アクセス制御を行うスイッチです。よく用いられる規格はIEEE 802.1Xです。

覚えよう！

- □ OSI基本参照モデルは，通信機能を七つの階層に分けて定義したもの
- □ リピータは物理層，ブリッジはデータリンク層，ルータはネットワーク層

7-3-3 通信プロトコル

通信プロトコルで一番用いられているのは，TCP/IPプロトコル群です。それぞれの階層で様々なプロトコルが利用されています。

TCP/IPプロトコル群

インターネットや多くの商用ネットワークで使われるプロトコルをまとめたインターネットプロトコル群です。最初に定義された最も重要な二つのプロトコルであるTCP（Transmission Control Protocol）とIP（Internet Protocol）にちなんで，TCP/IPプロトコル群と呼ばれます。次の4階層にまとめられますが，OSI基本参照モデルの7階層と切り口は同じです。

TCP/IPプロトコル	OSI基本参照モデル
アプリケーション層	アプリケーション層
	プレゼンテーション層
	セション層
トランスポート層	トランスポート層
インターネット層	ネットワーク層
ネットワークインタフェース層	データリンク層
	物理層

TCP/IPプロトコルとOSI基本参照モデル

ネットワークインタフェース層のプロトコル

ネットワークインタフェース層（物理層，データリンク層）の代表的な規格に，WANで使用される**PPP**（Point-to-Point Protocol）や，主にLANで使用される**イーサネット**があります。

PPPは，2点間を接続してデータ通信を行うためのプロトコルで，ダイヤルアップネットワークで使用されてきました。通信相手の認証や，IPアドレスの取得などを行います。

イーサネットは，**MACアドレス**（Media Access Control address）によって通信相手を決定します。MACアドレスは，各通信機器に固定で設定されているハードウェアアドレスであり，同じネットワーク内で通信相手を識別するために使用されます。

インターネット層のプロトコル

インターネット層のプロトコルの中心は，IP（Internet Protocol）です。IPの役割は，パケットを目的のホスト（通信機器）まで届けることです。IPアドレスによって，世界中のインターネットに接続されている機器の中から相手を見つけ，パケットを送ります。また，エラー通知や情報通知を行うICMP（Internet Control Message Protocol）がIPをサポートします。

IPアドレスは，ネットワークアドレス＋ホストアドレスで構成されます。IPv4（IP version 4）アドレスは合計で32ビットで表現されます。同じネットワークであれば同じネットワークアドレスが割り当てられ，そのネットワーク内で一意のホストアドレスが割り当てられます。

また，他のインターネット層のプロトコルとしては，ARP（Address Resolution Protocol）があります。ARPは，IPアドレスからMACアドレスを求めるためのプロトコルです。宛先ホストのIPアドレスを手がかりに，次に送るべき機器のMACアドレスを調べます。

関連

ICMPを使う代表的なプログラムにpingがあります。特定のIPアドレスに向けてpingを実行することで，相手のホストが動いているかどうかを確認します。

用語

ホストとは，ネットワークに接続されたコンピュータです。PCだけでなくサーバなどもホストに含まれます。

発展

ARPには，ルータなどの機器が代理でARPの応答を行うプロキシARPや，IPアドレスの重複を確認するためにARP要求を出してみるGratuitous ARPなど，様々な応用例があります。また，セキュリティ攻撃としても，ARPを偽装するARPスプーフィング攻撃などがあります。

トランスポート層のプロトコル

トランスポート層の主なプロトコルは，TCP（Transmission Control Protocol）とUDP（User Datagram Protocol）の二つです。

どちらもポート番号を使って，同じIPアドレスのコンピュータ内でサービス（プログラム）を区別します。

TCPでは，信頼性を確保するために，必ず1対1で通信し，3段階でコネクションを確立します。また，シーケンス（処理の流れ）をチェックして，パケットの再送管理やフロー制御などを行います。機能が多い分，速度が下がるので，信頼性よりリアルタイム性が要求される場合にはUDPを使います。

アプリケーション層のプロトコル

アプリケーション層は，通信を行うアプリケーション特有のプロトコルを扱う層です。通信の用途によっていろいろなプロトコルが用意されています。以下に代表的なものを挙げます。

①HTTP（HyperText Transfer Protocol）

Webブラウザと Webサーバとの間で，HTML（HyperText Markup Language）などのコンテンツの送受信を行うプロトコルです。暗号化プロトコルであるSSL/TLSと組み合わせ，HTTPS（HTTP over SSL/TLS）として利用されることも多いです。

用語

HTML（HyperText Markup Language）は，Webページを記述するための言語です。タグをつけて文章に装飾を行うことで，いろいろな機能を追加することができます。

②SMTP（Simple Mail Transfer Protocol）

インターネットでメールを転送するプロトコルです。

過去問題をチェック

通信プロトコルについては，午前で次のような出題があります。

【HTTP】
・平成29年春 午前 問46
・令和5年度 公開問題 問10
【DHCP】
・平成28年秋 午前 問47
【NAT】
・平成29年秋 午前 問47
【ポート番号】
・平成30年秋 午前 問46
【POP3，IMAP4】
・平成31年春 午前 問46
【DNS】
・令和元年秋 午前 問47

③POP（Post Office Protocol）

ユーザがメールサーバから自分のメールを取り出すときに使います。メールをクライアントにダウンロードします。現在のバージョンは3で，POP3と呼ばれることもあります。

④IMAP（Internet Message Access Protocol）

メールサーバ上のメールにアクセスして操作するためのプロトコルです。メールをサーバ上に保存したまま管理します。現在のバージョンは4で，IMAP4と呼ばれることもあります。

⑤DNS（Domain Name System）

インターネット上のホスト名・ドメイン名とIPアドレスを対応付けて管理します。分散データベースシステムで，ルートサーバから階層的にデータを管理しています。ゾーン情報（元となるDNSレコード）をもつプライマリサーバと，その完全なコピーとなるセカンダリサーバとの間でゾーン転送を行い，データの同期を実行します。

発展

ドメイン名に対応する所有者や連絡先などに関する情報は，WHOISデータベースで調べることが可能です。

⑥FTP（File Transfer Protocol）

ネットワーク上でファイルの転送を行うプロトコルです。

用語

DHCPでは，IPアドレスだけでなく，サブネットマスクやデフォルトゲートウェイ，DNSサーバについても設定を行います。
デフォルトゲートウェイは，外部に接続する場合に最初にデータを転送するルータのことです。

⑦DHCP（Dynamic Host Configuration Protocol）

コンピュータがネットワークに接続するときに必要なIPアドレスなどの情報を自動的に割り当てるプロトコルです。

⑧NTP（Network Time Protocol）

ネットワーク上の機器を正しい時刻に同期させるためのプロトコルです。GPSや標準電波などに接続されたインターネット上のNTPサーバと通信して正確な時刻を取得し，その時刻でネットワーク内のすべての機器の時刻を同期させます。

アドレス変換

IPアドレスは，基本的にはエンドツーエンドで変わらないものですが，近年はIPv4のアドレス枯渇問題により，IPアドレスを節約するためにアドレスを変換することが一般的になりました。具体的には，社内LANなど，内部でしか使用できないアドレスとしてはプライベートIPアドレスを使用し，外部と接続するときにはグローバルIPアドレスを使用します。

プライベートIPアドレスをグローバルIPアドレスに変換するためには，次のような仕組みを利用します。

①NAT（Network Address Translation）

プライベートIPアドレスをグローバルIPアドレスに1対1で対応させます。あらかじめ決められたIPアドレス同士を対応させる静的NATのほかに，接続ごとに動的に対応させる動的NATも可能です。同時接続できるのは，IPアドレスの数と同じ数の端末のみです。

②NAPT（Network Address Port Translation）

IPアドレスだけでなくポート番号も合わせて変換する方法です。一つのIPアドレスに対して異なるポート番号を用いることで，1対多の通信が可能になります。IPマスカレードと呼ばれることもあります。

③プロキシサーバ（プロキシ）

アドレス変換のほかに，外部へのアクセスを1台のプロキシサーバで代行する方法があります。クライアントの代理で外部に接続する通常のプロキシサーバのほかに，サーバの代理でクライアントからサーバへのアクセスを受け付けるリバースプロキシサーバがあります。

IPv6

現在普及しているIPアドレスは，IPv4（Internet Protocol version 4）です。インターネットの普及に伴いIPv4アドレスは枯渇しかかっており，それを根本的に解決するための策としてIPv6（Internet Protocol version 6）が開発されました。

IPv6ではIPアドレスを128ビットで表現するので，十分なアドレス空間が用意されています。IPv6の特徴としては，以下のものがあります。

①IPアドレスの自動設定

DHCPサーバがなくても，IPアドレスを自動設定できます。

関連

IPアドレスは，IPv4では最大で2^{32}（約42億）個でしたが，IPv6では最大で2^{128}（約340澗）個まで対応できます。澗（かん）とは，10^{36}のことで，1兆倍の1兆倍の1兆倍にあたり，事実上無限大と考えていいほど大きい数字です。

②ルータの負荷軽減

IPv4では可変だったヘッダの長さがIPv6では固定長になり，ルータは余分なヘッダを読み込んだりエラー検出を行ったりする必要がなくなったので処理を高速化できます。

③セキュリティの強化

IPsecのサポートが必須であるため，セキュリティが確保され，ユーザ認証やパケット暗号化が可能になりました。

④3種類のアドレス

一つのインタフェースに割り当てられるユニキャストアドレスのほかに，複数のノードに割り当てられるマルチキャストアドレスや，複数のノードのうち，ネットワーク上で最も近い一つだけと通信するエニーキャストアドレスの三つのタイプのアドレスを設定できます。

用語

ノードとは，ルータやサーバなどの通信機器のことです。PCなどのホストも含め，ネットワークでの中継点や終点になる機器が含まれます。

▶▶▶ 覚えよう！

- ☐ HTTPとSSL/TLSを組み合わせてHTTPS（HTTP over SSL/TLS）として利用
- ☐ メール送信はSMTP，受信はPOP3とIMAP4

7-3-4 ネットワーク管理

頻出度 ★★★

ネットワークは，導入した後も，障害が発生したり，PCの台数が増えて性能が落ちたりするなどいろいろな変化があるので，適切な管理が重要になります。

ネットワーク運用管理

ネットワークの運用においては,以下のような管理が行われます。

①構成管理

ネットワークの構成情報を維持し，変更を記録します。ネットワーク構成図を作成し，そのバージョンを管理します。

②障害管理

障害の検出，切り分け，障害原因の特定，復旧措置などを管理します。障害時の記録をとって**稼働統計**を行い，対応を管理して次に役立てます。

③性能管理

ネットワークのトラフィック量や転送時間を管理します。トラフィックを監視して不具合がないかチェックするほか，構成変更による負荷分散なども管理します。

▶▶▶ 覚えよう！

□ 障害管理では，障害の検出，切り分け，原因の特定，復旧措置を行う

7-3-5 ネットワーク応用

ネットワークは日々進化しており，新しい通信サービスもどんどん増えてきています。

インターネット——電子メール

メールを送るためのプロトコルとして最初に登場したのはSMTPです。しかしSMTPは，送信側と受信側，両方の機器に電源が入っていることを前提に転送を行うプロトコルなので，通常のPCなどでは送受信が円滑に行われません。そのため，電源を落とさない**メールサーバ**の**メールボックス**にメールを保管しておき，必要に応じて**メールクライアント**（メールソフト）からアクセスしてメールを受信するPOP3やIMAP4などが登場しました。

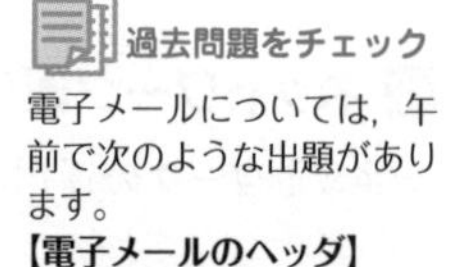

過去問題をチェック

電子メールについては，午前で次のような出題があります。

【電子メールのヘッダ】

・平成30年春 午前 問47

【電子メールのプロトコル】

・平成31年春 午前 問46

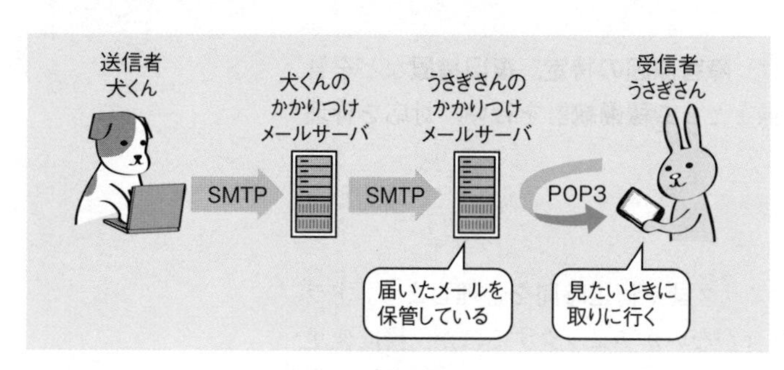

メール通信の流れ

メールサーバは，上の図のようなリレー方式でメールを中継して送信していきます。また，一度に複数の相手にメールを送る**同報メール**も可能です。

メールの宛先は，通常の宛先であるToのほかに，CC（Carbon Copy）で別の人にそのメールのコピーを送ることができます。また，BCC（Blind Carbon Copy）で，宛先に知らせずにメールのコピーを送ることも可能です。あらかじめ登録されたリストに送るメーリングリストという方法もあります。

メールのデータ形式には，画像や動画，プログラムなど様々な種類のバイナリデータを送れるようにするためのMIME（マイム）（Multipurpose Internet Mail Extensions）があります。

発展

MIMEには，受信者の環境に応じて表示を変えることができるマルチパートという拡張機能があります。MIMEのマルチパートを利用することで，HTML文書と，HTMLでリンクされる画像を一つのデータとしてまとめることができます。この仕組みを**HTMLメール**（MHTML：MIME Encapsulation of Aggregate HTML）といいます。

インターネット——Web

Webとは，インターネット上で情報を公開・閲覧するシステムです。Webを利用するには，**Webブラウザ**を用いて，**Webサーバ**で動作している**Webアプリケーションソフトウェア**と通信を行います。このときにやり取りされるデータは，マークアップ言語（HTML，XML）で記述されており，ハイパリンクを用いてWebページ間の関連を表します。

インターネット上でのデータやサービスがある場所を示す識別子を**URL**（Uniform Resource Locator）といいます。URLには，インターネット上で区別するための名前であるドメイン名などが含まれており，これを**DNS**（Domain Name System）という仕組みでIPアドレスに変換し，通信を行います。

また，Webアプリケーションソフトウェアでは，通信しているユーザの情報を続けて管理するために，**クッキー（Cookie）**が使用されます。

用語

マークアップ言語とは，視覚表現や文章構造などを記述するための言語で，タグなどを用いて文章の形式を表します。
タグを用いて表すものの代表としてハイパリンクがあり，別の文書（URL）への参照を記述し，文章同士を結びつけることができます。

インターネット——ファイル転送

ファイル転送で用いられる最も基本的なプロトコルは**FTP**です。FTPでは，FTPサーバとFTPクライアントとの間で**制御用とデータ転送用の二つ**のTCPコネクションを利用し，ファイルのアップロードやダウンロードを行います。

また，インターネット上にファイル保管場所としてストレージを用意した**クラウドストレージ**のサービスも普及しています。

イントラネット／エクストラネット

イントラネットとは企業内ネットワークのことで，インターネットなどの技術を用いることで利便性を高め，アクセス制限をかけることで安全性を高めたものです。**VPN**（Virtual Private Network）や**プライベートIPアドレス**などを利用し，セキュリティを確保しています。

複数のイントラネットを相互接続したネットワークのことを**エクストラネット**といいます。

インターネット回線上にIPsecなどを用いて作成する，セキュリティを確保したネットワークのことを**インターネットVPN**といいます。

インターネットを介した企業間の取引では，EC（Electronic Commerce：電子商取引），EDI（Electronic Data Interchange：電子データ交換）などを実施し，Webを通して注文データのやり取りなどを行います。

通信サービス

電気通信事業者が提供する通信サービスには，大きく分けて，回線を単独利用する専用回線と，回線を複数で共有する交換回線の2種類があります。さらに，交換回線には，回線の切替えを行い1対1での通信を実現する回線交換と，パケットを通信経路に流すことによって複数人で回線を共有する蓄積交換があります。

また，通信サービスには，回線速度を保証する**ギャランティ型**と，通信速度を保証せず，できる限り高速での通信を実現する**ベストエフォート型**の2種類があります。

主な通信サービスには，次のようなものがあります。

①専用回線（専用線）

接続形態が必ず1対1の専用のネットワークです。高いセキュリティや接続の安定性を確保したい場合に利用します。回線を独占して使えるので，ギャランティ型のサービスとなります。

②電話回線

電話回線は公衆電話網などの公衆回線を利用し，通話を行うサービスです。通常の固定電話の他に，携帯電話，PHSなどの移動体通信サービスも含まれます。回線自体は共有ですが，通信ごとに1対1で回線を接続するので，基本的にギャランティ型のサービスとなります。

③IP-VPN

通信事業者が提供する専用のIPネットワークでVPN（Virtual Private Network）を構築します。インターネット回線を利用するインターネットVPNはベストエフォート型ですが，IP-VPNでは通信事業者との契約や設定によって，ギャランティ型の通信も実現できます。

④広域Ethernet

通信事業者が提供する専用のイーサネット接続サービスです。VLANを用い，他の顧客と通信を分離します。通信事業者との契約によって，ギャランティ型の速度保証も可能です。

⑤FTTH（Fiber To The Home）

高速の光ファイバを建物内に直接引き込みます。回線の終端にはONU（Optical Network Unit）を用いて，光と電気信号を変換します。基本的にベストエフォート型で，通信速度は，同じ回線を利用している他の人の通信によって変わってきます。

モバイル通信

移動体通信規格（**LTE**:Long Term Evolutionなど）を基に，様々なモバイル通信サービスが提供されています。次世代の移動通信システムとして，**5G**（第5世代移動通信システム）も登場しています。スマートフォンなどをネットワークの中継機器のように用いて，他のコンピュータなどをインターネットに提供することを**テザリング**といいます。

また，LTE回線で音声通信を行うVoLTE（Voice over LTE）サービスが近年開始されました。

IP電話

IP電話は，電話網に**VoIP**（ボイプ）（Voice over Internet Protocol）技術を利用する電話サービスです。インターネットやイントラネット上で電話を利用することができます。VoIPでは，音声を符号化してパケットに変換し，IPネットワーク上でリアルタイム伝送を行います。

CDN

CDN（Contents Delivery Network）とは，Webの動画などのコンテンツをインターネット経由で配信するために最適化されたネットワークのことです。コンテンツ配信網とも呼ばれます。

CDNでは，1か所のサーバから配信するのではなく，いくつものキャッシュサーバに大本のサーバの内容をミラーリング（複製）し，そこから配信することで効率的なコンテンツ配信を実現します。具体的には次のようなかたちで配信し，ネットワークやサーバにかかる負荷を低減させます。

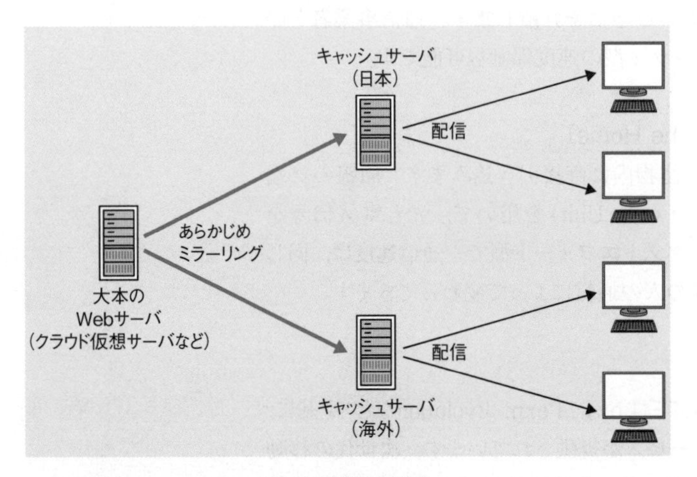

CDNでの配信の流れ

▶▶▶ 覚えよう！

- □ URLのドメイン名をDNSでIPアドレスに変換
- □ ベストエフォートで，速度を保証せずに通信するサービスがある

7-3-6 演習問題

問1 HTTPのcookie CHECK ▶ □□□

HTTPのcookieに関する記述のうち，適切なものはどれか。

ア cookieに含まれる情報はHTTPヘッダの一部として送信される。
イ cookieに含まれる情報はWebサーバだけに保存される。
ウ cookieに含まれる情報はWebブラウザが全て暗号化して送信する。
エ クライアントがcookieに含まれる情報の有効期限を設定する。

問2 NAT CHECK ▶ □□□

IPv4において，インターネット接続用ルータのNAT機能の説明として，適切なものはどれか。

ア インターネットへのアクセスをキャッシュしておくことによって，その後に同じIPアドレスのWebサイトへアクセスする場合,表示を高速化できる機能である。
イ 通信中のIPパケットを検査して，インターネットからの攻撃や侵入を検知する機能である。
ウ 特定の端末宛てのIPパケットだけを通過させる機能である。
エ プライベートIPアドレスとグローバルIPアドレスを相互に変換する機能である。

問3 電子メールを受信するためのプロトコル CHECK ▶ □□□

メールサーバから電子メールを受信するためのプロトコルの一つであり，次の特徴をもつものはどれか。

① メール情報をPC内のメールボックスに取り込んで管理する必要がなく，メールサーバ上に複数のフォルダで構成されたメールボックスを作成してメール情報を管理できる。
② PCやスマートフォンなど使用する端末が違っても，同一のメールボックスのメール情報を参照，管理できる。

ア IMAP　イ NTP　ウ SMTP　エ WPA

問4 電子メールのヘッダ CHECK ▶ □□□

電子メールのヘッダフィールドのうち，SMTPでメッセージが転送される過程で削除されるものはどれか。

ア Bcc　　イ Date　　ウ Received　　エ X-Mailer

問5 Webアクセスを高速化する仕組み CHECK ▶ □□□

社内ネットワークからインターネットへのアクセスを中継し，Webコンテンツをキャッシュすることによってアクセスを高速にする仕組みで，セキュリティ確保にも利用されるものはどれか。

ア DMZ　　イ IPマスカレード（NAPT）
ウ ファイアウォール　　エ プロキシサーバ

問6 通信相手のIPアドレスを問い合わせる仕組み CHECK ▶ □□□

PCが，Webサーバ，メールサーバ，他のPCなどと通信を始める際に，通信相手のIPアドレスを問い合わせる仕組みはどれか。

ア ARP（Address Resolution Protocol）
イ DHCP（Dynamic Host Configuration Protocol）
ウ DNS（Domain Name System）
エ NAT（Network Address Translation）

解答と解説

問1　（令和５年度 情報セキュリティマネジメント試験 公開問題 問10）

《解答》ア

HTTP（HyperText Transfer Protocol）のcookieは，HTTPヘッダの中に含まれる，セッションを識別するための情報です。Webサーバが生成してHTTPヘッダに設定してクライアントに送ります。クライアントはcookieをWebブラウザで保管し，次のWebサーバとの通信時に利用します。cookieに含まれる情報は，どちらからもHTTPヘッダの一部として送信されます。したがって，**ア**が正解です。

イ　WebサーバとWebブラウザの両方で保存されます。

ウ　HTTPでは暗号化は行われません。cookieを暗号化する場合には，HTTPS（HTTP over TLS）を使用します。

エ　cookieの有効期限は，最初にWebサーバが送信するときに設定します。

問2　（平成29年秋 情報セキュリティマネジメント試験 午前 問47）

《解答》エ

NAT（Network Address Translation）機能とは，IPアドレスを変換する機能で，LAN内でのプライベートIPアドレスを，インターネット上で使用するグローバルIPアドレスに変換します。したがって，**エ**が正解です。

アはキャッシュ機能，イはIDS（侵入検知システム），ウはファイアウォールの機能の説明です。

問3　（令和４年 ITパスポート試験 問87）

《解答》ア

メールサーバから電子メールを受信するためのプロトコルのうち，①のようにメールサーバ上で複数のフォルダに分けてメールボックスを作成し，メールを保管するプロトコルには，IMAP（Internet Message Access Protocol）があります。IMAPを使うと，PCやスマートフォンなど使用する端末が違っても，同一のメールボックスのメール情報を参照，管理できます。したがって，**ア**が正解です。

イ　NTP（Network Time Protocol）は，ネットワーク上の機器を正しい時刻に同期させるためのプロトコルです。

ウ　SMTP（Simple Mail Transfer Protocol）は，メールサーバにメールを送信するプロトコルです。

エ　WPA（Wi-Fi Protected Access）は，無線LANで通信を暗号化するプロトコルです。

問4 (平成30年春 情報セキュリティマネジメント試験 午前 問47)

《解答》ア

Bcc (Blind carbon copy)は，電子メールの機能の一つで，受取人以外にメールを受け取る人のメールアドレスを隠して送信したい場合に使用します。隠したいメールアドレスをメールヘッダから削除するため，Bccヘッダフィールドは，SMTPでメッセージが転送される過程で削除されます。したがって，**ア**が正解です。

イ　メールが送信された時刻を示します。そのまま転送されます。

ウ　メールが配送されたルートを示します。メールサーバを経由するごとに，そのメールサーバの内容が追加されます。

エ　送信元が使用しているメールソフトを示します。そのまま転送されます。

問5 (平成28年春 情報セキュリティマネジメント試験 午前 問46)

《解答》エ

社内ネットワークからインターネットへのアクセスを中継するサーバで，Webコンテンツをキャッシュする機能をもつものをプロキシサーバといいます。したがって，**エ**が正解です。

ア　DMZはネットワークにおける非武装地帯(DeMilitarized Zone)で，ファイアウォールによって内部ネットワークとインターネットの両方から隔離し，外部からの接続を直接受け付けるネットワークです。

イ　IPマスカレード(NAPT：Network Address Port Translation)は，IPアドレスとポート番号を用いてIPアドレス変換を行うものです。

ウ　ファイアウォールは，ネットワーク上で通過させるべきではない通信を遮断するための装置です。

問6 (令和元年秋 情報セキュリティマネジメント試験 午前 問47)

《解答》ウ

PCが通信を始める際には，通信相手のIPアドレスを知る必要があります。通信相手のホスト名やドメイン名(www.ipa.co.jpなど)はあらかじめ知っている必要があります。ホスト名やドメイン名からIPアドレスを知るための仕組みには，DNS (Domain Name System)があります。したがって，**ウ**が正解です。

ア　IPアドレスからMACアドレスを問い合わせる仕組みです。

イ　IPアドレスの自動割り当てを行うための仕組みです。

エ　IPアドレスを変換する仕組みです。社内ネットワーク専用のIPアドレスをインターネット上で使えるIPアドレスに変換する場合などに使用します。

第8章

ストラテジ

ストラテジ系の内容は，企業の経営やシステム開発など，情報セキュリティを確保する上で必要な環境を考えるのに役立ちます。
この章では，ストラテジ系の分野である，企業活動，システム戦略，システム企画の3分野について学びます。
企業活動では，組織論や会計など，企業で行う活動について学びます。
システム戦略・システム企画では，情報システムの導入に関する知識を，利用者・経営者の立場から学びます。

8-1 企業活動

企業は，部品や材料など必要なものを調達し，それを消費者のニーズに合ったものに変えて提供します。そのためには資金や人員が必要になるので，資金調達をしたり従業員を雇用したりします。こういった活動が企業活動です。

8-1-1 経営・組織論

頻出度 ★★★

企業は，企業理念の下，その会社の目的を実現するために企業活動を行います。その際に大切になる経営資源には，ヒト・モノ・カネ・情報の四つがあり，これを管理するのが経営管理です。

企業経営

企業は営利活動を行う組織ですが，単に利益を追求するだけでなく，企業理念をもち，CSR（Corporate Social Responsibility：企業の社会的責任）を果たすことも重要です。また，地球環境に配慮したIT活用を行うグリーンITの思想も大切です。地球環境に配慮した商品を購入する**グリーン購入**も意識する必要があります。

法人化された企業を会社と呼びますが，現在，日本で設立できる会社の形態は，合資会社，合名会社，合同会社（LLC：Limited Liability Company），株式会社の4種類です。株式会社では，市場で株式の売買を行えるよう，株式公開（IPO：Initial Public Offering）ができます。

企業では，災害時にも企業経営を継続できるよう，BCP（Business Continuity Plan：事業継続計画）を策定し，重要な業務を優先して稼働させるように準備しておくことが大切です。

企業の特徴

企業が将来にわたって無期限に事業を継続することを前提とした考え方がゴーイングコンサーン（継続的事業体）です。そして，企業の特性や個性を明確に提示し，共通したロゴやメッセージなどを発信することで社会に向けたイメージを形成していくことをコーポレートアイデンティティといいます。また，企業は一

勉強のコツ

会計・財務の分野がポイントとなります。利益の計算，経営分析の方法など，会計・財務の基本を押さえておきましょう。
用語はほかの分野と重なる部分も多いので，復習も兼ねて知識を身に付けていきましょう。

動画

ストラテジ（経営戦略）の分野についての動画を以下で公開しています。
http://www.wakuwakuacademy.net/itcommon/8
PPMや競争地位別戦略など，経営戦略分野の定番用語について詳しく解説しています。
本書の補足として，よろしければご利用ください。

発展

一つの取引しか行わない期限のある企業の場合は，収支を精算して終わりになります。しかし，ゴーイングコンサーンを前提にすると企業に終わりはないので，収支の算出は，一定期間ごとに意図的に行う必要があります。それが会計期間です。

般投資家や株主，債権者などに情報を開示する必要があります。その投資家向け広報がIR（Investor Relations）です。

そして，企業は1社だけで活動するのではなく，様々な利害関係者との相互作用で成り立っています。そのため，企業に対する利害関係者の視点から，企業経営の社会性や政治性を確保する必要があります。この考え方をコーポレートガバナンスといい，企業の経営者が適切にマネジメントを行っているかをチェックします。

ヒューマンリソースマネジメント

経営管理においては，ヒューマンリソースマネジメント（HRM：Human Resource Management：人的資源管理）が非常に重要です。HRMには，人事管理や労務管理だけでなく，組織の設計や教育・訓練，報酬体系の設計，福利厚生など様々な内容が総合的に含まれます。

従来は能力主義だった人事制度は徐々に，具体的な成果を基準とする成果主義に変わってきました。成果主義ではMBO（Management by Objectives：目標管理制度）などが導入され，評価の公平性や透明性を上げています。

さらに，従業員のコンピテンシに重点を置き，コンピテンシの高い人材を採用する，またコンピテンシで従業員を評価するといった概念の導入も進んでいます。

経営者の職能

経営者の職能のうち，すべての業務を統括する役員のことをCEO（Chief Executive Officer：最高経営責任者）といいます。また，情報を統括する役員はCIO（Chief Information Officer：最高情報責任者）です。情報セキュリティ関係の役職としては，CISO（Chief Information Security Officer：最高情報セキュリティ責任者），CPO（Chief Privacy Officer：最高個人情報保護責任者）があります。

用語

コンピテンシとは，高い業務成果を生み出す顕在化された個人の行動特性です。職種別に高い業績を上げている個人の行動特性（例えば「ムードメーカー」「論理思考」など）を分析し，その行動特性を評価基準として従業員を評価します。

用語

CEO，CIO という呼び方は米国由来のもので，日本では法的な効力はもちません。日本では，最高責任者は代表取締役となります。

経営組織

経営組織の構造には，経営者，部長，課長，平社員といった**階層型組織**や，人事，営業，システムなどの職能で分ける**職能別組織**，製品やサービスごとに事業部を分ける**事業部制組織**などがあります。また，職能別組織と事業部制組織を合わせた**マトリックス組織**という形態もあります。さらに，特定の課題の下に各部門から専門家を集めて編成し，期間と目標を定めて一時的に活動する**プロジェクト組織**という形態もあります。

経営環境の変化

社会環境の変化により，仕事だけを一生懸命するのではなく，**ワークライフバランス**に考慮した勤務形態を実現する必要が出てきました。そのために，本拠地から離れた場所に設置し遠隔勤務を可能とするサテライトオフィスや，自宅でビジネスを行うSOHO（Small Office Home Office）といった形態が発展してきました。

また，国際化により，ステークホルダ（利害関係者）に対して，経営や財務の状況など各種の情報を公開する**ディスクロージャ**や，企業が株主から委託された資金を適正な使途に配分し，その結果を説明する責任があるとする**アカウンタビリティ**も重視されるようになっています。そして投資家も，単に利益を追求するのではなく，経営陣に対してCSRに配慮した経営を求めていく**SRI**（Socially Responsible Investment：社会的責任投資）を行う必要があります。また，地球環境と調和した企業経営を行う環境経営という考え方もあります。製品やサービスなどを調達するときに，環境への負担が少ないものから優先的に選択する購入を**グリーン購入**といい，企業の社会的責任を果たすために有効です。

過去問題をチェック

経営・組織論については，午前で次のような出題があります。

【BCP】
・平成28年春 午前 問49
・平成29年春 午前 問50
【CIO】
・平成29年秋 午前 問50
【コーポレートガバナンス】
・平成28年春 午前 問50
【マトリックス組織】
・平成28年秋 午前 問50
【組織の状況とリーダシップのスタイルの関係】
・平成30年秋 午前 問50
【グリーン購入】
・平成31年春 午前 問50

用語

ワークライフバランスとは，1人1人が仕事上の責任を果たすとともに，家庭や地域生活などにおいても多様な生き方を実現できるようにするという考え方です。仕事と生活を調和させ，仕事のために他の私生活を犠牲にしないようにする必要があります。

▶▶▶ 覚えよう！

- □ 企業の経営を監視する仕組みがコーポレートガバナンス
- □ SRIでは，CSRに配慮した企業に投資する

8-1-2 OR・IE

企業経営では，オペレーションズリサーチ（OR）やインダストリアルエンジニアリング（IE）の手法が用いられます。

OR・IE

オペレーションズリサーチ（OR：Operations Research）とは，数学的・統計的モデルやアルゴリズムなどを利用して，様々な計画に対して最も効率的な方法を決定する技法です。

インダストリアルエンジニアリング（IE：Industrial Engineering）とは，企業が経営資源をより効率的・効果的に運用できるよう，作業手順や工程，管理方法などを分析・評価して，改善策を現場に適用できるようにする技術です。生産工学，経営工学などと訳されます。

品質管理手法

品質管理手法において，主に定量分析に用いられるものがQC七つ道具，主に定性分析に用いられるのが新QC七つ道具です。それぞれの構成を以下に示します。

【QC七つ道具】

①層別

母集団をいくつかの層に分割することです。

②ヒストグラム

データの分布状況を把握するのに用いる図です。データの範囲を適当な間隔に分割し，度数分布表を棒グラフ化します。

③パレート図

項目別に層別して，出現頻度の高い順に並べるとともに，累積和を示して，累積比率を折れ線グラフで表す図です。

④散布図

二つの特性を横軸と縦軸とし，観測値をプロット（配置）します。相関関係や異常点を探るのに用いられます。

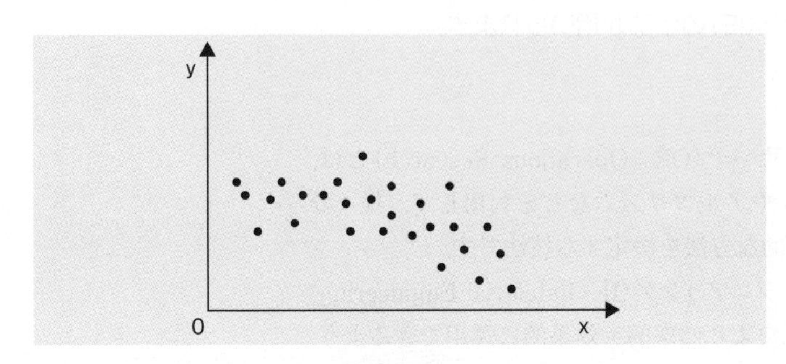

散布図の例

点の散らばり方に直線的な関係があるときには，xとyの間に相関があるといわれます。右肩上がりのときは**正の相関**，右肩下がりのときは**負の相関**です。統計分析によって相関係数を求めることもありますが，正の相関のときには相関係数は正，負の相関のときには相関係数は負になります。

⑤特性要因図

ある特性をもたらす一連の原因を階層的に整理する手法です。矢印の先に結果を記入して，因果関係を図示します。

⑥チェックシート

事実を区分して，詳しく定量的にチェックするためにデータをまとめてグラフ化する手法です。

⑦管理図

連続した量や数値などのデータを時系列に並べ，異常かどうかの判断基準を管理限界線として引いて管理する図です。

【新QC七つ道具】

①親和図法

多くの散乱した情報から，言葉の意味合いを整理して問題を確定する手法です。

過去問題をチェック
OR・IEについては，次の出題があります。
【テキストマイニング】
・令和元年秋 午前 問50
【連関図法】
・令和5年度 公開問題 問12

②連関図法

問題が複雑にからみ合っているときに，問題の因果関係を明確にすることで原因を特定する手法です。魚の骨のような図にまとめます。

③系統図法

目的と手段を多段階に展開する手法です。

④マトリックス図法

目的とその手段など，二つの関係を行と列の二次元に表し，行と列の交差点に二つの関係の程度を記述します。複数の関連を多元的に整理する手法です。

⑤マトリックスデータ解析法

問題に関係する特性値間の相関関係を手がかりに総合特性を見つけ，個体間の違いを明確にする手法です。

⑥PDPC（Process Decision Program Chart）法

プロセス決定計画図と訳され，計画を実行する上で，事前に考えられる様々な結果を予測し，プロセスをできるだけ望ましい方向に導く手法です。

⑦アローダイアグラム法

クリティカルパス法やPERTで使われている図です。

分析手法

ORやIEで利用される分析手法には様々なものがあります。代表的な分析手法は以下のとおりです。

①回帰分析

相互関係がある二つの変数の間の関係を統計的な手法で推測します。

②パレート分析

複数の事象などを，現れる頻度によって分類し，管理効率を高める手法です。パレート図を作成して行います。

③クラスタ分析

対象の集合を似たようなグループに分け，その特徴となる要因を分析する手法です。

④モンテカルロ法

乱数を用いてシミュレーションや数値演算を行うことで答えを求める手法です。

⑤デルファイ法

専門家の間でアンケートを使用して質問を繰り返すことで合意を得る方法です。

⑥テキストマイニング

文章における単語の出現頻度などを分析する手法です。**データマイニング**の一種で，アンケートの自由記述欄に記入された内容を集計する場合などに用いられます。

関連

データマイニングについては，「7-2-5 データベース応用」で取り上げています。

⑦A/Bテスト

広告文やWebサイトやバナーなどの要素を二つ作成し，ユーザをランダムに割り振ることで，どちらの要素がより高い成果を得られるかを比較，検証する手法です。

▶▶▶ 覚えよう！

- □ 出現頻度順に並べるパレート図，時系列にデータを並べる管理図
- □ 専門家の間でアンケートを繰り返すのがデルファイ法

8-1-3  会計・財務

頻出度 ★★★

企業の財政状態や利益を計算するための方法が会計（アカウンティング）です。そして，企業の資金の流れに関する活動が財務（ファイナンス）です。企業会計には，法律に定められた情報公開の仕組みである財務会計と，企業活動の見直しや経営計画の策定に使われる管理会計があります。

売上と利益の関係

企業活動では，売上高＝利益となるわけではありません。売上を上げるために様々な費用がかかっているからです。売上を上げるためにかかる費用を**売上原価**（**原価**）といい，**固定費**と**変動費**に分けられます。固定費は，売上高にかかわらず固定でかかる費用です。変動費は，売上高によって変動する費用で，変動費率として割合を示されることもあります。

また，**売上高－売上原価＝売上総利益**（**粗利益**）です。

利益（売上総利益または営業利益）が0となる点のことを**損益分岐点**といいます。

過去問題をチェック
会計・財務については，午前で次のような出題があります。
【売上総利益】
・平成30年春 午前 問50
・サンプル問題セット 問48
【最低限必要となる年間利益】
・平成31年春 午前 問48

決算の仕組み

決算とは，一定期間の収支を計算し，利益（または損失）を算出することです。そのために**財務諸表**を作成します。半年ごとの決算を中間決算，3か月ごとの決算を四半期決算といいます。会計基準には日本独自のものもありますが，国際的な会計基準に**IFRS**（International Financial Reporting Standards：国際財務報告基準）があります。

財務諸表

企業が作成を義務づけられている財務諸表の代表的なものに，**貸借対照表**と**損益計算書**があります。また，上場企業では**キャッシュフロー計算書**も求められます。それぞれの概要は次のとおりです。

①貸借対照表

貸借対照表では，ある時点における企業の財政状態を表します。バランスシート（Balance Sheet：B/S）ともいいます。その名のとおり，会社の資産と負債，純資産（資本）の関係が**資産＝負債＋純資産**となり，完全に等しくなります。

<table>
<tr><td rowspan="2">資産</td><td>負債</td></tr>
<tr><td>純資産（資本）</td></tr>
</table>

貸借対照表の構成

②損益計算書

損益計算書では，一定期間における企業の経営成績を表します。利益（Profit）と損失（Loss）を表すことから，**P/L**ともいいます。損益計算書では，次のような計算を行います。

売上高－売上原価		＝**売上総利益**
さらに	**－販売費及び一般管理費**	＝**営業利益**
さらに	**＋営業外収益－営業外費用**	＝**経常利益**
さらに	＋特別収益－特別損失	＝税引前当期純利益
さらに	－法人税，住民税及び事業税	＝当期純利益

③キャッシュフロー計算書

キャッシュフロー計算書では，一定期間のキャッシュの増減を表します。具体的には，**営業活動**によるキャッシュフロー，**投資活動**によるキャッシュフロー，**財務活動**によるキャッシュフローの三つに分けて表示されます。

なお，キャッシュフロー計算書の「現金及び現金同等物の期末残高」は，貸借対照表（期末）の「現金及び預金」の合計額と一致します。

資産管理

資産管理では，在庫や固定資産をどのように管理するかを決めておくことが大切です。棚卸資産評価を行うときには，在庫の取得原価を求める方法を決めます。方法としては，先に取得したものから順に吐き出される**先入先出法**，合計金額を総数で割って平均を求める**総平均法**，仕入れのたびに購入金額と受入数量の合計から単価の平均を計算する**移動平均法**などがあります。

また，設備などの固定資産は，購入した年の経費とするのではなく，利用する期間にわたって費用配分する**減価償却**という考え方があります。減価償却の主な方法には，毎年均等額を減価償却費として計上する**定額法**や，毎年期末残高に一定の割合を掛けて求めた額を減価償却費として計上する**定率法**などがあります。減価償却を行うごとに，固定資産の価値（帳簿価額）は減価償却費の分だけ減少します。固定資産を購入する代わりに，**リース**や**レンタル**などの方法で資産を借りることで，減価償却をせず，かかった費用をすべて経費にすることが可能です。

▶▶▶ 覚えよう！

- □ 売上高－売上原価が売上総利益，管理費を引くと営業利益
- □ 設備などの固定資産は，利用する期間にわたって減価償却

8-1-4 演習問題

問1 CIO CHECK ▶ □□□

CIOが果たすべき主要な役割はどれか。

ア 情報化戦略を立案するに当たって，経営戦略を支援するために，企業全体の情報資源への投資効果を最適化するプランを策定する。
イ 情報システム開発・運用に関する状況を把握して，全社情報システムが最適に機能するように具体的に改善点を指示する。
ウ 情報システムが企業活動に対して健全に機能しているかどうかを監査することによって，情報システム部門にアドバイスを与える。
エ 全社情報システムの最適な運営が行えるように，情報システムに関する問合せやトラブルに関する報告を受け，担当部門に具体的指示を与える。

問2 環境対策の観点から実施するもの CHECK ▶ □□□

企業が社会的責任を果たすために実施すべき施策のうち，環境対策の観点から実施するものはどれか。

ア 株主に対し，企業の経営状況の透明化を図る。
イ グリーン購入に向けて社内体制を整備する。
ウ 災害時における従業員のボランティア活動を支援する制度を構築する。
エ 社内に倫理ヘルプラインを設置する。

問3 組織の状況とリーダシップのスタイルの関係 CHECK ▶ □□□

リーダシップのスタイルは，その組織の状況に合わせる必要がある。組織の状況とリーダシップのスタイルの関係に次のことが想定できるとすると，スポーツチームの監督のリーダシップのスタイルのうち，図中のdと考えられるものはどれか。

〔組織の状況とリーダシップのスタイルの関係〕

組織は発足当時，構成員や仕組みの成熟度が低いので，リーダが仕事本位のリーダシップで引っ張っていく。成熟度が上がるにつれ，リーダと構成員の人間関係が培われ，仕事本位から人間関係本位のリーダシップに移行していく。更に成熟度が進むと，構成員は自主的に行動できるようになり，仕事本位，人間関係本位のリーダシップがいずれも弱まっていく。

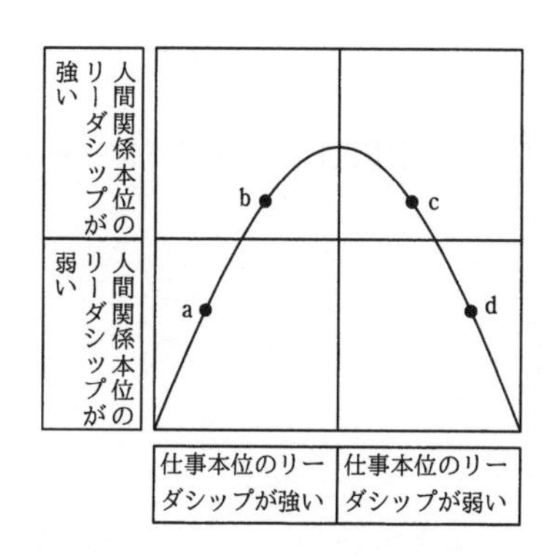

ア　うるさく言うのも半分くらいで勝てるようになってきた。
イ　勝つためには選手と十分に話し合って戦略を作ることだ。
ウ　勝つためには選手に戦術の立案と実行を任せることだ。
エ　選手をきちんと管理することが勝つための条件だ。

問4 Webサイトの比較検証手法 CHECK ▶ □□□

あるオンラインサービスでは，新たに作成したデザインと従来のデザインのWebサイトを実験的に並行稼働し，どちらのWebサイトの利用者がより有料サービスの申込みに至りやすいかを比較，検証した。このとき用いた手法として，最も適切なものはどれか。

ア　A/Bテスト　　　イ　ABC分析
ウ　クラスタ分析　　エ　リグレッションテスト

問5 BCP策定時のリスク対応 CHECK ▶ □□□

事業継続計画の策定に際し，リスクへの対応として適切なものはどれか。

ア　全リスクを網羅的に洗い出し，リスクがゼロとなるように策定する。
イ　想定するリスクのうち，許容できる損失を超えるものを優先的に対処する。
ウ　想定するリスクの全てについて，発生時の対応策をとることを目的とする。
エ　想定するリスクの優先度に差をつけずに検討する。

問6 品質管理で使用する図 CHECK ▶ □□□

品質管理において，結果と原因との関連を整理して，魚の骨のような図にまとめたものはどれか。

ア　管理図　　イ　特性要因図　　ウ　パレート図　　エ　ヒストグラム

解答と解説

問1 (平成29年秋 情報セキュリティマネジメント試験 午前 問50)

《解答》ア

CIO (Chief Information Officer)とは，情報化に責任をもつ役員で，情報化戦略を立案するに当たり，プランを作成していきます。したがって，**ア**が正解です。

イ 情報システムの改善に関することで,CIOに指示された情報システム部などで行います。

ウ システム監査の役割です。

エ サービスマネジメントの役割です。

問2 (平成31年春 情報セキュリティマネジメント試験 午前 問50)

《解答》イ

製品やサービスなどを調達する際，購入前に必要性を考慮し，環境への負担が少ないものから優先的に選択する購入を，グリーン購入といいます。環境対策の観点から，グリーン購入を実施するために社内体制を整備することは有効です。したがって，**イ**が正解です。

ア 社会的責任を果たすためには重要ですが，環境対策ではありません。

ウ 社会的な評価のためには重要ですが，環境対策とは異なります。

エ 社内のコンプライアンスには重要ですが，環境対策ではありません。

問3 (平成30年秋 情報セキュリティマネジメント試験 午前 問50)

《解答》ウ

〔組織の状況とリーダシップのスタイルの関係〕より，組織の発足当初は，人間関係本位のリーダシップが弱く,仕事本位のリーダシップが強い,図中のaの状態であると考えられます。このときには，選択肢エのように，選手をきちんと管理することが勝つための条件です。

次に，成熟度が上がるにつれ，人間関係本位のリーダシップが強くなり，図中のbの状態となります。このときには，イのように，選手と十分に話し合うことが大切となります。

さらに成熟度が進むと，構成員が自主的に行動できるようになるため，仕事本位のリーダシップが弱くなります。このときには，アのように，リーダが指示する必要がなくなり，うるさく言うのも半分くらいで勝てるようになります。

最後には，両方のリーダシップが弱くなり，図中のdの状態になります。このときには，戦略の立案を選手に任せても，自分で勝てるようになっていると考えられます。したがって，**ウ**が正解です。

問4 （令和４年 ITパスポート試験 問34）

《解答》ア

広告文やWebサイトやバナーなどの要素を二つ作成し，ユーザをランダムに割り振ることで，どちらの要素がより高い成果を得られるかを比較，検証するテストのことを，A/Bテストといいます。新たに作成したデザインと従来のデザインのWebサイトを実験的に並行稼働して，どちらのWebサイトの利用者がより有料サービスの申込みに至りやすいかを比較，検証することは，A/Bテストに該当します。したがって**ア**が正解です。

イ　ABC分析は，売上高などで多い順にA，B，Cの三つに分類する手法です。Aを優先することで，効率的に管理を行います。

ウ　クラスタ分析は，対象の集合を似たようなグループに分け，その特徴となる要因を分析する手法です。

エ　リグレッションテストは，システムを変更したときに，その変更によって予想外の影響が現れていないかを確認するテストです。変更した部分以外のプログラムも含めてテストを行います。

問5 （平成28年春 情報セキュリティマネジメント試験 午前 問49）

《解答》イ

事業継続計画の策定においては，緊急時の資源配分が大切です。そのため，リスクに優先度をつけ，許容できる損失を超えるものから優先的に対処することが必要となります。したがって，**イ**が正解です。

ア，ウのようにすべてのリスクに対応することや，エのように優先度に差をつけずに検討することは，限られた資源で事業継続を行うという観点から，適切ではありません。

問6 （令和5年度 情報セキュリティマネジメント試験 公開問題 問12）

《解答》イ

品質管理に使用するQC七つ道具において，結果と原因との関連を整理する図には，特性要因図があります。特性要因図では，ある特性をもたらす一連の原因を階層的に整理し，魚の骨のような図にまとめます。したがって，**イ**が正解です。

ア　連続したデータを時系列に並べ，異常の判断基準を管理限界線として引いて管理する図です。

ウ　項目別に層別して，出現頻度の高い順に並べて累積和を示し，累積比率を折れ線グラフで表す図です。

エ　データの範囲を適当な間隔に分割し，度数分布表を棒グラフ化することで，データの分布状況を把握する図です。

8-2 システム戦略

システム戦略の分野では，経営戦略のうち情報システムに関わる戦略と，組織の業務に関わる情報システムについて学びます。

8-2-1 情報システム戦略

勉強のコツ

エンタープライズアーキテクチャなどの全体最適化と，SaaS，PaaSなどのクラウドコンピューティングが出題の中心です。
経営戦略に沿って全体最適化を行い，情報システムを構築していくという考え方をしっかり押さえておきましょう。

情報システム戦略の目的は，経営戦略を実現させることです。そのため，経営戦略に沿って効果的な情報システム戦略を策定することが重要になります。

情報システム戦略の策定

情報システム戦略の策定では，経営陣の１人である**CIO**（Chief Information Officer：最高情報責任者）が中心となり，経営戦略に基づいて全体システム化計画や情報化投資計画を策定します。このとき，自社の状況を知るために，経済産業省が提案した，IT活用度を測る「物差し」であるIT経営力指標を利用することもあります。

全体システム化計画

全体システム化計画では，組織のシステム化全体についての計画を立てます。最初に全体最適化方針を決め，それに基づいて全体最適化計画を立てます。

情報化投資計画

情報化投資計画では，情報化への投資に関する予算を適切に配分します。経営戦略との整合性を考慮して策定することと，投資対効果の算出方法を明確にすることが求められます。情報システムの全体的な業績や個別のプロジェクトの業績を財務的な観点から評価し，ITの投資効果をマネジメントするIT投資マネジメントの観点も大切です。

全体最適化方針

全体最適化方針は，組織全体としてどのようにシステム化に取り組むべきかを示す指針です。全体最適化目標を制定し，ITガバナンスの方針を明確にします。To-Beモデルといわれる，情報システムのあるべき姿を明確にした業務モデルを作成します。

全体最適化計画

全体最適化計画は，全体最適化方針に基づき，事業者の各部署において個別に作られたルールや情報システムを統合化し，効率性や有効性を向上させるための計画です。

全体最適化計画では，コンプライアンスを考慮し，情報化投資の方針及び確保すべき経営資源を明確にしてシステムのあるべき姿を定義することなどが求められています。

組織体制としては，情報システムの全体最適化を実現するために**情報システム化委員会**を設置し，**情報化推進体制**を整えます。情報システム化委員会では，情報システムに関する活動全般についてモニタリングを実施し，必要に応じて**是正措置**をとります。また，技術情報の動向に対応するため，**技術採用指針**を明確にすることも大切です。

システム化計画

全体システム化計画に従って，個別システム化計画を立案します。企業の戦略性を向上させ，企業全体または事業活動の統合管理を実現するシステムには次のようなものがあります。

①ERP（Enterprise Resource Planning）

ERPは企業資源計画などと訳されます。企業全体の経営資源を統合的に管理して経営の効率化を図るための手法で，これを実現するためのソフトウェアをERPパッケージと呼びます。

②SCM（Supply Chain Management）

SCM（サプライチェーンマネジメント）は，原材料の調達から最終消費者への販売に至るまでの調達→生産→物流→販売の一連のプロセスを，企業の枠を超えて統合的にマネジメントするシステムです。一連のプロセスで在庫，売行き，販売・生産計画などの情報を共有することで，余分な在庫の削減が可能となり，ムダな物流が減少します。

③CRM（Customer Relationship Management）

CRMは顧客関係管理などと訳されます。顧客との関係を構築することで顧客満足度を向上させる経営手法です。これを実現するためのシステムがCRMシステムで，詳細な顧客情報の管理や分析，問合せやクレームへの対応などを一貫して管理することが可能になります。

④SFA（Sales Force Automation）

営業支援のための情報システムです。商談の進捗管理や営業部内の情報共有などを行います。CRMの一環として扱われることも多くなっています。

⑤KMS（Knowledge Management System）

ナレッジマネジメントを行うためのシステムです。ナレッジマネジメントとは，個人のもつ暗黙知を形式知に変換することにより知識の共有化を図り，より高いレベルの知識を生み出すという考え方です。フレームワークとしてSECIモデルがあり，①共同化（Socialization），②表出化（Externalization），③結合化（Combination），④内面化（Internalization）の4段階のプロセスが定義されています。

⑥シェアドサービス

関連する複数の会社が共通してもっている部門（経理や総務など）をそれぞれ社内から切り離して共同の新会社を設立し，そこで業務を請け負うという形態です。

覚えよう！

- □ 情報システム戦略は，経営戦略を基に策定
- □ 全体最適化計画では情報システム化委員会を設立

8-2-2 業務プロセス

頻出度 ★★★

業務プロセスの改善と問題解決においては，既存の組織構造や業務プロセスを見直し，効率化を図ります。それとともに，情報技術を活用して，業務・システムを最適化します。

業務プロセスの改善手法

業務プロセスの改善では，既存の組織構造や業務プロセスを見直し，効率化を図ります。そのときに使用される業務プロセスの改善手法には，以下のものがあります。

①RPA

RPA（Robotic Process Automation）は，PCの中でロボット的な動作を行うソフトウェアを用いて業務を自動化する仕組みです。RPAを用いることで，業務の最適化を図ることができます。

②ビジネスプロセスマネジメント

BPM（Business Process Management）は，業務分析，業務設計，業務の実行，モニタリング，評価のサイクルを繰り返し，継続的なプロセス改善を遂行する経営手法です。

③ビジネスプロセスリエンジニアリング

BPR（Business Process Reengineering）とは，顧客の満足度を高めることを主な目的とし，最新の情報技術を用いて業務プロセスを抜本的に改革することです。品質・コスト・スピードの三つの面から改善し，競争優位性を確保します。

④ビジネスプロセスアウトソーシング

BPO（Business Process Outsourcing）とは，企業などが自社の業務の一部または全部を，外部の専門業者に一括して委託することです。業務を外部に出すことで，経営資源をコアコンピタンスに集中できます。海外の事業者や子会社に開発をアウトソーシングするオフショア開発も一般的です。

過去問題をチェック

業務プロセスについては，午前で次のような出題があります。

【BPO】
・平成28年秋 午前 問48
・平成31年春 午前 問47
・サンプル問題セット 問45

【BPM】
・令和5年度 公開問題 問11

【業務プロセスを抜本的に再設計】
・平成29年春 午前 問48

【業務プロセスの改善活動】
・平成29年秋 午前 問48

【RPAの活用】
・令和元年秋 午前 問48

⑤業務プロセスの可視化

業務プロセスを可視化するための手法には様々なものがあります。業務流れ図（WFA：Work Flow Architecture）やBP図（BPD：Business Process Diagram），E-R図（ERD：Entity Relationship Diagram）などの手法を用います。また，データの流れを記述するためのDFD（Data Flow Diagram）の手法を用いることもあります。これらによって業務プロセスを把握，分析して問題点を発見し，業務改善の提案を行います。

その他の改善手法

業務プロセス改善のためのその他の手法としては，システム化による業務効率化が挙げられます。ワークフローシステムを導入し，承認手続きを電子化して，決済処理の効率化を図ることなどによりITを有効活用できます。

また，コミュニケーションのためにシステムを利用することもあります。**SNS**（Social Networking Service）の利用や，業務における電子メール利用方法の改善なども有効です。

覚えよう！

- □ BPRは抜本的に改革，BPOは業務をアウトソーシング

8-2-3 ソリューションビジネス

ソリューションビジネスとは，顧客の経営課題をITと付加サービスを通して解決する仕組みです。最新のITを活用して，顧客の経営課題を解決するサービスを提供します。

ソリューションビジネスの種類とサービス形態

ソリューションビジネスでは，顧客の経営課題を解決するサービスを提案するので，業種別，業務別，課題別など様々なサービスがあります。代表的なソリューションサービスの形態としては，クラウドコンピューティングやアウトソーシングサービス，ホスティングサービス，ERPパッケージ，CRMソリューションなどが挙げられます。

クラウドコンピューティング

クラウドコンピューティングとは，ソフトウェアやデータなどを，インターネットなどのネットワークを通じて，サービスというかたちで必要に応じて提供する方式です。クラウドコンピューティングに対して，自社でサーバやソフトウェアを用意してサービスを稼働させることを**オンプレミス**といいます。クラウドコンピューティングを用いて提供するサービスのことを**クラウドサービス**といいます。

ソフトウェア機能をサービスと見立て，そのサービスをネットワーク上で連携させてシステムを構築する手法にSOA（Service Oriented Architecture：サービス指向アーキテクチャ）があります。この方法により，ユーザの要求に合わせてサービスを提供することができます。

クラウドコンピューティングの形態には，次のようなものがあります。

- SaaS（Software as a Service）
  ソフトウェア（アプリケーション）をサービスとして提供する
- PaaS（Platform as a Service）
  OSやミドルウェアなどの基盤（プラットフォーム）を提供する
- IaaS（Infrastructure as a Service）
  ハードウェアやネットワークなどのインフラを提供する

過去問題をチェック

クラウドサービスについては，クラウドセキュリティとして科目Bでも出題されます。

【クラウドサービスを利用した情報システムの導入と運用】
・平成29年春 午後 問2
【オンラインストレージサービスの利用における情報セキュリティ対策】
・平成28年秋 午後 問1
【PaaS型サービスモデル】
・平成30年春 午前 問45
【クラウドメールサービス】
・科目Bのサンプル問題 問3
・令和5年度 公開問題 問15

用語

SaaS，PaaS，IaaSは，クラウドコンピューティングの構成要素にどこまでクラウド側のサービスを利用するかという観点で分類したものです。
また，SaaSを別の観点から呼んだものとして，**ASP**（Application Service Provider）があります。

図にすると，次のようなかたちになります。

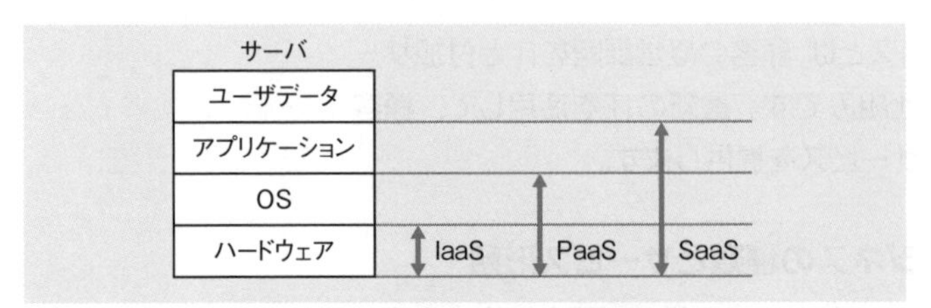

SaaS，PaaS，IaaSで提供される構成要素

その他のクラウドサービス

クラウドサービスには，クラウドコンピューティングでサーバを構築する以外の様々なサービスがあります。その他のクラウドサービスとしては，次のようなものがあります。

・DaaS（Desktop as a Service）
ノートPCなどの端末のデスクトップ環境を，ネットワーク越しに提供するサービスです。クラウド上でVDI（Virtual Desktop Infrastructure）サーバを構築し，端末でVDIクライアントを利用することで実現できます。VDIクライアントとして，Webブラウザを使用することもできます。

・IDaaS（IDentity as a Service）
IDやパスワードなど，ユーザそれぞれの情報がアイデンティティ（Identity）です。IDaaSは，アイデンティティを一元管理するためのクラウドサービスです。シングルサインオンの実現などに活用されます。

▶▶▶ 覚えよう！

□ SaaSはソフトウェア，PaaSはプラットフォーム，IaaSはインフラを提供

8-2-4 システム活用促進・評価

頻出度 ★★★

情報システムを有効に活用し，経営に生かすために，情報システムの構築時から活用促進活動を継続的に行います。

データの分析

データを分析して新たな知見を得るための研究または手法をデータサイエンスといいます。情報システムに蓄積されたデータは，データサイエンスの手法によって分析され，今後の事業戦略に活用されます。

過去問題をチェック

システム活用促進・評価については，次のような出題があります。
【データサイエンティスト】
・平成30年秋 午前 問47
【デジタルディバイド】
・平成30年秋 午前 問48

AIの活用

AI（Artificial Intelligence：人工知能）とは，人間と同様の知能をコンピュータ上で実現させるための技術です。AIで利用する技術のうち，よく用いられる手法が機械学習です。機械学習とは，機械学習のアルゴリズムを使って，データの特性をコンピュータが自動的に学習するものです。機械学習の結果として，予測などを行うためのモデル（計算式など）を作成します。

機械学習を中心としたAIを活用する場合には，統計的な処理となるため，従来のシステムとは異なり，結果が完全には予測できません。そのため，新しい概念やアイディアを実証するために，試作品の前段階として，概念が正しいかどうかの検証として，PoC（Proof of Concept：概念実証）を行います。また，概念やアイディアが実際に価値を提供するかどうかを**PoV**（Proof of Value：価値実証）によって確かめます。

用語

オープンデータとは，編集や加工をする上で機械判読に適し，原則無償で利用できる形で公開された官民データです。営利・非営利の目的を問わず二次利用が可能という利用ルールが定められています。

情報システムの活用

情報システム活用手法としては，個人所有のスマートフォンを業務利用する**BYOD**（Bring Your Own Device）や，会話に応じて自動で応答する**チャットボット**などがあります。

情報システム利用実態の評価・検証

情報システムの投資対効果を分析し，システムの利用実態を調査して評価します。評価指標としては，**投資利益率**（**ROI**：Return On Investment）や利用者満足度があります。

普及啓発

PCやインターネットなどの利用においては，使いこなせる人と使いこなせない人に生じる格差（デジタルディバイド）ができてしまいがちです。そのため，情報システムを活用するためには，各人に合わせた教育・訓練の実施などで，全社員のコンピュータリテラシ（コンピュータを活用する能力）を向上させるための普及啓発活動を行う必要があります。また，人材育成計画を立て，講習会などを開いて利用方法を説明します。

情報システム廃棄

システムライフサイクルの最後には，情報システムを廃棄する必要があります。情報機器を廃棄する際は，通常のゴミとして出すと廃棄した機器から情報が漏えいするおそれがあります。そのため，**廃棄**の際は，システムから必要な情報をバックアップなどで取得した後で，起動不能にする，解体する，データを消去するなどの作業を行います。このとき，単純にデータを消すだけではディスク上に残ることがあるので，無意味なデータを上書きするなどの作業が必要です。

システムライフサイクルとは，システムの設計や構築，運用などの一連のシステム利用の流れのことです。使用が終わったシステムを廃棄するところまでがシステムライフサイクルとなります。

覚えよう！

- □ データサイエンスでは，データから新たな知見を得る
- □ 廃棄時には，データの消去を，データを上書きすることで行う

8-2-5 演習問題

問1 BPM CHECK ▶ □□□

BPMの説明はどれか。

ア 企業活動の主となる生産，物流，販売，財務，人事などの業務の情報を一元管理することによって，経営資源の全体最適を実現する。
イ 業務プロセスに分析，設計，実行，改善のマネジメントサイクルを取り入れ，業務プロセスの改善見直しや最適なプロセスへの統合を継続的に実施する。
ウ 顧客データベースを基に，商品の販売から保守サービス，問合せやクレームへの対応など顧客に関する業務プロセスを一貫して管理する。
エ 部品の供給から製品の販売までの一連の業務プロセスの情報をリアルタイムで交換することによって，在庫の削減とリードタイムの短縮を実現する。

問2 RPAの活用 CHECK ▶ □□□

RPAを活用することによって業務の改善を図ったものはどれか。

ア 果物の出荷検査のために，画像解析によって大きさや形が規格外の果物をふるい落とす装置を導入し，検査速度を向上させた。
イ 事務職員が人手で行っていた定型的かつ大量のコピー&ペースト作業をソフトウェアによって自動化し，作業時間の短縮と作業精度の向上を実現させた。
ウ 倉庫での作業従事者にパワーアシストスーツを着用させ，身体の不調で病欠する従業員の割合を低減させた。
エ ビッグデータを用いてあらかじめ解析した結果から，タクシーの需要が多いと見込まれる地域を日ごとに特定し，タクシーの空車の割合を低減させた。

問3 情報戦略 CHECK ▶ □□□

情報戦略の立案時に，必ず整合性を取るべきものはどれか。

ア 新しく登場した情報技術　　イ 基幹システムの改修計画
ウ 情報システム部門の年度計画　　エ 中長期の経営計画

問4 システム実現性の検証 CHECK ▶ □□□

あるコールセンタでは，AIを活用した業務改革の検討を進めて，導入するシステムを絞り込んだ。しかし，想定している効果が得られるかなど不明点が多いので，試行して実現性の検証を行うことにした。このような検証を何というか。

ア IoT　　イ PoC　　ウ SoE　　エ SoR

問5 業務プロセスの改善活動 CHECK ▶ □□□

物流業務において，10%の物流コストの削減の目標を立てて，図のような業務プロセスの改善活動を実施している。図中のcに相当する活動はどれか。

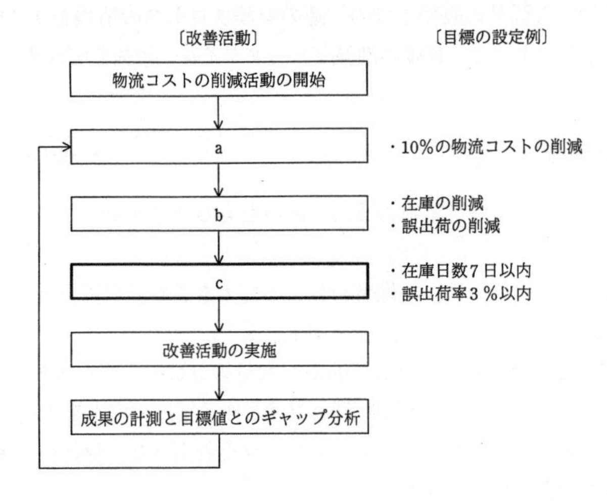

ア CSF（Critical Success Factor）の抽出
イ KGI（Key Goal Indicator）の設定
ウ KPI（Key Performance Indicator）の設定
エ MBO（Management by Objectives）の導入

解答と解説

問1　(令和5年度 情報セキュリティマネジメント試験 公開問題 問11)

《解答》イ

BPM (Business Process Management) は，業務分析，業務設計，業務の実行，モニタリング，評価のサイクルを繰り返し，継続的なプロセス改善を遂行する経営手法です。業務プロセスの改善見直しや最適なプロセスへの統合を継続的に実施します。したがって，**イ**が正解です。

ア　ERP (Enterprise Resource Planning) の説明です。

ウ　CRM (Customer Relationship Management) の説明です。

エ　SCM (Supply Chain Management) の説明です。

問2　(令和元年秋 情報セキュリティマネジメント試験 午前 問48)

《解答》イ

RPA (Robotic Process Automation) は，ソフトウェアのロボット (ボット) を用いて，業務プロセスを自動化する仕組みです。RPAを利用することで，画面での動作を学習させ，自動的に作業を行わせることができます。事務職員が人手で行っていた定型的かつ大量のコピー&ペースト作業は，RPAによって自動化することで，作業時間の短縮と作業精度の向上を実現できます。したがって，**イ**が正解です。

ア，エ　機械学習などのAI (Artificial Intelligence) 技術を導入することによる業務改善に該当します。

ウ　ハードウェアのロボット技術に関する内容です。パワーアシストによる環境や業務の改善につながります。

問3　(平成29年春 情報セキュリティマネジメント試験 午前 問47)

《解答》エ

情報戦略は，経営戦略の一環で立案されます。そのため，中長期の経営計画など，経営戦略との整合性を必ずとるべきです。したがって，**エ**が正解です。

ア　情報戦略では，必ずしも新技術を取り入れる必要はありません。

イ，ウ　情報戦略を基に立案されるべき計画です。

問4 (令和4年 ITパスポート試験 問35)

《解答》イ

新しい概念やアイディアを実証するために，試作品の前段階として実施する検証のことを，PoC（Proof of Concept：概念実証）といいます。AIを活用した業務改革の検討時によく実施されます。したがって，**イ**が正解です。

ア IoT（Internet of Things：モノのインターネット）は，身の回りの機器がセンサと通信機能をもち，インターネットに接続される仕組みです。

ウ SoE（Systems of Engagement）は，顧客とつながるためのシステムです。社外のユーザとのつながりを意識します。

エ SoR（Systems of Records）は，情報を記録するシステムです。会社内の情報を記録するような，通常のシステムが該当します。

問5 (平成29年秋 情報セキュリティマネジメント試験 午前 問48)

《解答》ウ

図中の「物流コストの削減活動の開始」という改善活動の後のaについては，「10%の物流コストの削減」というゴールが示されているので，これはKGIに該当します。また，その後のbの目標は「在庫の削減」や「誤出荷の削減」であり，これは目標を達成するための重要成功要因であるCSFに該当します。その後のcでは，「在庫日数7日以内」,「誤出荷率3%以内」など，具体的に測定できる数値が示されているので，これはKPIとなります。したがって，cに該当するのはKPIの設定となるので，**ウ**が正解です。

8-3 システム企画

システム企画で扱う内容は，システム化計画，要件定義，調達計画・実施です。システムの開発者ではなくシステムを発注する側の視点で，システム化を考えます。

8-3-1 システム化計画

頻出度 ★★★

勉強のコツ

システムを開発する側の視点ではなく，発注する側の企業の視点で，システム開発について知っておくべき内容をまとめています。RFI，RFPなど，調達に関する用語を学ぶことがポイントです。

システム化構想とシステム化計画では，要求事項を集めて合意し，システム化の方針を決め，システムの実施計画を策定します。

システム化構想の立案

システム化構想の立案では，経営要求・課題の確認，現行業務・システムの調査分析，情報技術動向の調査分析，対象となる業務の明確化，業務の新全体像の作成，システム化構想の文書化と承認，システム化推進体制の確立など，様々なことを行います。

経営層や各部門などいろいろな方向からシステムに関係する要求事項が集められ，合意をとります。

システム化計画の立案

システム化計画の立案での目的は，システムを実現するための実施計画を得ることです。全体システム化計画，個別システム化計画を行うことによって全体最適化を図ります。また，システムの目的や適用範囲，開発範囲を決め，業務モデルを作成します。サービスレベルと品質に対する基本方針や開発プロジェクト体制も策定します。

システム化計画における検討事項には次のものがあります。

①全体開発スケジュールの作成

対象となったシステムを必要に応じてサブシステムに分割し，サブシステムごとに優先順位を付けます。また，要員，納期，コスト，整合性などを考え，各サブシステムについて開発スケジュールの大枠を作成します。

②要員教育計画

業務・システムに関する教育訓練について，教育訓練体制やスケジュールなどの基本的な要件を明確にします。

③ 投資の意思決定

経済性計算の手法を利用してより正確な投資の価値を算出し，投資の意思決定を行います。

④開発投資対効果（IT投資効果）

システム実現時の定量的，定性的な効果予測を行います。また，期間・体制などの大枠を予測し，費用を見積もります。このとき，IT投資のバランスやシステムライフサイクルを意識します。

⑤情報システム導入リスク分析

導入に伴うリスクの種類や大きさを分析します。リスク分析の対象を決定し，リスクの発生頻度・影響・範囲などを特定し，リスクの種類に応じた損害内容と損害額を算出します。その後，リスクに応じてリスク対応を行います。

▶▶▶ 覚えよう！

- □ **システム化構想では，多方面から分析して要求事項を集める**
- □ **システム化計画では，全体の大枠の計画を立てる**

8-3-2 要件定義

頻出度 ★

システムへの要求を洗い出して分析することを要求分析といいます。要求分析の結果をまとめて明確にし，定義するのが要件定義です。

要求分析

要求分析は，要求項目の洗出し，要求項目の分析，ユーザニーズ調査，前提条件や制約条件の整理という手順で行います。このときに，利害関係者から提示されたユーザのニーズや要望を識別し，要求仕様書に整理します。

要件定義

要件定義の目的は，システムや業務全体の枠組みやシステム化の範囲と機能を明らかにすることです。共通フレーム2013の要件定義プロセスでは，プロセス開始の準備，利害関係者の識別，要件の識別，要件の評価，要件の合意，要件の記録の六つのアクティビティが定義されています。

過去問題をチェック

要件定義については，午前で次のような出題があります。

【要件定義プロセス】

・平成30年秋 午前 問49

①要件定義で明確化する内容

要件定義で明確化する内容には，大きく分けて機能要件と非機能要件があります。機能要件は，業務要件を実現するために必要なシステムの機能です。非機能要件とは，機能として明確にされない要件です。また，情報・データ要件や移行要件など，システムに関連する様々な要件についても定義します。

②要件定義の手法

要件定義の手法には，構造化分析手法やデータ中心分析手法，オブジェクト指向分析手法などがあります。プロセス仕様を明らかにしてDFDなどを記述するのが構造化分析手法です。データ中心分析手法では，E-R図を記述してデータの全体像を把握します。オブジェクト指向分析手法ではUMLを利用します。

③利害関係者への要件の確認

要件定義者は，定義された要件の実現可能性を十分に検討した上で，ステークホルダに要件の合意と承認を得ます。

非機能要件

非機能要件とは，システム要件のうち，機能要件以外の要件です。その要件に対する要求を非機能要求といいます。機能要求に比べて非機能要求は顧客の意識に上がってこないことが多いため，要求分析時に見落とされやすく，トラブルの原因になりがちです。そのため，意識して非機能要求を洗い出す必要があります。

IPAで公開している「非機能要求グレード」には，以下の六つのカテゴリがあります。

- **可用性**……………………………システムを継続的に利用可能にするための要求
- **性能・拡張性**……………………システムの性能と将来のシステム拡張に関する要求
- **運用・保守性**……………………システムの運用と保守のサービスに関する要求
- **移行性**……………………………現行システム資産の移行に関する要求
- **セキュリティ** ……………………構築する情報システムの安全性の確保に関する要求
- **システム環境・エコロジー** ……システムの設置環境やエコロジーに関する要求

覚えよう！

- □ 要件定義プロセスでは，利害関係者の要求をまとめ合意をとる
- □ 非機能要求には，可用性や性能・拡張性，セキュリティなどが含まれる

8-3-3 調達計画・実施

ここでの調達には，開発するシステムに必要な製品やサービスの購入だけでなく，組織内部や外部委託によるシステム開発なども含まれます。開発するシステムの用途，規模，取組方針，前提や制約条件に応じた調達方法を考える必要があります。

調達

調達とは，品物やサービス，労働力などを用意することです。外部資源の利用を行い，必要なものを調達します。情報システムの場合，SI（System Integrator：システムインテグレータ）事業者にアウトソーシングすることも考えられます。

調達を行ったシステム資産及びソフトウェア資産については，ライセンス管理や構成管理などを適切に行い，管理する必要があります。

過去問題をチェック
調達計画・実施については，午前で次のような出題があります。
【活用工程で行うこと】
・平成30年春 午前 問48
【CSR調達】
・平成30年春 午前 問49

調達計画

調達計画の策定では，調達の対象，調達の条件，調達の要求事項などを定義します。また，要件定義を踏まえ，既存の製品またはサービスの購入，組織内部でのシステム開発，外部委託によるシステム開発などから調達方法を選択します。

このとき，社内で実施することと社外に委託することを決める**内外作基準**を作成します。

調達の方法

調達の代表的な方法には，**企画競争入札**や**一般競争入札**があります。企画競争入札では，事業テーマについて企画書などの提出を求め，提案内容を審査します。それに対し，一般競争入札では，提案の内容だけでなく価格も合わせて審査します。

一般競争入札では，技術点や価格点などそれぞれの点数を合計して総合点で入札者を決定する**総合評価落札方式**が用いられます。

情報提供依頼書（RFI）

調達にあたっては，ベンダ企業に対し，システム化の目的や業務内容を示し，RFP（次項参照）を作成するための情報の提供を依頼する**RFI**（Request For Information：情報提供依頼書）を作成します。ベンダ企業は，RFIに基づいて情報を提供します。

提案依頼書（RFP）

ベンダ企業に対し，調達対象システム，提案依頼事項，調達条件などを示した**RFP**（Request For Proposal：提案依頼書）を提示し，提案書・見積書の提出を依頼します。RFPには，システムの対象範囲やモデル，サービス要件，目標スケジュール，契約条件，ベンダの経営要件，ベンダのプロジェクト体制要件，ベンダの技術及び実績評価などを含みます。

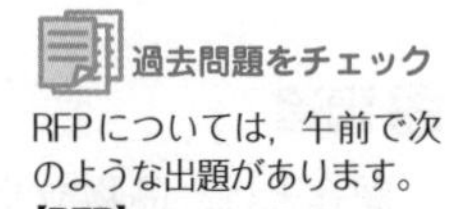

RFPについては，午前で次のような出題があります。
【RFP】
・平成31年春 午前 問49
・令和元年秋 午前 問49

提案書・見積書

ベンダ企業では，提案依頼書を基にシステム構成，開発手法などを検討し，提案書や見積書を作成して発注元に提案します。このとき，見積りを依頼するために**RFQ**（Request For Quotation：見積依頼書）を作成することもあります。

調達選定

調達先の選定にあたっては，提案評価基準や要求事項適合度の重み付けを行う選定手順を確立する必要があります。このとき，コストや工期だけでなく法令遵守（コンプライアンス）や内部統制などの観点からも比較評価して選定することが大切です。

また，**CSR**（Corporate Social Responsibility：企業の社会的責任）も意識する必要があります。CSRを意識した調達を**CSR調達**といいます。

さらに，製品やサービスなどを調達する際，購入前に必要性を考慮し，環境への負担が少ないものから優先的に選択する**グリーン調達**（グリーン購入）の観点も重要です。

関連

CSRについては，「5-2-3 その他の法律・ガイドライン・技術者倫理」で説明していますので参照してください。

契約締結

契約締結時には，受入システム，費用，受入時期，発注元とベンダ企業の役割分担などを明記する必要があります。また，ソフトウェア開発や情報システム，開発の委託などの状況に応じた契約書を作成します。必要に応じて，知的財産権利用許諾契約も行います。

ファブレス

ファブレスとは，ファブ（fabrication facility：工場）を所有せずに製造活動を行う企業のことです。具体的には，製品の企画設計や開発は行いますが，製造は自社工場で行わず，EMS（Electronics Manufacturing Service：電子機器の受託生産サービス）などを行う企業などに委託します。製品は，OEM（Original Equipment Manufacturer：相手先ブランド名製造）での供給を受けるかたちで，自社ブランドとして発売します。

ファブレスが主流になっている業種には半導体産業があります。その他，コンピュータ，食品，玩具，造船業界など様々な業種で見られるようになっています。

調達リスク分析

調達にあたっては，内部統制，法令遵守，CSR調達，グリーン調達などの観点によるリスク管理が必要です。リスクを分析および評価して，対策を立てる必要があります。また，調達のリスクには，信用リスク，事務リスク，風評リスクなど様々なものがあるので，リスクの内容に合わせて個々に対策を考える必要があります。

契約の形態

契約締結のとき，情報システムの取引において業務を委託するかたちで行われる契約には，請負契約と準委任契約の2種類があります。**請負契約**では，頼んだ仕事を完成させる責任がベンダ企業にあるのに対し，**準委任契約**では，完成責任は発注者側にあり，ベンダ企業には仕事の完成ではなく業務の実施が求められます。

さらに，**派遣契約**と**出向契約**もあります。この二つは業務の委託ではなく，労働力の提供に関する契約で，指揮命令は発注者側（派遣会社や出向先企業など）が行います。両者の違いは，労働条件（残業するかどうかなど）を受注者（派遣会社など）が決めるのが派遣契約，発注者（出向先企業など）が決めるのが出向契約です。

覚えよう！

- □ RFIで情報をもらって，RFPで提案書を提出する
- □ 完成させるのが請負契約，業務を行うのが準委任契約

8-3-4 演習問題

問1 システム化計画プロセスで実施する作業 CHECK ▶ □□□

業務パッケージを活用したシステム化を検討している。情報システムのライフサイクルを，システム化計画プロセス，要件定義プロセス，開発プロセス，保守プロセスに分けたとき，システム化計画プロセスで実施する作業として，最も適切なものはどれか。

ア　機能，性能，価格などの観点から業務パッケージを評価する。
イ　業務パッケージの標準機能だけでは実現できないので，追加開発が必要なシステム機能の範囲を決定する。
ウ　システム運用において発生した障害に関する分析，対応を行う。
エ　システム機能を実現するために必要なパラメタを業務パッケージに設定する。

問2 企画プロセスで実施すること CHECK ▶ □□□

共通フレーム2013によれば，企画プロセスで実施することはどれか。

ア　運用テスト　　イ　システム化計画の立案
ウ　システム要件の定義　　エ　利害関係者の識別

問3 非機能要件 

受注管理システムにおける要件のうち，非機能要件に該当するものはどれか。

ア　顧客から注文を受け付けるとき，与信残金額を計算し，結果がマイナスになった場合は，入力画面に警告メッセージを表示できること
イ　受注管理システムの稼働率を決められた水準に維持するために，障害発生時は半日以内に回復できること
ウ　受注を処理するとき，在庫切れの商品であることが分かるように担当者に警告メッセージを出力できること
エ　商品の出荷は，顧客から受けた注文情報を受注担当者がシステムに入力し，営業管理者が受注承認入力を行ったものに限ること

問4 RFIと同時にベンダからの提出を求める情報 CHECK ▶ □□□

ある業務システムの再構築に関して，複数のベンダにその新システムの実現イメージの提出を求めるRFIを予定している。その際，同時にベンダからの提出を求める情報として，適切なものはどれか。

ア 現行システムの概要　　イ システム再構築の狙い
ウ 新システムに求める要件　　エ 適用可能な技術とその動向

問5 活用工程で行うこと CHECK ▶ □□□

ITアウトソーシングの活用に当たって，委託先決定までの計画工程，委託先決定からサービス利用開始までの準備工程，委託先が提供するサービスを発注者が利用する活用工程の三つに分けたとき，発注者が活用工程で行うことはどれか。

ア 移行計画やサービス利用におけるコミュニケーションプランを委託先と決定する。
イ 移行ツールのテストやサービス利用テストなど，一連のテストを委託先と行う。
ウ 稼働状況を基にした実績報告や利用者評価を基に，改善案を委託先と取りまとめる。
エ 提案依頼書を作成，提示して委託候補先から提案を受ける。

問6 CSR調達 CHECK ▶ □□□

CSR調達に該当するものはどれか。

ア コストを最小化するために，最も安価な製品を選ぶ。
イ 災害時に調達が不可能となる事態を避けるために，複数の調達先を確保する。
ウ 自然環境，人権などへの配慮を調達基準として示し，調達先に遵守を求める。
エ 物品の購買に当たってEDIを利用し，迅速かつ正確な調達を行う。

解答と解説

問1 （令和3年 ITパスポート試験 午前 問22）

《解答》ア

情報システムのライフサイクルのうち，システム化計画プロセスでは，全体的な情報を集めてシステム化の方針を決めます。業務パッケージを利用した情報システムの場合は，機能，性能，価格などの観点から業務パッケージを評価することは，システム化計画プロセスで実施します。したがって，**ア**が正解です。

イ　追加開発が必要なシステム機能の範囲の決定については，要件定義プロセスで実施します。

ウ　システム運用において発生した障害に関する分析，対応については，保守プロセスで実施します。

エ　システム機能を実現するために必要なパラメタを業務パッケージに設定する作業は，開発プロセスで実施します。

問2 （平成29年秋 情報セキュリティマネジメント試験 午前 問49）

《解答》イ

共通フレーム2013の企画プロセスでは，システム化構想を立案し，システム化計画を立案します。したがって，**イ**が正解です。

アはシステム開発プロセス，ウは要件定義プロセス，エは合意プロセスで実施することになります。

問3 （平成29年春 情報セキュリティマネジメント試験 午前 問49）

《解答》イ

非機能要件とは，システムの機能に関係しない可用性や性能などの要件です。障害発生時の回復は，可用性の要件であり非機能要件の一つなので，**イ**が正解です。

ア，ウ，エはシステムの機能なので，機能要件です。

問4 (令和4年 ITパスポート試験 問8)

《解答》エ

RFI (Request For Information：情報提供依頼書) は，調達する事業者がRFP (Request For Proposal：提案依頼書) を作成するためにベンダに情報を求めるものです。技術の専門家であるベンダに，適用可能な技術とその現在の動向を聞くことで，適切な技術を利用するRFPを作成することができます。したがって，**エ**が正解です。

ア，イ，ウ　調達する事業者がRFPで提示する内容です。

問5 (平成30年春 情報セキュリティマネジメント試験 午前 問48)

《解答》ウ

ITアウトソーシングの活用に当たっては，実際にサービスを利用することがゴールではなく，その後も改善を行い，より良いサービスとしていくことが大切です。そのために，発注者が活用工程で行うことは，実際の稼働状況を確認し，その実績や利用者評価を基に，サービスの改善案を委託先と考え，次の改善につなげることとなります。したがって，**ウ**が正解です。

アとイは準備工程で，エは計画工程で行うこととなります。

問6 (平成30年春 情報セキュリティマネジメント試験 午前 問49)

《解答》ウ

CSR (Corporate Social Responsibility：企業の社会的責任) 調達とは，企業が調達先を選定するときに，調達先の社会的責任の観点から調達基準を設けることです。自然環境，人権などへの配慮は企業の社会的責任に該当するので，それを調達基準として示し，調達先に遵守を求めることは，CSR調達に該当します。したがって，**ウ**が正解です。

ア　一般競争入札による調達のうちの最低価格落札方式に該当します。

イ　分散調達に該当します。

エ　電子調達に該当します。

第9章

科目B問題対策

情報セキュリティマネジメント試験の科目Ｂ問題は，セキュリティ事例やアセスメントに関する問題文を読解し，問題の解決策やアセスメント内容を考えていく内容です。科目Ｂ問題は12問出題され，全問必須なので，解き方を学習し，どのような問題にも対応できるようにしておくことが大切です。
この章では，サンプル問題を例に，科目Ｂ問題の解き方を学習していきます。さらに，いくつかの科目Ｂ問題で問題演習を行い，合格するために必要な，科目Ｂ問題を解く実力を身につけていきます。

9-1 科目B問題の解き方

科目B問題は，組織のセキュリティ事例について問われるので，読みこなして正確に解いていく必要があります。解き方を理解し，どのようにすれば合格点が取れるのかを知っておくことが大切です。

9-1-1 科目B問題のポイント

科目B問題では，科目A問題とは異なり，情報セキュリティに対する応用力や実践力が試されます。今まで学習してきたことを，実際の事例に当てはめていくスキルが必要です。

科目B試験とは

情報セキュリティマネジメント試験には，科目A試験と科目B試験があります。科目A問題の48問に合わせて科目B問題が12問出題され，総合評価点が1000点満点中600点以上の場合に合格です。科目A試験と科目B試験では，問われる内容が異なります。

具体的には，

・科目A試験では「**知識**」… 情報セキュリティについて，知っていること
・科目B試験では「**技能**」… 情報セキュリティの業務を，実際に行えること

が問われています。そのため，単に知識を暗記することとは違う学習が必要です。

例えば，科目A試験では，リスクマネジメントに関して，「脅威」「脆弱性」「リスク」などの用語を知っていることが問われますが，科目B試験では，実際の事例を基に，リスクマネジメントを実施していく方法や，リスクマネジメントを一部行ってみるなどの実践が問われます。

また，試験では，情報セキュリティに関する業務について，**作業の一部を独力で遂行できる**レベルの技能が求められます。自

分で完全に一から実現するほどのスキルは要求されておらず，**問題文がガイド役**となり，一連の作業を行うよう求められます。そのため，解答を考えるときには，**問題文の流れに沿って問題を解決していく**ことが必要となります。

コンピュータを用いる試験での科目B問題

現在の情報セキュリティマネジメント試験はコンピュータを用いる試験です。画面上で問題文を読み取り，解答をマウスで選択します。そのため，問題文を画面上で読んで把握し，必要なポイントを押さえていく必要があります。

画面上の問題は一般的に，紙の試験問題より読みにくいです。同じ内容でも頭への入り方が違いますので，ある程度慣れておく必要があります。例えば，コンピュータを用いる試験では，手書きで問題文に記入することはできませんが，画面上にメモなどを記録する機能はあります。問題を解く方法が変わってきますので，本番の試験環境に合わせて問題を解く練習を行うことが大切です。

科目B問題の解答に必要なポイント

科目B問題を解くときに必要となるポイントは，次の二つです。

1. **問題文に出てくる組織の状況**をよく読んで，問題に合わせて解くこと
2. ISMSなどの**情報セキュリティの知識や考え方**を理解し，問題に当てはめること

それぞれのポイントについて，詳しく見ていきましょう。

1. 問題文に出てくる組織の状況をよく読んで，問題に合わせて解くこと

情報セキュリティマネジメントを実務で行う際は，組織の現状に合わせて臨機応変に対応します。ISMSなどでは模範的，典型的な対応は決まっていますが，それを現場で100%実行できることはあまりないため，実情に合わせて変更していく必要があります。

実際，試験問題には様々な会社が登場します。以下の表に，

公開された科目Ｂ試験（サンプル問題も含む）で登場した会社をまとめました。科目Ｂ試験では，メインとなる会社をＡ社として，会社の情報が冒頭に示されます。

従業員数は様々ですし，また業種もIT会社やメーカー，販売会社など多岐にわたります。情報セキュリティ対策は，会社の規模や守るべき情報資産の種類で変わってきますので，会社の状況を的確に把握することが大切です。

科目Ｂ試験に登場した会社の概要

<table>
<tr><th colspan="2">問</th><th>Ａ社</th><th>関連会社</th></tr>
<tr><td rowspan="3">科目Ｂの
サンプル問題</td><td>1</td><td>スマートフォン用のアプリケーションソフトウェアを開発・販売する従業員100名のIT会社</td><td></td></tr>
<tr><td>2</td><td>国内外に複数の子会社をもつＡ社グループ</td><td>Ａ社の子会社Ｂ社</td></tr>
<tr><td>3</td><td>消費者向けの化粧品販売</td><td>クラウドサービスプロバイダＢ社</td></tr>
<tr><td rowspan="12">サンプル
問題セット</td><td>49</td><td>放送会社や運輸会社向けに広告制作ビジネスを展開している</td><td>Ｂ業務を委託するＣ社</td></tr>
<tr><td>50</td><td>分析・計測機器などの販売及び機器を利用した試料の分析受託業務を行う分析機器メーカー</td><td></td></tr>
<tr><td>51</td><td>金属加工を行っている従業員50名の企業</td><td></td></tr>
<tr><td>52</td><td>複数の子会社を持つ食品メーカー</td><td>買収した同業のＢ社</td></tr>
<tr><td>53</td><td>高級家具を販売する企業</td><td></td></tr>
<tr><td>54</td><td>旅行商品を販売しており，業務の中で顧客情報を取り扱っている</td><td></td></tr>
<tr><td>55</td><td>従業員100名のIT会社。SaaS形式の給与計算サービスを法人向けに提供</td><td></td></tr>
<tr><td>56</td><td>学習塾を経営している会社であり，全国に50の校舎を展開</td><td></td></tr>
<tr><td>57</td><td>従業員600名の投資コンサルティング会社</td><td>関西のＢ支店</td></tr>
<tr><td>58</td><td>国内外に複数の子会社をもつＡ社グループ</td><td>Ａ社の子会社Ｂ社</td></tr>
<tr><td>59</td><td>従業員200名の通信販売業者</td><td>Ｚ業務を委託するＢ社</td></tr>
<tr><td>60</td><td>輸入食材を扱う商社</td><td>海外子会社のＣ社</td></tr>
<tr><td rowspan="3">令和５年度
公開問題</td><td>13</td><td>分析・計測機器などの販売及び機器を利用した試料の分析受託業務を行う分析機器メーカー</td><td></td></tr>
<tr><td>14</td><td>旅行商品を販売しており，業務の中で顧客情報を取り扱っている</td><td></td></tr>
<tr><td>15</td><td>消費者向けの化粧品販売</td><td>クラウドサービスプロバイダＢ社</td></tr>
</table>

2. ISMSなどの情報セキュリティの考え方を理解し，問題に当てはめること

情報セキュリティマネジメント試験の午後問題は，よく「国語の問題」と言われます。これは，前述の1のとおり，問題文を読みこなして解くことが必須であるためなのですが，だからといって誰でも「読めば答えられる」というわけではありません。

問題文の状況を読み取り，それに合わせて情報セキュリティマネジメントを行うためには，**基本となる情報セキュリティの知識や考え方を知っておく**必要があります。

例えば，ユーザのアクセス管理の考え方に，**最小権限の原則**があります。それぞれのユーザに，業務に必要となる最低限度のアクセス権限を与えるという考え方で，これを実現することで，ユーザの責務を適切に分離し，不正アクセスの可能性を低減できます。

試験問題では，アクセス権は利用者ごとに最小限で付与する必要があり，その状況を読み取ることが，問題を解くカギとなります。例えば，サンプル問題セット問59では，利用者ごとにきめ細かく操作権限を制御することで，最小権限の原則を満たす方法が具体的に問われています。

よく出題される情報セキュリティの考え方には，次のようなものがあります。

- **責務の分離，相互牽制（2人以上でチェックし合う）**
- **可用性（情報を守るだけでなく，使い続けられるようにする）**
- **迅速な報告と証拠保全（問題は隠さず報告し，自分で勝手に対処しようとしない）**
- **情報セキュリティ方針を遵守（方針は守り，現実と異なる方針は適切に改訂する）**
- **バックアップ（攻撃されてもデータを保全できるようにする）**

これらは，これまで知識として学んできたことでもありますので，復習しつつ，科目B問題の問題演習で考え方を身につけていきましょう。

科目Ｂ問題の出題傾向

試験センターの資料によると，科目Ｂ問題の出題範囲（大分類）は，次の12分野です。

科目Ｂ問題の出題範囲

1 情報セキュリティマネジメントの計画，情報セキュリティ要求事項に関すること
- (1) 情報資産管理の計画
  情報資産の特定及び価値の明確化，管理責任及び利用の許容範囲の明確化，情報資産台帳の作成 など
- (2) 情報セキュリティリスクアセスメント及びリスク対応
  リスクの特定・分析・評価，リスク対応策の検討，リスク対応計画の策定 など
- (3) 情報資産に関する情報セキュリティ要求事項の提示
  物理的及び環境的セキュリティ，部門の情報システムの調達・利用に関する技術的及び運用のセキュリティ など
- (4) 情報セキュリティを継続的に確保するための情報セキュリティ要求事項の提示

2 情報セキュリティマネジメントの運用・継続的改善に関すること
- (5) 情報資産の管理
  情報資産台帳の維持管理，媒体の管理，利用状況の記録 など
- (6) 部門の情報システム利用時の情報セキュリティの確保
  マルウェアからの保護，バックアップ，ログ取得及び監視，情報の転送における情報セキュリティの維持，脆弱性管理，利用者アクセスの管理，運用状況の点検 など
- (7) 業務の外部委託における情報セキュリティの確保
  外部委託先の情報セキュリティの調査，外部委託先の情報セキュリティ管理の実施，外部委託の終了 など
- (8) 情報セキュリティインシデントの管理
  発見，初動処理，分析及び復旧，再発防止策の提案・実施，証拠の収集 など
- (9) 情報セキュリティの意識向上
  情報セキュリティの教育・訓練，情報セキュリティに関するアドバイス，内部不正による情報漏えいの防止 など
- (10) コンプライアンスの運用
  順守指導，順守状況の評価と改善 など
- (11) 情報セキュリティマネジメントの継続的改善
  問題点整理と分析，情報セキュリティ諸規程（情報セキュリティポリシを含む組織内諸規程）の見直し など
- (12) 情報セキュリティに関する動向・事例情報の収集と評価

公開された科目Ｂ試験（サンプル問題も含む）で出題された内容は，次のとおりです。

科目Ｂ問題の出題内容

問		分類番号	大項目	小項目	問題概要
科目Ｂのサンプル問題	1	2（11）	情報セキュリティマネジメントの継続的改善	11-2 情報セキュリティ諸規程の見直し	標的型攻撃メール受信時の不審メール対応手順の修正
	2	2（6）	部門の情報システム利用時の情報セキュリティの確保	6-7 運用状況の点検	自己点検の結果のうちＡ社グループ基準を満たす項番
	3	2（8）	情報セキュリティインシデントの管理	8-2 初動処理	マルウェアEMOTET感染時のインシデントの初動対応
サンプル問題セット	49	1（2）	情報セキュリティリスクアセスメント及びリスク対応	2-1 リスクの特定・分析・評価	対策が必要であるとＡ社が評価した情報セキュリティリスク
	50	1（2）	情報セキュリティリスクアセスメント及びリスク対応	2-1 リスクの特定・分析・評価	Ａ社の情報セキュリティリスクアセスメント結果
	51	2（11）	情報セキュリティマネジメントの継続的改善	11-1 問題点整理と分析	SECURITY ACTIONの評価結果を“実施している”にするために追加する対策
	52	1（2）	情報セキュリティリスクアセスメント及びリスク対応	2-1 リスクの特定・分析・評価	Ｂ社が必要な追加対策を実施することによって提言できる情報セキュリティリスク
	53	1（3）	情報資産に関する情報セキュリティ要求事項の提示	3-1 物理的及び環境的セキュリティ	共連れが行われているという問題点に対する改善策
	54	1（2）	情報セキュリティリスクアセスメント及びリスク対応	2-2 リスク対応策の検討	ランサムウェアのリスクに対してＥ主任が検討した対策
	55	2（9）	情報セキュリティの意識向上	9-1 情報セキュリティの教育・訓練	計画案で想定している標的型攻撃メール
	56	1（2）	情報セキュリティリスクアセスメント及びリスク対応	2-1 リスクの特定・分析・評価	監査部から指摘された情報セキュリティリスク
	57	2（6）	部門の情報システム利用時の情報セキュリティの確保	6-7 運用状況の点検	ファイルサーバ上の顧客情報のアクセス権が最小権限の原則に基づいているかの評価結果
	58	2（6）	部門の情報システム利用時の情報セキュリティの確保	6-7 運用状況の点検	自己点検の結果のうち，Ａ社グループ基準を満たすもの
	59	2（6）	部門の情報システム利用時の情報セキュリティの確保	6-6 利用者アクセスの管理	今後の各利用者に付与される操作権限案
	60	2（8）	情報セキュリティインシデントの管理	8-3 分析及び復旧	Ｂ課長に疑いをもたれないようにするためにメールの送信者が使った手口

科目B問題の出題内容（続き）

問		分類番号	大項目	小項目	問題概要
令和5年度公開問題	13	1 (2)	情報セキュリティリスクアセスメント及びリスク対応	2-2 リスク対応策の検討	保有以外のリスク対応を行うべきもの
	14	2 (6)	部門の情報システム利用時の情報セキュリティの確保	6-2 バックアップ	バックアップフォルダの設定ミスの対策のうち，効果が期待できるもの
	15	2 (6)	部門の情報システム利用時の情報セキュリティの確保	6-1 マルウェアからの保護	マルウェア対応で，A社が講じることにした対策

最もよく出題されているのが，「2 (6) 部門の情報システム利用時の情報セキュリティの確保」と「1 (2) 情報セキュリティリスクアセスメント及びリスク対応」です。両方とも，18問中6問で出題されています。

部門の情報セキュリティでは，マルウェアからの保護，バックアップ，ログ取得及び監視など，部門で情報セキュリティを確保するための運用に関する問題が出題されます。

リスクについては，具体的なリスクの洗い出しやリスクアセスメント，リスク対応について出題されます。

全体的に，「1　情報セキュリティマネジメントの計画，情報セキュリティ要求事項に関すること」よりも「2　情報セキュリティマネジメントの運用・継続的改善に関すること」からの出題が多いので，具体的な運用管理の手法について学んでおくことが大切です。

9-1-2 科目B問題の解き方

科目B問題は，単なる知識ではなく，実際に応用できる技能が試されています。問題を読み込んで，組織の状況を把握してから解くことが大切です。

試験問題の概要（サンプル問題 問1）

ここでは，情報セキュリティマネジメント試験の科目Bサンプル問題から，問1を題材に問題の解き方を解説していきます。

まず，この問題を解く前提となる情報セキュリティの考え方には，次のものがあります。

- 情報セキュリティポリシに合わせて，あらかじめ実施手順を定めておき，インシデントが発生した場合には，**定められた実施手順に正確に従う**
- 情報セキュリティ諸規程（ポリシや手順など）に問題がある場合には，**手続に則って諸規程を修正**する
- 情報セキュリティ諸規程は，無理に守らせるのではなく，なるべく自然に守れるように設計する（セキュリティ設計）

手順が実情に合っていないときに，各自が勝手に判断するのではなく，手順を修正して次回以降に備えることが大切です。

また，情報セキュリティ技術に関しては，次のような内容を知っておく必要があります。

- 不審なメールには，一般的なメールだけでなく，特定の企業に向けた**標的型攻撃メール**がある
- **BEC**（Business E-mail Compromise：ビジネスメール詐欺）という，不正なメールのやり取りで取引先になりすまして偽の電子メールを送る手口がある
- マルウェアには，PDFファイルなどを装って，実行ファイルを添付したものがある
- 不審なメールでは，差出人のアドレスを詐称していることが多い
- ドライブバイダウンロード攻撃など，利用者に気づかれずファイルを勝手にダウンロードする手口がある

近年の標的型攻撃メールは，不審だと気づかれにくく細工してあることが多いので，気づくためには不審メールについての知識が必要です。

それでは，実際の問題を読み解いてみましょう。

問 A社は，スマートフォン用のアプリケーションソフトウェアを開発・販売する従業員100名のIT会社である。A社には，営業部，開発部，情報システム部などがある。情報システム部には，従業員からの情報セキュリティに関わる問合せに対応する者（以下，問合せ対応者という）が所属している。

A社は，社内の無線LANだけに接続できるノートPC（以下，NPCという）を従業員に貸与している。A社の従業員は，NPCから社内ネットワーク上の共有ファイルサーバ，メールサーバなどを利用している。A社の従業員は，ファイル共有には，共有ファイルサーバ及びSaaS型のチャットサービスを利用している。

まず最初に，今回の舞台となるA社の状況が書かれています。

従業員100名のIT会社ということで，中堅の企業です。ITの専門家が多い会社がイメージされますが，営業部などではITに詳しくない人が所属していることも考えられます。

また，情報セキュリティに関わる問合せに対応する者（問合せ対応者）は，情報システム部に所属しているということで，技術に詳しいと考えられます。

A社は，不審な点がある電子メール（以下，電子メールをメールといい，不審な点があるメールを不審メールという）を受信した場合に備えて，図1の不審メール対応手順を定めている。

【メール受信者の手順】

1 メールを受信した場合は，差出人や宛先のメールアドレス，件名，本文などを確認する。
2 少しでも不審メールの可能性がある場合は，添付ファイルを開封したり，本文中のURLをクリックしたりしない。
3 少しでも不審メールの可能性がある場合は，問合せ対応者に連絡する。

【問合せ対応者の手順】

（省略）

図1 不審メール対応手順

図1の不審メール対応手順は，あらかじめ定められた手順です。少しでも不審メールの可能性がある場合には，問合せ対応者に連絡することが定められています。

ある日，不審メール対応手順が十分であるかどうかを検証することを目的とした，標的型攻撃メールへの対応訓練（以下，A訓練という）を，営業部を対象に実施することがA社の経営会議で検討された。営業部の情報セキュリティリーダであるB主任が，マルウェア感染を想定したA訓練の計画を策定し，計画は経営会議で承認された。

今回のA訓練では，PDFファイルを装ったファイルをメールに添付し，営業部員1人ずつに送信する。このファイルを開くとPCが擬似マルウェアに感染し，全文が文字化けしたテキストが表示される。B主任は，A訓練を実施した後，表1に課題と解決案をまとめて，後日，経営会議で報告した。

A訓練（標的型攻撃メールへの対応訓練）について記述されています。訓練を行う場合には，あらかじめ経営会議で承認を得ておく必要があります。また，PDFファイルを装ったファイルをメールに添付する，標的型攻撃メールの内容についても記述があります。

表1　課題と解決案（抜粋）

課題No.	課題	解決案
課題1	不審メールだと気付いた営業部員が，注意喚起するために部内の連絡用のメーリングリスト宛てに添付ファイルを付けたまま転送している。	不審メール対応手順の【メール受信者の手順】の3を，“少しでも不審メールの可能性がある場合は，問合せ対応者に連絡した上で，[a]”に修正する。
課題2	（省略）	（省略）

最後は，A訓練を実施した後の課題と解決策です。課題1について，具体的な課題が記述され，解決策が空欄で問題として出題されています。

それでは，設問について考えていきましょう。

設問 表1中の［ a ］に入れる字句はどれか。解答群のうち，最も適切なものを選べ。

解答群

ア 注意喚起するために，同じ部の全従業員のメールアドレスを宛先として，添付ファイルを付けたまま，又は本文中のURLを記載したまま不審メールを転送する。

イ 注意喚起するために，全従業員への連絡用のメーリングリスト宛てに添付ファイルを付けたまま，又は本文中のURLを記載したまま不審メールを転送する。

ウ 添付ファイルを付けたまま，又は本文中のURLを記載したまま不審メールを共有ファイルサーバに保存して，同じ部の全従業員がアクセスできるようにし，メールは使わずに口答，チャット，電話などで同じ部の全従業員に注意喚起する。

エ 問合せ対応者の指示がなくても，不審メールを問合せ対応者に転送する。

オ 問合せ対応者の指示に従い，不審メールを問合せ対応者に転送する。

表1中の空欄穴埋め問題です。課題1の“不審メールだと気付いた営業部員が，注意喚起するために部内の連絡用のメーリングリスト宛てに添付ファイルを付けたまま転送している”について，図1「不審メール対応手順」の修正内容を考えます。

図1には，【メール受信者の手順】3として，「少しでも不審メールの可能性がある場合は，問合せ対応者に連絡する」とあります。問合せ担当者に連絡すること自体は問題ありません。しかし，課題1にあるように，「注意喚起するために部内の連絡用のメーリングリスト宛てに添付ファイルを付けたまま転送」を行うことは，「不審メールだと気付いた営業部員」が勝手に行っていることです。営業部員本人は良かれと思ってやっていることだと考えられますが，転送する行為は不適切です。メーリングリストで添付ファイルを転送することで，他の人がクリックしてマルウェア感染するリスクが増大します。

勝手な判断を行わないためには，不審メール対応手順に，「問合せ対応者の指示に従い」と明記しておくことが大切です。その上で，「不審メールを問合せ対応者に転送する」などの行為を具体的に記述し，対応を問合せ対応者に任せる体制を作っておくことが有効です。したがって，**オ**の「問合せ対応者の指示に従い，不審メールを問合せ対応者に転送する」が正解となります。

その他の選択肢には，次のような問題があります。

ア，イ　注意喚起するために，不審メールをメーリングリストに転送する行為は，マルウェア感染を広げるおそれがあるので不適切です。課題1で行われていた注意喚起はやめさせる必要があります。

ウ　添付ファイルを付けたまま，又は本文中のURLを記載したまま不審メールを共有ファイルサーバに保存する行為も，マルウェア感染を広げるおそれがあるので不適切です。

エ　問合せ対応者の指示がない場合には，不審メールを問合せ対応者に転送することは不適切です。添付ファイルをクリックしなくても自動で実行するマルウェアなどの可能性もあります。状況によっては，アクセスできるユーザを限定した共有ファイルサーバにアップロードする方法がより適切な場合もあります。

この問については以上です。

単純な知識だけでなく，問題文に登場する組織の状況を読み取って，適切な解答を選び取っていきましょう。

解答

オ

出題趣旨

標的型攻撃メールへの対応訓練を題材にして，不審なメールを受信した従業員が順守すべき対応手順が十分であるかどうかを検証し，その際に発見された課題を解決する能力を問う。

9-2 科目B問題の演習

科目B問題が解けるようになるためには，問題演習が不可欠です。演習を繰り返すことで，情報セキュリティの考え方も身につけることができます。

9-2-1 演習問題

科目B問題は，試験中に全部で12問出題されます。ここでは，試験に出題される題数と同じ12問の演習問題を用意しましたので，演習してみましょう。

問1

A社は，ECサイトで旅行商品を販売している，資本金1億円，従業員数80名の会社である。A社には，総務部，人事部，旅行企画部，旅行営業部の四つの部がある。A社ECサイトは旅行営業部が管理，開発及び保守を行っており，A社ECサイトのシステム管理者も旅行営業部に所属している。A社全体の情報セキュリティ責任者は旅行営業部長である。旅行営業部に所属するEさんは，A社全体の情報セキュリティ推進を担う情報セキュリティリーダに任命されている。A社には，社長，総務部長，人事部長，旅行企画部長，旅行営業部長及びEさんが参加する情報セキュリティ委員会があり，Eさんは事務局を務めている。

〔A社における情報セキュリティ対策〕

A社で最も情報セキュリティが必要とされる情報は，顧客のクレジットカード情報である。またA社は，業務マニュアルなどの有用な情報を大量に蓄積した掲示板システムを保有している。当該システムは社内LANだけからアクセスが可能であり，多くの従業員がほぼ毎日アクセスしている。

A社では，毎年10名ほどの従業員が退職し，ほぼ同数の従業員が採用されている。入社時には雇用契約書及び秘密保持契約書を含む複数の契約書に署名させている。署名が済むと，システム管理者が，各情報システムに共通の利用者ID（以下，従業員IDという）を所属部に応じて，必要な情報システムに登録する。従業員の退職時には，雇用期間中に知り得た秘密を守るという誓約書（以下，退職時誓約書という）への署名を依頼することになっている。

〔情報セキュリティ委員会の開催〕

情報セキュリティ委員会において，同業他社のECサイトでの大規模なクレジットカード情報の漏えい事件が報告された。そこで情報セキュリティ委員会では，情報セキュリティ点検と，その結果に基づく改善を行うことを決め，情報セキュリティ専門会社U社に依頼することになった。U社では情報処理安全確保支援士（登録セキスペ）のP氏が担当することになった。

〔対応方針の検討〕

情報セキュリティ点検が完了し，P氏は，指摘事項を報告した。Eさんは指摘事項のうちの一つについて，対応方針を検討することにした。その際のP氏からの助言は，従業員の入社時に締結する秘密保持契約書に，退職後も一定期間は秘密を守るという条項を追加するのがよいというものであった。人事部もその助言に同意し，従業員の入社時に締結する秘密保持契約書に追加することにした。

設問 本文中の下線について，P氏の指摘事項はどれか。解答群のうち，最も適切なものを選べ。

解答群

ア　退職時誓約書に，秘密を開示した際にA社が損害賠償を請求するという条項が含まれていない。

イ　退職時誓約書に，不正競争防止法に関する説明が含まれていない。

ウ　退職時誓約書に，有効とは思えないような競業避止条項が含まれている。

エ　退職者から退職時誓約書への署名を拒否されることがあった。

オ　退職者に署名後の退職時誓約書を渡していない。

問2

F社は従業員数300名の高級家具卸販売会社である。F社は，今年，通販事業部を新設し，消費者に直接通信販売する新規事業を開始した。通販事業部は，本社から離れた所にある平屋建てのD事業所を卸事業部とともに使用している。F社では，通信販売事業が順調に拡大し，顧客の個人情報を大量に取り扱うようになってきた。そこで，通販事業部のN部長は，情報セキュリティを強化するために，オフィスレイアウトの変更を行うことにした。

これまでF社では，D事業所の事業部エリアへの入退室時に何のチェックもしていなかった。そこで，D事業所で働く全ての従業員にICカード機能を備えた従業員証を新たに配布した上で，通販事業部の従業員だけが通販事業部エリアに入退室できるようにした。具体的には，オフィスレイアウトを変更し，通販事業部エリアの出入口に，ICカード認証でドアを解錠するシステム（以下，ICカードドアという）を設置することにした。D事業所の新たなオフィスレイアウトを図1に示す。

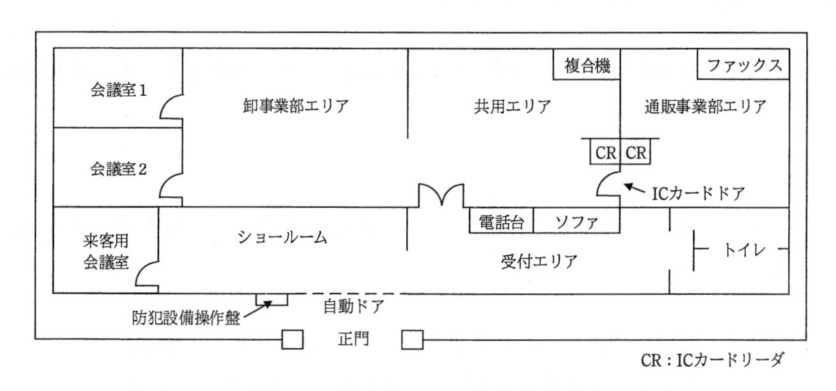

図1 新たなオフィスレイアウト

D事業所には防犯設備が設置されており，防犯設備操作盤でD事業所の自動ドアの施錠と解錠，及び防犯状態の設定と解除を行うことができる。防犯状態ではD事業所内の侵入検知センサが有効になり，侵入者を検知すると警備会社へ自動通報するように設定されている。防犯設備操作盤は普段は施錠されており，管理職全員に貸与されている鍵で解錠して操作し，操作後は施錠することになっている。N部長は，D事業所の情報セキュリティリーダである通販事業部のW氏に，新たなオフィスレイアウトにおける業務運用に情報セキュリティ上の問題がないかどうかを確認した。

〔防犯設備操作盤の施錠方式の検討〕

ある日，通販事業部の管理職である課長が退職することになった。次はN部長とW氏の会話である。

N部長：退職する課長から防犯設備操作盤の鍵を忘れずに返してもらってくれ。
W氏　：分かりました。でも，[a1]の鍵ですから，鍵店に行けば簡単に合い鍵が作れます。その課長に，合い鍵を作っていないことを確認しますが，[a1]はセキュリティ強度が高いとはいえないですね。
N部長：確かにそれはそうだな。そういえば，前に私がいた事業所では[a2]を使っていたよ。
W氏　：[a2]なら，管理職が退職したときには，設定を変えるだけで，その退職者は利用できないようになります。ただ，[a2]は，情報が他人に漏れたら解錠されてしまいますね。
N部長：しっかりしていない管理職もいるから採用できないな。知り合いの会社では，[a3]を使っているという話を聞いたことがある。
W氏　：[a1]の鍵と違って複製が困難ですね。他にも，[a4]を使うのはどうでしょう。
N部長：管理職が必ずしも朝一番で出勤できるとは限らないから，解錠に必要なものを貸与可能な[a3]の方が都合がいいだろう。

W氏は，N部長の指示を受け，防犯設備操作盤の錠の変更について総務部と相談することにした。

設問　本文中の[a1]～[a4]に入れる，次の(ⅰ)～(ⅳ)の組合せはどれか。aに関する解答群のうち，適切なものを選べ。

(ⅰ)　RFID認証式の錠　　(ⅱ)　シリンダ錠
(ⅲ)　プッシュボタン式の暗証番号錠　　(ⅳ)　指静脈認証錠

aに関する解答群

	a1	a2	a3	a4
ア	(ⅰ)	(ⅱ)	(ⅲ)	(ⅳ)
イ	(ⅰ)	(ⅱ)	(ⅳ)	(ⅲ)
ウ	(ⅰ)	(ⅲ)	(ⅳ)	(ⅱ)
エ	(ⅰ)	(ⅳ)	(ⅲ)	(ⅱ)
オ	(ⅱ)	(ⅰ)	(ⅲ)	(ⅳ)
カ	(ⅱ)	(ⅰ)	(ⅳ)	(ⅲ)
キ	(ⅱ)	(ⅲ)	(ⅰ)	(ⅳ)
ク	(ⅱ)	(ⅲ)	(ⅳ)	(ⅰ)
ケ	(ⅱ)	(ⅳ)	(ⅰ)	(ⅲ)
コ	(ⅱ)	(ⅳ)	(ⅲ)	(ⅰ)

問3

W社は，ヘルスケア関連商品の個人向け販売代理店であり，従業員数は300名である。組織は，営業部，購買部，情報システム部などで構成される。営業部には，営業企画課，及び販売業務を行う第1販売課から第15販売課までがある。W社では，5年前に最高情報セキュリティ責任者（CISO）を委員長とする情報セキュリティ委員会（以下，W社委員会という）を設置した。

W社委員会は，改正された個人情報の保護に関する法律（以下，保護法という）への対応の準備を各部で開始することを決定した。これを受けて，営業部では，情報セキュリティリーダである営業企画課のN課長が，情報システム部のS課長の支援を得て，保護法への対応の準備を進めることになった。

W社では，国の個人情報保護委員会が定めた個人情報の保護に関する法律についてのガイドライン（以下，保護法ガイドラインという）のうち，通則編及び匿名加工情報編への対応は必要であるが，それら以外の保護法ガイドラインへの対応が必要な事業は実施していないことをW社委員会で確認した。

〔マーケティング計画の立案の検討〕

W社の営業スタイルは，主として訪問販売であり，紙媒体による提案資料の提示や多数のサンプル品の持参など，旧態依然としたものである。そこで，営業部長は，売上拡大を図るために，営業スタイルの見直しと効果的なマーケティング計画の立案をN課長に指示した。

効果的なマーケティング計画の立案については，N課長は，顧客情報や販売履歴情報を分析し，顧客特性や販売チャネルなどに応じたマーケティングを検討することにした。

Z社は，様々な業界のデータを保有するDB提供会社である。W社はZ社に販売履歴に関するデータを提供し，Z社からはW社と同じ業界及び他業界のデータも含めた分析結果を受領することにした。N課長は，匿名加工情報に加工する方法について，S課長に検討を依頼しており，本日，N課長はS課長から報告を受けた。次はそのときの会話である。

S課長：検討の結果，匿名加工情報に加工できる目途がつきました。特定の個人を識別できる情報から，氏名は削除し，住所は記述の一部を削除します。また，極端に販売数量が大きい注文の販売履歴情報については，販売数量をあらかじめ定めた上限値に置き換えます。必要に応じて他の加工も行います。

N課長：分かりました。ただし，<u>当社のマーケティングに有効な分析ができる匿名加工情報</u>であることが必要です。実施する分析は，“商品ごとの同時に購入される他の商品の傾向の分析”，“年齢層ごとの年間を通じた売れ筋商品の傾向の分析”，“新商品ごとの発売開始後の月別販売数量推移と肌質との相関関係の分析”，“商品ごとの性別と年間販売数量との相関関係の分析”です。
S課長：分かりました。それらの分析ができるように工夫します。

設問 本文中の下線について，次の（i）～（vi）のうち，匿名加工情報に加工する適切な方法を四つ挙げた組合せはどれか。解答群のうち，最も適切なものを選べ。

（i） 顧客番号について，乱数などの他の記述を加えた上で，ハッシュ関数を使って変換する。
（ii） 生年月日について，月日を削除して生年だけにする。
（iii） 性別を削除する。
（iv） 肌質について，特異なケースを除外するために，あらかじめ定めたしきい値よりも該当レコード数が少ない肌質の場合は，当該レコードを削除する。
（v） 販売年月日について，日を削除して販売年月だけにする。
（vi） 販売番号について，1の位を四捨五入したものにする。

解答群

ア （i），（ii），（iii），（iv）
イ （i），（ii），（iv），（v）
ウ （i），（ii），（v），（vi）
エ （i），（iii），（iv），（v）
オ （i），（iii），（iv），（vi）
カ （i），（iii），（v），（vi）
キ （i），（iv），（v），（vi）
ク （ii），（iii），（iv），（v）
ケ （ii），（iv），（v），（vi）
コ （iii），（iv），（v），（vi）

問4

A社は，放送会社や運輸会社向けに広告制作ビジネスを展開している。A社は，人事業務の効率化を図るべく，人事業務の委託を検討することにした。A社が委託する業務（以下，B業務という）を図1に示す。

・採用予定者から郵送されてくる入社時の誓約書，前職の源泉徴収票などの書類をPDFファイルに変換し，ファイルサーバに格納する。
（省略）

図1 B業務

委託先候補のC社は，B業務について，次のようにA社に提案した。
・B業務だけに従事する専任の従業員を割り当てる。
・B業務では，図2の複合機のスキャン機能を使用する。

・スキャン機能を使用する際は，従業員ごとに付与した利用者IDとパスワードをパネルに入力する。
・スキャンしたデータをPDFファイルに変換する。
・PDFファイルを従業員ごとに異なる鍵で暗号化して，電子メールに添付する。
・スキャンを実行した本人宛てに電子メールを送信する。
・PDFファイルが大きい場合は，PDFファイルを添付する代わりに，自社の社内ネットワーク上に設置したサーバ（以下，Bサーバという）[1]に自動的に保存し，保存先のURLを電子メールの本文に記載して送信する。

注[1] Bサーバにアクセスする際は，従業員ごとの利用者IDとパスワードが必要になる。

図2 複合機のスキャン機能（抜粋）

A社は，C社と業務委託契約を締結する前に，秘密保持契約を締結した。その後，C社に質問表を送付し，回答を受けて，業務委託での情報セキュリティリスクの評価を実施した。その結果，図3の発見があった。

・複合機のスキャン機能では，電子メールの差出人アドレス，件名，本文及び添付ファイル名を初期設定[1]の状態で使用しており，誰がスキャンを実行しても同じである。
・複合機のスキャン機能の初期設定情報はベンダーのWebサイトで公開されており，誰でも閲覧できる。

注[1] 複合機の初期設定はC社の情報システム部だけが変更可能である。

図3 発見事項

そこで，A社では，初期設定の状態のままではA社にとって情報セキュリティリスクがあり，初期設定から変更するという対策が必要であると評価した。

設問　対策が必要であるとＡ社が評価した情報セキュリティリスクはどれか。解答群のうち，最も適切なものを選べ。

解答群

ア　Ｂ業務に従事する従業員が，攻撃者からの電子メールを複合機からのものと信じて本文中にあるURLをクリックし，フィッシングサイトに誘導される。その結果，Ａ社の採用予定者の個人情報が漏えいする。

イ　Ｂ業務に従事する従業員が，複合機から送信される電子メールをスパムメールと誤認し，電子メールを削除する。その結果，再スキャンが必要となり，Ｂ業務が遅延する。

ウ　攻撃者が，複合機から送信される電子メールを盗聴し，添付ファイルを暗号化して身代金を要求する。その結果，Ａ社が復号鍵を受け取るために多額の身代金を支払うことになる。

エ　攻撃者が，複合機から送信される電子メールを盗聴し，本文に記載されているURLを使ってＢサーバにアクセスする。その結果，Ａ社の採用予定者の個人情報が漏えいする。

問5

A社は従業員200名の通信販売業者である。一般消費者向けに生活雑貨，ギフト商品などの販売を手掛けている。取扱商品の一つである商品Zは，Z販売課が担当している。

〔Z販売課の業務〕

現在，Z販売課の要員は，商品Zについての受注管理業務及び問合せ対応業務を行っている。商品Zについての受注管理業務の手順を図1に示す。

商品Zの顧客からの注文は電子メールで届く。
(1) 入力
販売担当者は，届いた注文(変更，キャンセルを含む)の内容を受注管理システム[1] (以下，Jシステムという)に入力し，販売責任者[2]に承認を依頼する。
(2) 承認
販売責任者は，注文の内容とJシステムへの入力結果を突き合わせて確認し，問題がなければ承認する。問題があれば差し戻す。

注[1] A社情報システム部が運用している。利用者は，販売責任者，販売担当者などである。
注[2] Z販売課の課長1名だけである。

図1 受注管理業務の手順

〔Jシステムの操作権限〕

Z販売課では，Jシステムについて，次の利用方針を定めている。

［方針1］ ある利用者が入力した情報は，別の利用者が承認する。

［方針2］ 販売責任者は，Z販売課の全業務の情報を閲覧できる。

Jシステムでは，業務上必要な操作権限を利用者に与える機能が実装されている。

この度，商品Zの受注管理業務が受注増によって増えていることから，B社に一部を委託することにした(以下，商品Zの受注管理業務の入力作業を行うB社従業員を商品ZのB社販売担当者といい，商品ZのB社販売担当者の入力結果を閲覧して，不備があればA社に口頭で差戻しを依頼するB社従業員を商品ZのB社販売責任者という)。

委託に当たって，Z販売課は情報システム部にJシステムに関する次の要求事項を伝えた。

［要求1］ B社が入力した場合は，A社が承認する。

［要求2］ A社の販売担当者が入力した場合は，現状どおりにA社の販売責任者が承認する。

上記を踏まえ，情報システム部は今後の各利用者に付与される操作権限を表1にまとめ，Z販売課の情報セキュリティリーダーであるCさんに確認をしてもらった。

表1 操作権限案

利用者＼付与される操作権限	Jシステム		
	閲覧	入力	承認
（省略）	○		○
Z販売課の販売担当者	（省略）	（省略）	（省略）
a1	○		
a2	○	○	

注記 ○は，操作権限が付与されることを示す。

設問 表1中の a1 ， a2 に入れる字句の適切な組合せを，aに関する解答群の中から選べ。

aに関する解答群

	a1	a2
ア	Z販売課の販売責任者	商品ZのB社販売責任者
イ	Z販売課の販売責任者	商品ZのB社販売担当者
ウ	商品ZのB社販売責任者	Z販売課の販売責任者
エ	商品ZのB社販売責任者	商品ZのB社販売担当者
オ	商品ZのB社販売担当者	商品ZのB社販売責任者

問6

J社は，従業員数90名の生活雑貨販売会社であり，店舗とECサイト（以下，J社のECサイトをJサイトという）で生活雑貨を販売している。Jサイトに登録されたアカウント数は現在100万を超えている。

J社には，総務部，商品企画部，店舗営業部，EC営業部，情報システム部，カスタマサポート部の六つの部があり，EC営業部はJサイトの利用者の管理及び商品登録（以下，サイト運営という）並びにJサイトの情報セキュリティ対策を担当している。EC営業部のCさんは，同部の情報セキュリティリーダに任命されている。

2022年11月7日，カスタマサポート部からCさんに連絡があった。偽ブランド品の販売サイトと思われるサイトに誘導するメッセージ（以下，誘導メッセージという）が書かれた問合せが数万件投稿されたので，通常の問合せへの対応が遅延しているとのことだった。Cさんが情報システム部にJサイトの調査を依頼したところ，誘導メッセージ以外にも，不正アクセスと思われるログイン試行があり，既に調査を開始しているとのことだった。

不正ログインが成功した顧客用アカウントについて更に詳細に調査したところ，購入していないものが届いたとか，購入していないのに請求が来たといった被害はなかった。顧客への影響は顧客用アカウントの認証情報を攻撃者に知られてしまったことだけであることが確認できたので，顧客への連絡とパスワードのリセットを実施した。不正ログインへの対応が完了した後に開催された情報セキュリティ委員会で，今回のインシデントについて，情報システム部のU部長及びカスタマサポート部のM部長から調査結果が表1のとおり報告された。

表1 調査結果（抜粋）

攻撃	調査結果
攻撃1	Jサイトの2022年10月からのログインログを確認したところ，2022年11月5日の3:00～4:00に海外のあるIPアドレスから，不正ログインの試みと思われる攻撃が980件の顧客用アカウントに対して1件ずつあり，その全てがJサイトに実在する顧客用アカウントに対するものであった。980件の不正ログインの試みのうち，90件が成功していた。
攻撃2	Jサイトのアクセスログの中からアカウント新規登録画面へのアクセスのログを確認したところ，攻撃1と同一のIPアドレスから合計100,000件のアカウントの登録が2022年10月から試みられており，攻撃1の不正ログインで利用された980件が登録済みアカウントとしてエラーとなっていた。
攻撃3	2022年11月1日に，Jサイトのログインログに，国内の複数のIPアドレスからそれぞれ一つの顧客用アカウントへのログイン試行が，IPアドレスごとに平均1,000件程度記録され，全てログイン失敗になっていた。

〔攻撃3への対策〕

Cさんは，今回，攻撃3は防ぐことができたものの，ECサイトで要求しているパスワードの強度が低い場合には成功しやすいと考え，連続ログイン失敗回数の上限を超えたアカウントをロックする（以下，アカウントロックという）という対策をEC営業部のE部長に提案した。E部長は，対策としてはよいが，顧客に影響があるのでM部長に意見を求めるようにと指示した。次はCさんとM部長の会話である。

Cさん：アカウントロックは広く使われている技術です。
M部長：Jサイトの顧客は幅広い年齢層にわたるので，顧客が何回もパスワードを間違えてJサイトにログインできなくなる状況が多数発生し，顧客がカスタマサポート部に電話をして対応を依頼するでしょう。問合せが大幅に増えるのは困ります。
Cさん：問合せがなるべく増えないよう，適切に対応します。

設問 本文中の下線について，どのような対応が必要か。解答群のうち，最も適切なものを選べ。

解答群

ア アカウントロックされた顧客からの問合せへの対応マニュアルを作成する。
イ 顧客の連続ログイン失敗回数をログインログから算出し，その値に基づいて，連続ログイン失敗回数の上限を全顧客で一つ決定する。
ウ 今回の不正ログイン試行の回数をログインログから抽出して，連続ログイン失敗回数の上限を決定する。
エ 生体認証導入前に，Webページにカスタマサポート部の問合せ先を掲載しておく。
オ パスワードを連続5回間違えたらアカウントロックする。
カ ボットからのアクセスを検知したらアカウントロックする。

問7

国内外に複数の子会社をもつA社では，インターネットに公開するWebサイトについて，A社グループの脆弱性診断基準（以下，A社グループ基準という）を設けている。A社の子会社であるB社は，会員向けに製品を販売するWebサイト（以下，B社サイトという）を運営している。会員が2回目以降の配達先の入力を省略できるように，今年の8月，B社サイトにログイン機能を追加した。B社サイトは，会員の氏名，住所，電話番号，メールアドレスなどの会員情報も管理することになった。

B社では，11月に情報セキュリティ活動の一環として，A社グループ基準を基に自己点検を実施し，その結果を表1のとおりまとめた。

表1 B社自己点検結果（抜粋）

項番	点検項目	A社グループ基準	点検結果
（一）	Webアプリケーションプログラム（以下，Webアプリという）に対する脆弱性診断の実施	・インターネットに公開しているWebサイトについて，Webアプリの新規開発時，及び機能追加時に行う。 ・機能追加などの変更がない場合でも，年1回以上行う。	・毎年6月に，Webアプリに対する脆弱性診断を外部セキュリティベンダに依頼し，実施している。 ・今年は6月に脆弱性診断を実施し，脆弱性が2件検出された。
（二）	OS及びミドルウェアに対する脆弱性診断の実施	・インターネットに公開しているWebサイトについて，年1回以上行う。	・毎年10月に，B社サイトに対して行っている。 ・今年10月の脆弱性診断では，軽微な脆弱性が4件検出された。
（三）	脆弱性診断結果の報告	・Webアプリ，OS及びミドルウェアに対する脆弱性診断を行った場合，その結果を，診断後2か月以内に各社の情報セキュリティ委員会に報告する。	・Webアプリに対する診断の結果は，6月末の情報セキュリティ委員会に報告した。 ・OS及びミドルウェアに対する診断の結果は，脆弱性が軽微であることを考慮し，情報システム部内での共有にとどめた。
（四）	脆弱性診断結果の対応	・Webアプリ，OS及びミドルウェアに対する脆弱性診断で，脆弱性が発見された場合，緊急を要する脆弱性については，速やかに対応し，その他の脆弱性については，診断後，1か月以内に対応する。指定された期限までの対応が困難な場合，対応の時期を明確にし，最高情報セキュリティ責任者（CISO）の承認を得る。	・今年6月に検出したWebアプリの脆弱性2件について，1週間後に対応した。 ・今年10月に検出したOS及びミドルウェアの脆弱性4件について，2週間後に対応した。

設問 表1中の自己点検の結果のうち，A社グループ基準を満たす項番だけを全て挙げた組合せを，解答群の中から選べ。

解答群

ア (一)
イ (一)，(二)
ウ (一)，(二)，(三)
エ (一)，(三)
オ (一)，(四)
カ (二)，(三)，(四)
キ (二)，(四)
ク (三)
ケ (三)，(四)

問8

Z社は，従業員数2,000名の生命保険会社であり，東京に本社をもち，全国に支社が点在している。以下，本社及び各支社を拠点という。

Z社では，拠点の営業員が，会社貸与の持出し用ノートPC（以下，NPCという）を携帯して顧客を訪問し，商品説明資料，見積書，契約書の作成などを行っている。Z社の本社情報システム部は，NPCの情報セキュリティ対策とその持出し管理のために，表1に示すルールを定めている。

表1 NPCの情報セキュリティ対策と持出し管理ルール

全PCのための情報セキュリティ対策	・次の情報セキュリティ対策を行う。 (a) OSへのログインパスワード設定 (b) BIOSパスワードの設定 (c) CD及びDVDからの起動禁止設定 (d) OS，ソフトウェアの最新化(脆弱性対応) (e) ウイルス対策ソフトのパターンファイル最新化及び定期的なフルスキャン (f) 5分間無操作でスクリーンをロックし，パスワード入力要求 (g) 外部記憶媒体の接続制限(Z社が従業員に貸与するUSBメモリだけが接続可)
NPCのための情報セキュリティ対策	・(a)～(g)に加えて，次の情報セキュリティ対策を行う。 (h) ハードディスクドライブ(以下，HDDという)全体の暗号化 (i) クラウドサービスで提供される契約管理システム(以下，Lシステムという)を利用するためのクライアント証明書[1]のインストール ・(h)，(i)の情報セキュリティ対策を施したNPCに，“対策済NPC”の文字列と有効期限日(最長6か月)を記載したシールを貼り付ける。
NPCによる情報の持出し管理	・NPCに情報を保存して持ち出す場合は，本社情報システム部が運用するNPC持出し申請システムを利用して，その都度，所属する部課の長の承認を得る。その際，持ち出すファイルのリストをNPCから出力し，NPCの資産管理番号と合わせて申請する。 ・NPCの持出し頻度が高く，都度申請では支障が生じる場合には，部課の長は，最長1か月の“NPC期間持出し”を承認することができる。

注[1] Lシステムでは，クライアント認証とパスワード認証の組合せによる2要素認証の仕組みが提供されている。クライアント認証は公開鍵暗号方式を利用する。NPC上のクライアント証明書と秘密鍵は，NPCの故障などに備えるためにエクスポート可能にしている。Lシステムの利用アカウントは本社情報システム部が管理している。Lシステムでは顧客情報を含む契約書を管理している。

〔情報機器の紛失〕

R支社は，従業員数100名の支社であり，営業員が60名いる。10月12日(水)10時30分頃，R支社の営業部1課のFさんが，客先からR支社に戻る途中，電車の網棚にかばんを置き忘れるという事象が発生した。かばんの中には，NPCが入っていた。

報告を受けたR支社長は，インシデントの発生を宣言し，営業部1課の情報セキュリティリーダであるK課長に対して，直ちに初動対応を開始するよう指示した。また，R支社長の指示によって，K課長，各部の部長，及びR支社の情報システム担当として初動対応に当たるW主任が出席して，インシデント対応会議が開催されることとなった。

幸い，当日の15時頃にかばんとその中のNPCを回収することができた。しかし，紛失している間に，外部の者によってNPCを操作されたり，NPCから情報を窃取されたりした可能性は否定できない。K課長は，調査を継続しつつ，16時30分に開催予定のインシデント対策会議に向けてインシデント報告書案を作成することにした。

〔インシテントの影響及び対応〕

16時に，K課長はW主任に声を掛け，インシデント対策会議の事前確認のための打合せを行った。次はその時の会話である。

K課長：Fさんは，NPCにはどのような情報が入っていたか定かではないと言っていました。契約書などの顧客情報は入っていたのでしょうか。

W主任：NPCの持出し申請の時点では，顧客情報は含まれていませんでした。ただし，持出しの承認の後でも，NPCに顧客情報を追加で保存できてしまいます。

設問 本文中の下線について，どのような方法が考えられるか。次の（i）～（v）のうち，該当するものだけを全て挙げた組合せを，解答群の中から選べ。

（i） 1か月間のNPC期間持出しの承認を得るとその期間中に，NPCを会社に持ち帰り，追加で保存できる。

（ii） NPCの持出しとは別に，会社貸与のUSBメモリに保存して持ち出すことによって，NPCに保存できる。

（iii） 外出先からLシステムにアクセスして，NPCにダウンロードして保存できる。

（iv） 外出先で，公衆無線LANに接続して，インターネット上で他社の公開Webサイトを閲覧し，NPCにダウンロードして保存できる。

（v） 顧客訪問先で，顧客から借りたUSBメモリからコピーして保存できる。

解答群

ア （i），（ii），（iii）

イ （i），（ii），（iii），（iv），（v）

ウ （i），（ii），（iii），（v）

エ （i），（iii）

オ （i），（iii），（v）

カ （i），（v）

キ （ii），（iii），（v）

ク （ii），（v）

ケ （iii），（iv），（v）

コ （iii），（v）

問9

A社はIT開発を行っている従業員1,000名の企業である。総務部50名，営業部50名で，ほかは開発部に所属している。開発部員の9割は客先に常駐している。現在，A社におけるPCの利用状況は図1のとおりである。

1 A社のPC
・総務部員，営業部員及びA社オフィスに勤務する開発部員には，会社が用意したPC（以下，A社PCという）を一人1台ずつ貸与している。
・客先常駐開発部員には，A社PCを貸与していないが，代わりに客先常駐開発部員がA社オフィスに出社したときに利用するための共用PCを用意している。
2 客先常駐開発部員の業務システム利用
・客先常駐開発部員が休暇申請，経費精算などで業務システムを利用するためには共用PCを使う必要がある。
3 A社のVPN利用
・A社には，VPNサーバが設置されており，営業部員が出張時にA社PCからインターネット経由で社内ネットワークにVPN接続し，業務システムを利用できるようになっている。規則で，VPN接続にはA社PCを利用すると定められている。

図1 A社におけるPCの利用状況

A社では，客先常駐開発部員が業務システムを使うためだけにA社オフィスに出社するのは非効率的であると考え，客先常駐開発部員に対して個人所有PCの業務利用(BYOD)とVPN接続の許可を検討することにした。

設問 客先常駐開発部員に，個人所有PCからのVPN接続を許可した場合に，増加する又は新たに生じると考えられるリスクを二つ挙げた組合せは，次のうちどれか。解答群のうち，最も適切なものを選べ。

(一) VPN接続が増加し，可用性が損なわれるリスク
(二) 客先常駐開発部員がA社PCを紛失するリスク
(三) 客先常駐開発部員がフィッシングメールのURLをクリックして個人所有PCがマルウェアに感染するリスク
(四) 総務部員が個人所有PCをVPN接続するリスク
(五) マルウェアに感染した個人所有PCが社内ネットワークにVPN接続され，マルウェアが社内ネットワークに拡散するリスク

解答群

ア (一)，(二)　イ (一)，(三)　ウ (一)，(四)
エ (一)，(五)　オ (二)，(三)　カ (二)，(四)
キ (二)，(五)　ク (三)，(四)　ケ (三)，(五)
コ (四)，(五)

問10

W社は，自動車電装部品，ガス計測部品及びソーラシステム部品を製造する従業員数1,000名の企業である。経営企画部，人事総務部，情報システム部，調達購買部などのコストセンタ並びに自動車電装部，ガス計測部，及び昨年新規事業として立ち上げられたソーラシステム部の三つのプロフィットセンタから構成されている。ソーラシステム部は現在30名の組織であるが，事業を拡大させるために，毎月，3～4名の従業員を採用しており，組織が拡大している。

〔ソーラシステム部の状況〕

ソーラシステム部では，省エネルギーを推進しており，部で使用する全てのPCには，消費電力の少ないノートPC（以下，NPCという）を選定している。ソーラシステム部の情報セキュリティ責任者はE部長で，情報セキュリティリーダはFさんである。Fさんは，最近，競合他社がサイバー攻撃を受け，その対応に手間取って大きな被害が発生したとのニュースを聞いた。そこで，Fさんは，ソーラシステム部内でサイバー攻撃を想定した演習を行うことを提案した。E部長は提案を承認し，Fさんに演習を計画するように指示した。

〔演習の計画〕

ソーラシステム部では，サイバー攻撃を想定した机上演習を年1回行うことにした。Fさんは，机上演習のシナリオを検討するに当たり，サイバーキルチェーンを参考にすることにした。サイバー攻撃のシナリオをサイバーキルチェーンに基づいて整理した例を表に示す。

表　サイバー攻撃のシナリオをサイバーキルチェーンに基づいて整理した例

段階	サイバー攻撃のシナリオ
1　偵察	インターネット上の情報を用いて組織や人物を調査し，攻撃対象の組織や人物に関する情報を取得する。
2　武器化	攻撃対象の組織や人物に特化したエクスプロイトコード[1)]やマルウェアを作成する。
3　配送	マルウェア設置サイトにアクセスさせるためになりすましの電子メール（以下，電子メールをメールという）を送付し，本文中のURLをクリックするように攻撃対象者を誘導する。
4　攻撃実行	攻撃対象者をマルウェア設置サイトにアクセスさせ，エクスプロイトコードを実行させる[2)]。
5　インストール	攻撃実行の結果，攻撃対象者のPCがマルウェア感染する。
6　遠隔制御	（省略）
7　目的の実行	探し出した内部情報を圧縮や暗号化などの処理を行った後，もち出す。

注記　本表は，JPCERTコーディネーションセンター“高度サイバー攻撃への対処におけるログの活用と分析方法”などを基に，W社が独自に作成した。

注[1)]　脆弱性を悪用するソフトウェアのコードのことであり，攻撃コードとも呼ばれる。

[2)]　この段階では，攻撃対象者のPCはマルウェア感染していない。

Fさんは，次の二つの演習のシナリオを取り上げることにした。

シナリオ1 標的型メール攻撃のシナリオである。W社の取引先をかたった者から，W社の公開Webサイトが停止しておりアクセスできない旨の報告をメールで受信した。メールの本文には，W社の公開Webサイトを模した偽サイトのURLが記載されている。この場合の対応を行う。

シナリオ2 標的型メール攻撃を受けた結果，マルウェア感染したというシナリオである。従業員のNPCのマルウェア対策ソフトからアラートが画面に表示された。アラートは，マルウェア感染らしき異常が認められたというものである。この場合の対応を行う。

シナリオ1は，表の“ a1 ”の段階での対応であり，シナリオ2は，表の“ a2 ”の段階での対応である。

設問 本文中の a1 ， a2 に入れる段階の組合せはどれか。aに関する解答群のうち，最も適切なものを選べ。

aに関する解答群

	a1	a2
ア	1 偵察	2 武器化
イ	2 武器化	3 配送
ウ	2 武器化	4 攻撃実行
エ	3 配送	4 攻撃実行
オ	3 配送	5 インストール
カ	4 攻撃実行	5 インストール
キ	4 攻撃実行	6 遠隔制御
ク	5 インストール	6 遠隔制御
ケ	5 インストール	7 目的の実行
コ	6 遠隔制御	7 目的の実行

問11

R社は従業員数600名の投資コンサルティング会社である。R社では顧客の個人情報(以下，顧客情報という)を取り扱っていることから，情報セキュリティの維持に注力している。海外営業部の部員は10人で，顧客は500人弱である。各部員は，担当顧客に，電子メールや電話を使って営業を行っている。海外営業部は他の営業部のオフィスとは離れた海外営業部専用のオフィスで業務を行っている。

〔海外営業部の簡易チェック〕

海外営業部のW氏は2か月前に情報セキュリティリーダに任命された。

海外営業部では，自部門の情報セキュリティを確保するために，独自の取組みとして，四半期に1回，海外営業部で作成した情報セキュリティ簡易チェックリスト(表1)を全部員に配布し，記入(以下，簡易チェックという)させている。表1のチェックリストは，5年前に作成されたものである。

表1　海外営業部の情報セキュリティ簡易チェックリスト

No.	チェック項目	OK/NG
ファイルサーバの顧客情報について		
1	業務上の必要がある人だけにアクセス権を付与している。 (全従業員にアクセス権が付与されている状態は不可)	
2	不要になった顧客情報は削除している。(3か月超の保存は不可)	
3	顧客情報は必要な属性だけ保存している。	
	(省略)	
9	離席時にはPCの画面をロックしている。	

注記：チェック項目のとおりの場合はOK，チェック項目とは異なる場合はNGを記入する。

W氏が全部員にこのチェックリストを記入してもらったところ，全部員が全てのチェック項目にOKを記入して報告してきた。W氏は，念のため，数人に実施状況を確認したが，いずれも確かに報告のとおりであった。チェックリストは作成から5年も経過しており，情報セキュリティ事故のニュースを最近よく目にするようになったことから，W氏は，表2のチェック項目の追加を部長に提案した。

表2 W氏が作成した情報セキュリティ簡易チェックリスト追加項目案

No.	チェック項目	OK/NG
パスワードについて		
10	他人から容易に見えるところにパスワードを書いていない。	
電子メールの利用について		
11	不審な電子メールの添付ファイルを開いていない。	
情報セキュリティ事故への対応について		
12	情報セキュリティ事故が発生したときの連絡先を知っている。	
オフィスの情報セキュリティについて		
13	帰宅時は顧客情報を含む書類を施錠保管している。	

表2を見た部長は，"部員がOKと記入してきたとしても，その結果が正しいか客観的に判断できないチェック項目がある"として，W氏に再検討するよう指示した。W氏は，次回の簡易チェックに向けて，チェック項目を見直すことにした。

設問 本文中の下線について，部長が再検討を指示したチェック項目はどれか。解答群のうち，最も適切なものを選べ。

解答群

ア 10　　イ 11　　ウ 12　　エ 13

問12

A社は，分析・計測機器などの販売及び機器を利用した試料の分析受託業務を行う分析機器メーカーである。A社では，図1の"情報セキュリティリスクアセスメント手順"に従い，年一度，情報セキュリティリスクアセスメントを行っている。

・情報資産の機密性，完全性，可用性の評価値は，それぞれ0～2の3段階とする。
・情報資産の機密性，完全性，可用性の評価値の最大値を，その情報資産の重要度とする。
・脅威及び脆弱性の評価値は，それぞれ0～2の3段階とする。
・情報資産ごとに，様々な脅威に対するリスク値を算出し，その最大値を当該情報資産のリスク値として情報資産管理台帳に記載する。ここで，情報資産の脅威ごとのリスク値は，次の式によって算出する。
　リスク値＝情報資産の重要度×脅威の評価値×脆弱性の評価値
・情報資産のリスク値のしきい値を5とする。
・情報資産ごとのリスク値がしきい値以下であれば受容可能なリスクとする。
・情報資産ごとのリスク値がしきい値を超えた場合は，保有以外のリスク対応を行う

図1　情報セキュリティリスクアセスメント手順

A社の情報セキュリティリーダーであるBさんは，年次の情報セキュリティリスクアセスメントを行い，結果を情報資産管理台帳に表1のとおり記載した。

表1　A社の情報資産管理台帳（抜粋）

情報資産	機密性の評価値	完全性の評価値	可用性の評価値	情報資産の重要度	脅威の評価値	脆弱性の評価値	リスク値
(一)従業員の健康診断の情報	2	2	2	(省略)	2	2	(省略)
(二)行動規範などの社内ルール	1	2	1	(省略)	1	1	(省略)
(三)自社Webサイトに掲載している会社情報	0	2	2	(省略)	2	2	(省略)
(四)分析結果の精度を向上させるために開発した技術	2	2	1	(省略)	2	1	(省略)

9

設問 表1中の各情報資産のうち，保有以外のリスク対応を行うべきものはどれか。該当するものだけを全て挙げた組合せを，解答群の中から選べ。

解答群

ア	(一)，(二)	イ	(一)，(二)，(三)
ウ	(一)，(二)，(四)	エ	(一)，(三)
オ	(一)，(三)，(四)	カ	(一)，(四)
キ	(二)，(三)	ク	(二)，(三)，(四)
ケ	(二)，(四)	コ	(三)，(四)

9-2-2 演習問題の解説

問1 指摘事項 《解答》エ

(平成30年秋 情報セキュリティマネジメント試験 午後 問2 設問1 (2) 改)

本文中の下線「指摘事項」について，P氏の指摘事項はどれかを考えます。指摘事項についてのP氏からの助言は，「従業員の入社時に締結する秘密保持契約書に，退職後も一定期間は秘密を守るという条項を追加する」なので，それに合った指摘事項を選択します。それぞれの選択肢について考えると，次のようになります。

ア × 退職時誓約書に，損害賠償についての条項は必要ですが，P氏の助言は秘密保持契約書に関することなので対応しません。

イ × 退職時誓約書に，不正競争防止法に関する説明は必要ですが，P氏の助言は秘密保持契約書に関することなので対応しません。

ウ × 退職時誓約書に，有効とは思えないような競業避止条項が含まれていることは不適切ですが，P氏の助言は秘密保持契約書に関することなので対応しません。

エ ○ 退職者から退職時誓約書への署名を拒否されることがあったということは，退職時には誓約ができない可能性があるということです。入社時に締結する秘密保持契約書に退職後の条項を追加することは，拒否した場合には入社させないなどの対応が可能なため，強制力をもつことができます。

オ × 退職者に署名後の退職時誓約書を渡していないことは不適切ですが，P氏の助言は秘密保持契約書に関することなので対応しません。

したがって，解答は**エ**となります。

問2 4種類の鍵 《解答》キ

(平成29年春 情報セキュリティマネジメント試験 午後 問3 設問2改)

本文中の空欄穴埋め問題です。4種類の鍵について，適切な状況を考えます。

空欄a1

鍵店に行けば簡単に合鍵が作れる鍵は，(ⅱ)のシリンダ錠です。

空欄a2

管理職が退職したときに設定を変えることができるのは，暗証番号を利用している(ⅲ)のプッシュボタン式の暗証番号錠です。

空欄a3

複製が不可能で，貸与が可能な鍵には，(ⅰ) RFID認証式の錠が該当します。

空欄a4

複製が不可能で，他人に貸与が不可能な鍵には，（iv）指静脈認証錠が該当します。

したがって，空欄dの組合せは**キ**となります。

問3 マーケティングに有効な分析ができる匿名加工情報 《解答》イ

（平成30年春 情報セキュリティマネジメント試験 午後 問1 設問3（1）改）

本文中の下線「当社のマーケティングに有効な分析ができる匿名加工情報」について，匿名加工情報に加工するための適切な方法が問われています。本文中でN課長が述べた，実施する分析を踏まえて解答します。（ i ）～（vi）について見ていきます。

（ i ） ○ 顧客番号を乱数を用いてハッシュ化することで，顧客番号の解読や同じ顧客同士の紐付けなどができなくなるため適切です。

（ii） ○ 生年だけにすることで，個人の特定を避けつつ“年齢層ごとの年間を通じた売れ筋商品の傾向の分析”が可能となります。

（iii） × 性別を削除すると，“商品ごとの性別と年間販売数量との相関関係の分析”ができなくなるため不適切です。

（iv） ○ 特異な肌質のケースで，データが少ない場合には，“新商品ごとの発売開始後の月別販売数量推移と肌質との相関関係の分析”の相関関係の分析が適切に行えないので，削除することは適切です。

（ v ） ○ 販売年月については，日がなくても月別販売数量推移は計算できるので問題ありません。

（vi） × 販売番号を変換してしまうと，“商品ごとの同時に購入される他の商品の傾向の分析”ができなくなるので不適切です。

したがって，正解は**イ**の（ i ），（ii），（iv），（ v ）となります。

問4 対策が必要であるとA社が評価した情報セキュリティリスク 《解答》ア

（令和5年度 基本情報技術者試験 公開問題 科目B 問6）

図3の発見事項の内容をもとに，対策が必要だとA社が判断したセキュリティリスクについて考えます。問題本文の最後に，「A社では，初期設定の状態のままではA社にとって情報セキュリティリスクがあり，初期設定から変更するという対策が必要であると評価した」とあるので，初期設定から変更するという対策が必要なリスクが解答となります。

図3には，「複合機のスキャン機能では，電子メールの差出人アドレス，件名，本文及び添付ファイル名を初期設定の状態で使用しており，誰がスキャンを実行しても同じで

ある」とあります。また，「初期設定情報はベンダーのWebサイトで公開」とあり，簡単に確認できるため，攻撃者は，電子メールの差出人アドレス，件名，本文及び添付ファイル名を，C社の複合機と同じものにして送信することができます。そのため，C社でB業務に従事する従業員が，攻撃者からの電子メールを複合機からのものと信じる可能性があります。

従業員が攻撃者からの電子メールで本文中にあるURLをクリックし，フィッシングサイトに誘導されてしまった結果，A社の採用予定者の個人情報が漏えいする危険があります。そのため，電子メールの差出人アドレスや件名などを初期設定から変更し，不正なメールと見分けることができるようにする対策が有効となります。したがって，**ア**が正解です。

イ　業務の遅延は，情報セキュリティリスクとは異なります。A社は業務委託をする側なので，業務時間については意識しないと考えられます。

ウ　複合機から送信される電子メールが暗号化された場合でも，もう一度スキャンして送信することが可能です。なお，身代金を要求するマルウェアをランサムウェアといいます。

エ　PDFファイルの保存先は自社の社内ネットワーク上に設置したBサーバです。URLが分かっても，通常はファイアウォールなどの設定によって，外部の攻撃者がアクセスすることはできません。

問5　利用者に付与される操作権限　《解答》**エ**

(基本情報技術者試験 サンプル問題セット(科目B) 問19)

問題文の〔Z販売課の業務〕,〔Jシステムの操作権限〕の内容に従って，表1にまとめられた操作権限表に対応する利用者について考えていきます。

空欄a1

Jシステムに閲覧権限だけを付与される利用者について考えます。

〔Jシステムの操作権限〕に，「商品ZのB社販売担当者の入力結果を閲覧して，不備があればA社に口頭で差戻しを依頼するB社従業員を商品ZのB社販売責任者という」とあり，商品ZのB社販売責任者には閲覧権限が必要です。不備があったときにはA社に口頭で依頼するので，Jシステムの権限は特に追加で必要ありません。したがって，空欄a1は**商品ZのB社販売責任者**だと考えられます。

空欄a2

Jシステムに閲覧権限と入力権限を付与される利用者について考えます。ここで，従来から入力権限のあったZ販売課の販売担当者は，すでに表1にあるので除かれます。

〔Jシステムの操作権限〕に，「商品Zの受注管理業務の入力作業を行うB社従業員を商品ZのB社販売担当者といい」とあるので，商品ZのB社販売担当者は入力を行います。

したがって，空欄a2は**商品ZのB社販売担当者**だと考えられます。

したがって，組合せの正しい**エ**が正解です。

問6 問合せが増えない対応 《解答》イ

（令和元年秋 情報セキュリティマネジメント試験 午後 問1 設問3 (3) 改）

本文中の下線「問合せがなるべく増えないよう，適切に対応します」について，必要な対応を考えます。

アカウントロックを行う場合に設定する連続ログイン失敗回数の上限は，少なすぎると正常なログインが失敗するおそれがあり，多すぎると不正ログインが成功する可能性が上がります。適切な連続ログイン失敗回数の上限を設定するためには，推測ではなく実際のデータから算出することが有効です。ログインログを確認すると，顧客の連続ログイン失敗回数が分かるので，その値に基づいて，顧客の連続ログイン失敗回数の上限を算出します。このとき，顧客ごとに値を変えると，試行回数の多い顧客が狙われやすくなり，その不備をつかれることが考えられるので，全顧客で一つの連続ログイン失敗回数の上限を設定します。したがって，解答は**イ**の「顧客の連続ログイン失敗回数をログインログから算出し，その値に基づいて，連続ログイン失敗回数の上限を全顧客で一つ決定する」となります。

その他の選択肢については，次のとおりです。

ア　問合せへの対応マニュアルは，問合せ対応の効率化にはつながりますが，問合せを減らす効果はありません。

ウ　今回の不正ログイン試行の回数を基準にすると，より少ない試行での不正ログインが成功する可能性があり，失敗回数の上限としては高すぎます。

エ　顧客用アカウントに生体認証を導入する予定はありません。

オ　連続5回は少なすぎる可能性が高いです。ログインログから，適切な失敗回数の上限を決める方が適切です。

カ　ボットからのアクセスかどうかを判断するための基準が必要です。

問7 自己点検結果の基準の順守状況 《解答》キ

（情報セキュリティマネジメント試験 科目Bのサンプル問題 問2）

表1中のB社自己点検の結果について，A社グループ基準を満たすかどうかをそれぞれの項番で考えていくと，次のようになります。

(一)　×

点検項目“Webアプリケーションプログラムに対する脆弱性診断の実施”について，A

社グループ基準には,「インターネットに公開しているWebサイトについて，Webアプリの新規開発時，及び機能追加時に行う」とあります。表1の前の本文に,「今年の8月，B社サイトにログイン機能を追加した」とあるので，8月以降に脆弱性診断を行う必要があります。しかし，点検結果には,「今年は6月に脆弱性診断を実施」とあり，機能追加時の脆弱性診断を行っておらず，A社グループ基準を満たしていません。

(二) ○

点検項目“OS及びミドルウェアに対する脆弱性診断の実施”について，A社グループ基準には,「インターネットに公開しているWebサイトについて，年1回以上行う」とあります。表1の前の本文に,「会員向けに製品を販売するWebサイト(以下, B社サイトという)を運営している」とあり, B社サイトはインターネット上に公開しています。点検結果には,「毎年10月に，B社サイトに対して行っている」とあり，年1回以上というA社グループ基準を満たしています。

(三) ×

点検項目“脆弱性診断結果の報告”について，A社グループ基準には，脆弱性結果を「診断後2か月以内に各社の情報セキュリティ委員会に報告する」とあります。しかし，点検結果には,「OS及びミドルウェアに対する診断の結果は，脆弱性が軽微であることを考慮し，情報システム部内での共有にとどめた」とあります。脆弱性を情報セキュリティ委員会に報告しておらず，A社グループ基準を満たしていません。

(四) ○

点検項目“脆弱性診断結果の対応”について，A社グループ基準には，脆弱性が発見された場合の対応について,「緊急を要する脆弱性については，速やかに対応し，その他の脆弱性については，診断後，1か月以内に対応する」とあります。点検結果には,「Webアプリの脆弱性2件について，1週間後に対応した」,「OS及びミドルウェアの脆弱性4件について，2週間後に対応した」と2件の対応があります。どちらも，1か月以内というA社グループ基準を満たしています。

したがって，(二)，(四)が挙げられている**キ**が正解です。

問8 NPCへの顧客情報の保存方法 《解答》ア

(平成28年秋 情報セキュリティマネジメント試験 午後 問2 設問2 (1) 改)

本文中の下線「持出しの承認の後でも，NPCに顧客情報を追加で保存できてしまいます」について，具体的な保存方法が問われています。(i)～(v)のうち，追加する方法として可能なものを検討していきます。

(i) ○ NPC期間持出しの承認を得る場合には,表1の“NPCによる情報の持出し管理”に,「NPCの持出し頻度が高く，都度申請では支障が生じる場合には，部課の長は，最長1か月の“NPC期間持出し”を承認することができる」とあるとおり，何度もNPCを持ち出して会社に持ち帰ることが想定されています。つまり，NPCを会社に持ち帰ることは可能で，その時に追加で顧客情報を保存することができます。

（ii） ○ 表1の“全PCのための情報セキュリティ対策”(g)に「外部記憶媒体の接続制限」がありますが，Z社が従業員に貸与するUSBメモリは接続可能です。そのため，会社貸与のUSBメモリに顧客情報を保存して持ち出すことによって，NPCに保存できます。

（iii） ○ 表1の“NPCのための情報セキュリティ対策”(i)に，Lシステムを利用するためのクライアント証明書のインストールとありますが，持ち出すNPCにはインストールされており，外出先からでもLシステムへのアクセスが可能です。そのため，外出先からLシステムにアクセスして顧客情報をダウンロードして保存することができます。

（iv） × 外出先でNPCを用いて他社の公開Webサイトを閲覧することは可能です。しかし，公開情報には顧客情報は含まれていないので，今回の保存方法には該当しません。

（v） × （ii）でも述べましたが，Z社のNPCには，外部記憶媒体の接続制限があります。そのため，顧客から借りたUSBメモリからの情報はコピーできません。

したがって，適切な方法は（i），（ii），（iii）となり，**ア**が正解です。

問9 個人所有PCからVPN接続を許可した場合に増加する又は新たに生じるリスク 《解答》エ

（基本情報技術者試験 サンプル問題セット（科目B）問18）

A社における状況をもとに，客先常駐開発部員に，個人所有PCからのVPN接続を許可した場合に，増加する又は新たに生じると考えられるリスクについて考えます。それぞれのリスクについて考えると，次のとおりになります。

（一） ○

個人所有PCからのVPN接続を許可すると，VPN接続するPCの台数が増加します。VPNサーバやネットワーク機器などに負荷がかかりすぎて接続できなくなり，可用性が損なわれるリスクが増加します。

（二） ×

客先常駐開発部員はA社PCではなく個人所有PCを使用し，A社PCは持ち出さないので，紛失するリスクは増大しません。

(三)　×

客先常駐開発部員がフィッシングメールのURLをクリックするリスクはありますが，VPN接続とは関係がありません。

(四)　×

総務部員については，図1の利用状況ではVPN接続を許可されていません。そのため，VPN接続ができないので，リスクは増大しません。

(五)　○

個人所有PCがマルウェアに感染していた場合，社内ネットワークにVPN接続したときに，マルウェアが社内ネットワークに拡散する可能性はあります。個人所有PCのマルウェア対策の不備によるリスクは増大すると考えられます。

したがって，(一)，(五)が増加するリスクなので，**エ**が正解です。

問10　シナリオに対応する段階　《解答》オ

(平成31年春 情報セキュリティマネジメント試験 午後 問1 設問1 (3) 改)

本文中の空欄a1，a2に対する空欄穴埋め問題です。表のサイバーキルチェーンに関する内容をもとに，それぞれのシナリオに対応する段階を考えます。

空欄a1

シナリオ1の演習のシナリオは，標的型メール攻撃のシナリオです。「メールの本文には，W社の公開Webサイトを模した偽サイトのURLが記載されている」とあるので，不正なURLをクリックさせることを想定していると考えられます。表の段階“3　配送”のサイバー攻撃のシナリオに,「本文中のURLをクリックするように攻撃対象者を誘導する」とあり，こちらに該当します。したがって，空欄a1は“3　配送”となります。

空欄a2

シナリオ2の演習のシナリオは,「標的型メール攻撃を受けた結果, マルウェア感染した」というシナリオです。実際にマルウェア感染する段階は，表では“5　インストール”に対応し,「攻撃実行の結果, 攻撃対象者のPCがマルウェア感染する」に該当します。したがって，空欄a2は“5　インストール”となります。

以上より，組合せの正しい**オ**が正解となります。

問11 客観的に判断できないチェック項目 《解答》イ

（平成28年春 情報セキュリティマネジメント試験 午後 問3 設問1改）

本文中の下線「“部員がOKと記入してきたとしても，その結果が正しいか客観的に判断できないチェック項目がある”として，W氏に再検討するよう指示した」について，部長が再検討を指示したチェック項目を考えます。

表2のチェック項目のうち，No.11の「不審な電子メールの添付ファイル」の「不審」かどうかは，本人の判断です。標的型攻撃メールの場合には，不審だと判断されないようなメールを巧妙に送ってくるので，不審だと気付かれないことが多いです。したがって，客観的に判断できないチェック項目は，**イ**の11となります。

No.10のパスワードを書いていない，No.12の連絡先を知っている，No.13の施錠保管しているというチェック項目は，実際に知っているか，行っているかどうかだけなので，客観的な判断が可能です。

問12 保有以外のリスク対応を行うべきもの 《解答》エ

（令和5年度 情報セキュリティマネジメント試験 公開問題 問13）

情報セキュリティマネジメントを行う問題です。表1中の（一）～（四）の情報資産のうち，保有以外のリスク対応を行うべきものを考えます。図1の情報セキュリティリスクアセスメント手順の内容をもとに，各情報資産の重要度を求め，リスク値を計算して判定すると，次のようになります。

（一） ○

“従業員の健康診断の情報”についての情報資産の重要度を考えます。図1に「情報資産の機密性，完全性，可用性の評価値の最大値を，その情報資産の重要度とする」とあり，表1の（一）での機密性，完全性，可用性の評価値はそれぞれ2，2，2です。最大値は2なので，情報資産の重要度は2となります。

リスク値は，図1に「リスク値＝情報資産の重要度×脅威の評価値×脆弱性の評価値」とあるので，次の式で計算できます。

リスク値＝2×2×2＝8

図1に，「情報資産のリスク値のしきい値を5とする」とあり，「情報資産ごとのリスク値がしきい値を超えた場合は，保有以外のリスク対応を行う」とあります。（一）のリスク値は8なので，保有以外のリスク対応を行う必要があります。

（二） ×

“行動規範などの社内ルール”についての情報資産の重要度を考えます。表1の（二）での機密性，完全性，可用性の評価値はそれぞれ1，2，1です。最大値は2なので，情報資産の重要度は2となります。

リスク値は，図1の式で次のように計算できます。

リスク値＝2×1×1＝2

リスク値が2で，しきい値は5です。図1に「情報資産ごとのリスク値がしきい値以下であれば受容可能なリスクとする」とあるので，リスク保有で問題ありません。

(三) ○

“自社Webサイトに掲載している会社情報”についての情報資産の重要度を考えます。表1の(三)での機密性，完全性，可用性の評価値はそれぞれ0，2，2です。最大値は2なので，情報資産の重要度は2となります。

リスク値は，図1の式で次のように計算できます。

リスク値＝2×2×2＝8

しきい値は5で，リスク値が8なので，保有以外のリスク対応を行う必要があります。

(四) ×

“分析結果の精度を向上させるために開発した技術”についての情報資産の重要度を考えます。表1の(四)での機密性，完全性，可用性の評価値はそれぞれ2，2，1です。最大値は2なので，情報資産の重要度は2となります。

リスク値は，図1の式で次のように計算できます。

リスク値＝2×2×1＝4

リスク値が4で，しきい値が5なので，受容可能なリスクです。リスク保有で問題ありません。

まとめると，(一)，(三)が保有以外のリスク対応を行うべきものとなります。したがって，**エ**が正解です。

付録

情報セキュリティマネジメント試験 サンプル問題セット

こちらは，2022年（令和4年）12月26日に試験センターから公開された，「情報セキュリティマネジメント試験　サンプル問題セット」の全問題と解説です。

◆ 科目A・B

試験時間：120分

問 題 数：60問（【科目A】48問／【科目B】12問）

解 答 数：60問

Q 科目A・B 問題

科目A 問1～48

問1 JIS Q 27001:2014（情報セキュリティマネジメントシステム－要求事項）において，リスクを受容するプロセスに求められるものはどれか。

ア 受容するリスクについては，リスク所有者が承認すること
イ 受容するリスクを監視やレビューの対象外とすること
ウ リスクの受容は，リスク分析前に行うこと
エ リスクを受容するかどうかは，リスク対応後に決定すること

問2 退職する従業員による不正を防ぐための対策のうち，IPA“組織における内部不正防止ガイドライン（第5版）”に照らして，適切なものはどれか。

ア 在職中に知り得た重要情報を退職後に公開しないように，退職予定者に提出させる秘密保持誓約書には，秘密保持の対象を明示せず，重要情報を客観的に特定できないようにしておく。
イ 退職後，同業他社に転職して重要情報を漏らすということがないように，職業選択の自由を行使しないことを明記した上で，具体的な範囲を設定しない包括的な競業避止義務契約を入社時に締結する。
ウ 退職者による重要情報の持出しなどの不正行為を調査できるように，従業員に付与した利用者IDや権限は退職後も有効にしておく。
エ 退職間際に重要情報の不正な持出しが行われやすいので，退職予定者に対する重要情報へのアクセスや媒体の持出しの監視を強化する。

問3 JIS Q 27000:2019（情報セキュリティマネジメントシステム－用語）において，不適合が発生した場合にその原因を除去し，再発を防止するためのものとして定義されているものはどれか。

ア 継続的改善　　イ 修正
ウ 是正処置　　エ リスクアセスメント

問4 JIS Q 27002:2014（情報セキュリティ管理策の実践のための規範）の“サポートユーティリティ”に関する例示に基づいて，サポートユーティリティと判断されるものはどれか。

ア サーバ室の空調　　イ サーバの保守契約
ウ 特権管理プログラム　　エ ネットワーク管理者

問5 JIS Q 27000:2019（情報セキュリティマネジメントシステム－用語）における“リスクレベル”の定義はどれか。

ア 脅威によって付け込まれる可能性のある，資産又は管理策の弱点
イ 結果とその起こりやすさの組合せとして表現される，リスクの大きさ
ウ 対応すべきリスクに付与する優先順位
エ リスクの重大性を評価するために目安とする条件

問6 サイバーセキュリティ基本法に基づき，内閣にサイバーセキュリティ戦略本部が設置されたのと同時に，内閣官房に設置された組織はどれか。

ア IPA　　イ JIPDEC　　ウ JPCERT/CC　　エ NISC

問7 CRYPTRECの役割として，適切なものはどれか。

ア 外国為替及び外国貿易法で規制されている暗号装置の輸出許可申請を審査，承認する。
イ 政府調達においてIT関連製品のセキュリティ機能の適切性を評価，認証する。
ウ 電子政府での利用を推奨する暗号技術の安全性を評価，監視する。
エ 民間企業のサーバに対するセキュリティ攻撃を監視，検知する。

問8 緊急事態を装って組織内部の人間からパスワードや機密情報を入手する不正な行為は，どれに分類されるか。

ア ソーシャルエンジニアリング　　イ トロイの木馬
ウ 踏み台攻撃　　エ ブルートフォース攻撃

問9　A社では現在，インターネット上のWebサイトを内部ネットワークのPC上のWebブラウザから参照している。新たなシステムを導入し，DMZ上に用意したVDI（Virtual Desktop Infrastructure）サーバにPCからログインし，インターネット上のWebサイトをVDIサーバ上の仮想デスクトップのWebブラウザから参照するように変更する。この変更によって期待できるセキュリティ上の効果はどれか。

ア　インターネット上のWebサイトから，内部ネットワークのPCへのマルウェアのダウンロードを防ぐ。
イ　インターネット上のWebサイト利用時に，MITB攻撃による送信データの改ざんを防ぐ。
ウ　内部ネットワークのPC及び仮想デスクトップのOSがボットに感染しなくなり，C&Cサーバにコントロールされることを防ぐ。
エ　内部ネットワークのPCにマルウェアが侵入したとしても，他のPCに感染するのを防ぐ。

問10　デジタルフォレンジックスでハッシュ値を利用する目的として，適切なものはどれか。

ア　一方向性関数によってパスワードを復元できないように変換して保存する。
イ　改変されたデータを，証拠となり得るように復元する。
ウ　証拠となり得るデータについて，原本と複製の同一性を証明する。
エ　パスワードの盗聴の有無を検証する。

問11　利用者PCの内蔵ストレージが暗号化されていないとき，攻撃者が利用者PCから内蔵ストレージを抜き取り，攻撃者が用意したPCに接続して内蔵ストレージ内の情報を盗む攻撃の対策に該当するものはどれか。

ア　内蔵ストレージにインストールしたOSの利用者アカウントに対して，ログインパスワードを設定する。
イ　内蔵ストレージに保存したファイルの読取り権限を，ファイルの所有者だけに付与する。
ウ　利用者PC上でHDDパスワードを設定する。
エ　利用者PCにBIOSパスワードを設定する。

問12　ルートキットの特徴はどれか。

ア　OSなどに不正に組み込んだツールの存在を隠す。
イ　OSの中核であるカーネル部分の脆弱性を分析する。
ウ　コンピュータがマルウェアに感染していないことをチェックする。
エ　コンピュータやルータのアクセス可能な通信ポートを外部から調査する。

問13 BEC（Business E-mail Compromise）に該当するものはどれか。

ア　巧妙なだましの手口を駆使し，取引先になりすまして偽の電子メールを送り，金銭をだまし取る。
イ　送信元を攻撃対象の組織のメールアドレスに詐称し，多数の実在しないメールアドレスに一度に大量の電子メールを送り，攻撃対象の組織のメールアドレスを故意にブラックリストに登録させて，利用を阻害する。
ウ　第三者からの電子メールが中継できるように設定されたメールサーバを，スパムメールの中継に悪用する。
エ　誹謗中傷メールの送信元を攻撃対象の組織のメールアドレスに詐称し，組織の社会的な信用を大きく損なわせる。

問14 ボットネットにおけるC&Cサーバの役割として，適切なものはどれか。

ア　Webサイトのコンテンツをキャッシュし，本来のサーバに代わってコンテンツを利用者に配信することによって，ネットワークやサーバの負荷を軽減する。
イ　外部からインターネットを経由して社内ネットワークにアクセスする際に，CHAPなどのプロトコルを中継することによって，利用者認証時のパスワードの盗聴を防止する。
ウ　外部からインターネットを経由して社内ネットワークにアクセスする際に，時刻同期方式を採用したワンタイムパスワードを発行することによって，利用者認証時のパスワードの盗聴を防止する。
エ　侵入して乗っ取ったコンピュータに対して，他のコンピュータへの攻撃などの不正な操作をするよう，外部から命令を出したり応答を受け取ったりする。

問15 PCへの侵入に成功したマルウェアがインターネット上の指令サーバと通信を行う場合に，宛先ポートとして使用されるTCPポート番号80に関する記述のうち，適切なものはどれか。

ア　DNSのゾーン転送に使用されることから，通信がファイアウォールで許可されている可能性が高い。
イ　WebサイトのHTTPS通信での閲覧に使用されることから，マルウェアと指令サーバとの間の通信が侵入検知システムで検知される可能性が低い。
ウ　Webサイトの閲覧に使用されることから，通信がファイアウォールで許可されている可能性が高い。
エ　ドメイン名の名前解決に使用されることから，マルウェアと指令サーバとの間の通信が侵入検知システムで検知される可能性が低い。

問16 特定のサービスやシステムから流出した認証情報を攻撃者が用いて，認証情報を複数のサービスやシステムで使い回している利用者のアカウントへのログインを試みる攻撃はどれか。

ア パスワードリスト攻撃
イ ブルートフォース攻撃
ウ リバースブルートフォース攻撃
エ レインボーテーブル攻撃

問17 攻撃者が用意したサーバXのIPアドレスが，A社WebサーバのFQDNに対応するIPアドレスとして，B社DNSキャッシュサーバに記憶された。これによって，意図せずサーバXに誘導されてしまう利用者はどれか。ここで，A社，B社の各従業員は自社のDNSキャッシュサーバを利用して名前解決を行う。

ア A社WebサーバにアクセスしようとするA社従業員
イ A社WebサーバにアクセスしようとするB社従業員
ウ B社WebサーバにアクセスしようとするA社従業員
エ B社WebサーバにアクセスしようとするB社従業員

問18 攻撃者が，多数のオープンリゾルバに対して，“あるドメイン”の実在しないランダムなサブドメインを多数問い合わせる攻撃（ランダムサブドメイン攻撃）を仕掛け，多数のオープンリゾルバが応答した。このときに発生する事象はどれか。

ア “あるドメイン”を管理する権威DNSサーバに対して負荷が掛かる。
イ “あるドメイン”を管理する権威DNSサーバに登録されているDNS情報が改ざんされる。
ウ オープンリゾルバが保持するDNSキャッシュに不正な値を注入される。
エ オープンリゾルバが保持するゾーン情報を不正に入手される。

問19 SEOポイズニングの説明はどれか。

ア Web検索サイトの順位付けアルゴリズムを悪用して，検索結果の上位に，悪意のあるWebサイトを意図的に表示させる。
イ 車などで移動しながら，無線LANのアクセスポイントを探し出して，ネットワークに侵入する。
ウ ネットワークを流れるパケットから，侵入のパターンに合致するものを検出して，管理者への通知や，検出した内容の記録を行う。
エ マルウェア対策ソフトのセキュリティ上の脆弱性を悪用して，システム権限で不正な処理を実行させる。

問20 データベースで管理されるデータの暗号化に用いることができ，かつ，暗号化と復号とで同じ鍵を使用する暗号方式はどれか。

ア AES　　イ PKI　　ウ RSA　　エ SHA-256

問21 OpenPGPやS/MIMEにおいて用いられるハイブリッド暗号方式の特徴はどれか。

ア 暗号通信方式としてIPsecとTLSを選択可能にすることによって利用者の利便性を高める。
イ 公開鍵暗号方式と共通鍵暗号方式を組み合わせることによって鍵管理コストと処理性能の両立を図る。
ウ 複数の異なる共通鍵暗号方式を組み合わせることによって処理性能を高める。
エ 複数の異なる公開鍵暗号方式を組み合わせることによって安全性を高める。

問22 デジタル署名に用いる鍵の組みのうち，適切なものはどれか。

	デジタル署名の作成に用いる鍵	デジタル署名の検証に用いる鍵
ア	共通鍵	秘密鍵
イ	公開鍵	秘密鍵
ウ	秘密鍵	共通鍵
エ	秘密鍵	公開鍵

問23 メッセージが改ざんされていないかどうかを確認するために，そのメッセージから，ブロック暗号を用いて生成することができるものはどれか。

ア PKI　　イ パリティビット
ウ メッセージ認証符号　　エ ルート証明書

問24 リスクベース認証に該当するものはどれか。

ア インターネットバンキングでの取引において，取引の都度，乱数表の指定したマス目にある英数字を入力させて認証する。
イ 全てのアクセスに対し，トークンで生成されたワンタイムパスワードを入力させて認証する。
ウ 利用者のIPアドレスなどの環境を分析し，いつもと異なるネットワークからのアクセスに対して追加の認証を行う。
エ 利用者の記憶，持ち物，身体の特徴のうち，必ず二つ以上の方式を組み合わせて認証する。

問25 Webサイトで利用されるCAPTCHAに該当するものはどれか。

ア 人からのアクセスであることを確認できるよう，アクセスした者に応答を求め，その応答を分析する仕組み
イ 不正なSQL文をデータベースに送信しないよう，Webサーバに入力された文字列をプレースホルダに割り当ててSQL文を組み立てる仕組み
ウ 利用者が本人であることを確認できるよう，Webサイトから一定時間ごとに異なるパスワードを要求する仕組み
エ 利用者が本人であることを確認できるよう，乱数をWebサイト側で生成して利用者に送り，利用者側でその乱数を鍵としてパスワードを暗号化し，Webサイトに送り返す仕組み

問26 HTTP over TLS (HTTPS)を用いて実現できるものはどれか。

ア Webサーバ上のファイルの改ざん検知
イ Webブラウザが動作するPC上のマルウェア検査
ウ Webブラウザが動作するPCに対する侵入検知
エ デジタル証明書によるサーバ認証

問27 SPF (Sender Policy Framework)を利用する目的はどれか。

ア HTTP通信の経路上での中間者攻撃を検知する。
イ LANへのPCの不正接続を検知する。
ウ 内部ネットワークへの侵入を検知する。
エ メール送信者のドメインのなりすましを検知する。

問28 電子メールをドメインAの送信者がドメインBの宛先に送信するとき，送信者をドメインAのメールサーバで認証するためのものはどれか。

ア APOP　　イ POP3S　　ウ S/MIME　　エ SMTP-AUTH

問29 マルウェアの動的解析に該当するものはどれか。

ア 検体のハッシュ値を計算し，オンラインデータベースに登録された既知のマルウェアのハッシュ値のリストと照合してマルウェアを特定する。
イ 検体をサンドボックス上で実行し，その動作や外部との通信を観測する。
ウ 検体をネットワーク上の通信データから抽出し，さらに，逆コンパイルして取得したコードから検体の機能を調べる。
エ ハードディスク内のファイルの拡張子とファイルヘッダの内容を基に，拡張子が偽装された不正なプログラムファイルを検出する。

問30 Webサーバの検査におけるポートスキャナの利用目的はどれか。

ア Webサーバで稼働しているサービスを列挙して，不要なサービスが稼働していないことを確認する。
イ Webサーバの利用者IDの管理状況を運用者に確認して，情報セキュリティポリシからの逸脱がないことを調べる。
ウ Webサーバへのアクセスの履歴を解析して，不正利用を検出する。
エ 正規の利用者IDでログインし，Webサーバのコンテンツを直接確認して，コンテンツの脆弱性を検出する。

付録

問31 個人情報保護委員会“特定個人情報の適正な取扱いに関するガイドライン（事業者編）令和4年3月一部改正”及びその“Q&A”によれば，事業者によるファイル作成が<u>禁止されている場合</u>はどれか。

なお，“Q&A”とは“「特定個人情報の適正な取扱いに関するガイドライン（事業者編）」及び「（別冊）金融業務における特定個人情報の適正な取扱いに関するガイドライン」に関するQ&A 令和4年4月1日更新”のことである。

ア システム障害に備えた特定個人情報ファイルのバックアップファイルを作成する場合
イ 従業員の個人番号を利用して業務成績を管理するファイルを作成する場合
ウ 税務署に提出する資料間の整合性を確認するために個人番号を記載した明細表などチェック用ファイルを作成する場合
エ 保険契約者の死亡保険金支払に伴う支払調書ファイルを作成する場合

問32 企業が業務で使用しているコンピュータに，記憶媒体を介してマルウェアを侵入させ，そのコンピュータのデータを消去した者を処罰の対象とする法律はどれか。

ア 刑法
イ 製造物責任法
ウ 不正アクセス禁止法
エ プロバイダ責任制限法

問33 企業が，“特定電子メールの送信の適正化等に関する法律”に定められた特定電子メールに該当する広告宣伝メールを送信する場合に関する記述のうち，適切なものはどれか。

ア SMSで送信する場合はオプトアウト方式を利用する。
イ オプトイン方式，オプトアウト方式のいずれかを企業が自ら選択する。
ウ 原則としてオプトアウト方式を利用する。
エ 原則としてオプトイン方式を利用する。

問34 A社は，B社と著作物の権利に関する特段の取決めをせず，A社の要求仕様に基づいて，販売管理システムのプログラム作成をB社に委託した。この場合のプログラム著作権の原始的帰属に関する記述のうち，適切なものはどれか。

ア A社とB社が話し合って帰属先を決定する。
イ A社とB社の共有帰属となる。
ウ A社に帰属する。
エ B社に帰属する。

問35 システムテストの監査におけるチェックポイントのうち，最も適切なものはどれか。

ア テストケースが網羅的に想定されていること
イ テスト計画は利用者側の責任者だけで承認されていること
ウ テストは実際に業務が行われている環境で実施されていること
エ テストは利用者側の担当者だけで行われていること

問36 アクセス制御を監査するシステム監査人の行為のうち，適切なものはどれか。

ア ソフトウェアに関するアクセス制御の管理台帳を作成し，保管した。
イ データに関するアクセス制御の管理規程を閲覧した。
ウ ネットワークに関するアクセス制御の管理方針を制定した。
エ ハードウェアに関するアクセス制御の運用手続を実施した。

問37 我が国の証券取引所に上場している企業において，内部統制の整備及び運用に最終的な責任を負っている者は誰か。

ア 株主　イ 監査役　ウ 業務担当者　エ 経営者

問38 ヒューマンエラーに起因する障害を発生しにくくする方法に，エラープルーフ化がある。運用作業におけるエラープルーフ化の例として，最も適切なものはどれか。

ア 画面上の複数のウィンドウを同時に使用する作業では，ウィンドウを間違えないようにウィンドウの背景色をそれぞれ異なる色にする。
イ 長時間に及ぶシステム監視作業では，疲労が蓄積しないように，2時間おきに交代で休憩を取得する体制にする。
ウ ミスが発生しやすい作業について，過去に発生したヒヤリハット情報を共有して同じミスを起こさないようにする。
エ 臨時の作業を行う際にも落ち着いて作業ができるように，臨時の作業の教育や訓練を定期的に行う。

問39 あるデータセンタでは，受発注管理システムの運用サービスを提供している。次の受発注管理システムの運用中の事象において，インシデントに該当するものはどれか。

〔受発注管理システムの運用中の事象〕
夜間バッチ処理において，注文トランザクションデータから注文書を出力するプログラムが異常終了した。異常終了を検知した運用担当者から連絡を受けた保守担当者は，緊急出社してサービスを回復し，後日，異常終了の原因となったプログラムの誤りを修正した。

ア 異常終了の検知　イ プログラムの誤り
ウ プログラムの異常終了　エ 保守担当者の緊急出社

問40 ソフトウェア開発プロジェクトにおいてWBSを作成する目的として，適切なものはどれか。

ア 開発の期間と費用とがトレードオフの関係にある場合に，総費用の最適化を図る。
イ 作業の順序関係を明確にして，重点管理すべきクリティカルパスを把握する。
ウ 作業の日程を横棒（バー）で表して，作業の開始時点や終了時点，現時点の進捗を明確にする。
エ 作業を，階層的に詳細化して，管理可能な大きさに細分化する。

問41 プロジェクトの日程計画を作成するのに適した技法はどれか。

ア PERT　　イ 回帰分析　　ウ 時系列分析　　エ 線形計画法

問42 一方のコンピュータが正常に機能しているときには，他方のコンピュータが待機状態にあるシステムはどれか。

ア デュアルシステム　　イ デュプレックスシステム
ウ マルチプロセッシングシステム　　エ ロードシェアシステム

問43 データベースの監査ログを取得する目的として，適切なものはどれか。

ア 権限のない利用者のアクセスを拒否する。
イ チェックポイントからのデータ復旧に使用する。
ウ データの不正な書換えや削除を事前に検知する。
エ 問題のあるデータベース操作を事後に調査する。

問44 社内ネットワークのPCから，中継装置を経由してインターネット上のWebサーバにアクセスする。中継装置は宛先のWebサーバのドメイン名からDNSを利用してグローバルIPアドレスを求め，そのグローバルIPアドレス宛てにアクセス要求の転送を行う機能を有する。この中継装置として，適切なものはどれか。

ア プロキシサーバ　　イ リピータ
ウ ルータ　　エ レイヤ2スイッチ

問45 BPOの説明はどれか。

ア 災害や事故で被害を受けても，重要事業を中断させない，又は可能な限り中断期間を短くする仕組みを構築すること
イ 社内業務のうちコアビジネスでない事業に関わる業務の一部又は全部を，外部の専門的な企業に委託すること
ウ 製品の基準生産計画，部品表及び在庫情報を基に，資材の所要量と必要な時期を求め，これを基準に資材の手配，納入の管理を支援する生産管理手法のこと
エ プロジェクトを，戦略との適合性や費用対効果，リスクといった観点から評価を行い，情報化投資のバランスを管理し，最適化を図ること

問46 製造業の企業が社会的責任を果たす活動の一環として，雇用創出や生産設備の環境対策に投資することによって，便益を享受するステークホルダは，株主，役員，従業員に加えて，どれか。

ア 近隣地域社会の住民
イ 原材料の輸入元企業
ウ 製品を購入している消費者
エ 取引をしている下請企業

問47 表から，期末在庫品を先入先出法で評価した場合の期末の在庫評価額は何千円か。

摘要		数量(個)	単価(千円)
期首在庫		10	10
仕入	4月	1	11
	6月	2	12
	7月	3	13
	9月	4	14
期末在庫		12	

ア 132　　イ 138　　ウ 150　　エ 168

問48 製造原価明細書から損益計算書を作成したとき，売上総利益は何千円か。

単位 千円

製造原価明細書	
材料費	400
労務費	300
経　費	200
当期総製造費用	
期首仕掛品棚卸高	150
期末仕掛品棚卸高	250
当期製品製造原価	

単位 千円

損益計算書	
売上高	1,000
売上原価	
期首製品棚卸高	120
当期製品製造原価	
期末製品棚卸高	70
売上原価	
売上総利益	

ア 150　　イ 200　　ウ 310　　エ 450

科目B 問49～60

問49 A社は，放送会社や運輸会社向けに広告制作ビジネスを展開している。A社は，人事業務の効率化を図るべく，人事業務の委託を検討することにした。A社が委託する業務（以下，B業務という）を図1に示す。

・採用予定者から郵送されてくる入社時の誓約書，前職の源泉徴収票などの書類をPDFファイルに変換し，ファイルサーバに格納する。
（省略）

図1 B業務

委託先候補のC社は，B業務について，次のようにA社に提案した。
・B業務だけに従事する専任の従業員を割り当てる。
・B業務では，図2の複合機のスキャン機能を使用する。

・スキャン機能を使用する際は，従業員ごとに付与した利用者IDとパスワードをパネルに入力する。
・スキャンしたデータをPDFファイルに変換する。
・PDFファイルを従業員ごとに異なる鍵で暗号化して，電子メールに添付する。
・スキャンを実行した本人宛てに電子メールを送信する。
・PDFファイルが大きい場合は，PDFファイルを添付する代わりに，自社の社内ネットワーク上に設置したサーバ（以下，Bサーバという）に自動的に保存し，保存先のURLを電子メールの本文に記載して送信する。

図2 複合機のスキャン機能（抜粋）

A社は，C社と業務委託契約を締結する前に，秘密保持契約を締結して，C社を訪問し，業務委託での情報セキュリティリスクの評価を実施した。その結果，図3の発見があった。

・複合機のスキャン機能では，電子メールの差出人アドレス，件名，本文及び添付ファイル名を初期設定[1]の状態で使用しており，誰がスキャンを実行しても同じである。
・複合機のスキャン機能の初期設定情報はベンダーのWebサイトで公開されており，誰でも閲覧できる。

注[1] C社の情報システム部だけが複合機の初期設定を変更可能である。

図3 発見事項

そこで，A社では，初期設定の状態のままではA社にとって情報セキュリティリスクがあり，対策が必要であると評価した。

設問 対策が必要であるとA社が評価した情報セキュリティリスクはどれか。解答群のうち，最も適切なものを選べ。

解答群

ア B業務に従事する従業員が，B業務に従事する他の従業員になりすまして複合機のスキャン機能を使用し，PDFファイルを取得して不正に持ち出す。その結果，A社の採用予定者の個人情報が漏えいする。

イ B業務に従事する従業員が，攻撃者からの電子メールを複合機からのものと信じて本文中にあるURLをクリックし，攻撃者が用意したWebサイトにアクセスしてマルウェア感染する。その結果，A社の採用予定者の個人情報が漏えいする。

ウ 攻撃者が，複合機から送信される電子メールを盗聴し，添付ファイルを暗号化して身代金を要求する。その結果，A社が復号鍵を受け取るために多額の身代金を支払うことになる。

エ 攻撃者が，複合機から送信される電子メールを盗聴し，本文に記載されているURLをSNSに公開する。その結果，A社の採用予定者の個人情報が漏えいする。

付録

問50 A社は，分析・計測機器などの販売及び機器を利用した試料の分析受託業務を行う分析機器メーカーである。A社では，図1の“情報セキュリティリスクアセスメント手順”に従い，年一度，情報セキュリティリスクアセスメントの結果をまとめている。

・情報資産の機密性，完全性，可用性の評価値は，それぞれ0～2の3段階とし，表1のとおりとする。
・情報資産の機密性，完全性，可用性の評価値の最大値を，その情報資産の重要度とする。
・脅威及び脆弱性の評価値は，それぞれ0～2の3段階とする。
・情報資産ごとに，様々な脅威に対するリスク値を算出し，その最大値を当該情報資産のリスク値として情報資産管理台帳に記載する。ここで，情報資産の脅威ごとのリスク値は，次の式によって算出する。
　リスク値＝情報資産の重要度×脅威の評価値×脆弱性の評価値
・情報資産のリスク値のしきい値を5とする。
・情報資産ごとのリスク値がしきい値以下であれば受容可能なリスクとする。
・情報資産ごとのリスク値がしきい値を超えた場合は，保有以外のリスク対応を行うことを基本とする。

図1 情報セキュリティリスクアセスメント手順

表1 情報資産の機密性，完全性，可用性の評価基準

評価値		評価基準	該当する情報の例
機密性	2	法律で安全管理措置が義務付けられている。	・健康診断の結果，保健指導の記録 ・給与所得の源泉徴収票
	2	取引先から守秘義務の対象として指定されている。	・取引先から秘密と指定されて受領した資料 ・取引先の公開前の新製品情報
	2	自社の営業秘密であり，漏えいすると自社に深刻な影響がある。	・自社の独自技術，ノウハウ ・取引先リスト ・特許出願前の発明情報
	1	関係者外秘情報又は社外秘情報である。	・見積書，仕入価格など取引先や顧客との商取引に関する情報 ・社内規程，事務処理要領
	0	公開情報である。	・自社製品カタログ，自社Webサイト掲載情報
完全性	2	法律で安全管理措置が義務付けられている。	・健康診断の結果，保健指導の記録 ・給与所得の源泉徴収票
	2	改ざんされると自社に深刻な影響，又は取引先や顧客に大きな影響がある。	・社内規程，事務処理要領 ・自社の独自技術，ノウハウ ・設計データ（原本）
	1	改ざんされると事業に影響がある。	・受発注情報，決済情報，契約情報 ・設計データ（印刷物）
	0	改ざんされても事業に影響はない。	・廃版製品カタログデータ
可用性	（省略）		

A社は，自社のWebサイトをインターネット上に公開している。A社のWebサイトは，自社が取り扱う分析機器の情報を画像付きで一覧表示する機能を有しており，主にA社で販売する分析機器に関する機能の説明や操作マニュアルを掲載している。A社で分析機器を購入した顧客は，A社のWebサイトからマニュアルをダウンロードして利用することが多い。A社のWebサイトは，製品を販売する機能を有していない。

A社は，年次の情報セキュリティリスクアセスメントの結果を，表2にまとめた。

表2　A社の情報セキュリティリスクアセスメント結果（抜粋）

情報資産名称	説明	機密性の評価値	完全性の評価値	可用性の評価値	情報資産の重要度	脅威の評価値	脆弱性の評価値	リスク値
社内規程	行動規範や判断基準を含めた社内ルール	1	2	1	2	1	1	2
設計データ（印刷物）	A社における主力製品の設計図	（省略）						
自社Webサイトにあるコンテンツ	分析機器の情報	a1	a2	2	a3	2	2	a4

設問　表2中の a1 ～ a4 に入れる数値の適切な組合せを，aに関する解答群から選べ。

aに関する解答群

	a1	a2	a3	a4
ア	0	0	2	8
イ	0	1	2	8
ウ	0	2	1	4
エ	0	2	2	8
オ	1	0	2	4
カ	1	1	2	8
キ	1	2	1	4
ク	1	2	2	8

付録

問51 A社は，金属加工を行っている従業員50名の企業である。同業他社がサイバー攻撃を受けたというニュースが増え，A社の社長は情報セキュリティに対する取組が必要であると考え，新たに情報セキュリティリーダーをおくことにした。

社長は，どのような取組が良いかを検討するよう，情報セキュリティリーダーに任命されたB主任に指示した。B主任は，調査の結果，IPAが実施しているSECURITY ACTIONへの取組を社長に提案した。

SECURITY ACTIONとは，中小企業自らが，情報セキュリティ対策に取り組むことを自己宣言する制度であるとの説明を受けた社長は，SECURITY ACTIONの一つ星を宣言するために情報セキュリティ5か条に取り組むことを決め，B主任に，情報セキュリティ5か条への自社での取組状況を評価するように指示した。

B主任の評価結果は表1のとおりであった。

表1 B主任の評価結果

情報セキュリティ5か条		評価結果
1	OSやソフトウェアは常に最新の状態にしよう！	一部のPCについて実施している
2	（省略）	（省略）
3	パスワードを強化しよう！	（省略）
4	共有設定を見直そう！	（省略）
5	脅威や攻撃の手口を知ろう！	（省略）

表1中の1の評価結果についてB主任は，次のとおり説明した。

- A社が従業員にPCを貸与する時に導入したOSとA社の業務で利用しているソフトウェア（以下，標準ソフトという）は，自動更新機能を使用して最新の状態に更新している。
- それ以外のソフトウェア（以下，非標準ソフトという）はどの程度利用されているか分からないので，試しに数台のPCを確認したところ，大半のPCで利用されていた。最新の状態に更新されていないPCも存在した。

A社では表1中の1について評価結果を“実施している”にするために新たに追加すべき対策として2案を考え，どちらかを採用することにした。

設問 表1中の1の評価結果を“実施している”にするためにA社で新たに追加すべき対策として考えられるものは次のうちどれか。考えられる対策だけを全て挙げた組合せを，解答群の中から選べ。

(一) PC上のプロセスの起動・終了を記録するEndpoint Detection and Response (EDR) の導入

(二) PCのOS及び標準ソフトを最新の状態に更新するという設定ルールの導入

(三) 全てのPCへの脆弱性修正プログラムの自動適用を行うIT資産管理ツールの導入

(四) 非標準ソフトのインストール禁止及び強制アンインストール

(五) ログデータを一括管理，分析して，セキュリティ上の脅威を発見するためのSecurity Information and Event Management (SIEM) の導入

解答群

ア (一)，(二)　イ (一)，(三)　ウ (一)，(四)

エ (一)，(五)　オ (二)，(三)　カ (二)，(四)

キ (二)，(五)　ク (三)，(四)　ケ (三)，(五)

コ (四)，(五)

問52 A社は，複数の子会社を持つ食品メーカーであり，在宅勤務に適用するPCセキュリティ規程（以下，A社PC規程という）を定めている。

A社は，20XX年4月1日に同業のB社を買収して子会社にした。B社は，在宅勤務できる日数の上限を週2日とした在宅勤務制度を導入しており，全ての従業員が利用している。

B社は，A社PC規程と同様の規程を作成して順守することにした。B社は，自社の規程の作成に当たり，表1のとおりA社PC規程への対応状況の評価結果を取りまとめた。

表1 A社PC規程へのB社の対応状況の評価結果（抜粋）

項番	A社PC規程	評価結果
1	（省略）	OK
2	（省略）	OK
3	会社が許可したアプリケーションソフトウェアだけを導入できるように技術的に制限すること	NG
4	外部記憶媒体へのアクセスを技術的に禁止すること	NG[1)]
5	Bluetoothの利用を技術的に禁止すること	NG

注記 評価結果が“OK”とはA社PC規程を満たす場合，“NG”とは満たさない場合をいう。
注[1)] B社は，外部記憶媒体へのアクセスのうち，外部記憶媒体に保存してあるアプリケーションソフトウェア及びファイルのNPCへのコピーだけは許可している。

評価結果のうち，A社PC規程を満たさない項番については，必要な追加対策を実施することによって，情報セキュリティリスクを低減することにした。

設問 表1中の項番4について，B社が必要な追加対策を実施することによって低減できる情報セキュリティリスクは次のうちどれか。低減できるものだけを全て挙げた組合せを，解答群の中から選べ。ここで，項番3，5への追加対策は実施しないものとする。

（一）B社で許可していないアプリケーションソフトウェアが保存されている外部記憶媒体がNPCに接続された場合に，当該NPCがマルウェア感染する。

（二）外部記憶媒体がNPCに接続された場合に，当該外部記憶媒体に当該NPC内のデータを保存して持ち出される。

（三）マルウェア付きのファイルが保存されている外部記憶媒体がNPCに接続された場合に，当該NPCがマルウェア感染する。

（四）マルウェアに感染しているNPCに外部記憶媒体が接続された場合に，当該外部記憶媒体がマルウェア感染する。

解答群

ア （一），（二）
イ （一），（二），（三）
ウ （一），（二），（四）
エ （一），（三）
オ （一），（四）
カ （二），（三）
キ （二），（四）
ク （三），（四）

問53 A社は，高級家具を販売する企業である。A社は2年前に消費者に直接通信販売する新規事業を開始した。それまでA社は，個人情報はほとんど取り扱っていなかったが，通信販売事業を開始したことによって，複合機で印刷した送り状など，顧客の個人情報を大量に扱うようになってきた。そのため，オフィス内に通販事業部エリアを設け，個人情報が漏えいしないよう対策した。具体的には，通販事業部エリアの出入口に，ICカード認証でドアを解錠するシステムを設置し，通販事業部の従業員だけが通販事業部エリアに入退室できるようにした。他のエリアはA社の全従業員が自由に利用できるようにしている。図1は，A社のオフィスのレイアウトである。

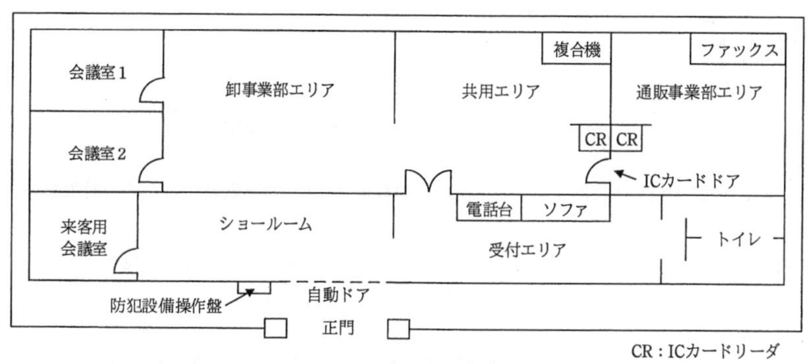

図1 A社のオフィスのレイアウト

このレイアウトでの業務を観察したところ，通販事業部エリアへの入室時に，A社の従業員同士による共連れが行われているという問題点が発見され，改善案を考えることになった。

設問 改善案として適切なものだけを全て挙げた組合せを，解答群の中から選べ。

(一) ICカードドアに監視カメラを設置し，1年に1回監視カメラの映像をチェックする。
(二) ICカードドアの脇に，共連れのもたらすリスクを知らせる標語を掲示する。
(三) ICカードドアを，AESの暗号方式を用いたものに変更する。
(四) ICカードの認証に加えて指静脈認証も行うようにする。
(五) 正門内側の自動ドアに共連れ防止用のアンチパスバックを導入する。
(六) 通販事業部エリア内では，従業員証を常に見えるところに携帯する。
(七) 共連れを発見した場合は従業員同士で個別に注意する。

解答群

ア (一)，(二)	イ (一)，(四)	ウ (一)，(五)
エ (二)，(三)	オ (二)，(七)	カ (三)，(六)
キ (三)，(七)	ク (四)，(六)	ケ (五)，(六)
コ (五)，(七)		

付録

問54 A社は旅行商品を販売しており，業務の中で顧客情報を取り扱っている。A社が保有する顧客情報は，A社のファイルサーバ1台に保存されている。ファイルサーバは，顧客情報を含むフォルダにある全てのファイルを磁気テープに毎週土曜日にバックアップするよう設定されている。バックアップは2世代分が保存され，ファイルサーバの隣にあるキャビネットに保管されている。

A社では年に一度，情報セキュリティに関するリスクの見直しを実施している。情報セキュリティリーダーであるE主任は，A社のデータ保管に関するリスクを見直して図1にまとめた。

1. ランサムウェアによってデータが暗号化され，最新のデータが利用できなくなることによって，最大1週間分の更新情報が失われる。
2. （省略）
3. （省略）
4. （省略）

図1 A社のデータ保管に関するリスク（抜粋）

E主任は，図1の1に関するリスクを現在の対策よりも，より低減するための対策を検討した。

設問 E主任が検討した対策はどれか。解答群のうち，最も適切なものを選べ。

解答群

ア 週1回バックアップを取得する代わりに，毎日1回バックアップを取得して7世代分保存する。

イ バックアップ後に磁気テープの中のファイルのリストと，ファイルサーバのバックアップ対象フォルダ中のファイルのリストを比較し，差分がないことを確認する。

ウ バックアップに利用する磁気テープ装置を，より高速な製品に交換する。

エ バックアップ用の媒体を磁気テープからハードディスクに変更する。

オ バックアップを二組み取得し，うち一組みを遠隔地に保管する。

カ ファイルサーバにマルウェア対策ソフトを導入する。

問55　A社は，SaaS形式の給与計算サービス（以下，Aサービスという）を法人向けに提供する，従業員100名のIT会社である。A社は，自社でもAサービスを利用している。A社の従業員は，WebブラウザでAサービスのログイン画面にアクセスし，Aサービスのアカウント（以下，Aアカウントという）の利用者ID及びパスワードを入力する。ログインに成功すると，自分の給与及び賞与の確認，パスワードの変更などができる。利用者IDは，個人ごとに付与した不規則な8桁の番号である。ログイン時にパスワードを連続して5回間違えるとAアカウントはロックされる。ロックを解除するためには，Aサービスの解除画面で申請する。

A社は，半年に1回，標的型攻撃メールへの対応訓練（以下，H訓練という）を実施しており，表1に示す20XX年下期のH訓練計画案が経営会議に提出された。

表1　20XX年下期のH訓練計画案（抜粋）

項目	内容
電子メールの送信日時	次の日時に，H訓練の電子メールを全従業員宛に送信する。 ・20XX年10月1日　10時00分
送信者メールアドレス	Aサービスを装ったドメインのメールアドレス
電子メールの本文	次を含める。 ・Aアカウントはロックされていること ・ロックを解除するには，次のURLにアクセスすること 　・偽解除サイトのURL
偽解除サイト	・氏名，所属部門名並びにAアカウントの利用者ID及びパスワードを入力させる。 ・全ての項目の入力が完了すると，H訓練であることを表示する。
結果の報告	経営会議への報告予定日：20XX年10月31日

注記　偽解除サイトで入力された情報は，保存しない。A社は，従業員の氏名，所属部門名及びAアカウントの情報を個人情報としている。

経営会議では，表1の計画案はどのような標的型攻撃メールを想定しているのかという質問があった。

設問　表1の計画案が想定している標的型攻撃メールはどれか。解答群のうち，最も適切なものを選べ。

解答群

ア　従業員をAサービスに誘導し，Aアカウントのロックが解除されるかを試行する標的型攻撃メール

イ　従業員を攻撃者が用意したWebサイトに誘導し，Aアカウントがロックされない連続失敗回数の上限を発見する標的型攻撃メール

ウ　従業員を攻撃者が用意したWebサイトに誘導し，従業員の個人情報を不正に取得する標的型攻撃メール

エ　複数の従業員をAサービスに同時に誘導し，アクセスを集中させることによって，一定期間，Aサービスを利用不可にする標的型攻撃メール

付録

問56　A社は学習塾を経営している会社であり，全国に50の校舎を展開している。A社には，教務部，情報システム部，監査部などがある。学習塾に通う又は通っていた生徒（以下，塾生という）の個人データは，学習塾向けの管理システム（以下，塾生管理システムという）に格納している。塾生管理システムのシステム管理は情報システム部が行っている。塾生の個人データ管理業務と塾生管理システムの概要を図1に示す。

・教務部員は，入塾した塾生及び退塾する塾生の登録，塾生プロフィールの編集，模試結果の登録，進学先の登録など，塾生の個人データの入力，参照及び更新を行う。
・教務部員が使用する端末は教務部の共用端末である。
・塾生管理システムへのログインには利用者IDとパスワードを利用する。
・利用者IDは個人別に発行されており，利用者IDの共用はしていない。
・塾生管理システムの利用者のアクセス権限には参照権限及び更新権限の2種類がある。参照権限があると塾生の個人データを参照できる。更新権限があると塾生の個人データの参照，入力及び更新ができる。アクセス権限は塾生の個人データごとに設定できる。
・教務部員は，担当する塾生の個人データの更新権限をもっている。担当しない塾生の個人データの参照権限及び更新権限はもっていない。
・共用端末のOSへのログインには，共用端末の識別子（以下，端末IDという）とパスワードを利用する。
・共用端末のパスワード及び塾生管理システムの利用者のアクセス権限は情報システム部が設定，変更できる。

図1　塾生の個人データ管理業務と塾生管理システムの概要

教務部は，今年実施の監査部による内部監査の結果，Webブラウザに塾生管理システムの利用者IDとパスワードを保存しており，情報セキュリティリスクが存在するとの指摘を受けた。

設問　監査部から指摘された情報セキュリティリスクはどれか。解答群のうち，最も適切なものを選べ。

解答群

ア　共用端末と塾生管理システム間の通信が盗聴される。
イ　共用端末が不正に持ち出される。
ウ　情報システム部員によって塾生管理システムの利用者のアクセス権限が不正に変更される。
エ　教務部員によって共用端末のパスワードが不正に変更される。
オ　塾生の個人データがアクセス権限をもたない教務部員によって不正にアクセスされる。

問57　A社は従業員600名の投資コンサルティング会社である。東京の本社には，情報システム部，監査部などの管理部門があり，関西にB支店がある。B支店の従業員は10名である。

B支店では，情報システム部が運用管理しているファイルサーバを使用しており，顧客情報を含むファイルを一時的に保存する場合がある。その場合，ファイルのアクセス権は，当該ファイルを保存した従業員が最小権限の原則に基づいて設定する。今年，B支店では，従業員にヒアリングを行い，ファイルのアクセス権がそのとおりに設定されていることを確認した。

〔自己評価の実施〕

A社では，1年に1回，監査部が各部門に，評価項目を記載したシート（以下，自己評価シートという）を配布し，自己評価の実施と結果の提出を依頼している。

B支店で情報セキュリティリーダーを務めるC氏は，監査部から送付されてきた自己評価シートに従って，職場の状況を観察したり，従業員にヒアリングしたりして評価した。自己評価シートの評価結果は図1の判定ルールに従って記入する。C氏が作成したB支店の評価結果を表1に示す。

・評価項目どおりに実施している場合："OK"
・評価項目どおりには実施していないが，代替コントロールによって，"OK"の場合と同程度にリスクが低減されていると考えられる場合："(OK)"（代替コントロールを具体的に評価根拠欄に記入する。）
・評価項目どおりには実施しておらず，かつ，代替コントロールによって評価項目に関するリスクが抑えられていないと考えられる場合："NG"
・評価項目に関するリスクがそもそも存在しない場合："NA"

図1　評価結果の判定ルール

表1　B支店の評価結果（抜粋）

No.	評価項目	評価結果	評価根拠
10	（省略）	OK	（省略）
19	ファイルサーバ上の顧客情報のアクセス権は最小権限の原則に基づいて設定されている。	a	
25	（省略）	OK	（省略）

設問　表1中の［a］に入れる字句はどれか。解答群のうち，最も適切なものを選べ。

aに関する解答群

	評価結果	評価根拠
ア	OK	アクセス権の設定状況が適切であることを確認した。
イ	OK	アクセス権を適切に設定するルールが存在することを確認した。
ウ	OK	ファイルサーバは情報システム部が運用管理している。
エ	NA	顧客情報をファイルサーバに保存することは禁止されている。

付録

問58　国内外に複数の子会社をもつＡ社では，インターネットに公開するWebサイトについて，Ａ社グループの脆弱性診断基準（以下，Ａ社グループ基準という）を設けている。Ａ社の子会社であるＢ社は，会員向けに製品を販売するWebサイト（以下，Ｂ社サイトという）を運営している。Ｂ社サイトは，会員だけがＢ社の製品やサービスを検索できる。会員の氏名，メールアドレスなどの会員情報も管理している。

Ｂ社では，11月に情報セキュリティ活動の一環として，Ａ社グループ基準を基に自己点検を実施し，その結果を表1のとおりまとめた。

表1　Ｂ社自己点検結果（抜粋）

項番	点検項目	A社グループ基準	点検結果
(一)	Webアプリケーションプログラム（以下，Webアプリという）に対する脆弱性診断の実施	・インターネットに公開しているWebサイトについて，Webアプリの新規開発時，及び機能追加時に行う。 ・機能追加などの変更がない場合でも，年1回以上行う。	・3年前にB社サイトをリリースする1か月前に，Webアプリに対する脆弱性診断を行った。リリース以降は実施していない。 ・3年前の脆弱性診断では，軽微な脆弱性が2件検出された。
(二)	OS及びミドルウェアに対する脆弱性診断の実施	・インターネットに公開しているWebサイトについて，年1回以上行う。	・毎年4月及び10月に，B社サイトに対して行っている。 ・今年4月の脆弱性診断では，脆弱性が3件検出された。
(三)	脆弱性診断結果の報告	・Webアプリ，OS及びミドルウェアに対する脆弱性診断を行った場合，その結果を，診断後2か月以内に各社の情報セキュリティ委員会に報告する。	・3年前にWebアプリに対する脆弱性診断を行った2週間後に，結果を情報セキュリティ委員会に報告した。 ・OS及びミドルウェアに対する脆弱性診断の結果は，4月と10月それぞれの月末の情報セキュリティ委員会に報告した。
(四)	脆弱性診断結果の対応	・Webアプリ，OS及びミドルウェアに対する脆弱性診断で，脆弱性が発見された場合，緊急を要する脆弱性については，速やかに対応し，その他の脆弱性については，診断後，1か月以内に対応する。指定された期限までの対応が困難な場合，対応の時期を明確にし，最高情報セキュリティ責任者（CISO）の承認を得る。	・3年前に検出したWebアプリの脆弱性2件について，B社サイトのリリースの1週間前に対応した。 ・今年4月に検出したOS及びミドルウェアに対する脆弱性のうち，2件は翌日に対応した。残り1件は，恒久的な対策は来年1月のB社サイトの更改時に対応するものとし，それまでは，設定変更による暫定対策をとるという対応計画について，脆弱性診断の10日後にCISOの承認を得た。

設問 表1中の自己点検の結果のうち，A社グループ基準を満たす項番だけを全て挙げた組合せを，解答群の中から選べ。

解答群

ア (一)，(二)
イ (一)，(二)，(三)
ウ (一)，(二)，(三)，(四)
エ (一)，(二)，(四)
オ (一)，(三)，(四)
カ (一)，(四)
キ (二)，(三)
ク (二)，(三)，(四)
ケ (三)，(四)

問59 A社は従業員200名の通信販売業者である。一般消費者向けに生活雑貨，ギフト商品などの販売を手掛けている。取扱商品の一つである商品Zは，Z販売課が担当している。

〔Z販売課の業務〕

現在，Z販売課の要員は，商品Zについての受注管理業務及び問合せ対応業務を行っている。商品Zについての受注管理業務の手順を図1に示す。

商品Zの顧客からの注文は電子メールで届く。
(1) 入力
販売担当者は，届いた注文(変更，キャンセルを含む)の内容を受注管理システム[1](以下，Jシステムという)に入力し，販売責任者[2]に承認を依頼する。
(2) 承認
販売責任者は，注文の内容とJシステムへの入力結果を突き合わせて確認し，問題がなければ承認する。問題があれば差し戻す。

注[1] A社情報システム部が運用している。利用者は，販売責任者，販売担当者などである。
注[2] Z販売課の課長1名だけである。

図1 受注管理業務の手順

〔Jシステムの操作権限〕

Z販売課では，Jシステムについて，次の利用方針を定めている。

［方針1］ ある利用者が入力した情報は，別の利用者が承認する。

［方針2］ 販売責任者は，Z販売課の全業務の情報を閲覧できる。

Jシステムでは，業務上必要な操作権限を利用者に与える機能が実装されている。

この度，商品Zの受注管理業務が受注増によって増えていることから，B社に一部を委託することにした(以下，商品Zの受注管理業務の入力作業を行うB社従業員を商品ZのB社販売担当者といい，商品ZのB社販売担当者の入力結果をチェックするB社従業員を商品ZのB社販売責任者という)。

委託に当たって，Z販売課は情報システム部にJシステムに関する次の要求事項を伝えた。

［要求1］ B社が入力した場合は，A社が承認する。

［要求2］ A社の販売担当者が入力した場合は，現状どおりにA社の販売責任者が承認する。

上記を踏まえ，情報システム部は今後の各利用者に付与される操作権限を表1にまとめた。

表1 操作権限案

利用者＼付与される操作権限	Jシステム		
	閲覧	入力	承認
a	○		○
（省略）	○	○	
（省略）	○		
（省略）	○	○	

注記 ○は，操作権限が付与されることを示す。

設問 表1中の a に入れる適切な字句を解答群の中から選べ。

解答群

ア Z販売課の販売責任者
イ Z販売課の販売担当者
ウ Z販売課の要員
エ 商品ZのB社販売責任者
オ 商品ZのB社販売担当者

問60 A社は輸入食材を扱う商社である。ある日，経理課のB課長は，A社の海外子会社であるC社のDさんから不審な点がある電子メール（以下，メールという）を受信した。B課長は，A社の情報システム部に調査を依頼した。A社の情報システム部がC社の情報システム部と協力して調査した結果を図1に示す。

1 B課長へのヒアリング並びに受信したメール及び添付されていた請求書からは，次が確認された。
[項番1] Dさんが早急な対応を求めたことは今まで1回もなかったが，メール本文では送金先の口座を早急に変更するよう求めていた。
[項番2] 添付されていた請求書は，A社がC社に支払う予定で進めている請求書であり，C社が3か月前から利用を開始したテンプレートを利用したものだった。
[項番3] 添付されていた請求書は，振込先が，C社が所在する国ではない国にある銀行の口座だった。
[項番4] 添付されていた請求書が作成されたPCのタイムゾーンは，C社のタイムゾーンとは異なっていた。
[項番5] メールの送信者（From）のメールアドレスには，C社のドメイン名とは別の類似するドメイン名が利用されていた。
[項番6] メールの返信先（Reply-To）はDさんのメールアドレスではなく，フリーメールのものであった。
[項番7] メール本文では，B課長とDさんとの間で6か月前から何度かやり取りしたメールの内容を引用していた。
2 不正ログインした者が，以降のメール不正閲覧の発覚を避けるために実施したと推察される設定変更がDさんのメールアカウントに確認された。

図1 調査の結果（抜粋）

設問 B課長に疑いをもたれないようにするためにメールの送信者が使った手口として考えられるものはどれか。図1に示す各項番のうち，該当するものだけを全て挙げた組合せを，解答群の中から選べ。

解答群

ア [項番1]，[項番2]，[項番3]
イ [項番1]，[項番2]，[項番6]
ウ [項番1]，[項番4]，[項番6]
エ [項番1]，[項番4]，[項番7]
オ [項番2]，[項番3]，[項番6]
カ [項番2]，[項番5]，[項番7]
キ [項番3]，[項番4]，[項番5]
ク [項番3]，[項番5]，[項番7]
ケ [項番4]，[項番5]，[項番6]
コ [項番5]，[項番6]，[項番7]

A 科目A・B　解答と解説

科目A　問1～48の解答

問1　《解答》ア

JIS Q 27001:2014（情報セキュリティマネジメントシステム－要求事項）では，情報セキュリティリスク対応(6.1.3)に，「残留している情報セキュリティの受容について，リスク所有者の承認を得る」とあります。そのため，受容するリスクについては，リスク所有者が承認する必要があります。したがって，アが正解です。

イ　受容するリスクについても，モニタリングやレビューを行う必要があります。

ウ　リスクの受容についての判断は，リスク分析後に行います。

エ　リスクを受容するかどうかは，リスク対応前に決定します。

問2　《解答》エ

退職する従業員による内部不正を防止するための具体的な対策は，IPA"組織における内部不正防止ガイドライン（第5版）"では，付録Ⅶ：対策の分類(2)不正行為の種類別の対策②不正行為の種類別の対策に，a.退職にともなう情報漏えいとして，「①退職前の監視強化」があります。退職間際に重要情報の不正な持出しが行われやすいので，情報機器及び記録媒体の持出管理など，監視を強化します。したがって，エが正解です。

ア　秘密保持誓約書においては，秘密保持の対象を明示し，重要情報を客観的に特定できるようにする必要があります。

イ　必要に応じて競業避止義務契約（誓約書を含む）を締結することもありえますが，その際には職業選択の自由を考慮することが必要です。

ウ　利用者IDや権限は，退職後に速やかに無効化し，不正アクセスを防ぐ必要があります。

問3　《解答》ウ

JIS Q 27000:2019（情報セキュリティマネジメントシステム－用語）では，3.17に"是正処置(corrective action)"があり，「不適合の原因を除去し，再発を防止するための処置」と定義されています。したがって，ウが正解です。

ア　3.13の"継続的改善(continual improvement)"では，「パフォーマンスを向上するために繰り返し行われる活動」と定義されています。

イ　3.16の"修正(correction)"では，「検出された不適合を除去するための処置」と定義されています。

エ　3.64の"リスクアセスメント(risk assessment)"では，「リスク特定，リスク分析及びリスク評価のプロセス全体」と定義されています。

問4 《解答》ア

JIS Q 27002:2014（情報セキュリティ管理策の実践のための規範）11.2.2の“サポートユーティリティ”では，実施の手引に,「サポートユーティリティ（例えば，電気，通信サービス，給水，ガス，下水，換気，空調）」とあります。管理策に,「装置は，サポートユーティリティの不具合による，停電，その他の故障から保護することが望ましい」とあるので，サーバ室の空調は，サポートユーティリティの不具合による故障に該当します。したがって，アが正解です。

イ　サーバの保守契約は，11.2.4の“装置の保守”に関する内容です。

ウ　特権管理プログラムは，9.2.3の“特権的アクセス権の管理”に関する内容です。

エ　ネットワーク管理者は，13.1.1の“ネットワーク管理策”に関する内容です。

問5 《解答》イ

JIS Q 27000:2019（情報セキュリティマネジメントシステム－用語）では，3.39“リスクレベル(level of risk)”で,「結果とその起こりやすさの組合せとして表現される，リスクの大きさ」と定義しています。したがって，イが正解です。

ア　3.77“ぜい弱性(vulnerability)”の定義です。

ウ　リスク対応に関する内容です。3.72“リスク対応(risk treatment)”では，リスクを回避することや，起こりやすさを変えることなど，リスクに応じた対応策が示されています。

エ　3.66“リスク基準(risk criteria)”の定義です。

問6 《解答》エ

サイバーセキュリティ基本法では，第二十五条に,「サイバーセキュリティに関する施策を総合的かつ効果的に推進するため、内閣に、サイバーセキュリティ戦略本部を置く」とあります。サイバーセキュリティ基本法に基づいて内閣に設置された機関は，NISC（National center of Incident readiness and Strategy for Cybersecurity：内閣サイバーセキュリティセンター）です。したがって，エが正解です。

ア　IPA（Information-technology Promotion Agency, Japan：情報処理推進機構）は，IT国家戦略を支えるために設立された，経済産業省所管の独立行政法人です。

イ　JIPDEC（Japan Institute for Promotion of Digital Economy and Community：日本情報経済社会推進協会）は，情報化を推進する一般財団法人です。

ウ　JPCERT/CC(Japan Computer Emergency Response Team Coordination Center)は，セキュリティ情報を収集し，インシデント対応の支援や情報発信などを行う一般社団法人です。

問7　《解答》ウ

CRYPTREC（Cryptography Research and Evaluation Committees）は，日本の政府が電子政府のセキュリティを担保するために設立した組織です。CRYPTRECでは，電子政府での利用を推奨する暗号技術のリストを作成し，暗号技術の安全性を評価，監視します。したがって，ウが正解です。

ア　暗号装置の輸出許可申請の審査，承認は，経済産業省の役割です。

イ　JISEC（Japan Information Technology Security Evaluation and Certification Scheme：ITセキュリティ評価及び認証制度）の役割です。

エ　民間企業のサーバに対するセキュリティ攻撃の監視，検知は，一般的にはセキュリティ関連のベンダーや専門機関が行います。

問8　《解答》ア

緊急事態を装って組織内部の人間からパスワードや機密情報を入手するような，技術的ではなく社会的な手法を使った行為を，ソーシャルエンジニアリングといいます。したがって，アが正解です。

イ　トロイの木馬は，ダウンロードされると不正な動作を開始するプログラムです。

ウ　踏み台攻撃は，第三者のサーバを踏み台にして，攻撃を仕掛ける手法です。

エ　ブルートフォース攻撃は，正しいパスワードを力任せで見つけるために，繰返し適当な文字列を作成して，攻撃を繰り返す方法です。

問9　《解答》ア

仮想デスクトップをVDIサーバで用いると，Webブラウザの利用などの処理はVDIサーバ上で行われ，PCには画面が転送されるだけになります。仮想デスクトップでマルウェアに感染したとしても，それはDMZのVDIサーバ上だけで，内部ネットワークのPCにマルウェアはダウンロードされません。したがって，アが正解です。

イ　MITB攻撃（Man-in-the-Browser Attack）は，トロイの木馬に該当するマルウェアをWebブラウザ内に送り込むことで，Webブラウザの通信を盗聴，改ざんする攻撃です。送信データの改ざんについては，仮想デスクトップ上でも実行可能なので，変更による効果はありません。

ウ　仮想デスクトップのOSも，ボットに感染することはあります。

エ　内部ネットワークのPCのマルウェア感染は，仮想デスクトップとは関係ありません。

問10　《解答》ウ

デジタルフォレンジックスは，デジタルデバイスから情報を取得し，法的な証拠として利用するための手法です。ハッシュ値は，データが改ざんされていないこと，つまりデータの整合性を確保するために使用されます。具体的には，証拠となり得るデータについて，原本と複製のハッシュ値を比較して一致すると，同一性が証明されます。したがって，ウが正解です。

ア　一方向性関数によってパスワードを変換して保存するのは，ハッシュ値を利用したパスワード保護の手法です。

イ　ハッシュ値は一方向性なので，改変されたデータを復元する目的には使用できません。

エ　ハッシュ値を利用しても盗聴の有無を検証することはできません。

問11 《解答》ウ

HDD（Hard Disk Drive：ハードディスクドライブ）は，補助記憶装置の一種です。HDD自体を暗号化するためには，HDDパスワードを設定して暗号化し，HDDだけを抜き取られても情報が読めないようにしておく必要があります。したがって，ウが正解です。

ア　OSへのログインは防げますが，HDDを抜き取られたときには，直接，情報を読み取られてしまいます。

イ　OS上でのファイル読取りは防げますが，HDDを抜き取られたときには，直接，情報を読み取られてしまいます。

エ　BIOSパスワードによってOSの起動を防ぐことができますが，HDDを他のOSに接続すると，直接，情報を読み取ることができます。

問12 《解答》ア

ルートキットは，マルウェアなどのツールの存在を検知されにくくするために，システムに密かに組み込まれるプログラムです。ツールがシステム内で不正な活動を行っていることを，マルウェア対策ソフトウェアやシステム管理者から隠すことができます。したがって，アが正解です。

イ　カーネル部分の脆弱性を分析することは，マルウェア解析の一環です。

ウ　マルウェア対策ソフトウェアの役割です。

エ　ポートスキャナー（ポートスキャンツール）の説明です。

問13 《解答》ア

BEC（Business E-mail Compromise）は，主に組織間取引において利用されるメールを偽造して送信し，取引先をだまして金銭を不正に移転させようとするサイバー攻撃の手法です。巧妙なだましの手口を駆使し，組織の従業員や関係者から金銭をだまし取ります。したがって，アが正解です。

イ　ドメインに関連した不正活動に該当します。

ウ　オープンリレー（踏み台）の脆弱性を利用したスパムメール中継です。

エ　なりすましによる不正行為に該当します。

問14 《解答》エ

ボットとは，人間が行うようなことを代わりに行うプログラムです。ボットネットでは，ボット同士が連携して動作します。C&C（Command and Control）サーバとは，ボットネットに対して指示を出し，情報を受け取るためのサーバです。ボットに感染させることで侵入して乗っ取ったコンピュータに対して，C&Cサーバが命令を出すことで，他のコンピュータへの攻撃などの不正な操作を行わせます。したがって，エが正解です。

ア　キャッシュサーバやCDN（Contents Delivery Network）の役割です。

イ　CHAP（Challenge Handshake Authentication Protocol）は，ユーザ認証時に使用されるプロトコルです。乱数とパスワードを合わせた値をハッシュ関数で演算し，認証先に送信します。毎回異なる乱数を用いることで，パスワード盗聴による不正アクセスを防ぎます。

ウ　ワンタイムパスワードを利用した，パスワードのリプレイアタック対策となります。

問15　《解答》ウ

TCPポート番号80は，HTTP（HyperText Transfer Protocol）通信に使用されます。これは，インターネット上でWebサイトを閲覧するときに使用されるもので，一般的にファイアウォールではこのポートへの通信は許可されています。したがって，ウが正解です。

ア　DNS（Domain Name System）の通信（ゾーン転送）では，通常TCPポート番号53が使用されます。

イ　HTTPS（HTTP over Transport Layer Security）通信では，HTTPとはポート番号が異なります。HTTPS通信では，TCPポート番号443が使用されます。

エ　ドメイン名の名前解決（DNS）では，通常UDPポート番号53が使用されます。

問16　《解答》ア

他のサイトで取得したパスワードのリストを利用して不正ログインを行う攻撃を，パスワードリスト攻撃といいます。認証情報を複数のサービスやシステムで使い回している利用者を見つけ，不正アクセスを行います。したがって，アが正解です。

イ　ユーザIDに対応するパスワードについて，適当な文字列を組み合わせて力任せにログインの試行を繰り返す攻撃です。

ウ　ブルートフォース攻撃とは逆に，パスワードを固定してユーザIDを総当たりで試す攻撃です。同じユーザIDにおけるパスワード試行回数によるロック（アクセス制限）を回避します。

エ　パスワードがハッシュ値で保管されている場合に，あらかじめパスワードとハッシュ値の組合せリスト（レインボーテーブル）を用意しておき，そのリストと突き合わせてパスワードを推測し不正ログインを行う攻撃です。

問17　《解答》イ

DNSキャッシュポイズニング攻撃の手口に関する問題です。攻撃者が用意したサーバXのIPアドレスが，A社WebサーバのFQDNに対応するIPアドレスとして，B社DNSキャッシュサーバに記憶されると，キャッシュの内容が不正に書き換わります。このとき，B社DNSキャッシュサーバにアクセスし，A社WebサーバのFQDNに対応するIPアドレスの名前解決を行うと，攻撃者が用意したサーバXのIPアドレスが返答されることになります。B社DNSキャッシュサーバを利用するのはB社従業員で，不正な応答が行われるのはA社Webサーバにアクセスしようとする場合です。したがって，イが正解です。

ア，ウ　A社従業員は，A社DNSキャッシュサーバを利用するため，攻撃の影響は受けません。

ウ，エ　B社WebサーバのFQDNに対応するIPアドレスは書き換わっていないため，影響はありません。

問18 《解答》ア

ランダムサブドメイン攻撃は，DDoS（Distributed Denial of Service：分散型サービス妨害）攻撃の一つです。オープンリゾルバとは，外部からアクセス可能な，代理でドメインの名前解決を行うDNS（Domain Name System）サーバのことです。多数のオープンリゾルバに対して，“あるドメイン”の実在しないランダムなサブドメインを多数問い合わせることで，多数のオープンリゾルバが“あるドメイン”を管理する権威DNSサーバに問合せを行います。そのため,“あるドメイン”を管理する権威DNSサーバに対して負荷が掛かることになります。したがって，アが正解です。

イ　権威DNSサーバへの不正アクセスなどで実現する，ドメイン名ハイジャックで発生する事象です。

ウ　DNSキャッシュポイズニング攻撃で発生する事象です。

エ　ゾーン情報の盗聴などでの不正入手です。ドメイン内に存在するサーバの所在を知られ，攻撃の足がかりにされることもあります。

問19 《解答》ア

SEO（Search Engine Optimization：検索エンジン最適化）とは，Web検索サイトでの表示の順位を上げるための取り組みです。SEOポイズニングでは，Web検索サイトの順位付けアルゴリズムを悪用して，悪意のあるWebサイトを意図的に検索結果の上位に表示させます。したがって，アが正解です。

イ　ウォードライビングの説明です。

ウ　IDS（Intrusion Detection System：侵入検知システム）の説明です。

エ　マルウェア対策ソフトの脆弱性を利用した不正アクセスに関する説明です。

問20 《解答》ア

データベースで管理されるデータの暗号化に用いる，暗号化と復号とで同じ鍵を使用する方式は共通鍵暗号方式です。選択肢のうち，共通鍵暗号方式はAES（Advanced Encryption Standard）だけです。したがって，アが正解です。

イ　PKI（Public Key Infrastructure）は，公開鍵暗号方式を利用した社会基盤（インフラ）です。

ウ　RSA（Rivest，Shamir，Adleman）は作成者の3人の頭文字を取ったもので，大きい数での素因数分解の困難さを安全性の根拠とした公開鍵暗号方式です。

エ　SHA-256（Secure Hash Algorithm 256）は，SHA-1を改良したハッシュ関数SHA-2のうちの一つです。256ビットのハッシュ値を出力します。

問21 《解答》イ

ハイブリッド暗号方式とは，メールの暗号化によく用いられる方式で，メールを暗号化するために生成した共通鍵を，公開鍵暗号方式の公開鍵で暗号化して送信する方式です。共通鍵暗号方式では，鍵を安全に伝達する必要があるため，鍵管理にコストがかかります。また，公開鍵暗号方式は，安全性は高いのですがアルゴリズムが複雑なため，処理性能が劣ります。ハイブリッド暗号方式では，公開鍵暗号方式と共通鍵暗号方式を組み合わせることによって，鍵管理コストの削減と処理性能の向上の両立が図れます。したがって，イが正解です。

ア　VPN（Virtual Private Network）などでは，IPsec-VPNやTLS-VPNとして，暗号方式を選

択可能です。

ウ　複数の暗号化を用いると処理性能は低くなります。

エ　公開鍵暗号方式は処理時間がかかるため，複数組み合わせると処理性能に問題が出てきます。

問22　《解答》エ

デジタル署名では，真正性を証明するため，作成者が本人（作成者）の秘密鍵を使用して元データのハッシュ値に署名を行います。検証時には，作成者の公開鍵を使用してデジタル署名を復元し，元データのハッシュ値と一致するかどうかを確認します。したがって，組み合わせの正しいエが正解です。

問23　《解答》ウ

メッセージに改ざんがないことを確認する技術に，メッセージ認証があります。メッセージ認証で使用するメッセージ認証符号（MAC：Message Authentication Code）は，メッセージに共通鍵を加えたものから生成し，メッセージに付加します。このとき，MACを生成するためのアルゴリズムには，ハッシュ関数を用いるもの（HMAC：Hash-based MAC）やブロック暗号を用いるもの（CMAC：Cipher-based MAC）などがあります。したがって，ウが正解です。

ア　PKI（Public Key Infrastructure）では，公開鍵暗号方式とハッシュ関数を用いて，メッセージの改ざんを確認できるデジタル署名を生成します。

イ　パリティビットは単純な誤り検出符号で，メッセージ中の1の数が奇数か偶数かで誤りを判定します。メッセージに1ビットだけ誤りがあった場合に検出できます。

エ　ルート証明書は，PKIでルート認証局を認証するものです。公開鍵暗号方式とハッシュ関数を用いたデジタル署名を検証することで，証明書の真正性を確認できます。

問24　《解答》ウ

リスクベース認証とは，利用者の状況から不正のリスクが高いと判断した場合に，追加認証などを行って不正を防ぐ技術です。利用者のIPアドレスなどの環境を分析し，いつもと異なるネットワークからのアクセスだと判断し，追加の認証を行うことはリスクベース認証に該当します。したがって，ウが正解です。

ア　マトリクスコード認証に該当します。

イ　ワンタイムパスワード認証（またはトークン方式での認証）に該当します。また，トークンに表示されるワンタイムパスワードが，決まった時間ごとに変化する場合には，タイムシンクロナス方式とも呼ばれます。

エ　多要素認証（または2要素認証，複数要素認証）に該当します。

問25 《解答》ア

CAPTCHA（Completely Automated Public Turing test to tell Computers and Humans Apart）は，ユーザ認証のときに合わせて行うテストです。アクセスした者に応答を求め，その応答を検証することで，利用者がコンピュータではなく人であることを確認する仕組みです。したがって，アが正解です。

イ　プレースホルダを利用したバインド機構に該当します。

ウ　時刻同期型のワンタイムパスワード認証に該当します。

エ　チャレンジレスポンス方式での認証に該当します。

問26 《解答》エ

HTTP over TLS（HyperText Transfer Protocol over Transport Layer Security：HTTPS）とは，Webサイトで使用するHTTPにTLSを加えることで安全な通信を実現する仕組みです。TLSでは，デジタル証明書によるサーバ認証を行うことで，Webサーバの真正性を確認できます。したがって，エが正解です。

ア　Webサーバ上でのファイルの改ざん検知は，Webサーバに組み込まれたホスト型IDS（Intrusion Detection System）を用いて実現できます。

イ　Webブラウザ上でのマルウェア検査は，PCに導入されたマルウェア対策ソフトウェアが実施します。

ウ　Webブラウザ上での侵入検知は，PCに導入されたセキュリティ対策ソフトウェアのIDS機能で実現できます。

問27 《解答》エ

SPF（Sender Policy Framework）とは，送信ドメインを認証するための技術の一つです。DNSサーバに該当ドメインに対するメールサーバのIPアドレスを登録しておき，受信したメールサーバがそのIPアドレスを確認することで，送信したメールサーバが正規のメールサーバであることを確認します。メール送信者のドメインのなりすましを検知することができるので，エが正解です。

ア　HTTPS通信を用いてサーバ証明書を検証することで実現できます。

イ　LANにセキュリティ監視ソフトウェアを導入することや，認証スイッチなどでPCを認証することで実現できます。

ウ　内部ネットワークに，ネットワーク型IDS（Intrusion Detection System）を導入することで対処できます。

問28 《解答》エ

電子メールを送信するとき，ドメインAの送信者は，まずドメインAのメールサーバにSMTP（Simple Mail Transfer Protocol）を用いてメールを送信します。このとき，ドメインAのメールサーバがSMTPで行う認証のことを，SMTP-AUTH（SMTP Authentication:SMTP認証）といいます。したがって，エが正解です。

ア　電子メールを受信するときに使用するPOP（Post Office Protocol）で認証する仕組みが，APOP（Authenticated POP）です。サーバから送られてきた文字列（チャレンジコード）とパスワードを合わせたものに，ハッシュ関数MD5（Message Digest algorithm 5）を用いてハッシュ化した値（レスポンスコード）を求めます。レスポンスコードをサーバに返答し，メールサーバが確認することで認証が完了します。MD5に脆弱性が見つかっているため，現在では推奨されない認証方式です。

イ　POP3（POP version 3）は，電子メールを受信するプロトコルのバージョン3で，パスワードは平文で送信されます。POP3S（POP3 over SSL/TLS）は，POP3の通信を，SSL/TLSを用いて暗号化したもので，安全にパスワードや通信内容を受信できます。

ウ　S/MIME（Secure/Multipurpose Internet Mail Extensions）は，公開鍵暗号方式を用いて，電子メールの暗号化や，デジタル署名を行う規格です。

問29　《解答》イ

マルウェアの動的解析とは，実際にマルウェアを動作させ，その動作を監視することによって解析を行う手法です。他のシステムに影響を与えないよう，仮想環境などを用意して隔離したサンドボックスを用意し，その中で検体を実行し，挙動を観察することは動的解析に該当します。したがって，イが正解です。

ア　パターンマッチング方式のマルウェア検出で，静的解析に該当します。

ウ　逆コンパイルによるソースコード解析で，静的解析に該当します。

エ　拡張子を偽装するマルウェアの検出で，静的解析に該当します。

問30　《解答》ア

ポートスキャナは，Webサーバで稼働しているサービスを列挙して，不要なサービスが稼働していないことを確認するツールです。ポートスキャナによる検査では，ポート番号を変えて様々なサービスの稼働状況を確認します。したがって，アが正解です。

イ　運用者のインタビューによる管理状況の確認です。

ウ　ログ解析による不正利用の検査です。

エ　ペネトレーションテストによるWebサーバの検査です。

問31　《解答》イ

“特定個人情報の適正な取扱いに関するガイドライン（事業者編）”では，第4-1-（2）特定個人情報ファイルの作成の制限で，「個人番号関係事務又は個人番号利用事務を処理するために必要な範囲に限って、特定個人情報ファイルを作成することができる」と書かれています。具体例として「事業者は、従業員等の個人番号を利用して営業成績等を管理する特定個人情報ファイルを作成してはならない」という記載もあり，個人番号で業務成績を管理するファイルの作成は禁止されています。したがって，イが正解です。

ア　バックアップファイルを作成することは必要な範囲で可能です。バックアップファイルに対する安全管理措置を講ずる必要があります。

ウ　個人番号関係事務の範囲内で，明細表やチェック用ファイルを作成することは認められます。

エ　死亡保険金支払は社会保障に該当し，個人番号利用業務となります。

問32 《解答》ア

マルウェアは，コンピュータに不正な指令を与える電磁的記録に該当します。マルウェアの作成や提供に関しては，刑法の犯罪類型に，「不正指令電磁的記録に関する罪」(通称：ウイルス作成罪)として明記されています。したがって，アが正解です。

イ　製造物責任法(PL法)は，製品の欠陥によって損害が発生した場合に，製造業者に損害賠償を求めることができる法律です。

ウ　不正アクセス行為の禁止等に関する法律(略称：不正アクセス禁止法)は，不正アクセスやそれを助長する行為を行った場合に適用される法律です。記憶内容の消去など，具体的な犯行が行われなくても，不正アクセス行為だけで適用されます。

エ　プロバイダ責任制限法は，問題が発生した場合に，プロバイダやサイト管理者などの損害賠償責任を制限する法律です。

問33 《解答》エ

“特定電子メールの送信の適正化等に関する法律(迷惑メール防止法)”は，迷惑メールを防止するための法律です。広告宣伝メールなどの営利を目的としたメールを特定電子メールといいます。特定電子メールでは，原則としてオプトイン方式を利用することが規定されています。オプトイン方式とは，メールを送る場合に受信者の事前承認が必要となる方式です。したがって，エが正解です。

ア，イ，ウ　オプトアウト方式は，メールの送信は原則自由で，受け取りたくない受信者が個別に受信拒否通知をする方式です。以前は認められていましたが，平成20年(2008年)の法改正により，原則的に認められなくなりました。

問34 《解答》エ

企業間の取引では，著作物の権利に関する特段の取り決めをしない場合の著作権は，実際にプログラムを作成した企業に帰属します。これを原始的帰属といい，プログラム作成を行ったB社に帰属します。したがって，エが正解です。

ア　話し合って帰属先を決定する場合には，取決めを行って契約する必要があります。

イ　共同で作成した著作物は著作権を共有しますが，A社は作成を行っていないため該当しません。

ウ　A社はプログラム作成を行っていないため，特段の取決めがない場合には著作権を有しません。

問35 《解答》ア

システム監査では，具体的なチェックポイントを挙げるときに，システム管理基準を参考にします。システム管理基準(平成30年版)では，Ⅲ.開発フェーズ，5.システムテスト(総合テスト)の管理(1)の<主旨>に，「本番稼動後にシステム上の不備が発現しないようにするために、PMは、網羅的なテストケースを想定し、システムテスト計画を作成する必要がある」とあります。ここで，PMとはプロジェクトマネージャのことで，テストケースは網羅的に想定する必要があります。したがって，アが正解です。

イ　システム監査基準では，5.システムテスト(総合テスト)の管理(2)に，「プロジェクト運営委員会は、システムテスト計画を承認すること」とあり，承認はプロジェクト推進委員会で行います。

ウ　同じく，5.システムテスト(総合テスト)の管理(1)<着眼点>③に，「システムテスト環境は本番環境と隔離し、本番環境に影響を与えないこと」とあり，実際に業務が行われている環境で実施しないことが求められています。

エ　同じく，5.システムテスト（総合テスト）の管理（1）<着眼点>④に，「運用担当者もシステムテストに参加すること」とあり，利用者側の担当者以外の参加も求められています。

問36　《解答》イ

システム監査人は監査のため，データに関するアクセス制御の管理規程と，実際のアクセス制御の状況を確認することが可能です。アクセス制御を監査する場合，管理規程とアクセス制御の状況を比較することで，管理規程どおりにアクセス制御が行われているかを監査できます。したがって，イが正解です。

このとき，システム監査人は独立性の観点から，アクセス制御に関連する業務に直接関わることはできません。そのため，アの管理台帳を作成すること，ウの管理方針を制定すること，エの運用手続を実施することは，業務を実施することとなり，不適切です。

問37　《解答》エ

内部統制とは，健全かつ効率的な組織運営のための体制を，企業などが自ら構築し運用する仕組みです。企業の経営者は，企業の業務方針を定め，内部統制システムを構築する立場にあります。そのため，我が国の証券取引所に上場している企業において，経営者は内部統制の整備及び運用に関して，最終的な責任を負います。したがって，エが正解です。

ア　株主は企業のオーナーで，通常は経営から一歩引いた位置にいます。日々の運用や内部統制の整備の責任を負うわけではありません。

イ　監査役は，経営の適正性を監査し，株主に対して報告する役割です。経営から独立しており，内部統制の運用を評価・監査する立場です。

ウ　業務担当者は，具体的な業務を遂行する責任をもちます。経営者からの指示を基に業務を行うので，最終的な責任は経営者となります。

問38　《解答》ア

エラープルーフ化とは，システムやプロセスを設計する際にヒューマンエラーが起こりにくくなるようにするための方法です。画面上の複数のウィンドウを同時に使用する作業では，ウィンドウを間違えないようにウィンドウの背景色をそれぞれ異なる色にすることは，エラープルーフ化の一例として適切です。この方法によって，ユーザーが誤操作をしにくくなり，ウィンドウを間違えて操作することを予防します。したがって，アが正解です。

イ　作業者の負担を軽減し，効率を高める手法です。エラーの発生自体を防ぐわけではありません。

ウ　エラーを未然に防ぐための知識の共有です。エラーの発生を防ぐわけではありません。

エ　教育や訓練は重要ですが，エラープルーフ化とは直接関連がありません。

問39 《解答》ウ

インシデントとは，中断・阻害，損失，緊急事態，危機になり得る，またはそれらを引き起こし得る状況です。プログラムの異常終了は，システムの中断を引き起こす状況なので，インシデントに該当します。したがって，ウが正解です。

ア インシデントの検知に該当します。

イ 問題(インシデントの根本原因)に該当します。

エ インシデント対応に該当します。

問40 《解答》エ

WBS (Work Breakdown Structure)は，成果物を中心に，プロジェクトチームが実行する作業を階層的に詳細化したものです。WBSを使うことで細分化し，作業を管理可能な大きさにすることができます。したがって，エが正解です。

ア EVM (Earned Value Management)などを利用し，費用と期間の最適化を図ります。

イ クリティカルパス法でアローダイアグラムを作成することで実現できます。

ウ ガントチャートを作成することで実現できます。

問41 《解答》ア

プロジェクトの日程計画を作成する技法には，PERT (Program Evaluation and Review Technique)があります。PERTは，クリティカル三点見積りという，時間見積りを確率的に行う方法を用いて，全体スケジュールの所要期間を計算します。したがって，アが正解です。

イ 相互関係がある二つの変数の間の関係を統計的に推測する手法です。

ウ 時間順に並べたデータ(毎月の売上など)に対して，そのパターンやトレンドを解析し，未来のデータを予測するための統計的手法です。

エ いくつかの一次式を満たす変数の中で，ある一次式を最大化または最小化する値を求める手法です。

問42 《解答》イ

2台のコンピュータを接続してシステムを構成するときの手法には，デュアルシステムやデュプレックスシステムがあります。一方のコンピュータが正常に機能しているときには，他方のコンピュータが待機状態にあるシステムは，デュプレックスシステムとなります。したがって，イが正解です。

ア 二つのコンピュータで，並列して同じ処理を走らせて，結果を比較するシステムです。

ウ 複数のプロセッサを同時に稼働させて高速化を図る方式です。

エ 二つのコンピュータで，処理や通信の負荷を分散させることで，性能や信頼性を向上させる手法です。

問43　《解答》エ

データベースの監査ログとは，監査を行うためのデータベース操作の記録です。データの不正な書換えなど，問題のあるデータベース操作を事後に調査するために使用します。したがって，エが正解です。

ア　データベースのアクセス制御の目的です。

イ　更新後ログなどの，障害復旧用のログファイルの目的です。

ウ　ブロックチェーンなど，データの挿入や更新を行うときにチェックを行う機構の目的です。

問44　《解答》ア

社内ネットワークのPCから，インターネット上のWebサーバにアクセスするときに中継する装置にはプロキシサーバがあります。プロキシサーバでは，宛先のWebサーバのドメイン名からDNSを利用してグローバルIPアドレスを求め，そのグローバルIPアドレス宛てにアクセス要求の転送を行います。したがって，アが正解です。

イ　電気信号を増幅して整形する装置です。OSI基本参照モデルの物理層（レイヤ1）で，LAN間接続を行います。

ウ　IPアドレスを利用して，通信の中継先を決める装置です。OSI基本参照モデルのネットワーク層（レイヤ3）で，LAN間接続を行います。

エ　MACアドレスに基づき，複数の回線に通信を中継するかどうかを決める装置です。OSI基本参照モデルのデータリンク層（レイヤ2）で，LAN間接続を行います。

問45　《解答》イ

BPO（Business Process Outsourcing）とは，企業などが自社の業務の一部または全部を外部の専門業者に一括して委託することです。社内業務のうちコアビジネスでない事業を委託します。したがって，イが正解です。

ア　BCP（Business Continuity Planning）の説明です。

ウ　MRP（Material Requirements Planning）の説明です。

エ　プロジェクトマネジメントの説明です。

問46　《解答》ア

製造業の企業が社会的責任を果たす活動のことを，CSR（Corporate Social Responsibility）といいます。企業が雇用創出や生産設備の環境対策に投資することによって，便益を享受するステークホルダには，株主，役員，従業員のほかに，近隣地域社会の住民がいます。近隣地域社会の住民は，企業に雇用されることや，良い環境で暮らせることで，便益を享受することができます。したがって，アが正解です。

イ，ウ，エ　関連企業や消費者は，企業活動で利益を得ることはできますが，CSRには関係ありません。

問47 《解答》ウ

在庫の取得原価を求める方式のうち，先に取得したものから順に販売すると仮定して求める方法を，先入先出法といいます。表から，期首在庫に各月の仕入を加えた在庫の合計は，次のように計算できます。

期首在庫＋仕入＝10＋1＋2＋3＋4＝20［個］

期首在庫と仕入の合計が20個で，期末在庫が12個なので，期間内に売れたものは，次の式で計算できます。

期首在庫＋仕入－期末在庫＝20－12＝8［個］

先入先出法では，先に取得したものから割り当てるので，この8個はすべて，期首在庫から割り当てられます。期首在庫から割り当てた後の在庫をもとに，残りの在庫から在庫評価額を求めると，次のようになります。

(10－8)×10＋1×11＋2×12＋3×13＋4×14

＝20＋11＋24＋39＋56＝150［千円］

したがって，ウが正解です。

問48 《解答》ア

製造原価明細書より，当期総製造費用は，材料費，労務費，経費の合計になるので，次の式で計算できます。

当期総製造費用＝400＋300＋200＝900［千円］

当期仕掛品棚卸高は，期首仕掛品棚卸高で150［千円］だったものが期末仕掛品棚卸高で250［千円］に増えているので，差分は仕掛品として残ったと考えられます。そのため，当期製品製造原価は，次の式で計算できます。

当期製品製造原価＝900＋(150－250)＝800［千円］

この当期製品製造原価800［千円］を，損益計算書に転記して計算します。期首製品棚卸高は120［千円］で，期末製品棚卸高は70［千円］と減っているので，差分は，在庫の製品が売上につながったと考えられます。そのため，売上原価は次の式で計算できます。

売上原価＝800＋(120－70)＝850［千円］

売上総利益は，売上高から売上原価を引いたものなのので，次の式で計算できます。

売上総利益＝1000－850＝150［千円］

したがって，アが正解です。

科目B　問49～60の解答

問49　《解答》イ

図3の発見事項をもとに，対策が必要であるとA社が評価した情報セキュリティリスクについて考えます。

図3には，「複合機のスキャン機能では，電子メールの差出人アドレス，件名，本文及び添付ファイル名を初期設定の状態で使用しており」とあり，さらに，「複合機のスキャン機能の初期設定情報はベンダーのWebサイトで公開されており」とあります。C社で使用する複合機のスキャン機能で使用する電子メールの差出人アドレス，件名，本文及び添付ファイル名は公開情報なので，攻撃者が偽装して使用することが可能です。そのため，B業務に従事する従業員が，攻撃者が偽装した電子メールを複合機からのものと信じて本文中にあるURLをクリックする可能性があります。その結果，攻撃者が用意したWebサイトにアクセスしてマルウェア感染し，A社の採用予定者の個人情報が漏えいするリスクが存在します。したがって，イが正解となります。

その他の選択肢については，次のとおりです。

ア　図2に，「従業員ごとに付与した利用者IDとパスワードをパネルに入力する」とあるので，B業務に従事する他の従業員になりすまして利用することは困難です。

ウ，エ　複合機から送信される電子メールは，自社の社内ネットワークで送られます。そのため，攻撃者が盗聴するのは困難です。

問50　《解答》エ

図1「情報セキュリティリスクアセスメント手順」，表1「情報資産の機密性，完全性，可用性の評価基準」に従って，A社の情報セキュリティリスクアセスメントを行っていく問題です。表2中の空欄a1～a4について，A社の情報セキュリティリスクアセスメント結果を求めていきます。ここで，空欄はすべて，情報資産名称“自社Webサイトにあるコンテンツ”のもので，説明は“分析機器の情報”となります。

空欄a1

機密性の評価値を求めます。表1の後の本文に，「A社は，自社のWebサイトをインターネット上に公開している」とあり，分析機器の情報も公開しています。表1の機密性の評価基準には，評価基準“公開情報である”があり，この場合の評価値は0です。したがって，空欄a1は0となります。

空欄a2

完全性の評価値を求めます。本文中の冒頭に，A社は「分析・計測機器などの販売及び機器を利用した試料の分析受託業務を行う分析機器メーカー」とあり，分析機器の情報は自社の独自技術です。表1の完全性で該当する情報の例に“自社の独自技術・ノウハウ”があり，これは評価基準“改ざんされると自社に深刻な影響，又は取引先や顧客に大きな影響がある”に該当するので，評価値は2です。したがって，空欄a2は2となります。

空欄a3

情報資産の重要度を求めます。図1に，「情報資産の機密性，完全性，可用性の評価値の最大値を，その情報資産の重要度とする」とあります。表1と空欄a1，a2より，機密性，完全性，可用性の評価値はそれぞれ0，2，2となるので，最大値は2で，情報資産の重要度も2となります。したがって，空欄a3は2です。

空欄a4

リスク値を求めます。図1に,「リスク値＝情報資産の重要度×脅威の評価値×脆弱性の評価値」とあるので，空欄a3と表2の値を式に当てはめて計算します。

リスク値＝2×2×2＝8

したがって，空欄a4は8となります。

まとめると，組み合わせの正しいエが正解です。

問51　《解答》ク

SECURITY ACTIONの一つ星を宣言するための，表1の情報セキュリティ5か条についての問題です。表1中の1「OSやソフトウェアは常に最新の状態にしよう！」の評価結果を“実施している”にするためにA社で新たに追加すべき対策を考えます。

表1より，現在，OSやソフトウェアの最新状態についての評価結果は，“一部のPCについて実施している”です。これを“実施している”にするために，追加すべき対策かどうかを，(一) ～ (五)について検討していきます。

(一) ×

Endpoint Detection and Response (EDR)の導入は，PCでもプロセスや通信などのログを取得することができるようにするものです。PCのログは確認できますが，ソフトウェアを最新の状態にすることはできません。

(二) ×

PCのOS及び標準ソフトについては，本文中に「自動更新機能を使用して最新の状態に更新している」とあり，すでに対応済みなので必要ありません。

(三) ○

全てのPCへの脆弱性修正プログラムの自動適用を行うことで，OSやソフトウェアは常に最新の状態にすることができます。そのためのIT資産管理ツールの導入は，有効な対策です。

(四) ○

非標準ソフトのインストール禁止及び強制アンインストールを行うことで，PC内の非標準ソフトがなくなります。PCのOS及び標準ソフトについては最新版になっているので，非標準ソフトがなくなることで，全てのソフトウェアを最新の状態に保つことができます。

(五) ×

Security Information and Event Management (SIEM)は，ログデータを一括管理する仕組みです。EDRと併用することでPCのログは確認できますが，ソフトウェアを最新の状態にすることはできません。

したがって，(三)，(四)が追加すべき対策となり，クが正解です。

問52　《解答》エ

A社PC規程へのB社の対応に関する問題です。表1中の項番4 “外部記憶媒体へのアクセスを技術的に禁止すること” について，B社が必要な追加対策を実施することによって低減できる情報セキュリティリスクを考えます。

追加対策の（一）～（四）について検討すると，次のようになります。

（一）○

B社で許可していないアプリケーションソフトウェアが保存されている外部記憶媒体は，外部記憶媒体へのアクセスを技術的に禁止することで，読み出すことができなくなります。そのため，NPCがマルウェア感染するリスクを低減できます。

（二）×

表1の注[1]に，「外部記憶媒体に保存してあるアプリケーションソフトウェア及びファイルのNPCへのコピーだけは許可している」とあります。外部記憶媒体に当該NPC内のデータを保存することはもともと許可されていないので，情報セキュリティリスクの低減には関係ありません。

（三）○

マルウェア付きのファイルが保存されている外部記憶媒体は，外部記憶媒体へのアクセスを技術的に禁止することで，読み出すことができなくなります。そのため，NPCがマルウェア感染するリスクを低減できます。

（四）×

（二）と同様，外部記憶媒体に当該NPC内のデータを保存することはもともと許可されていません。そのため，外部記憶媒体がマルウェア感染する情報セキュリティリスクは変わりません。

したがって，（一），（三）がリスクを低減できるものとなり，エが正解です。

問53　《解答》オ

A社のオフィスのレイアウトで，従業員同士による共連れが行われているという問題点について，改善策を考えます。（一）～（七）の改善案について，適切かどうかを検討していくと，次のようになります。

（一）×

ICカードドアに監視カメラを設置することは，共連れを確認できるので適切です。しかし，1年に1回だけの監視カメラの映像チェックでは，共連れがあっても適切に確認できません。

（二）○

ICカードドアの脇に，共連れのもたらすリスクを知らせる標語を掲示することは，共連れを行おうとするときに抑止効果があるので適切です。

（三）×

ICカードドアの暗号方式を変更して強化することは，ICカードの偽造などによる不正アクセス対策としては有効です。しかし，共連れでは正規のICカードを利用しているので，効果はありません。

(四) ×

ICカードの認証に加えて指静脈認証も行い2要素認証とすることは，認証の強化の点では有効です。しかし，共連れでは一人が認証を突破できればいいので効果はありません。

(五) ×

共連れ防止用のアンチパスバックを導入することは，共連れ対策としては有効です。しかし，正門内側の自動ドアでの導入では，通販事業部エリアへの入退室は管理できません。

(六) ×

通販事業部エリア内で，従業員証を常に見えるところに携帯することは，他に従業員がいてチェックする場合には有効です。しかし，共連れで共犯者となる人がいる場合には，有効ではありません。

(七) ○

共連れを発見した場合は従業員同士で個別に注意する対策は，互いに牽制し合って抑止できるので有効です。

したがって，(二)，(七)が適切なので，組み合わせの正しいオが正解です。

問54 《解答》ア

図1の1“ランサムウェアによってデータが暗号化され，最新のデータが利用できなくなることによって，最大1週間分の更新情報が失われる”リスクについて考えます。

E主任が検討した「リスクを現在の対策よりも，より低減するための対策」としては，失われる更新情報を少なくする方法が考えられます。週1回バックアップを取得する代わりに，毎日1回バックアップを取得して7世代分保存することで，失われる更新情報は最大1日分となり，リスクを低減することができます。したがって，アが正解です。

イ　ファイルのリストを比較し，差分がないことを確認することで，バックアップがきちんと行われていることは確認できます。しかし，ランサムウェアによって更新情報が失われるリスクの低減にはなりません。

ウ　磁気テープ装置の高速化は，バックアップの時間を短縮することができます。しかし，ランサムウェアによって更新情報が失われるリスクの低減にはなりません。

エ　バックアップ用の媒体をハードディスクにすると，バックアップの復元を高速化することができます。しかし，ランサムウェアのリスク低減にはつながりません。また，磁気テープの方が保管する場合の安全性は高く，ハードディスクが壊れやすい分，バックアップを失うリスクが増加します。

オ　バックアップを二組み取得し，うち一組みを遠隔地に保管することは，災害対策としては有効です。しかし，ランサムウェアによって更新情報が失われるリスクの低減にはなりません。

カ　ファイルサーバにマルウェア対策ソフトを導入することは，マルウェア対策としては有効です。しかし，ランサムウェアによって更新情報が失われるリスクの低減にはなりません。

問55　《解答》ウ

標的型攻撃メールへの対応訓練に関する問題です。表1の計画案で想定している標的型攻撃メールについて，どのようなメールかを考えていきます。

表1の項目“電子メールの本文”に，「ロックを解除するには，次のURLにアクセスすること」とあり，偽解除サイトのURLが示されています。この手口は典型的なフィッシング詐欺で，攻撃者が用意したWebサイトに誘導しています。また，表1の項目“偽解除サイト”には，「氏名，所属部門名並びにAアカウントの利用者ID及びパスワードを入力させる」とあり，従業員の個人情報を取得しようとしています。そのため，この標的型攻撃メールは，従業員を攻撃者が用意したWebサイトに誘導し，従業員の個人情報を不正に取得する標的型攻撃メールだと判断できます。したがって，ウが正解です。

ア　従業員を誘導しているのはAサービスではなく，偽解除サイトです。また，Aアカウントのロックが解除されるかを試行するのは，標的型攻撃メールではなく，不正アクセスの手口です。

イ　Aアカウントがロックされない連続失敗回数の上限を発見するためには，標的型攻撃メールではなく，Aサービスへの不正アクセスを行います。

エ　アクセスを集中させる攻撃はDoS攻撃で，標的型攻撃メールではありません。また，A社は従業員100名なので，全員がアクセスしてもサービス不能になるとは考えづらいです。

問56　《解答》オ

図1「塾生の個人データ管理業務と塾生管理システムの概要」や本文中の内容をもとに，監査部から指摘された情報セキュリティリスクを考える問題です。

図1には，「利用者IDは個人別に発行されており，利用者IDの共用はしていない」「教務部員は，担当する塾生の個人データの更新権限をもっている」とあります。そのため，教務部員ごとに担当する塾生の個人データのみにアクセスできます。しかし，図1には，「教務部員が使用する端末は教務部の共用端末である」とあり，さらに本文に「Webブラウザに塾生管理システムの利用者IDとパスワードを保存」とあります。保存されている教務部員の利用者IDとパスワードを使用し，別の教務部員がログインすることで，塾生の個人データがアクセス権限をもたない教務部員によって不正にアクセスされることを可能にします。したがって，オが正解です。

ア　共用端末と塾生管理システム間の通信が暗号化されていなければ盗聴の可能性はあります。しかし，利用者IDやパスワードとは関係がないので，設問の解答としては不適切です。

イ　共用端末が持ち出されないように管理されていなければ，不正に持ち出されるリスクはあります。しかし，利用者IDやパスワードとは関係がないので，設問の解答としては不適切です。

ウ　情報システム部員はアクセス権限の変更ができるので，利用者のアクセス権限が不正に変更されるリスクはあります。しかし，情報システム部員の不正アクセスには他人の利用者IDやパスワードを得る必要がないので，設問の解答としては不適切です。

エ　共用端末のIDは端末IDです。利用者IDに関する内容とは無関係です。

付録

問57 《解答》ア

A社のB支店での自己評価結果について，表1の評価項目に対応する評価結果と，その評価根拠について考えていきます。

表1のNo.19での評価項目は，「ファイルサーバ上の顧客情報のアクセス権は最小権限の原則に基づいて設定されている」です。B支店の状況については本文中に，「ファイルのアクセス権は，当該ファイルを保存した従業員が最小権限の原則に基づいて設定する」とあり，さらに「B支店では，従業員にヒアリングを行い，ファイルのアクセス権がそのとおりに設定されていることを確認した」とあるので，アクセス権は最小権限の原則に基づいて設定されています。図1の評価結果の判定ルールでは，「評価項目どおりに実施している場合："OK"」とあるので，評価結果はOKです。また，評価根拠は，「アクセス権の設定状況が適切であることを確認した」という本文中の記述となります。

したがって，組合せの正しいアが正解です。

その他の選択肢については，次のとおりです。

イ　アクセス権を適切に設定するルールが存在することを確認しただけでは，実際に行われているかどうかが分かりません。実効性を確認する必要があります。

ウ　ファイルサーバの運用管理をどの部署が行うかは，最小権限の原則とは関係ありません。

エ　顧客情報をファイルサーバに保存することは，実際に行われる場合があり，特に禁止されてはいません。

問58 《解答》ク

B社の自己点検の結果が，A社グループ基準と照らし合わせて適切かどうかを判断する問題です。表1中の自己点検の結果の各項番について，A社グループ基準を満たす項番を考えていくと，次のようになります。

(一) ×

点検項目"Webアプリに対する脆弱性診断の実施"について考えます。A社グループ基準には，「機能追加などの変更がない場合でも，年1回以上行う」とあります。しかし，点検結果には，「3年前にB社サイトをリリースする1か月前に，Webアプリに対する脆弱性診断を行った。リリース以降は実施していない」とあります。点検結果では3年間，脆弱性診断を実施していないことになるので，年1回以上というA社グループ基準を満たしていません。

(二) ○

点検項目"OS及びミドルウェアに対する脆弱性診断の実施"について考えます。A社グループ基準には，「インターネットに公開しているWebサイトについて，年1回以上行う」とあります。点検結果には，「毎年4月及び10月に，B社サイトに対して行っている」とあるので，年2回実施していることになります。この結果は，年1回以上というA社グループ基準を満たしています。

(三) ○

点検項目"脆弱性診断結果の報告"について考えます。A社グループ基準には，「結果を，診断後2か月以内に各社の情報セキュリティ委員会に報告する」とあります。点検結果には，Webアプリについては「脆弱性診断を行った2週間後に，結果を情報セキュリティ委員会に報告した」とあり，OS及びミドルウェアについては「4月と10月それぞれの月末の情報セキュリティ委員会に報告した」とあります。どちらも，診断後1か月以内に情報セキュリティ委員会に報告しています。この結果は，診断後2か月以内というA社グループ基準を満たしています。

(四) ○

点検項目“脆弱性診断結果の対応”について考えます。A社グループ基準には，「脆弱性が発見された場合，緊急を要する脆弱性については，速やかに対応」「その他の脆弱性については，診断後，1か月以内に対応」「指定された期限までの対応が困難な場合，対応の時期を明確にし，最高情報セキュリティ責任者(CISO)の承認を得る」の3種類の記述があります。点検結果では，Webアプリについては「B社サイトのリリースの1週間前に対応した」とあり，項番(一)より，脆弱性診断はB社サイトのリリースの1か月前に行っており，診断後1か月以内に対応できているので問題ありません。OS及びミドルウェアについては「脆弱性のうち，2件は翌日に対応した」「設定変更による暫定対策をとるという対応計画について，脆弱性診断の10日後にCISOの承認を得た」とあります。翌日の対応は速やかな対応なので，問題ありません。暫定対策は，対応の時期を明確にして，CISOの承認を得ています。そのため，A社グループ基準を満たしており，問題ありません。

したがって，(二)，(三)，(四)がA社グループ基準を満たす項番となり，クが正解です。

問59　《解答》ア

A社のZ販売課の業務内容をもとに，表1のJシステムの操作権限案について考えていきます。

表1の空欄aでは，付与される操作権限が，“閲覧”と“承認”の二つです。図1 (2)承認に，「販売責任者は，注文の内容とJシステムへの入力結果を突き合わせて確認し，問題がなければ承認する」とあり，承認を行うのは販売責任者です。また，図1の注[2]に，販売責任者は「Z販売課の課長1名だけである」とあり，承認を行うのはZ販売課の販売責任者です。〔Jシステムの操作権限〕[方針2]に，「販売責任者は，Z販売課の全業務の情報を閲覧できる」とあるので，販売責任者には閲覧権限も付与されます。したがって，アのZ販売課の販売責任者が正解です。

イ　Z販売課の販売担当者は，図1より，入力を行うので，閲覧と入力の権限を割り当てます。

ウ　Z販売課の要員には，販売担当者と販売責任者の両方が含まれ，それぞれ操作権限が異なるので，利用者の役割として権限を与えるのに適していません。

エ　商品ZのB社販売責任者は，チェック業務を行うために閲覧はできますが，承認の権限は与えられません。

オ　商品ZのB社販売担当者は，入力作業を行うので，閲覧と入力の権限を割り当てます。

問60　《解答》カ

B課長が受信した不審な点がある電子メールについて，送信者が使った手口を考える問題です。図1の調査の結果をもとに，[項番1] ～ [項番7]のうち，メールの送信者が使った手口を推定していきます。

[項番1] ×

項番1には，「Dさんが早急な対応を求めたことは今まで1回もなかった」という記述と，「メール本文では送金先の口座を早急に変更するよう求めていた」という記述の両方があります。Dさんの普段の状況と異なるのでメールに不審な点があり，疑いをもたれない手口にはなっていません。

[項番2] ○

項番2では，「添付されていた請求書は，A社がC社に支払う予定で進めている請求書」とあり，テンプレートを使用した正規のものと同じです。疑いをもたれないように正規のものと同じものを添付したと考えられます。

[項番3] ×

項番3では，「振込先が，C社が所在する国ではない国にある銀行の口座」とあります。所在する国ではない口座は，犯罪を予想させるものであり，疑いをもたれない手口にはなっていません。

[項番4] ×

項番4では，「PCのタイムゾーンは，C社のタイムゾーンとは異なっていた」とあります。タイムゾーンが異なることから，別の国で作成されていると考えられます。作成された国が異なることは，犯罪を予想させるものであり，疑いをもたれない手口にはなっていません。

[項番5] ○

項番5では，「メールアドレスには，C社のドメイン名とは別の類似するドメイン名が利用されていた」とあります。C社のドメイン名とは異なることはよく見れば分かりますが，類似するドメイン名を使うことで，気づかれない可能性が高まります。まぎらわしいドメインの使用は，誤認させることを狙った，疑いをもたれない手口です。

[項番6] ×

項番6では，「メールの返信先(Reply-To)はDさんのメールアドレスではなく，フリーメールのものであった」とあります。項番5とは異なり，フリーメールのドメイン名だと誤認の可能性が低くなり，不正に気づきやすくなります。疑いをもたれない手口にはなっていません。

[項番7] ○

項番7では，「B課長とDさんとの間で6か月前から何度かやり取りしたメールの内容を引用していた」とあります。メールの引用は，今までやり取りされていたメールの続きであると誤認させるもので，疑いをもたれないように行った手口だと考えられます。

したがって，[項番2]，[項番5]，[項番7]がメールの送信者が疑われないように使った手口となり，カが正解です。

INDEX

索引

数字

A

B

C

D

あ

い

う

え

お

か

さ

し

す

な

に

ね

の

は

ひ

STAFF
編集　水橋明美（株式会社ソキウス・ジャパン）
　　　小田麻矢
校正　株式会社トップスタジオ
校正協力　田高 陸
本文デザイン　株式会社トップスタジオ
表紙デザイン　馬見塚意匠室
副編集長　片元 諭
編集長　玉巻秀雄

■著者

株式会社わくわくスタディワールド

IT分野を中心に，楽しく効果的に学んで合格する方法を提案し，そのための教材やセミナーを提供する会社。わくわくする学びをテーマに，企業研修やオープンセミナーなどで，単なる試験対策にとどまらない学びを提供中。

ホームページ: https://wakuwakustudyworld.co.jp

【情報セキュリティに関する動画講座】
株式会社わくわくスタディワールドでは，本書の内容と同様に，情報セキュリティを基礎から学べる動画講座を，Udemyで提供しています。

これからの時代に必須！基礎から学ぶ「情報セキュリティ入門」
https://www.udemy.com/course/wakuwaku_security_001/

瀬戸 美月（せと みづき）

株式会社わくわくスタディワールド代表取締役。

独立系ソフトウェア開発会社, IT系ベンチャー企業でシステム開発, Webサービス立ち上げなどに従事した後独立。企業研修やセミナー，勉強会などで，数多くの受験生を20年以上指導。

保有資格は, 情報処理技術者試験全区分, 狩猟免許（わな猟）他多数。著書は,『徹底攻略 情報処理安全確保支援士教科書』『徹底攻略 応用情報技術者教科書』『徹底攻略 ネットワークスペシャリスト教科書』『徹底攻略 データベーススペシャリスト教科書』『徹底攻略 基本情報技術者の午後対策 Python編』『徹底攻略 基本情報技術者の科目B実践対策［プログラミング・アルゴリズム・情報セキュリティ］』（以上，インプレス），『新 読む講義シリーズ 8 システムの構成と方式』（以上，アイテック）他多数。

齋藤 健一（さいとう けんいち）

株式会社わくわくスタディワールド取締役。

食品会社の経営情報企画部で，情報システム導入やセキュリティ管理を10数年にわたり主導。独立後はセキュリティを中心とした指導にあたる傍ら，IT関連や情報処理技術者試験などの動画を中心とした教材作成に携わる。

保有資格は, ネットワークスペシャリスト, 狩猟免許（銃猟, わな猟）他多数。著書は,『徹底攻略 情報処理安全確保支援士教科書』(インプレス),『インターネット・ネットワーク入門』『徹底解説データベーススペシャリスト過去問題』(以上, アイテック),『基本情報技術者過去問題集』(以上, エクスメディア)他。

わく☆すたAI

わくわくスタディワールド社内で開発されたAI（人工知能）。
情報処理技術者試験の問題を中心に，現在いろいろなことを学習中。
今回は，自然言語処理での問題文の要約や出題パターンの分析，予想問題の作成を中心に活躍。
近い将来，参考書を自分で全部書けるようになることが目標。

■商品に関する問い合わせ先

このたびは弊社商品をご購入いただきありがとうございます。本書の内容などに関するお問い合わせは、下記のURLまたは二次元バーコードにある問い合わせフォームからお送りください。

https://book.impress.co.jp/info/

上記フォームがご利用いただけない場合のメールでの問い合わせ先
info@impress.co.jp

※お問い合わせの際は、書名、ISBN、お名前、お電話番号、メールアドレス に加えて、「該当するページ」と「具体的なご質問内容」「お使いの動作環境」を必ずご明記ください。なお、本書の範囲を超えるご質問にはお答えできないのでご了承ください。

- 電話やFAX でのご質問には対応しておりません。また、封書でのお問い合わせは回答までに日数をいただく場合があります。あらかじめご了承ください。
- インプレスブックスの本書情報ページ https://book.impress.co.jp/books/1123101094 では、本書のサポート情報や正誤表・訂正情報などを提供しています。あわせてご確認ください。
- 本書の奥付に記載されている初版発行日から1 年が経過した場合、もしくは本書で紹介している製品やサービスについて提供会社によるサポートが終了した場合はご質問にお答えできない場合があります。

■落丁・乱丁本などの問い合わせ先

FAX 03-6837-5023
service@impress.co.jp
※古書店で購入された商品はお取り替えできません。

徹底攻略 情報セキュリティマネジメント教科書
令和６年度

2023年12月21日 初版発行

著 者 株式会社わくわくスタディワールド 瀬戸美月／齋藤健一

発行人 高橋隆志

発行所 株式会社インプレス
〒101-0051 東京都千代田区神田神保町一丁目105番地
ホームページ https://book.impress.co.jp/

印刷所 日経印刷株式会社

ISBN978-4-295-01828-5 C3055

Printed in Japan